"双一流"建设精品出版工程

"十三五"国家重点出版物出版规划项目

航天先进技术研究与应用/电子与信息工程系列

# 数字信号处理基础及MATLAB实现

**FUNDAMENTALS OF DIGITAL SIGNAL PROCESSING AND APPLICATIONS USING MATLAB**

（第3版）

冀振元　主　编

李　杨　宿富林　副主编

哈爾濱工業大學出版社

HITP　HARBIN INSTITUTE OF TECHNOLOGY PRESS

## 内容简介

本书系统地介绍了数字信号处理基本理论、设计方法和实现等方面的内容。全书分为9章,第1章介绍数字信号处理的研究对象、基本过程、学科概貌、特点、发展及应用等内容;第2章介绍离散时间信号与系统的基本概念、卷积的性质和计算、信号的频域表示、抽样定理等内容;第3章研究了Z变换及其在线性移不变系统分析中的应用;第4章和第5章对离散傅里叶变换及其快速算法进行了研究;第6章和第7章分别讨论了IIR数字滤波器和FIR数字滤波器的相关内容;第8章介绍了MATLAB的基本使用方法及信号处理工具箱;第9章对数字信号处理的一些实际问题进行了讨论。

本书可作为通信、电子信息、自动控制、计算机等专业本科生的教材,也可作为有关技术人员在数字信号处理方面的理论基础参考书。

**图书在版编目(CIP)数据**

数字信号处理基础及 MATLAB 实现/冀振元主编. —3 版. —哈尔滨:
哈尔滨工业大学出版社,2020.9(2022.1重印)
ISBN 978－7－5603－8718－5

Ⅰ.①数…　Ⅱ.①冀…　Ⅲ.①数字信号处理－计算机辅助
计算－Matlab 软件－高等学校－教材　Ⅳ.①TN911.72

中国版本图书馆 CIP 数据核字(2020)第 031718 号

电子与通信工程
图书工作室

| | |
|---|---|
| 责任编辑 | 许雅莹 |
| 封面设计 | 屈　佳 |
| 出版发行 | 哈尔滨工业大学出版社 |
| 社　　址 | 哈尔滨市南岗区复华四道街 10 号　邮编 150006 |
| 传　　真 | 0451－86414749 |
| 网　　址 | http://hitpress.hit.edu.cn |
| 印　　刷 | 黑龙江艺德印刷有限责任公司 |
| 开　　本 | 787 mm×1 092 mm　1/16　印张 20.25　字数 525 千字 |
| 版　　次 | 2014 年 8 月第 1 版　2020 年 9 月第 3 版 |
| | 2022 年 1 月第 2 次印刷 |
| 书　　号 | ISBN 978－7－5603－8718－5 |
| 定　　价 | 36.00 元 |

# 第 3 版前言

## PREFACE

数字信号处理是 21 世纪对科学和工程发展具有深远意义的一门技术,它的应用领域非常广泛,如通信、医学图像处理、雷达和声纳、地震、声学工程、石油勘探等。

全书分为 9 章:第 1 章绪论,介绍了数字信号处理的研究对象、基本过程、学科概貌、特点、发展及应用等内容;第 2 章离散时间信号与系统及其频域分析,包括离散时间信号与系统的基本概念、卷积的性质和计算、信号的频域表示、抽样定理等内容;第 3 章研究了 Z 变换及其在线性移不变系统分析中的应用;第 4 章和第 5 章对离散傅里叶变换及其快速算法进行了研究;第 6 章和第 7 章分别讨论了 IIR 数字滤波器和 FIR 数字滤波器的相关内容;第 8 章介绍了 MATLAB 的基本使用方法及信号处理工具箱;第 9 章对数字信号处理的一些实际问题进行了讨论,对学生正确理解所学知识有很大的帮助。为方便读者对各章内容的掌握,第 2~7 章后面安排了相关的 MATLAB 内容。

本书的先修课程是"信号与系统""工程数学"等,故书中有些内容,如差分方程、Z 变换等,可以根据学生已有的基础,进行适当地调整。本书可作为通信、电子信息、自动控制、计算机等专业本科生的必修课或选修课教材。

本书第 1~5 章、第 7 章、第 9 章由冀振元编写,第 6 章由宿富林编写,第 8 章、与各章内容相关的 MATLAB 实现以及索引由李杨编写。全书由冀振元统稿。

本书编写过程中汲取了多本国内外优秀教材的精华,借鉴了参考文献中优秀教材和文献的编写思路,参考或引用了其中一些内容、例题和习题,在本书出版之际,谨向这些文献的作者们致以衷心的谢意!李思明、位飞、高德奇参与完成了部分文字的整理和校验工作,在此一并表示感谢!

为了便于读者更好地理解和巩固书中知识,本书在第 2~7 章均附有适量的习题。习题解答请参见作者编著的《数字信号处理学习与解题指导》(哈尔滨工业大学出版社,冀振元编著),该书不仅对本书的习题做了详细的分析与解答,而且归纳了本书各章的基本内容和学习要点,并补充了大量精选练习题及详细解答,可作为读者学习本书的辅助教材。

由于作者水平有限,且编写时间仓促,疏漏与不妥之处在所难免,望读者给与批评指正,不胜感激!

编　者
2020 年 8 月

# 目 录

# CONTENTS

# 第 1 章

# 绪　论

## 1.1　数字信号处理的研究对象

数字信号处理(Digital Signal Processing，DSP)的研究对象非常广泛,涉及很多的学科领域。在各学科理论研究和工程实现过程中,常常需要对信号进行分析、变换、综合等处理,以达到特征提取、信息增强、成分分析等目的。传统的模拟信号处理手段针对的是连续时间变量,其处理方式受到越来越多的局限。数字信号处理是把连续时间信号通过模/数(A/D)变换转变成一系列用数字或符号表示的序列,利用通用计算机或专用数字信号处理设备处理这些序列,以达到所需要的目的。总之,凡是用数字方法对信号进行滤波、变换、增强、压缩、估计、识别等都是数字信号处理的研究对象,其应用领域极其广泛。

## 1.2　数字信号处理的基本过程

数字信号处理的基本过程如图 1.1 所示。

图 1.1　数字信号处理的基本过程

在实际应用过程中,我们常常接触到的是连续时间信号,或者说是模拟信号。如果想利用计算机等数字信号处理设备对该信号进行处理,必须通过 A/D 转换过程。这一过程实际上就是对连续时间信号离散化的过程,需要确定合适的抽样(采样)频率(Sampling Frequency),而待处理的连续时间信号往往包含多种频率成分,其中一部分是我们所关心的,而另一部分对于我们来说是干扰信号。

对于通过天线从空间收到的无线电信号而言,其频率覆盖范围是非常广泛的,虽然我们在设计接收天线时会考虑使有用信号频段的天线增益达到最大,同时抑制无用信号的能量,但是由于技术条件等限制,实际设计出的接收天线不可能达到将无用频段的信号完全屏蔽掉的目的。换句话说,通过接收天线进入系统的信号频带是非常宽的,其中包含大量的对我们来说是无用的信号,即干扰信号,而且不乏频率远高于我们感兴趣频段的信号。在对连续时间信号进行离散化的过程中,有一个非常重要的参数要进行合适的选择,那就是抽样频率。学过本书第 2 章的抽样定理后我们就会知道,为了保证抽样过程不丢失信息,或者说仍可以由抽样得到的数字信号不失真地恢复出原来的模拟信号,要求抽样频率必须大于信号最高频率的两倍。

这样,如果不对 A/D 转换前的信号作任何预处理,按照抽样定理选择的抽样频率势必会远远大于有用信号最高频率的两倍,甚至永远选择不到合适的抽样频率。抽样频率过高不但对 A/D 转换芯片提出更高的要求,而且大量的数据存储和计算也给后续的数字信号处理平台带来很大的压力,关键是这并不会给有用信号的处理带来任何帮助。因此,我们需要在对模拟信号进行 A/D 转换前进行预处理,而图 1.1 中前置预滤波器的作用正是解决以上问题。通过合理的设计,我们关心的信号可正常通过,而其他频率成分则尽量抑制掉。

图 1.1 中的数字信号处理器是整个数字信号处理系统的核心,它可以是通用计算机,也可以是由专用数字信号处理芯片构成的高速数字信号处理平台,在这里实现对信号的滤波、变换、增强、压缩、估计、识别等处理工作。

图 1.1 中的数/模(D/A)变换器实现的功能与 A/D 变换器正好相反,如果根据任务需要,需将处理后的数字信号变成模拟信号,则需要 D/A 变换器来实现。而 D/A 转换后的信号会含有高频成分,D/A 变换器之后的模拟滤波器就是起到对其进行平滑的作用,因此又可称为平滑滤波器(Smoothing Filter),通常采用模拟低通滤波器实现。图 1.1 中各过程的波形示意图如图 1.2 所示。

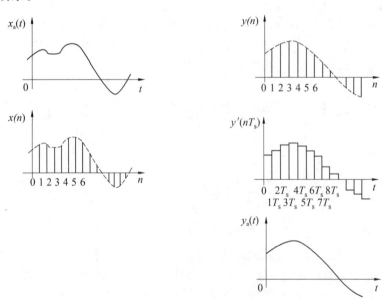

图 1.2    数字信号处理过程中的波形示意图

## 1.3    数字信号处理的学科概貌

数字信号处理领域的两大理论基础是离散线性移不变(Linear Time-Invariant,LTI)系统理论和离散傅里叶变换(Discrete Fourier Transform,DFT),之所以这样说是因为:①我们讨论的系统是满足线性和移不变性的离散时间系统;②离散傅里叶变换是数字频谱分析的基本工具,以后很多新的处理手段大都是在 DFT 的基础上发展起来的。

数字信号处理有两个基本的学科分支,即数字滤波(Digital Filtering)和数字频谱分析

（Spectral Analysis）。具体地说，数字滤波部分包括无限长冲激响应（Infinite Impulse Response，IIR）数字滤波器（Digital Filter）和有限长冲激响应（Finite Impulse Response，FIR）数字滤波器两部分内容。涉及它们的数学逼近问题、综合问题（选择滤波器结构和运算字长）以及具体的硬件或软件实现问题。

数字频谱分析则包括确定信号（Deterministic Signal）的频谱分析和随机信号（Random Signal，Stochastic Signal）的频谱分析两部分内容。对于确定信号的频谱分析，通常采用离散傅里叶变换的方法来进行，而随机信号的频谱分析就是统计的谱分析方法。

二维及多维信号处理（Multi-Dimension Signal Processing）则是数字信号处理新的发展领域，不断有新的技术涌现。

数字信号处理的学科概貌可用图 1.3 大致概括。

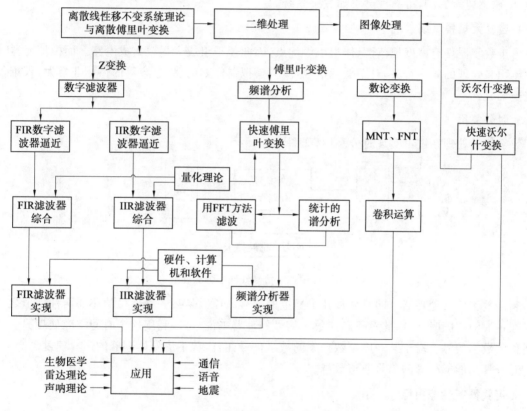

图 1.3　数字信号处理的学科概貌

# 1.4　数字信号处理的特点

相对于传统的模拟信号处理，数字信号处理系统具有以下优点。

**1. 精度高**

模拟系统的精度由元器件精度决定，模拟元件的精度很难达到 $10^{-3}$ 以上，因此模拟系统的精度很难做到很高。而数字系统的精度由位数决定，只要 16 位字长就可接近 $10^{-5}$ 的精度，想要达到更高的精度则可采用更高的位数，例如 32 位、64 位等。

### 2. 灵活性高

数字系统的性能主要由乘法器的系数决定,而系数是存放在系数存储器中,只需改变存储的系数,就可得到不同的系统。而模拟系统则不具备这种特点,如想获得不同的系统,则必须改变组成系统的元器件。

### 3. 可靠性强

数字系统只有"0"、"1"两个信号电平,且每种电平允许一定的变化范围。例如常用的 TTL 电平,用 0 V 表示"0"电平,用 5 V 表示"1"电平,同时允许一定的波动范围,即低于 0.8 V 就被认为是"0"电平,高于 2.4 V 就被认为是"1"电平。因此数字系统受外界环境温度以及噪声的影响较小,而模拟系统的各个元件都有一定的温度系数,且电平是连续变化的,易受温度、噪声、电磁感应等影响,可靠性远不如数字系统。

### 4. 容易大规模集成

由于数字器件有高度规范性、体积小等优点,因此便于组成大规模集成电路。而模拟元器件的体积和处理的频率有关,对于低频信号,所需模拟器件如电感、电容等的体积非常大,很难大规模集成。

### 5. 时分复用

数字信号处理系统可实现时分复用,如图 1.4 所示。

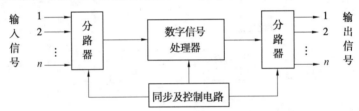

图 1.4　时分复用数字信号处理系统示意图

利用数字信号处理器可同时处理几个通道的信号。原因是某一路信号的相邻两抽样值之间存在很大的空隙时间,因此对于高速数字信号处理器来说,可以利用这个时间空隙处理另一个通道的数字信号。对于某一固定数据率的数字信号而言,数字信号处理器的运算速度越高,通过时分复用能够处理的信号通道数越多。

### 6. 可获得高性能指标

当用频谱分析仪对信号进行频谱分析时,模拟频谱仪只能分析 10 Hz 以上频率,而数字频谱分析仪完全可以分析 $10^{-3}$ Hz;而且有限长冲激响应数字滤波器可实现准确的线性相位,这在模拟系统中是很难实现的,这一点对于有用信息在信号相位上时是非常重要的。

### 7. 二维与多维处理

利用数字信号处理系统很容易实现二维与多维信号处理任务,这在模拟系统中是很难实现的。

以上给出了数字信号处理系统的诸多显著优点,但是它也有一定的缺点。目前数字信号处理系统的主要缺点是速度不高,当处理的信号频率很高时数字系统不能完全取代模拟系统,必须采用模拟系统和数字系统相结合的方式来实现。

## 1.5　信号与系统的分类

携带信息的物理过程称为信号,在数学上表示成一个或几个独立变量的函数。根据信号的自变量和函数值取连续值还是离散值,可将信号作以下分类:

①模拟信号(Analog Signal):时间和幅度上都取连续值的信号;

②数字信号(Digital Signal):时间和幅度上都取离散值的信号;

③连续时间信号(Continuous-time Signal):时间上取连续值的信号,幅度可以连续,也可离散。通常与模拟信号混同;

④离散时间信号(Discrete-time Signal):时间上取离散值,不考虑幅度是否离散的信号。

物理上把处理信号的装置或技术称为系统,相应的系统分类如下:

①模拟系统(Analog System):输入输出均为模拟信号的系统;

②数字系统(Digital System):输入输出均为数字信号的系统;

③连续时间系统(Continuous-time System):输入输出均为连续时间信号的系统;

④离散时间系统(Discrete-time System):输入输出均为离散时间信号的系统。

## 1.6　数字信号处理的发展及应用

数字信号处理的重大进展之一是 1965 年发表的快速傅里叶变换,它使数字信号处理从概念到实现发生了重大转折。20 世纪 60 年代初期,人们已经掌握了利用计算机进行谱分析的原理,但是所需要的时间太长,给实际应用带来了很大的困难。而快速傅里叶变换算法的出现使得原有的计算量缩小了一两个数量级,从而使数字信号处理技术得到广泛的应用。随后又出现了一些新的算法,如用数论变换进行卷积运算的方法、WFTA(Winograd Fourier Transform Algorithm)算法、沃尔什变换及其快速算法等。

数字信号处理发展过程中的另一个重大进展是 FIR 数字滤波器和 IIR 数字滤波器地位的相对变化。最初人们认为 IIR 数字滤波器比 FIR 数字滤波器优越,随着信息理论的发展,人们认识到除信号的幅度包含信息外,相位同样也包含着信息。而且相对于包含在幅度中的信息而言,包含在相位的信息不容易受到干扰,能更好地实现信息的无失真传递。为了得到更多的信息,往往需要同时提取包含在幅度和相位中的信息,这样就不允许在信号处理过程中有相位失真。在早期人们只看重信号的幅度信息时,IIR 数字滤波器可用较少的阶数达到与 FIR 数字滤波器相同的滤波效果,因此人们认为 IIR 数字滤波器更为优越。但是,IIR 数字滤波器不能保证相位不失真的要求,而 FIR 数字滤波器在满足一定的条件下可设计成具有严格线性相位的系统,因此为了提取相位信息人们往往宁可牺牲阶数也要采用 FIR 数字滤波器来处理信号。另外,有学者提出可以用快速傅里叶变换实现卷积运算,也就是说可以用快速傅里叶变换实现高阶的 FIR 滤波运算。因此,人们不再一味地认为 IIR 数字滤波器比 FIR 数字滤波器优越,而是根据具体应用场合适当地进行选择。随着研究的深入,人们越来越重视 FIR 数字滤波器的使用。

从数字信号处理技术的实现上看,大规模集成电路技术是推动数字信号处理技术发展的重要因素。由于大规模集成电路的出现,数字信号处理不仅可以在计算机上实现,而且出现了专用的数字信号处理(DSP)芯片及相应电路芯片,使得数字信号处理的速度有了更大的提高。

尽管 20 世纪 70 年代末就出现了一些具有 DSP 性质的处理器,如日本 NEC 的 $\mu$PD7720 等,但是公认的第一种商业上成功的 DSP 芯片是 1982 年美国德州仪器(TI)公司推出的第一代产品 TMS32010。TMS32010 采用了数据总线和程序总线分离的 Harvard 体系结构,并具有内部硬件乘法器,完成一次乘法只要一个指令周期。Harvard 体系结构和硬件乘法器构成了第一代 DSP 区别于通用计算机的主要特点。如今 DSP 产品已经发展为一个庞大的家族,其体系结构也从早期简单的 Harvard 体系结构,发展到现在的 SHARC、VLIW 等复杂的体系结构;其运算速度从早期的 200 ns 指令周期发展到今天 1 ns 左右的指令周期。目前市场上的 DSP 产品主要有 TI 公司的 TMS320 系列,Motorola 公司的 DSP5600、DSP9600 系列,AT&T 公司的 DSP16、DSP32 系列及 AD 公司的 ADSP—21 系列等。

数字信号处理的突出优点,使得它的应用领域非常广泛。目前,数字信号处理已在生物医学工程、语音处理与识别、人工智能、雷达、声呐、遥感、通信、语音、图像处理等领域得到了广泛应用。

# 第 2 章

---

# 离散时间信号与系统及其频域分析

## 2.1 引　言

随着近代数字技术的发展,过去用连续时间系统实现的许多功能目前已经可以用离散时间系统来实现。离散时间系统所具有的精度高、可靠性好、便于制成大规模集成电路等一系列的优点是连续时间系统所无法比拟的。尤其是大规模集成电路和高速数字计算机的发展,极大地促进了离散时间信号(Discrete Time Signal)与系统理论的进一步完善。人们用数字的方法对信号与系统进行分析与设计,不断提高数字处理技术。对大数据量的音频、视频等多媒体数字信息以更有效的方法、更理想的速率进行处理和传输。因此,研究离散时间信号与系统的基本理论和分析方法就显得尤为重要。

本章作为全书的基础,首先,通过阐述离散时间信号和离散时间系统的基本概念,开始研究数字信号处理,将集中解决有关信号表示、信号运算、系统分类和系统性质等问题;其次,对于线性移不变系统,将证明输入与输出是卷积和的关系,并讨论卷积和的性质及求卷积和的方法;然后,讨论线性常系数差分方程的解法;最后介绍模拟信号的数字化处理方法。

## 2.2　离散时间信号的基本概念

### 2.2.1　离散时间信号的定义

一个信号 $x(t)$,它可以代表一个实际的物理信号,也可以是一个数学函数。例如,$x(t) = A\sin(\Omega t)$ 既是正弦信号,也是正弦函数。因此,在信号处理中,信号与函数往往是通用的。$x(t)$ 所表示的可以是不同的物理信号,如温度、压力、流量等,但在实际应用中都要把它们转变成电信号,这一转变可以通过使用不同的传感器来实现,因此,我们可以简单地把 $x(t)$ 看作一个电压信号,或是电流信号。自变量 $t$ 可以是时间,也可以是其他变量。若 $t$ 代表距离,那么 $x(t)$ 是一个空间的信号;若 $t$ 代表时间,则 $x(t)$ 为时间信号,或时域信号。在本书中,如没有特殊说明,我们都把 $x(t)$ 视为随时间变化的电信号。$x(t)$ 本身可以是实信号,也可以是复信号。物理信号一般都是实信号,建立在数学模型基础上的信号有可能是复信号。

若 $t$ 是定义在时间轴上的连续变量,则称 $x(t)$ 为连续时间信号(Continuous-time Signal),又称模拟信号(Analog Signal);若 $t$ 仅在时间轴的离散点上取值,则称 $x(t)$ 为离散时间信号,这时应将 $x(t)$ 改写为 $x(nT_s)$,$T_s$ 表示相邻两个点之间的时间间隔,又称抽样周期

(Sampling Periodic)，$n$ 取整数，即

$$x(nT_s) \quad (-\infty < n < +\infty)$$

一般，我们可以把 $T_s$ 归一化为 1，这样 $x(nT_s)$ 可以简单记为 $x(n)$，即

$$x(n) = x(nT_s) \quad (-\infty < n < +\infty)$$

这样表示的 $x(n)$ 仅是整数 $n$ 的函数，所以又称 $x(n)$ 为离散时间序列(Discrete-Time Series/Sequence)。

$x(n)$ 在时间上是离散的，其幅度既可以取离散值，也可以在某一个范围内连续取值。但目前的信号处理装置多是以计算机或专用信号处理芯片来实现的，都是以有限的位数来表示其幅度，因此，其幅度也必须"量化"，即取离散值。在时间和幅度上都取离散值的信号称为数字信号(Digital Signal)。目前，在信号处理的文献与教科书中，"离散时间信号"和"数字信号"这两个词是通用的，都是指数字信号，本书也是如此。

一个离散时间信号 $x(n)$，可能由信号源产生时就是离散的，例如，若 $x(n)$ 表示的是一年365天中每天的平均气温，那么 $x(n)$ 本身即是离散时间信号。但大部分情况下，$x(n)$ 是由连续时间信号 $x(t)$ 经抽样后所得到的，我们将在本章的 2.9 节学习这部分的内容。

### 2.2.2　离散时间信号的描述 —— 序列

无论本身就是时间上离散的离散时间信号，还是经过抽样后得到的离散时间信号，无非表示的就是一系列的数值，信号随 $n$ 的变化规律可以用公式表示，也可以用图形表示，如图 2.1 所示。横轴虽为连续直线，但只有在 $n$ 为整数时才有意义；纵轴线段的长短代表各序列值的大小。

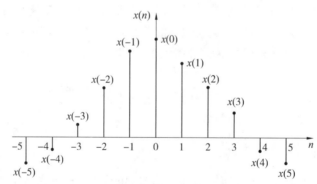

图 2.1　离散时间信号的图形表示

如果 $x(n)$ 是通过观测得到的一组离散数据，则其可以用集合的符号表示，例如

$$x(n) = \{\cdots, 1, 2.5, -2, 1.5, -3, \cdots\}$$

### 2.2.3　几种常用的离散时间信号

**1. 单位冲激(单位抽样)序列(Unite Impulse/Sample Sequence)$\delta(n)$**

函数表示为

$$\delta(n) = \begin{cases} 1 & (n=0) \\ 0 & (n \neq 0) \end{cases} \tag{2.1}$$

该信号在离散时间信号与离散时间系统的分析与综合中有着重要的作用，类似于 $\delta(t)$，但

它们的定义不同。$\delta(t)$ 是建立在积分的定义上的,即

$$\int_{-\infty}^{+\infty} \delta(t)\mathrm{d}t = 1 \tag{2.2}$$

且 $t \neq 0$ 时 $\delta(t) = 0$。$\delta(t)$ 表示在极短的时间内所产生的巨大"冲激",而 $\delta(n)$ 是一般函数,在 $n = 0$ 时的函数值为 1。若将 $\delta(n)$ 在时间轴上延迟了 $k$ 个抽样周期,得 $\delta(n-k)$,则

$$\delta(n-k) = \begin{cases} 1 & (n=k) \\ 0 & (n \neq k) \end{cases} \tag{2.3}$$

式(2.3)中,若 $k$ 从 $-\infty$ 变到 $+\infty$,那么 $\delta(n)$ 的所有移位可以形成一个无限长的脉冲串序列 $p(n)$,即

$$p(n) = \sum_{k=-\infty}^{+\infty} \delta(n-k) \tag{2.4}$$

图 2.2 分别给出了 $\delta(n)$、$\delta(n-k)$ 及 $p(n)$ 的波形。

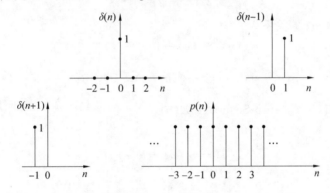

图 2.2　单位冲激序列、延时抽样序列及移位脉冲串序列

**2. 单位阶跃序列**(Unit Step Sequence)$u(n)$

函数表示为

$$u(n) = \begin{cases} 1 & (n \geqslant 0) \\ 0 & (n < 0) \end{cases} \tag{2.5}$$

它类似于连续时间信号与系统中的单位阶跃函数 $u(t)$。但 $u(t)$ 在 $t=0$ 时常不给予定义,而 $u(n)$ 在 $n=0$ 时的定义为 $u(0)=1$,如图 2.3 所示。

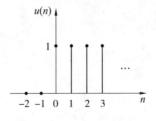

图 2.3　单位阶跃序列

若序列 $y(n) = x(n)u(n)$,就意味着 $y(n)$ 的自变量 $n$ 的取值就限定在 $n \geqslant 0$ 的右半轴上。$u(n-k)$ 是移位的单位阶跃序列,其函数表示为

$$u(n-k) = \begin{cases} 1 & (n \geqslant k) \\ 0 & (n < k) \end{cases} \tag{2.6}$$

**3. 矩形(截断)序列**(Rectangular Sequence)$R_N(n)$

函数表示为

$$R_N(n) = \begin{cases} 1 & (0 \leqslant n \leqslant N-1) \\ 0 & (n \text{ 为其他值}) \end{cases} \tag{2.7}$$

其波形如图 2.4 所示。

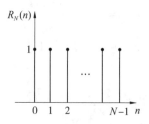

图 2.4　矩形序列

$R_N(n)$ 和 $\delta(n)$、$u(n)$ 的关系为

$$R_N(n) = u(n) - u(n-N) \tag{2.8}$$

$$R_N(n) = \sum_{m=0}^{N-1} \delta(n-m) = \delta(n) + \delta(n-1) + \cdots + \delta[n-(N-1)] \tag{2.9}$$

**4. 单位斜变序列**(Unit Ramp Sequence)$R(n)$

函数表示为

$$x(n) = nu(n) = R(n) \tag{2.10}$$

其波形如图 2.5 所示。

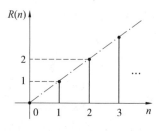

图 2.5　单位斜变序列

$\delta(n)$、$u(n)$ 及 $R(n)$ 之间的关系为

$$\delta(n) = u(n) - u(n-1) \tag{2.11}$$

$$u(n) = \sum_{m=0}^{+\infty} \delta(n-m) = \delta(n) + \delta(n-1) + \delta(n-2) + \cdots \tag{2.12}$$

令 $n-m=k$,代入上式可得

$$u(n) = \sum_{k=-\infty}^{n} \delta(k) \tag{2.13}$$

$$u(n) = R(n+1) - R(n) \tag{2.14}$$

注:斜变序列的起点为 0,因此 $u(n) \neq R(n) - R(n-1)$。

**5. 实指数序列**(Real Exponential Sequence)

函数表示为

$$x(n) = a^n u(n) \qquad (2.15)$$

式中　　$a$——实数。

若 $|a| < 1$，$x(n)$ 的幅度随 $n$ 的增大而减小，称 $x(n)$ 为收敛序列；若 $|a| > 1$，则称为发散序列。$0 < a < 1$ 时的实指数序列的波形如图 2.6 所示。

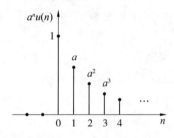

图 2.6　$0 < a < 1$ 时的实指数序列

**6. 复指数序列**(Complex Exponential Sequence)

函数表示为

$$x(n) = e^{(\sigma + j\omega_0) n} \qquad (2.16a)$$

式中　　$\omega_0$——复正弦的数字域频率(数字角频率)。

若 $\sigma = 0$，则式(2.16a) 变为

$$x(n) = e^{j\omega_0 n} \qquad (2.16b)$$

式(2.16b) 用实部与虚部表示，则为

$$x(n) = \cos(\omega_0 n) + j\sin(\omega_0 n)$$

式(2.16a) 用极坐标表示，则为

$$x(n) = |x(n)| e^{j\arg[x(n)]} = e^{\sigma n} \cdot e^{j\omega_0 n}$$

所以有

$$\begin{cases} |x(n)| = e^{\sigma n} \\ \arg[x(n)] = \omega_0 n \end{cases}$$

由于 $n$ 取整数，则下面的等式成立：

$$e^{j(\omega_0 + 2\pi M) n} = e^{j\omega_0 n} \quad (M = 0, \pm 1, \pm 2, \cdots)$$

该式表明复指数序列具有以 $2\pi$ 为周期的周期性，在以后的讨论中，频率域只考虑一个周期。

**7. 正弦序列**(Sinusoidal Sequence)

函数表示为

$$x(n) = A\sin(\omega_0 n + \varphi) \qquad (2.17)$$

式中　　$A$——幅度；

　　　　$n$——整数；

　　　　$\omega_0$——数字域频率(数字角频率)，表示序列变化的速率，或者说表示相邻两个序列值之间变化的弧度数，单位是弧度；

　　　　$\varphi$——起始相位。

## 2.2.4　周期与非周期序列

任何离散时间信号总可以分为周期(Periodic) 的或非周期(Aperiodic) 的。如果对于某个

正整数 $N$ 和所有 $n$,使下式成立:

$$x(n) = x(n + N) \quad (-\infty < n < +\infty) \tag{2.18}$$

则称序列 $x(n)$ 为周期性序列。

如果一个信号是以 $N$ 为周期的,那么它对于 $2N$、$3N$ 以及所有其他 $N$ 的整数倍都是周期的,其基本周期 $N$ 是满足式(2.18)的最小正整数。如果式(2.18)对于任何整数 $N$ 都不能满足,那么 $x(n)$ 称为一个非周期信号。

下面我们讨论一般正弦序列的周期性。

设 $\qquad\qquad\qquad\qquad x(n) = A\sin(\omega_0 n + \varphi)$

那么

$$x(n + N) = A\sin[\omega_0(n + N) + \varphi] = A\sin(\omega_0 n + \omega_0 N + \varphi)$$

若 $\omega_0 N = 2\pi k$,$k$ 为整数,则

$$x(n) = x(n + N)$$

这时正弦序列就是周期性序列,其周期满足 $N = \dfrac{2\pi k}{\omega_0}$($N$、$k$ 必须为整数)。

判定其周期性有以下三种情况:

(1) 当 $\dfrac{2\pi}{\omega_0}$ 为有理数且为整数时,则 $k=1$ 时,$N = \dfrac{2\pi}{\omega_0}$ 为最小正整数,该正弦序列就是以 $\dfrac{2\pi}{\omega_0}$ 为周期的周期序列,其周期就是 $N$。例如:$\sin\left(\dfrac{\pi}{4}n\right)$,其中 $\omega_0 = \dfrac{\pi}{4}$,有 $\dfrac{2\pi}{\omega_0} = N = 8$,所以该正弦序列是周期序列,其周期为 8。

(2) 当 $\dfrac{2\pi}{\omega_0}$ 是有理数,但不是整数时,该正弦序列仍然是周期序列,但其周期不是 $\dfrac{2\pi}{\omega_0}$,而是 $\dfrac{2\pi}{\omega_0}$ 的整数倍。设 $\dfrac{2\pi}{\omega_0} = \dfrac{P}{Q}$,其中 $P$、$Q$ 是互为素数的整数,此时正弦序列的周期是以 $P$ 为周期的周期序列。例如:$\sin\left(\dfrac{3}{7}\pi n\right)$,其中 $\omega_0 = \dfrac{3\pi}{7}$,有 $\dfrac{2\pi}{\omega_0} = \dfrac{14}{3}$,所以该正弦序列是以 14 为周期的周期序列。

(3) 当 $\dfrac{2\pi}{\omega_0}$ 是无理数时,此时的正弦序列不是周期序列,这和连续时间信号是不一样的。例如:$\omega_0 = \dfrac{1}{2}$,$\sin(\omega_0 n)$ 就不是周期序列。

同样,对于指数为纯虚数的复指数序列的周期性与正弦序列的情况相同。

无论正弦或复指数序列是否为周期性序列,参数 $\omega_0$ 皆称为它们的数字域角频率。

### 2.2.5 对称序列

离散时间信号若具有某种对称性,更便于解决某些相对比较复杂的问题,下面给出我们经常用到的两种对称形式。

**1. 实序列的对称性**(Symmetry Property of A Real Sequence)

若 $x(n)$ 为实序列,对于所有的 $n$ 都有

$$x(n) = x(-n) \tag{2.19}$$

则称之为偶（对称）序列（Even Sequence），用 $x_e(n)$ 表示。

若 $x(n)$ 为实序列，对于所有的 $n$ 都有

$$x(n) = -x(-n) \tag{2.20}$$

则称之为奇（对称）序列（Odd Sequence），用 $x_o(n)$ 表示。

对于任何一个实序列 $x(n)$，都可以被分解为偶序列和奇序列之和，即

$$x(n) = x_e(n) + x_o(n) \tag{2.21}$$

为了求得 $x(n)$ 的偶序列，我们构造和式

$$x_e(n) = \frac{1}{2}\big[x(n) + x(-n)\big] \tag{2.22a}$$

而为了求得 $x(n)$ 的奇序列，我们构造差式

$$x_o(n) = \frac{1}{2}\big[x(n) - x(-n)\big] \tag{2.22b}$$

**2. 复序列的对称性**（Symmetry Property of A Compex Sequence）

若 $x(n)$ 为复序列，满足其实部为偶对称，虚部为奇对称，即表示为

$$x_e(n) = x_e^*(-n) \tag{2.23}$$

则称之为共轭对称序列（Conjugate-Symmetry Sequence）。

若 $x(n)$ 为复序列，满足其实部为奇对称，虚部为偶对称，即表示为

$$x_o(n) = -x_o^*(-n) \tag{2.24}$$

则称之为共轭反对称序列（Conjugate − Antisymmetry Sequence）。

任何复序列都可以被分解为一个共轭对称序列和一个共轭反对称序列之和，即

$$x(n) = x_e(n) + x_o(n)$$

其中

$$x_e(n) = \frac{1}{2}\big[x(n) + x^*(-n)\big]$$

$$x_o(n) = \frac{1}{2}\big[x(n) - x^*(-n)\big]$$

### 2.2.6　用单位冲激序列来表示任意序列（Sifling /Sampling Property）

单位冲激序列对于分析线性移不变系统是很有用的。

我们可将任意序列表示成单位冲激序列的移位加权和，即

$$x(n) = \sum_{m=-\infty}^{+\infty} x(m)\delta(n-m) = x(n) * \delta(n) \tag{2.25}$$

显然，这是因为只有 $m=n$ 时，$\delta(n-m)=1$，因而

$$x(m)\delta(n-m) = \begin{cases} x(n) & (m=n) \\ 0 & (m \text{ 为其他值}) \end{cases}$$

式（2.25）中的" $*$ "表示卷积和（Convolution Sum）运算符，该式说明，任意序列与 $\delta(n)$ 作卷积和运算仍得到原序列。同样，任意序列与单位冲激序列的移位序列作卷积和运算则得到此序列相同位的移位序列，即

$$\sum_{m=-\infty}^{+\infty} x(m)\delta(n-n_0-m) = x(n) * \delta(n-n_0) = x(n-n_0) \tag{2.26}$$

关于卷积和的运算及性质将在 2.5 节详细介绍。

# 2.3  序列的运算

离散时间信号的运算与变换同连续时间信号的运算与变换相类似,运算与变换后得到新的序列,该序列可以用表达式表示,也可以用波形或序列集合来进行形象、直观地表示。

**1. 加和减**

任意两个离散时间信号的相加、减是在对应的 $n$ 时刻进行的。

两个离散时间信号的相加表示为

$$y(n) = x_1(n) + x_2(n)$$

两个离散时间信号的相减表示为

$$y(n) = x_1(n) - x_2(n)$$

【例 2.1】 已知信号

$$x_1(n) = \{2, -1, 4, 1, -1, 1, -2\}$$
$$\uparrow$$
$$n = 0$$
$$x_2(n) = \{8, -2, 0, -2\}$$
$$\uparrow$$
$$n = 0$$

求:$y_1(n) = x_1(n) + x_2(n)$ 和 $y_2(n) = x_1(n) - x_2(n)$。

**解**
$$y_1(n) = x_1(n) + x_2(n) = \{2, -1, 12, -1, -1, -1, -2\}$$
$$\uparrow$$
$$n = 0$$

$$y_2(n) = x_1(n) - x_2(n) = \{2, -1, -4, 3, -1, 3, -2\}$$
$$\uparrow$$
$$n = 0$$

由此可以看出,该运算是在同一时刻下的数值进行加或减的运算,但必须是无进位和借位的加或减。

**2. 相乘**

任意两个离散时间信号相乘表示为

$$y(n) = x_1(n) \cdot x_2(n)$$

与相加、减运算类似,信号的相乘运算也是在同一时刻下进行的。

【例 2.2】 求例 2.1 中的两个信号的相乘运算。

**解** 结果为

$$y(n) = x_1(n) \cdot x_2(n) = \{32, -2, 0, -2\}$$
$$\uparrow$$
$$n = 0$$

**3. 累加**

离散时间信号的累加运算是对某一离散时间信号的历史值进行求和的过程。对 $x(n)$ 的

累加运算表示为

$$y(n) = \sum_{k=-\infty}^{n} x(k) \tag{2.27}$$

该运算类似于连续信号的积分运算，必须注意前边的累加结果对后边累加过程的影响。

**【例 2.3】**　已知一个离散序列 $x(n) = \{1, 2, 0, -1\}$
$$\uparrow$$
$$n = 0$$

求：对此序列的累加运算 $y(n) = \sum_{k=-\infty}^{n} x(k)$。

　　**解**　由于原信号在 $n \geqslant -1$ 开始有值了，所以此序列的累加运算应该从 $n \geqslant -1$ 开始，根据式(2.27)有

$$y(-1) = \sum_{k=-1}^{-1} x(k) = x(-1) = 1$$

$$y(0) = \sum_{k=-1}^{0} x(k) = x(-1) + x(0) = 1 + 2 = 3$$

$$y(1) = \sum_{k=-1}^{1} x(k) = x(-1) + x(0) + x(1) = 1 + 2 + 0 = 3$$

$$y(2) = \sum_{k=-1}^{2} x(k) = x(-1) + x(0) + x(1) + x(2) = 1 + 2 + 0 - 1 = 2$$

$$y(3) = \sum_{k=-1}^{3} x(k) = x(-1) + x(0) + x(1) + x(2) + x(3) = 1 + 2 + 0 - 1 + 0 = 2$$

$$y(n) = \cdots\cdots$$

以此类推，$y(n) = y(n-1) + x(n)$，该离散时间信号及其累加运算结果如图 2.7 所示。

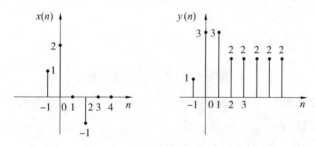

图 2.7　离散时间信号及其累加运算结果

### 4. 移位、翻转及尺度变换

（1）移位（Shifting）。

设序列 $x(n)$ 用图 2.8(a) 表示。

如果 $y(n) = x(n - n_0)$，则表示将 $x(n)$ 沿 $n$ 轴平移 $n_0$ 个单位。当 $n_0 > 0$ 时，向右平移，称为 $x(n)$ 的延时序列，例当 $n_0 = 2$ 时，如图 2.8(b) 所示；当 $n_0 < 0$ 时，向左平移，称为 $x(n)$ 的超前序列。

（2）翻转（Reversing）。

$x(-n)$ 是 $x(n)$ 的翻转序列，如图 2.8(c) 所示，它是指信号 $x(n)$ 关于变量 $n$ "翻转"。

（3）尺度变换。

$x(mn)$ 是 $x(n)$ 序列每隔 $m-1$ 点取一点而形成的新序列，相当于时间轴 $n$ 压缩为原来的 $\frac{1}{m}$，当 $m=2$ 时，其波形如图 2.8(d) 所示；$x\left(\dfrac{n}{m}\right)$ 是 $x(n)$ 序列每 2 点间插入 $m-1$ 个零点而形成的新序列，相当于时间轴 $n$ 被扩展了 $m$ 倍，当 $m=2$ 时，其波形如图 2.8(e) 所示。

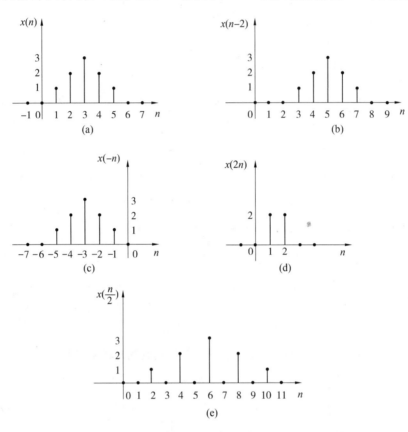

图 2.8　序列的移位、翻转、尺度变换

移位、翻转和尺度变换是与次序相关的，所以在计算这些运算的合成时需要注意。

**5. 信号分解**（Signal Decomposition）

我们可以用单位冲激序列的定义和移位序列的概念，把任何一个信号 $x(n)$ 分解为如下加权移位的单位冲激序列的和。

$$x(n) = \cdots + x(-1)\delta(n+1) + x(0)\delta(n) + x(1)\delta(n-1) + x(2)\delta(n-2) + \cdots$$

这个分解可以简记为

$$x(n) = \sum_{m=-\infty}^{+\infty} x(m)\delta(n-m) \tag{2.28}$$

其中

$$\delta(n-m) = \begin{cases} 1 & (n=m) \\ 0 & (n \neq m) \end{cases}$$

式(2.28)中每一项 $x(m)\delta(n-m)$ 是在一个 $n=m$ 时刻，幅值为 $x(m)$，对于其他 $n$ 值为零的信号。

# 2.4　离散时间系统

离散时间系统是一个映射,这个映射通过一组已定法则或运算把一个信号转换为另外一个信号,用符号 $T[\cdot]$ 来表示一般的系统,如图 2.9 所示,图中输入信号 $x(n)$ 通过 $T[\cdot]$ 被转换为输出信号 $y(n)$。

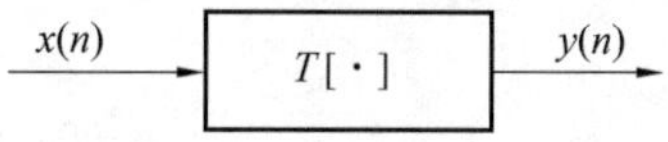

图 2.9　离散时间系统

一个系统的输入、输出性质可以用几种方法中的任意一种来确定。例如,输入、输出之间的关系可以用一个简洁的数学法则或函数表示为

$$y(n) = x^2(n)$$

或者

$$y(n) = 0.5y(n-1) + x(n)$$

也可以用一个算法描述一个系统,这个算法规定了施加于输入信号的一系列指令或运算,如

$$y_1(n) = 0.5y_1(n-1) + 0.25x(n)$$
$$y_2(n) = 0.25y_2(n-1) + 0.5x(n)$$
$$y_3(n) = 0.4y_3(n-1) + 0.25x(n)$$
$$y(n) = y_1(n) + y_2(n) + y_3(n)$$

在某些情况下,可以方便地用一个表格来确定一个系统,这个表格定义了包括所有可能相关的输入、输出信号对的集合。

离散时间系统可按它们所具有的性质分类,最常用的性质包括线性、移不变性、因果性、稳定性、可逆性,这些性质以及其他一些性质将在下面叙述。

**1. 可加性**(Additivity Property)

若系统是可加的,即其输入之和的响应等于单个输入作用于该系统的响应之和。即,若对任意信号 $x_1(n)$ 和 $x_2(n)$,都有

$$T[x_1(n) + x_2(n)] = T[x_1(n)] + T[x_2(n)]$$

称之为可加性系统。

**2. 齐次性**(均匀性)(Homogeneity Property)

对任意系统,若输入的变化产生同样倍数的输出的变化,就为齐次性(均匀性)的。具体地说,如果对任意复常数 $C$ 和任意输入序列 $x(n)$,有

$$T[Cx(n)] = CT[x(n)]$$

称之为齐次性系统。

**【例 2.4】**　离散的系统 $y(n) = \dfrac{x^2(n)}{x(n-1)}$,判定其是否满足可加性、齐次性。

**解**　① 可加性

因为
$$T[x_1(n) + x_2(n)] = \frac{[x_1(n) + x_2(n)]^2}{x_1(n-1) + x_2(n-1)}$$

而 $$T[x_1(n)] + T[x_2(n)] = \frac{{x_1}^2(n)}{x_1(n-1)} + \frac{{x_2}^2(n)}{x_2(n-1)}$$

显然 $$T[x_1(n) + x_2(n)] \neq T[x_1(n)] + T[x_2(n)]$$

所以该系统不满足可加性。

② 齐次性

因为 $$T[Cx(n)] = \frac{[Cx(n)]^2}{Cx(n-1)} = C\frac{x^2(n)}{x(n-1)} = CT[x(n)]$$

所以该系统是齐次性的。

**【例 2.5】** 若 $y(n) = x(n) + x^*(n-1)$，判定其是否满足可加性与齐次性。

**解** ① 可加性

因为 $T[x_1(n) + x_2(n)] = [x_1(n) + x_2(n)] + [x_1(n-1) + x_2(n-1)]^* =$
$[x_1(n) + x_1^*(n-1)] + [x_2(n) + x_2^*(n-1)] =$
$T[x_1(n)] + T[x_2(n)]$

所以系统是可加性的。

② 齐次性

因为 $$T[Cx(n)] = Cx(n) + C^* x^*(n-1)$$

而 $$CT[x(n)] = Cx(n) + Cx^*(n-1)$$

显然 $$T[Cx(n)] \neq CT[x(n)]$$

所以该系统不满足齐次性。

**3. 线性系统**(Linear Systems)

一个既满足齐次性又满足可加性(满足叠加原理)的系统被称为线性系统。

**定义** 若对任意两个输入 $x_1(n)$ 和 $x_2(n)$，其输出分别为 $y_1(n) = T[x_1(n)]$ 和 $y_2(n) = T[x_2(n)]$，则

$$y(n) = T[ax_1(n) + bx_2(n)] = aT[x_1(n)] + bT[x_2(n)] = ay_1(n) + by_2(n) \tag{2.29}$$

其中 $a$、$b$ 为常系数。满足式(2.29)的系统即为线性系统。

**【例 2.6】** 试证明 $y(n) = ax(n) + b$($a$ 和 $b$ 是常数)是否为线性系统。

**证明** $$y_1(n) = T[x_1(n)] = ax_1(n) + b$$
$$y_2(n) = T[x_2(n)] = ax_2(n) + b$$
$$y(n) = T[x_1(n) + x_2(n)] = a[x_1(n) + x_2(n)] + b \neq y_1(n) + y_2(n)$$

因此，该系统不是线性系统。

**4. 移不变(时不变) 系统**(Shift Invariant/Time-Invariant Systems)

若系统具有这样的性质，即输入序列的移位将引起输出序列同样的移位且幅值不变，或者说系统的响应与激励加于系统的时刻无关，我们将其称为移不变(时不变)的，用公式形式化地定义为

$$\begin{cases} y(n) = T[x(n)] \\ y(n-n_0) = T[x(n-n_0)] \end{cases} \tag{2.30}$$

式中 $n_0$ —— 任意整数。

判定一个系统是否是移不变的就是检查其是否满足式(2.30)。

**【例 2.7】** 判定 $y(n) = x^2(n)$ 所描述的是否是移不变系统。

**解**
$$y(n) = x^2(n)$$
$$y(n - n_0) = x^2(n - n_0)$$

满足
$$y(n - n_0) = T[x(n - n_0)]$$

因此该系统是移不变系统。

**【例 2.8】**　判定 $y(n) = nx(n)$ 所描述的是否是移不变系统。

**解**
$$y(n) = nx(n)$$
$$y(n - n_0) = (n - n_0)x(n - n_0)$$
$$T[x(n - n_0)] = nx(n - n_0)$$
$$y(n - n_0) \neq T[x(n - n_0)]$$

因此该系统不是移不变系统。

**5. 线性移不变系统**(Linear Time-Invariant，LTI System)

一个既满足线性又满足移不变性质的系统称为线性移不变系统。如果单位冲激序列 $\delta(n)$ 的响应用 $h(n)$ 来表示，那么单位冲激响应即是系统对于 $\delta(n)$ 的零状态响应，用公式表示为

$$h(n) = T[\delta(n)] \tag{2.31}$$

设系统的输入用 $x(n)$ 表示，按照式(2.25)表示成单位冲激序列移位加权和为

$$x(n) = \sum_{m=-\infty}^{+\infty} x(m)\delta(n - m)$$

那么系统输出为

$$y(n) = T[x(n)] = T\Big[\sum_{m=-\infty}^{+\infty} x(m)\delta(n - m)\Big]$$

根据线性系统的齐次性和可加性

$$y(n) = \sum_{m=-\infty}^{+\infty} x(m)T[\delta(n - m)]$$

又根据移不变性质

$$y(n) = \sum_{m=-\infty}^{+\infty} x(m)h(n - m) \tag{2.32}$$

式(2.32)称为线性移不变系统的卷积和公式，记为

$$y(n) = x(n) * h(n)$$

序列 $h(n)$ 称为单位冲激响应，它包含了一个线性移不变系统的全部特征，换言之，一旦 $h(n)$ 已知，这个系统对于任何输入 $x(n)$ 的响应都可以求得。

**6. 因果性**(Causality)

如果对任意 $n_0$，系统在 $n_0$ 时刻的响应仅取决于在时刻 $n = n_0$ 及以前的输入，我们称之为因果系统。

对于一个因果系统，输出的变化不能发生在输入的变化之前，即因果系统是非超前的。一个线性移不变系统将是因果性的充分且必要条件是系统的单位冲激响应满足

$$h(n) = 0 \quad (n < 0) \tag{2.33}$$

相应地，将 $x(n) = 0(n < 0)$ 的序列称为因果序列。

**【例 2.9】**　试论证由 $y(n) = x(n) + x(n - 1)$ 描述的系统是因果性的。

**解** 因为在任意 $n=n_0$ 时刻的输出值仅取决于输入 $x(n)$ 在 $n_0$ 时刻及 $n_0-1$ 时刻的值，所以是因果系统；相反，由 $y(n)=x(n)+x(n+1)$ 所描述的系统就是非因果的，因为该系统的输出不仅取决于 $n=n_0$ 时刻的输入，还依赖于系统在 $n_0+1$ 时刻的输入值，与将来值有关，不满足因果系统的条件，所以该系统为非因果的。

**7. 稳定性(Stability)**

所谓稳定系统是指输入序列 $x(n)$ 是有界的，响应 $y(n)$ 也是有界的，我们称具有这种性质的系统在有界输入-有界输出(Bounded-Input，Bounded-Output，BIBO)的意义上是稳定的。

我们称一个系统在有界输入-有界输出的意义上是有界的，如果对于任何有界输入 $|x(n)| \leqslant A < +\infty$，输出将是有界的 $|y(n)| \leqslant B < +\infty$。对于一个线性移不变系统，系统稳定的充要条件是单位冲激响应绝对可和，即

$$\sum_{n=-\infty}^{+\infty} |h(n)| < +\infty \tag{2.34}$$

**【例 2.10】** 一个具有单位冲激响应 $h(n)=a^n u(n)$ 的线性移不变系统，只要 $|a| < 1$，则系统是稳定的，因为

$$\sum_{n=-\infty}^{+\infty} |h(n)| = \sum_{n=0}^{+\infty} |a|^n = \frac{1}{1-|a|} < +\infty \quad (|a| < 1)$$

相反，由式 $y(n)=nx(n)$ 描述的系统是不稳定的，因为其对单位阶跃序列 $x(n)=u(n)$ 的响应 $y(n)=nu(n)$ 是无界的。

**8. 可逆性**

如果一个系统的输入可以唯一地从其输出求出，我们称之为可逆的。为了保证一个系统是可逆的，对不同的输入需产生不同的输出。换句话说，给定任意两个输入 $x_1(n)$ 与 $x_2(n)$，且 $x_1(n) \neq x_2(n)$，必有 $y_1(n) \neq y_2(n)$ 成立。

**【例 2.11】** 由 $y(n)=x(n)g(n)$ 定义的系统是可逆的，当且仅当 $g(n) \neq 0$。特别地，给定 $y(n)$ 和对于所有 $n$ 均非零的 $g(n)$，$x(n)$ 就可以按下式从 $y(n)$ 中恢复。

$$x(n) = \frac{y(n)}{g(n)}$$

# 2.5　卷　积　和

一个线性移不变系统的输入 $x(n)$ 与输出 $y(n)$ 的关系可由如下卷积和(Convolution Sum)公式给出

$$y(n) = x(n) * h(n) = \sum_{m=-\infty}^{+\infty} x(m)h(n-m)$$

该运算是分析线性移不变系统的基础，在这里主要研究的是求卷积和的方法，首先列出卷积和的几种性质，这几个性质在简化求解卷积和时将会用到。两个序列的卷积和运算也称为序列的线性卷积。

## 2.5.1　卷积和运算的性质

卷积和是一个线性算子，因而有许多重要的性质。

**1. 交换律**(Commutative Law)

交换律是指两个序列进行卷积和运算时与次序无关,在数学上,交换律表示为

$$x(n) * h(n) = h(n) * x(n) \qquad (2.35)$$

从系统的角度来分析,这个性质表明一个具有单位冲激响应 $h(n)$ 和输入信号 $x(n)$ 的系统与一个具有单位冲激响应 $x(n)$ 和输入信号 $h(n)$ 的系统产生的效果是完全相同的,如图 2.10(a) 所示。

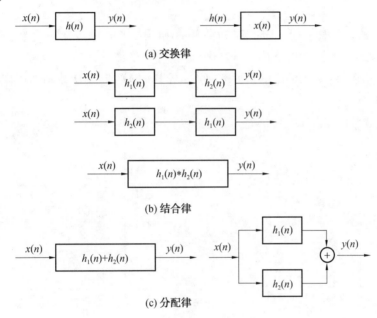

图 2.10　卷积和性质图

**2. 结合律**(Associative Law)

卷积和运算满足结合律,即

$$\{x(n) * h_1(n)\} * h_2(n) = x(n) * \{h_1(n) * h_2(n)\} \qquad (2.36)$$

从系统的角度来分析,设 $h_1(n)$ 和 $h_2(n)$ 分别是两个系统的单位冲激响应,$x(n)$ 表示输入序列。按式(2.36)的左端,信号通过 $h_1(n)$ 系统后再经过 $h_2(n)$ 系统,等效于按式(2.36)右端,信号通过一个系统,该系统的单位冲激响应为 $h_1(n) * h_2(n)$,如图 2.10(b) 所示。该式还表明两个系统的级联,其等效系统的单位冲激响应等于两个系统分别的单位冲激响应的卷积和。

**3. 分配律**(Distributive Law)

卷积和运算的分配律是指

$$x(n) * \{h_1(n) + h_2(n)\} = x(n) * h_1(n) + x(n) * h_2(n) \qquad (2.37)$$

从系统角度来分析,信号同时通过两个系统后相加,等效于信号通过一个系统,该系统的单位冲激响应等效于两个系统分别的单位冲激响应之和,如图 2.10(c) 所示。

## 2.5.2　求卷积和的方法

前面讨论了卷积和的几个性质,现在来讨论求卷积和的方法。求卷积和的运算有几种不

同的方法,哪种方法更简便将取决于待求卷积和序列的形式和类型。

**1. 图解法**

具体步骤如下:

(1) 将 $x(n)$ 和 $h(n)$ 用 $x(m)$ 和 $h(m)$ 表示。

(2) 选一个序列 $h(m)$,并将其按时间翻转形成序列 $h(-m)$。

(3) 把 $h(-m)$ 序列移动 $n$ 位(注:如果 $n>0$,表示向右边移位;如果 $n<0$,表示向左移位)。

(4) 对于所有的 $m$,把序列 $x(m)$ 和 $h(n-m)$ 相乘,并求这些乘积之和,得到的就是 $y(n)$。这个过程要对所有可能的移位 $n$ 重复进行。

**【例 2.12】** 用图解法求 $y(n)=x(n)*h(n)$,其中 $x(n)$ 和 $h(n)$ 分别如图 2.11(a) 和图 2.11(b) 所示的序列。

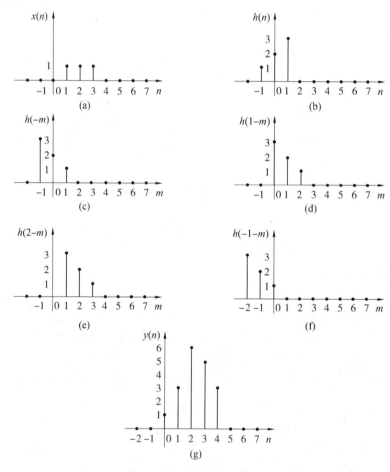

图 2.11　卷积和的图解法

**解**　我们按上面的步骤求解:

(1) 选一个序列按时间翻转,在该例中对 $h(m)$ 进行翻转得到 $h(-m)$,如图 2.11(c) 所示。

(2) 作乘积 $x(m)h(-m)$,对所有 $m$ 求和,得 $y(0)=1$。

（3）把 $h(m)$ 向右移一位产生如图 2.11(d) 所示序列 $h(1-m)$，作乘积 $x(m)h(1-m)$，并对所有 $m$ 求和，得 $y(1)=3$。

（4）把 $h(1-m)$ 再向右移动产生如图 2.11(e) 所示序列 $h(2-m)$，作乘积 $x(m)h(2-m)$，并对所有 $m$ 求和，得 $y(2)=6$。

（5）重复以上步骤，继续向右移位，得 $y(3)=5$，$y(4)=3$ 及当 $n>4$，$y(n)=0$。

（6）接着将 $h(-m)$ 向左移一位，如图 2.11(f) 所示，因为对于所有 $m$，乘积 $x(m)h(-1-m)$ 均等于零，求得 $y(-1)=0$。事实上，对于所有 $n<0$，均有 $y(n)=0$。

图 2.11(g) 表示对所有 $n$ 的卷积和结果。

**2. 解析法**

当进行卷积运算的序列可以用简单的闭合形式数学式表示时，常常可以很容易地通过公式直接算出卷积和的结果。在用公式求解时，通常必须计算有限个或无限个和，其中包括形如 $a^n$ 或 $na^n$ 的运算。

表 2.1 中列出的是一些常见级数的闭合形式表达式。

表 2.1　一些常见级数的闭合形式表达式

| | |
|---|---|
| $\displaystyle\sum_{n=0}^{N-1} a^n = \frac{1-a^N}{1-a}$ | $\displaystyle\sum_{n=0}^{\infty} a^n = \frac{1}{1-a}$　$(\lvert a\rvert<1)$ |
| $\displaystyle\sum_{n=0}^{N-1} na^n = \frac{(N-1)a^{N+1}-Na^N+a}{(1-a)^2}$ | $\displaystyle\sum_{n=0}^{\infty} na^n = \frac{a}{(1-a)^2}$　$(\lvert a\rvert<1)$ |
| $\displaystyle\sum_{n=0}^{N-1} n = \frac{1}{2}N(N-1)$ | $\displaystyle\sum_{n=0}^{N-1} n^2 = \frac{1}{6}N(N-1)(2N-1)$ |

用解析法求卷积和，首先要根据卷积和的变化情况，按转折点划段，然后对每段的卷积和确定上下限。确定上下限的一般原则是：若给定两序列的非零值的下限分别为 $L_1$，$L_2$，上限分别为 $V_1$，$V_2$，则选 $L_1$，$L_2$ 中大者作为卷积和的下限，选 $V_1$，$V_2$ 中小者作为卷积和的上限。

**【例 2.13】**　已知一系统的单位冲激响应为

$$h(n)=\begin{cases} a^n & (n\geqslant 0) \\ 0 & (n<0) \end{cases}$$

即

$$h(n)=a^n u(n)$$

$\lvert a\rvert<1$，其输入序列为 $x(n)=u(n)-u(n-N)$，求输出响应 $y(n)$。

**解**　由图 2.12 可以看出，固定序列 $x(m)$ 的上下限是固定不变的，而移动序列 $h(n-m)$ 的非零值上下限是随着 $n$ 值的变化而变化的，所以对应不同的 $n$ 值，移动序列就会有不同的上下限。因此上述卷积和应该分为三段：

（1）当 $n<0$ 时，$x(m)$ 与 $h(n-m)$ 互不重叠，其乘积为零，输出 $y(n)=0$；

（2）当 $0\leqslant n\leqslant N-1$ 时，$x(m)$ 的下限为零（$L_1=0$），$h(n-m)$ 的下限 $L_2=-\infty$，故取 $L_1=0$ 作为卷积和的下限。而 $x(m)$ 的不为零上限为 $V_1=N-1$，$h(n-m)$ 的不为零上限为 $V_2=n$，取其中较小者 $V_2=n$ 作为卷积和的上限。所以 $0\leqslant n\leqslant N-1$ 这段的输出为

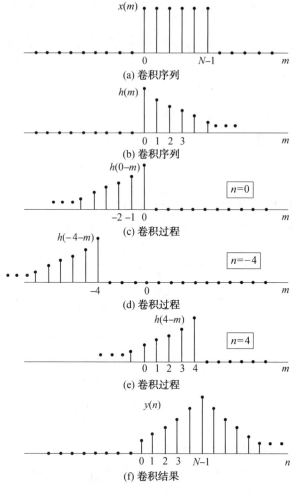

图 2.12 卷积过程图

$$y(n) = \sum_{m=0}^{n} x(m)h(n-m) = \sum_{m=0}^{n} a^{n-m} = a^n \frac{1 - a^{-(n+1)}}{1 - a^{-1}} \quad (0 \leqslant n \leqslant N-1)$$

(3) 当 $n > N-1$ 时,其下限为零,上限为 $N-1$,卷积和为

$$y(n) = \sum_{m=0}^{N-1} x(m)h(n-m) = \sum_{m=0}^{N-1} a^{n-m} = a^n \frac{1 - a^{-N}}{1 - a^{-1}} \quad (n > N-1)$$

在求解两个有限长序列的卷积和时,需牢记的是,如果 $x(n)$ 长度为 $L_1$,$h(n)$ 长度为 $L_2$,那么,$y(n) = x(n) * h(n)$ 的长度为 $L = L_1 + L_2 - 1$。另外,如果 $x(n)$ 的非零值包括在区间 $[M_x, N_x]$ 内,$h(n)$ 的非零值包括在区间 $[M_h, N_h]$ 内,则 $y(n)$ 的非零值将会被限制在区间 $[M_x + M_h, N_x + N_h]$ 内。

**【例 2.14】** 试确定序列 $x(n) = \begin{cases} 1 & (10 \leqslant n \leqslant 20) \\ 0 & (其他\ n) \end{cases}$ 与 $h(n) = \begin{cases} n & (-5 \leqslant n \leqslant 5) \\ 0 & (其他\ n) \end{cases}$ 的卷积和的非零值区间。

**解** 因为 $x(n)$ 在区间 $[10,20]$ 以外都是零,$h(n)$ 在区间 $[-5,5]$ 以外都是零,所以卷积和 $y(n) = x(n) * h(n)$ 的非零值将被包含在区间 $[5,25]$ 内。

在以后章节中,我们将会看到另一种使用傅里叶变换求卷积和的方法。

# 2.6　离散时间系统的输入、输出描述法
## —— 线性常系数差分方程

描述一个系统时,如果我们只关心系统输出和输入之间的关系,而不必讨论系统内部的结构,这种方法称为输入、输出描述法。对于连续时间系统我们用微分方程描述系统输入、输出之间的关系;对于离散时间系统,则用差分方程描述其输入、输出之间的关系;对于线性移不变系统经常用线性常系数差分方程(Linear Constant-Coefficient Difference Equations)来描述。这一节主要介绍这类差分方程及其解法。

### 2.6.1　线性常系数差分方程

**1. 差分的定义**

对于序列 $y(n)$,定义

$$\nabla[y(n)] = y(n) - y(n-1)$$

为序列 $y(n)$ 在 $n$ 处的一阶后向差分;定义

$$\Delta[y(n)] = y(n+1) - y(n)$$

为序列 $y(n)$ 在 $n$ 处的一阶前向差分。

本书只讨论后向差分。定义序列 $y(n)$ 在 $n$ 处的二阶后向差分为

$$\nabla^2[y(n)] = \nabla\{\nabla[y(n)]\} = \nabla[y(n) - y(n-1)] =$$
$$[y(n) - y(n-1)] - [y(n-1) - y(n-1-1)] =$$
$$y(n) - 2y(n-1) + y(n-2)$$

以此类推,序列 $y(n)$ 在 $n$ 处的 $k$ 阶后向差分为

$$\nabla^k[y(n)] = \nabla\{\nabla^{k-1}[y(n)]\}$$

由此可见,序列 $y(n)$ 在 $n$ 处的 $k(k > 1)$ 阶后向差分并不等于 $y(n) - y(n-k)$,而是由 $y(n)$, $y(n-1), \cdots, y(n-k)$ 的线性组合构成的。

**2. 差分方程**

一个 $N$ 阶线性常系数差分方程用下式表示

$$y(n) = \sum_{i=0}^{M} b_i x(n-i) - \sum_{k=1}^{N} a_k y(n-k) \tag{2.38}$$

或者

$$\sum_{k=0}^{N} a_k y(n-k) = \sum_{i=0}^{M} b_i x(n-i) \quad (a_0 = 1) \tag{2.39}$$

一般情况下,等式左端由未知序列 $y(n)$ 及其移位序列 $y(n-k)$ 构成,等式右端是已知的激励函数 $x(n)$,有时还可以包括 $x(n)$ 的延时函数,如 $x(n-i)$。式中 $a_k, b_i$ 均为常数;$y(n-k)$ 和 $x(n-i)$ 项只有一次幂,并且没有相互交叉相乘项,故称之为线性常系数差分方程。差分方程的阶数等于未知序列 $y(n-k)$ 中 $k$ 的最大值与最小值之差。

这里给出的差分方程,各未知序列的序号自 $n$ 以递减方式给出,称为后向形式的(或向右

移序的）差分方程。也可以自 $n$ 以递增方式给出，即由 $y(n),y(n+1),y(n+2)$ ,…,$y(n+N)$ 等项组成,称为前向形式的(或向左移序的)差分方程。

### 2.6.2　线性常系数差分方程的求解

求解常系数的线性差分方程的方法一般有以下几种:

(1) 时域经典解法。

与微分方程的时域经典解法类似,先分别求齐次解(Homogenous Solution)与特解(Particular Solution),然后代入边界条件求待定系数,但较麻烦,实际中很少用,这里不进行介绍。

(2) 递推法。

包括手算逐次代入求解或利用计算机求解。这种方法概念清楚简单,但只能得到数值解,不能直接给出一个完整的解析式作为解答(也称闭式解答)。

(3) 变换域方法。

类似于连续时间系统分析中的拉普拉斯变换(Laplace Transform)方法,利用 Z 变换方法解差分方程有许多优点,这是实际应用中简便而有效的方法,我们将在第 3 章学习。

(4) 分别求零输入响应与零状态响应。

可以利用求齐次解的方法得到零输入响应(Zero Input Response),利用卷积和(简称卷积)的方法求零状态响应(Zero State Response)。

解差分方程时必须附有一定的"初始条件(Initial Condition)"(初始条件的个数应等于差分方程的阶数 $N$)才能有确定的解,初始条件不同,差分方程的解也是不同的。

下面介绍递推解法。式(2.38)表明,已知输入序列和 $N$ 个初始条件,则可求出 $n$ 时刻的输出,如果将该公式中的 $n$ 用 $n+1$ 代替,可以求出 $n+1$ 时刻的输出,因此式(2.38)表示的差分方程本身就是一个适合递推法求解的方程。

【例 2.15】　已知系统的差分方程为 $y(n)-ay(n-1)=x(n)$,输入序列 $x(n)=\delta(n)$。求输出 $y(n)$。

**解**　该系统是一个一阶的差分方程,需要一个初始条件。

① 设初始条件　　　　　　　　　$y(-1)=0$

由原式得　　　　　　　　　$y(n)=ay(n-1)+x(n)$

$n=0$ 时　　　　　　　$y(0)=ay(-1)+\delta(0)=1$

$n=1$ 时　　　　　　　$y(1)=ay(0)+\delta(1)=a$

$n=2$ 时　　　　　　　$y(2)=ay(1)+\delta(2)=a^2$

$$\vdots$$

以此类推　　　　　　　　　$y(n)=a^n$

所以　　　　　　　　　$y(n)=a^n u(n)$

② 设初始条件　　　　　　　　　$y(-1)=1$

$n=0$ 时　　　　　　$y(0)=ay(-1)+\delta(0)=1+a$

$n=1$ 时　　　　　　$y(1)=ay(0)+\delta(1)=(1+a)a$

$n=2$ 时　　　　　　$y(2)=ay(1)+\delta(2)=(1+a)a^2$

$$\vdots$$

以此类推　　　　　　　　　$y(n)=(1+a)a^n$

所以
$$y(n)=(1+a)a^n u(n)+\delta(n+1)$$

上例表明,对应于一个差分方程和同一个输入信号,因为初始条件不同,得到的输出信号是不相同的。

对于实际系统而言,用递推法求解,总是由初始条件向 $n>0$ 的方向递推,得到的是一个因果的解。但对于差分方程也可以向 $n<0$ 的方向递推,此时得到的是一个非因果的解。也就是说差分方程本身并不能确定该系统的因果性,必须附带初始条件进行限制。下面就举一个向 $n<0$ 方向递推的例子。

【例 2.16】　已知系统的差分方程为 $y(n)-ay(n-1)=x(n)$,式中 $x(n)=\delta(n)$,$y(n)=0$,$n>0$,求输出序列 $y(n)$。

**解**　由原式得　　　　　$y(n-1)=a^{-1}[y(n)-\delta(n)]$

$n=1$ 时　　　　　$y(0)=a^{-1}[y(1)-\delta(1)]=0$

$n=0$ 时　　　　　$y(-1)=a^{-1}[y(0)-\delta(0)]=-a^{-1}$

$n=-1$ 时　　　　　$y(-2)=a^{-1}[y(-1)-\delta(-1)]=-a^{-2}$

$$\vdots$$

以此类推　　　　　$y(-n)=-a^{-n}$

所以
$$y(n)=-a^n u(-n-1)$$

由该结果可以看出,这确实是一个非因果的输出信号。如果用 $N$ 阶差分方程来求系统的单位冲激响应,只要令差分方程的输入序列为 $\delta(n)$,$N$ 个初始条件都为零,其解就是系统的单位冲激响应。

最后要说明的是,一个线性常系数差分方程描述的系统不一定是线性移不变系统,这和系统的初始状态有关。如果系统是因果的,在输入 $x(n)=0(n<n_0)$ 时,输出 $y(n)=0(n<n_0)$,则系统是线性移不变系统。

【例 2.17】　设系统用一阶差分方程 $y(n)-ay(n-1)=x(n)$ 描述,初始条件为 $y(-1)=1$,分析其是否是线性移不变系统。

**解**　我们分别用线性和移不变性来判定。设输入信号 $x_1(n)=\delta(n)$,$x_2(n)=\delta(n-1)$ 和 $x_3(n)=\delta(n)+\delta(n-1)$,来判定系统是否是线性移不变系统。

①　　　　　$x_1(n)=\delta(n)$

　　　　　$y_1(-1)=1$

　　　　　$y_1(n)=ay_1(n-1)+\delta(n)$

其结果与例 2.15② 相同,因此输出为
$$y_1(n)=(1+a)a^n u(n)+\delta(n+1)$$

②　　　　　$x_2(n)=\delta(n-1)$

　　　　　$y_2(-1)=1$

　　　　　$y_2(n)=ay_2(n-1)+\delta(n-1)$

$n=0$ 时　　　　　$y_2(0)=ay_2(-1)+\delta(-1)=a$

$n=1$ 时　　　　　$y_2(1)=ay_2(0)+\delta(0)=1+a^2$

$n=2$ 时　　　　　$y_2(2)=ay_2(1)+\delta(1)=(1+a^2)a$

$$\vdots$$

以此类推 $\qquad y_2(n) = (1+a^2) a^{n-1}$

所以 $\qquad y_2(n) = (1+a^2) a^{n-1} u(n-1) + a\delta(n) + \delta(n+1)$

③ $\qquad x_3(n) = \delta(n) + \delta(n-1)$

$$y_3(-1) = 1$$

$$y_3(n) = ay_3(n-1) + \delta(n) + \delta(n-1)$$

$n=0$ 时 $\qquad y_3(0) = ay_3(-1) + \delta(0) + \delta(-1) = 1+a$

$n=1$ 时 $\qquad y_3(1) = ay_3(0) + \delta(1) + \delta(0) = 1+a+a^2$

$n=2$ 时 $\qquad y_3(2) = ay_3(1) + \delta(2) + \delta(1) = (1+a+a^2) a$

$$\vdots$$

以此类推 $\qquad y_3(n) = (1+a+a^2) a^{n-1}$

所以 $\qquad y_3(n) = (1+a+a^2) a^{n-1} u(n-1) + (1+a)\delta(n) + \delta(n+1)$

由 ① 和 ② 可以得到

$$y_1(n) = T[\delta(n)]$$

$$y_2(n) = T[\delta(n-1)]$$

$$y_2(n) \neq y_1(n-1)$$

因此，系统不是移不变系统，再由 ③ 得到

$$y_3(n) = T[\delta(n) + \delta(n-1)] \neq T[\delta(n)] + T[\delta(n-1)]$$

$$y_3(n) \neq y_1(n) + y_2(n)$$

因此，该系统也不是线性系统。如果该系统的初始条件改成 $y(n) = 0 (n \leqslant -1)$，则该系统便是线性移不变系统。

## 2.7 离散时间信号和系统的频域表示

我们知道，在离散时间信号和系统中，信号是用序列来表示的，其自变量仅仅取整数时才有定义，系统则可用差分方程来描述。频域分析采用 Z 变换或傅里叶变换作为数学工具，其中傅里叶变换指的是序列的傅里叶变换，它和模拟域中的傅里叶变换是不一样的，但都是线性变换，很多性质是类似的。这一节我们主要讨论序列傅里叶变换的定义及其性质。

对于一般的序列，定义

$$X(j\omega) = \sum_{n=-\infty}^{+\infty} x(n) e^{-j\omega n} \qquad (2.40)$$

为序列 $x(n)$ 的傅里叶变换(Fourier Transform of A Sequence)，也称为 DTFT(Discrete-time Fourier Transform)，有些书上用 $X(e^{j\omega})$ 表示。它可以用 FT(Fourier Transform) 来表示，也可表示为 $x(n) \overset{F}{\Rightarrow} X(j\omega)$。DTFT 存在的充分且必要条件是序列 $x(n)$ 满足绝对可和(Absolutely Summable) 的条件，即满足

$$\sum_{n=-\infty}^{+\infty} |x(n)| < +\infty \qquad (2.41)$$

求其逆变换(Inverse Transform)，用 $e^{j\omega m}$ 去乘式(2.40)的两端，并在 $-\pi \sim \pi$ 内对 $\omega$ 进行积分，得

$$\int_{-\pi}^{\pi} X(j\omega) e^{j\omega m} d\omega = \int_{-\pi}^{\pi} \left[ \sum_{n=-\infty}^{+\infty} x(n) e^{-j\omega n} \right] e^{j\omega m} d\omega =$$

$$\sum_{n=-\infty}^{+\infty} x(n) \int_{-\pi}^{\pi} e^{j\omega(m-n)} d\omega$$

其中

$$\int_{-\pi}^{\pi} e^{j\omega(m-n)} d\omega = 2\pi\delta(n-m) \tag{2.42}$$

所以

$$x(n) = \frac{1}{2\pi} \int_{-\pi}^{\pi} X(j\omega) e^{j\omega n} d\omega \tag{2.43}$$

式(2.43)称为傅里叶逆(反)变换,可以表示为 $X(j\omega) \overset{F^{-1}}{\Rightarrow} x(n)$,也可用 IFT 来表示。

如果系统用单位冲激响应 $h(n)$ 作为输入序列,则根据式(2.40)可得其傅里叶变换的表达式为

$$H(j\omega) = \sum_{n=-\infty}^{+\infty} h(n) e^{-j\omega n} \tag{2.44}$$

$H(j\omega)$ 称为系统的频率响应(Frequency Response)。

一般来说,$H(j\omega)$ 是复数,可以表示为

$$H(j\omega) = H_R(j\omega) + jH_I(j\omega) \tag{2.45}$$

或

$$H(j\omega) = |H(j\omega)| e^{jarg[H(j\omega)]} \tag{2.46}$$

其中

$$arg[H(j\omega)] = \arctan \frac{H_I(j\omega)}{H_R(j\omega)}$$

$$|H(j\omega)| = \{[H_R(j\omega)]^2 + [H_I(j\omega)]^2\}^{\frac{1}{2}}$$

由式(2.43)知

$$h(n) = \frac{1}{2\pi} \int_{-\pi}^{\pi} H(j\omega) e^{j\omega n} d\omega$$

由此 $H(j\omega)$ 与 $h(n)$ 也构成了傅里叶变换对,前者称为傅里叶(正)变换,后者称为傅里叶逆变换(反变换)。由式(2.40)很容易证明,$X(j\omega)$ 是关于 $\omega$ 的连续函数,并且是周期的,其周期为 $2\pi$。

**【例 2.18】** 设 $x(n)$ 为矩形序列

$$x(n) = R_N(n)$$

求 $x(n)$ 的傅里叶变换,并分别求出其幅频特性和相频特性。

**解**　由式(2.40)可得

$$X(j\omega) = \sum_{n=-\infty}^{+\infty} R_N(n) e^{-j\omega n} = \sum_{n=0}^{N-1} e^{-j\omega n} = \frac{1-e^{-j\omega N}}{1-e^{-j\omega}} = \frac{e^{-j\omega N/2}(e^{j\omega N/2} - e^{-j\omega N/2})}{e^{-j\omega/2}(e^{j\omega/2} - e^{-j\omega/2})} =$$

$$e^{-j(N-1)\omega/2} \frac{\sin(\omega N/2)}{\sin(\omega/2)}$$

$$= |X(j\omega)| e^{jarg[X(j\omega)]} \tag{2.47}$$

$$|X(j\omega)| = \left| \frac{\sin(\omega N/2)}{\sin(\omega/2)} \right|$$

$$\arg[X(\mathrm{j}\omega)] = -\frac{N-1}{2}\omega + k\pi \quad \left(k = \left[\frac{\omega N}{2\pi}\right]\right)$$

# 2.8　序列傅里叶变换的主要性质

**1. 线性**(Linearity)

若

$$\mathrm{FT}[x_1(n)] = X_1(\mathrm{j}\omega), \mathrm{FT}[x_2(n)] = X_2(\mathrm{j}\omega)$$

则

$$\mathrm{FT}[ax_1(n) + bx_2(n)] = aX_1(\mathrm{j}\omega) + bX_2(\mathrm{j}\omega) \tag{2.48}$$

式中　$a, b$—— 常数,可以根据傅里叶变换的定义证明。

**2. 序列的移位**(Time Shifting)

若

$$\mathrm{FT}[x(n)] = X(\mathrm{j}\omega)$$

则

$$\mathrm{FT}[x(n - n_0)] = \mathrm{e}^{-\mathrm{j}\omega n_0} X(\mathrm{j}\omega) \tag{2.49}$$

时域的移位对应于频域有一个相位移。

**3. 乘以指数序列**(Multiplication by an Exponential Sequence)

若

$$\mathrm{FT}[x(n)] = X(\mathrm{j}\omega)$$

则

$$\mathrm{FT}[a^n x(n)] = X\left(\frac{1}{a}\mathrm{e}^{\mathrm{j}\omega}\right) \tag{2.50}$$

时域乘以 $a^n$,对应于频域用 $\frac{1}{a}\mathrm{e}^{\mathrm{j}\omega}$ 代替 $\mathrm{e}^{\mathrm{j}\omega}$。需要指出的是,$X(\mathrm{j}\omega)$ 与 $X(\mathrm{e}^{\mathrm{j}\omega})$ 表示的是同一变量,只是写法不同。

**4. 乘以复指数序列(调制性)**(Multiplication by an Exponential Sequence, Frequency Shifting, Modulation)

若

$$\mathrm{FT}[x(n)] = X(\mathrm{j}\omega)$$

则

$$\mathrm{FT}[\mathrm{e}^{\mathrm{j}\omega_0 n} x(n)] = X[\mathrm{j}(\omega - \omega_0)] \tag{2.51}$$

时域的调制对应于频域的位移。

**5. 时域卷积定理**(The Convolution Theorem in Time Domain)

若

$$\mathrm{FT}[x(n)] = X(\mathrm{j}\omega), \mathrm{FT}[y(n)] = Y(\mathrm{j}\omega)$$

则

$$\mathrm{FT}[x(n) * y(n)] = X(\mathrm{j}\omega) Y(\mathrm{j}\omega) \tag{2.52}$$

时域的线性卷积对应频域的相乘。

**6. 频域卷积定理**(The Convolution Theorem in Frequency Domain)

若

$$FT[x(n)] = X(j\omega), FT[y(n)] = Y(j\omega)$$

则

$$FT[x(n)y(n)] = \frac{1}{2\pi}[X(j\omega) * Y(j\omega)] = \frac{1}{2\pi}\int_{-\pi}^{\pi} X(j\theta)Y(j(\omega-\theta))\,d\theta \qquad (2.53)$$

时域的加窗(即相乘)对应于频域的卷积并除以 $2\pi$。

**7. 序列的线性加权**(Differentiation in Frequency)

若

$$FT[x(n)] = X(j\omega)$$

则

$$FT[nx(n)] = j\frac{d}{d\omega}[X(j\omega)] \qquad (2.54)$$

时域的线性加权对应于频域的一阶导数乘以 j。

**8. 帕塞瓦尔定理**(Paserval's Theorem)

若

$$FT[x(n)] = X(j\omega)$$

则

$$\sum_{n=-\infty}^{+\infty} |x(n)|^2 = \frac{1}{2\pi}\int_{-\pi}^{\pi} |X(j\omega)|^2 d\omega \qquad (2.55)$$

时域的能量等于频域的能量。

**9. 傅里叶变换的对称性**(Symmetry Properties of FT)

(1) 序列的翻褶。

若

$$FT[x(n)] = X(j\omega)$$

则

$$FT[x(-n)] = X(-j\omega) \qquad (2.56)$$

时域的翻褶对应于频域的翻褶。

(2) 共轭对称性。

若序列 $x(n)$ 的傅里叶变换为 $X(j\omega)$,则

$$\begin{cases} FT[x^*(n)] = X^*(-j\omega) \\ FT[x^*(-n)] = X^*(j\omega) \end{cases} \qquad (2.57)$$

证明:

$$FT[x^*(n)] = \sum_{n=-\infty}^{+\infty} x^*(n)e^{-j\omega n} = \left[\sum_{n=-\infty}^{+\infty} x(n)e^{-j(-\omega)n}\right]^* = X^*(-j\omega)$$

$$FT[x^*(-n)] = \sum_{n=-\infty}^{+\infty} x^*(-n)e^{-j\omega n} = \left[\sum_{-n=-\infty}^{+\infty} x(-n)e^{-j\omega(-n)}\right]^* = X^*(j\omega)$$

（3）序列实部和虚部的傅里叶变换。

与时域序列类似，任一序列 $x(n)$ 的傅里叶变换 $X(j\omega)$，可以表示为共轭对称函数 $X_e(j\omega)$ 和共轭反对称函数 $X_o(j\omega)$ 之和，即

$$X(j\omega) = X_e(j\omega) + X_o(j\omega)$$

其中

$$X_e(j\omega) = \frac{1}{2}[X(j\omega) + X^*(-j\omega)]$$

$$X_o(j\omega) = \frac{1}{2}[X(j\omega) - X^*(-j\omega)]$$

序列的实部和虚部与其傅里叶变换的共轭对称部分和共轭反对称部分存在如下关系：

若 $\text{FT}[x(n)] = X(j\omega)$，则

$$\text{FT}\{\text{Re}[x(n)]\} = X_e(j\omega)$$

$$\text{FT}\{j\text{Im}[x(n)]\} = X_o(j\omega)$$

证明：因为

$$\text{Re}[x(n)] = \frac{1}{2}[x(n) + x^*(n)]$$

$$j\text{Im}[x(n)] = \frac{1}{2}[x(n) - x^*(n)]$$

所以

$$\sum_{n=-\infty}^{+\infty} \text{Re}[x(n)]e^{-j\omega n} = \sum_{n=-\infty}^{+\infty} \frac{1}{2}[x(n) + x^*(n)]e^{-j\omega n} =$$

$$\frac{1}{2}[X(j\omega) + X^*(-j\omega)] = X_e(j\omega)$$

$$\sum_{n=-\infty}^{+\infty} j\text{Im}[x(n)]e^{-j\omega n} = \sum_{n=-\infty}^{+\infty} \frac{1}{2}[x(n) - x^*(n)]e^{-j\omega n} =$$

$$\frac{1}{2}[X(j\omega) - X^*(-j\omega)] = X_o(j\omega)$$

（4）序列的共轭对称部分与共轭反对称部分的傅里叶变换。

任一序列 $x(n)$ 的共轭对称部分 $x_e(n)$ 的傅里叶变换，为 $x(n)$ 的傅里叶变换 $X(j\omega)$ 的实部，其共轭反对称部分 $x_o(n)$ 的傅里叶变换为 $X(j\omega)$ 的虚部，即

$$\text{FT}[x_e(n)] = \text{Re}[X(j\omega)]$$

$$\text{FT}[x_o(n)] = j\text{Im}[X(j\omega)]$$

证明：因为

$$x_e(n) = \frac{1}{2}[x(n) + x^*(-n)]$$

$$x_o(n) = \frac{1}{2}[x(n) - x^*(-n)]$$

所以

$$\sum_{n=-\infty}^{+\infty} x_e(n)e^{-j\omega n} = \sum_{n=-\infty}^{+\infty} \frac{1}{2}[x(n) + x^*(-n)]e^{-j\omega n} =$$

$$\frac{1}{2}[X(j\omega) + X^*(j\omega)] = \text{Re}[X(j\omega)]$$

$$\sum_{n=-\infty}^{+\infty} x_o(n)e^{-j\omega n} = \sum_{n=-\infty}^{+\infty} \frac{1}{2}[x(n) - x^*(-n)]e^{-j\omega n} =$$

$$\frac{1}{2}[X(j\omega) - X^*(j\omega)] = j\text{Im}[X(j\omega)]$$

这表明,共轭对称序列的傅里叶变换是一实函数,共轭反对称序列的傅里叶变换是一纯虚函数。

（5）实序列傅里叶变换的对称性。

实序列的傅里叶变换是共轭对称的,即

$$FT[x(n)] = X(j\omega) = X^*(-j\omega)$$

其中
$$Re[X(j\omega)] = Re[X(-j\omega)]$$

$$Im[X(j\omega)] = -Im[X(-j\omega)]$$

显然,它的模 $|X(j\omega)|$ 是偶函数,相位

$$\arg[X(j\omega)] = \arctan\left[\frac{Im[X(j\omega)]}{Re[X(j\omega)]}\right]$$

是奇函数。

**推论**　实偶序列的傅里叶变换是实偶函数,实奇序列的傅里叶变换是纯虚奇函数。

# 2.9　连续时间信号的抽样

## 2.9.1　抽样定理(采样定理)

将连续信号变成数字信号是在计算机上实现信号数字化处理的必要步骤,但在实际工作中,信号的抽样是通过 A/D 芯片来实现的,通过 A/D 变换将连续信号 $x(t)$ 变成了数字信号 $x(nT_s)$,$x(t)$ 的傅里叶变换 $X(j\Omega)$ 变成了 $X(j\omega)$。通过以上描述,我们自然会问抽样后的信号 $x(nT_s)$ 是否包含了原信号 $x(t)$ 中的全部信息？ $X(j\omega)$ 和 $X(j\Omega)$ 之间是什么关系？是否可以从 $x(nT_s)$ 中不失真的恢复出 $x(t)$？

这些问题都是数字信号处理中的基本问题。实际上,信号抽样理论是连接离散时间信号和连续时间信号的桥梁,是进行离散时间信号处理与离散时间系统设计的基础,下面我们就针对这样几个问题进行讨论。

将连续时间信号 $x_a(t)$ 和冲激串(Periodic Impulse Train)函数 $p(t)$ 相乘即可得到离散时间信号 $x(nT_s)$,即

$$x(nT_s) = x_a(t)\big|_{t=nT_s} = x_a(t) \cdot p(t) \tag{2.58}$$

式中

$$p(t) = \sum_{n=-\infty}^{+\infty} \delta(t - nT_s) \tag{2.59}$$

其中 $p(t)$ 是图 2.13(a) 所示的冲激串,它是时域的周期信号,周期为 $T_s$。

式(2.58)是理想化的抽样数学模型,即 A/D 变换器的转换时间等于零。由傅里叶变换定义可知

$$X_a(j\Omega) = \int_{-\infty}^{+\infty} x_a(t) e^{-j\Omega t} dt \tag{2.60}$$

$$X(j\omega) = \sum_{n=-\infty}^{+\infty} x(nT_s) e^{-j\omega n} \tag{2.61}$$

$x_a(t)$、$X_a(j\Omega)$ 及 $p(t)$ 如图 2.13 所示,现在希望找出 $X_a(j\Omega)$ 和 $X(j\omega)$ 之间的关系。

由傅里叶变换性质,两个离散时间信号时域相乘,其频域对应卷积运算。连续时间信号同样也有这一性质,不妨把 $x(nT_s)$ 也看成是连续时间信号,其傅里叶变换设为 $X_s(j\Omega)$,显然,$X(j\omega) = X_s(j\Omega)|_{\Omega = \frac{\omega}{T_s}}$,令 $P(j\Omega)$ 为 $p(t)$ 的傅里叶变换,则

$$X_s(j\Omega) = \frac{1}{2\pi} X_a(j\Omega) * P(j\Omega) \tag{2.62}$$

由周期信号傅里叶变换的定义,为求 $P(j\Omega)$,需要先求 $p(t)$ 展成的傅里叶级数(Fourier Series),由求级数的定义式可知

$$p(t) = \sum_{k=-\infty}^{+\infty} C(k\Omega_s) e^{jk\Omega_s t} \tag{2.63}$$

$$C(k\Omega_s) = \frac{1}{T_s} \int_{-\frac{T_s}{2}}^{\frac{T_s}{2}} p(t) e^{-jk\Omega_s t} dt \tag{2.64}$$

式中    $C(k\Omega_s)$——$p(t)$ 的傅里叶系数。

将式(2.59)代入式(2.64),考虑到积分只是在一个周期内进行,所以

$$C(k\Omega_s) = \frac{1}{T_s} \int_{-\frac{T_s}{2}}^{\frac{T_s}{2}} \delta(t) e^{-jk\Omega_s t} dt = \frac{1}{T_s} \tag{2.65}$$

将 $C(k\Omega_s)$ 代入式(2.63),并求 $p(t)$ 的傅里叶变换,得

$$P(j\Omega) = \int_{-\infty}^{+\infty} p(t) e^{-j\Omega t} dt = \int_{-\infty}^{+\infty} \left[ \frac{1}{T_s} \sum_{k=-\infty}^{+\infty} e^{jk\Omega_s t} \right] e^{-j\Omega t} dt = \frac{1}{T_s} \sum_{k=-\infty}^{+\infty} \int_{-\infty}^{+\infty} e^{-j(\Omega - k\Omega_s)t} dt$$

由积分 $\int_{-\infty}^{+\infty} e^{\pm jxy} dx = 2\pi\delta(y)$ 可得

$$P(j\Omega) = \frac{2\pi}{T_s} \sum_{k=-\infty}^{+\infty} \delta(\Omega - k\Omega_s) \tag{2.66}$$

由此式可以看出,$p(t)$ 的傅里叶变换也是一个脉冲序列,其强度为 $\frac{2\pi}{T_s}$,频域的周期为 $\Omega_s$,因为 $\Omega_s = \frac{2\pi}{T_s}$,所以 $T_s$ 越小,$\Omega_s$ 越大,如图 2.13(b) 所示。由式(2.62)可得

$$X_s(j\Omega) = \frac{1}{2\pi} X_a(j\Omega) * \left[ \frac{2\pi}{T_s} \sum_{k=-\infty}^{+\infty} \delta(\Omega - k\Omega_s) \right] =$$

$$\frac{1}{2\pi} \frac{2\pi}{T_s} \int_{-\infty}^{+\infty} X_a(j\lambda) \sum_{k=-\infty}^{+\infty} \delta(\Omega - \lambda - k\Omega_s) d\lambda =$$

$$\frac{1}{T_s} \sum_{k=-\infty}^{+\infty} \int_{-\infty}^{+\infty} X_a(j\lambda) \delta(\Omega - \lambda - k\Omega_s) d\lambda$$

最后得

$$X_s(j\Omega) = \frac{1}{T_s} \sum_{k=-\infty}^{+\infty} X_a(j\Omega - jk\Omega_s) \tag{2.67}$$

即

$$X(j\omega) = X_s(j\Omega)|_{\Omega = \frac{\omega}{T_s}} = \frac{1}{T_s} \sum_{k=-\infty}^{+\infty} X_a(j\Omega - jk\Omega_s) \tag{2.68}$$

$x(nT_s)$ 及 $X(j\omega)$ 如图 2.13(c) 所示,这一结果清楚地告诉我们,连续时间信号 $x_a(t)$ 经抽样变成 $x(nT_s)$ 后,$x(nT_s)$ 的频谱将变成周期的。相对频率 $\Omega$,周期为 $\Omega_s = \frac{2\pi}{T_s} = 2\pi f_s$;相对频

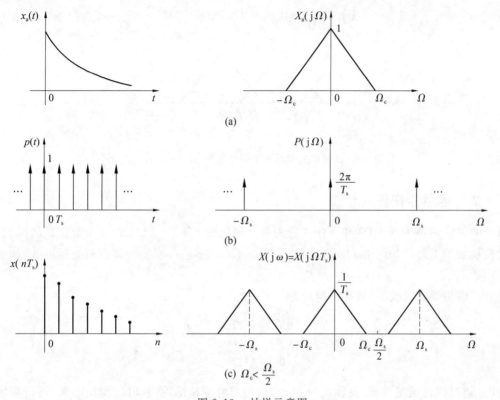

图 2.13　抽样示意图

率 $\omega$，周期为 $2\pi$。变成周期的方法是将 $X_a(j\Omega)$ 在频率轴上，以 $\Omega_s$ 为周期作移位后再叠加，并除以 $T_s$，这种现象又称为频谱的周期延拓。$\Omega$、$\omega$ 分别称为模拟角频率和数字角频率，它们之间的关系为 $\omega = \Omega T_s$。

由图 2.13 可以看出，若在 $|\Omega| > \Omega_c$ 时，$|X_a(j\Omega)| \equiv 0$，且 $\Omega_c < \dfrac{\Omega_s}{2}$，即 $X_a(j\Omega)$ 是有限带宽的，那么作周期延拓后，$X_s(j\Omega)$ 的每一个周期都等于 $X_a(j\Omega)$（差一定标因子 $\dfrac{1}{T_s}$）。反之，若 $T_s$ 过大，或者 $X_a(j\Omega)$ 本身就不是有限带宽的，那么作周期延拓后将要发生频域的混叠（Aliasing Distortion）现象，以致一个周期中的 $X_s(j\Omega)$ 不等于 $X_a(j\Omega)$，如图 2.14 所示。由此所产生的结果是，我们将无法由 $x(nT_s)$ 不失真地恢复出 $x_a(t)$。由以上的讨论可以引出信号的抽样定理。

**抽样定理**（Sampling Theorem）　若连续时间信号 $x(t)$ 是有限带宽的，其频谱的最高频率为 $f_c(\Omega_c = 2\pi f_c)$，对 $x(t)$ 等间隔抽样时，若保证抽样频率

$$f_s > 2f_c \text{（或 } \Omega_s > 2\Omega_c, T_s < \frac{\pi}{\Omega_c}) \tag{2.69}$$

那么，可由 $x(nT_s)$ 不失真地恢复出 $x(t)$，即 $x(nT_s)$ 保留了 $x(t)$ 的全部信息。该定理给我们指出了对连续时间信号抽样时所必须遵守的基本原则。在对 $x(t)$ 作抽样时，首先要了解 $x(t)$ 的最高截止频率 $f_c$，以确定应选取的抽样频率 $f_s$。若 $x(t)$ 不是有限带宽的，在抽样前应对 $x(t)$ 作模拟滤波，以去掉 $f > f_c$ 的高频成分。使频谱不发生混叠的最小抽样频率，即 $f_s = 2f_c$ 称为"奈奎斯特频率（Nyquist Frequency）"，$\dfrac{f_s}{2}$ 称为折叠频率。

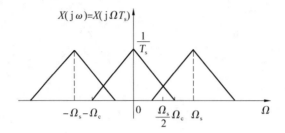

图 2.14　延拓后频域发生混叠现象$(\Omega_c > \frac{\Omega_s}{2})$

### 2.9.2　信号的恢复

以上的讨论回答了 $X_a(j\Omega)$ 和 $X(j\omega)$ 的关系及如何使 $x(nT_s)$ 保持 $x(t)$ 全部信息的问题，现在我们从数学上讨论如何由 $x(nT_s)$ 来恢复出 $x_a(t)$。假定 $f_s > 2f_c$，即没有发生混叠，如图 2.13(c) 所示。

设有一理想低通滤波器，其频率响应为

$$H(j\Omega) = \begin{cases} T_s & (|\Omega| \leqslant \frac{\Omega_s}{2}) \\ 0 & (|\Omega| > \frac{\Omega_s}{2}) \end{cases} \tag{2.70}$$

令 $x(nT_s)$ 通过该低通滤波器，其输出为 $y(n)$，由傅里叶变换的性质(时域卷积定理)可得频域关系为

$$X_s(j\Omega)H(j\Omega) = Y(j\Omega)$$

如图 2.15 所示，$H(j\Omega)$ 与 $X_s(j\Omega)$ 相乘的结果是截取了 $X_s(j\Omega)$ 的一个周期，则

$$Y(j\Omega) = T_s X_s(j\Omega) = X_a(j\Omega)$$

$H(j\Omega)$ 对应的单位冲激响应为

$$h(t) = \frac{1}{2\pi} \int_{-\frac{\Omega_s}{2}}^{\frac{\Omega_s}{2}} T_s e^{j\Omega t} d\Omega = \frac{\sin(\frac{\Omega_s t}{2})}{\frac{\Omega_s t}{2}} \tag{2.71}$$

则

$$y(t) = x(nT_s) * h(t) = \sum_{n=-\infty}^{+\infty} x(nT_s) \frac{\sin\left[\frac{\Omega_s(t-nT_s)}{2}\right]}{\frac{\Omega_s(t-nT_s)}{2}}$$

因为 $Y(j\Omega) = X_a(j\Omega)$，所以 $y(t)$ 也应等于 $x_a(t)$，即

$$x_a(t) = \sum_{n=-\infty}^{+\infty} x(nT_s) \frac{\sin\left[\frac{\pi(t-nT_s)}{T_s}\right]}{\frac{\pi(t-nT_s)}{T_s}} \tag{2.72}$$

式(2.72) 即为由抽样后的离散时间信号恢复原信号的公式。不难发现，这是一插值公式(Interpolation Formula)，插值函数为 sinc 函数，插值间距为 $T_s$，权重为 $x(nT_s)$。只要满足抽样定理，那么，由无穷多加权 sinc 函数移位后的和即可恢复出原信号。除此之外在工程实际

中,将离散时间信号变成模拟信号可以通过数 / 模(D/A)转换器结合平滑滤波器(Smoothing Filter) 来实现。

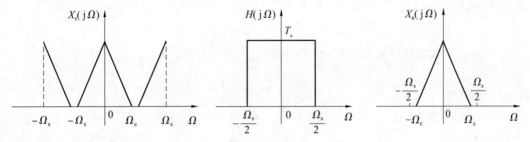

图 2.15　由 x(nT,)恢复 x(t)

# 2.10　本章相关内容的 MATLAB 实现

### 1. 单位冲激序列

```
function [x,n]=impseq(n0,n1,n2)
%产生 x(n)=delta(n-n0);n1<=n0<=n2
%n0 为冲激位置
%n1 为序列起点
%n2 为序列终点
if((n0<n1)|(n0>n2)|n1>n2)
    error('参数必须满足 n1<=n0<=n2')
end
n=[n1:n2];
x=[(n-n0)==0];
```

如图 2.16 所示。

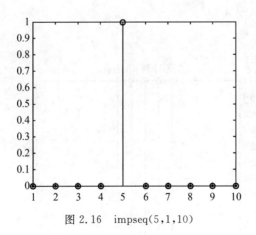

图 2.16　impseq(5,1,10)

### 2. 单位阶跃序列

```
function [x,n]=stepseq(n0,n1,n2)
%产生 x(n)=u(n-n0);n1<=n0<=n2
```

%n0 为阶跃位置

%n1 为序列起点

%n2 为序列终点

if((n0<n1)|(n0>n2)|n1>n2)

    error('参数必须满足 n1<=n0<=n2')

end

n=[n1:n2];

x=[(n-n0)>=0];

如图 2.17 所示。

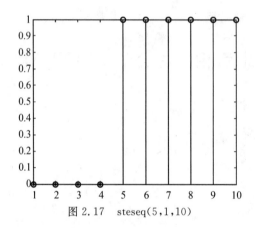

图 2.17　steseq(5,1,10)

### 3. 矩形序列

function RN=RN(ns,nf,n1,n2)

%ns=矩形始点,nf=矩形终点,[n1,n2]=给出的坐标范围

n=n1:n2;

x=stepseq(ns,n1,n2)-stepseq(nf,n1,n2);

stem(n,x);

title('矩形序列 Rnp1(n)');

如图 2.18 所示。

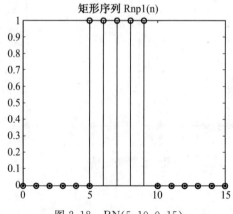

图 2.18　RN(5,10,0,15)

**4. 实指数序列**

x(n)＝(0.8)^n, 0＜＝n＜＝10

％实指数序列

n＝[0:10];

x＝(0.8).^n;

stem(n,x);

title('x＝0.8^n');

如图 2.19 所示。

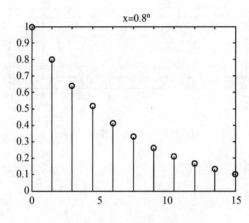

图 2.19　实指数序列

**5. 复指数序列**

**例**　用编程产生下列复指数序列 $x(n)=\mathrm{e}^{\mathrm{j}(\alpha+\omega n)}$，其中$-1\leqslant n\leqslant 10, \alpha=0.4, \omega=0.6$。

％复指数序列 x(n)＝exp((a＋jw)n)

clc;clear all

n0＝－1;

n2＝10;

n＝n0:n2;

a＝0.4;

w＝0.6;

x＝exp((a＋w * j) * n);

figure(1)

subplot(2,1,1);

stem(n,real(x),'·');

axis([－4,10,min(real(x))－1,1.2 * max(real(x))]);

title('复指数序列')

ylabel('实部');grid;

subplot(2,1,2)

stem(n,imag(x),'filld');

axis([－4,10,min(imag(x))－1,1.2 * max(imag(x))])

ylabel('虚部');xlabel('n');grid;

如图 2.20 所示。

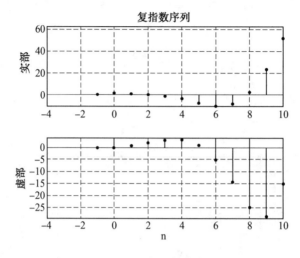

图 2.20  复指数序列

### 6. 正弦序列

％正弦余弦序列　$x=4\sin(0.3\pi n+\frac{\pi}{4})+7\cos(0.7\pi+\frac{\pi}{5})$

n=[1:12];

x=4*sin(0.3*pi*n+pi/4)+7*cos(0.7*pi*n+pi/5);

stem(n,x)

如图 2.21 所示。

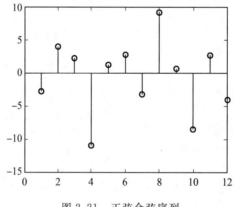

图 2.21  正弦余弦序列

### 7. 序列翻转

用到的函数 fliplr

函数名称:fliplr

功能:将矩阵左右翻转

语法介绍:B = fliplr(A)返回关于竖轴左右翻转的矩阵 A。如果 A 是一个行向量,则返回同样长度的倒序向量。如果 A 是列向量则返回 A 向量本身。

**例**    如果 A 是一个 3 * 2 的矩阵

A＝1    4

  2    5

  3    6

则 fliplr(A)执行结果为

4    1

5    2

6    3

如果 A 是一个行向量

A＝1    3    5    7    9

则 fliplr(A)执行结果为

9    7    5    3    1

该函数的限制被操作的对象不能超过 2 维。

function [y,ny]＝seqfold(x,nx)

％序列翻折

y＝fliplr(x);

ny＝－fliplr(nx);

### 8. 奇偶合成

function [xe,xo,m]＝evenodd(x,n)

％xe 偶对称部分

％xo 奇对称部分

％m 位置向量

％x 待处理序列,n 位置向量

if any(imag(x)～＝0)

    error(x 不是实序列)

end

m＝－fliplr(n);

m1＝min([m,n]);

m2＝max([m,n]);

m＝m1:m2;

nm＝n(1)－m(1);

n1＝1:length(x);

x1＝zeros(1,length(m));

x1(n1＋nm)＝x;

x＝x1;

```
xe=0.5*(x+fliplr(x));
xo=0.5*(x-fliplr(x));
```

### 9.序列加和减

```
function [y,n]=seqadd(x1,n1,x2,n2);
```

%序列之和 $x_1$,$x_2$ 输入

```
n=min(min(n1),min(n2)):max(max(n1),max(n2));    %位置向量
y1=zeros(1,length(n));
y2=y1;                                          %y 向量初始化为 0
y1(find((n>=min(n1))&(n<=max(n1))==1))=x1;%把 x1 延展到 n 上形成 y1
y2(find((n>=min(n2))&(n<=max(n2))==1))=x2;%把 x2 延展到 n 上形成 y2
y=y1+y2;
```

### 10.序列相乘

```
function [y,n]=seqmult(x1,n1,x2,n2);
```

%序列之乘积

%实现 y(n)=x1(n)*x2(n);

%[y,n]=seqmult(x1,n1,x2,n2)

%y=在 n 区间上的乘积序列,n 包含 n1 和 n2

%x1=在 n1 上的第一个序列

%x2=在 n2 上的第二个序列(n2 可与 n1 不相等)

```
n=min(min(n1),min(n2)):max(max(n1),max(n2));    %位置向量
y1=zeros(1,length(n));
y2=y1;                                          %y 向量初始化为 0
y1(find((n>=min(n1))&(n<=max(n1))==1))=x1;%把 x1 延展到 n 上形成 y1
y2(find((n>=min(n2))&(n<=max(n2))==1))=x2;%把 x2 延展到 n 上形成 y2
y=y1.*y2;
```

**例**  已知两序列为 $x_1(n)=[1,3,5,7,6,4,2,1]$,起始位置 $ns_1=-3$,$x_2(n)=[4,0,2,1,-1,3]$,起始位置 $ns_2=1$,求它们的和 $ya$ 以及乘积 $ym$。

```
clc;clear all
x1=[1,3,5,7,6,4,2,1];
ns1=-3                          %给定 x1 及它的起始点位置 ns1
x2=[4,0,2,1,-1,3];
ns2=1;                          %给定 x2 及它的起始点位置 ns2
nf1=ns1+length(x1)-1;           %求出 x1、x2 终点的位置
nf2=ns2+length(x2)-1;           %故有 nx1=ns1:nf1,nx2=ns2:nf2
n1=ns1:nf1;
```

```
n2＝ns2:nf2;
n＝min(ns1,ns2):max(nf1,nf2)                    %求出 y 的位置向量
y1＝zeros(1,length(n));
y2＝y1                                          %y 的位置向量
y1(find((n>＝ns1)&(n<＝nf1)＝＝1))＝x1,          %给 y1 赋值 x1
y2(find((n>＝ns2)&(n<＝nf2)＝＝1))＝x2,          %给 y2 赋值 x2
ya＝y1＋y2;
ym＝y1.＊y2                                     %序列的加法和乘法
%画图
subplot(221);stem(n1,x1,'·');ylabel('x1(n)');grid
subplot(222);stem(n2,x2,'·');ylabel('x2(n)');grid
subplot(223);stem(n,ya,'·');xlabel('n'),ylabel('y1(n)＋y2(n)');grid
subplot(224);stem(n,ym,'·');xlabel('n'),ylabel('y1(n)＊y2(n)');grid
```

如图 2.22 所示。

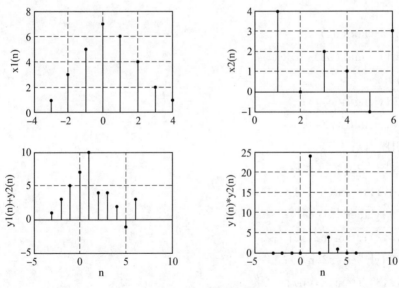

图 2.22　序列相乘

## 11. 求和(样本累加)

```
%样本累加
x＝[1,2,3,4];
y＝sum(x)
```

## 12. 序列移位

```
function [y,ny]＝seqshift(x,nx,m)
%实现 y(n)＝x(n－m)
%x 为目标序列
```

%nx 为起始位置

%m 为要移动的距离

%[y,ny]＝seqshift(x,nx,m)

ny＝nx＋m;

y＝x

### 13. 卷积

用到的函数 conv

函数名称:conv 计算卷积

功能:求两个向量之间的卷积

语法介绍:w = conv(u,v)计算两个向量 u 和 v 的卷积。若 u 的长度为 m,v 的长度为 n,则计算结果 w 长度为 m＋n－1。

**例** 以下程序示例对卷积函数进行了修正,实现任意两序列的卷积运算。

```
%卷积的修正
n1＝[－5:5];
n2＝[0:10];
na＝min(n1)＋min(n2);
nb＝max(n1)＋max(n2);
n＝[na:nb];
x1n＝ones(1,length(n1));
x2n＝ones(1,length(n2));
%生成卷积序列
yn＝conv(x1n,x2n);
subplot(1,3,1),stem(n1,x1n);
xlabel('n1');ylabel('x1(n)');
subplot(1,3,2),stem(n2,x2n);
xlabel('n2');ylabel('x2(n)');
subplot(1,3,3),stem(n,yn);
xlabel('n');ylabel('y');title('修改后的卷积 y＝x1(n)＊x2(n)')
用到的函数:
function [y,ny]＝convwthn(x,nx,h,nh)
%利用 conv 函数,实现有位置矢量的 ny 的输出 y(n)的卷积函数
ny1＝nx(1)＋nh(1);
ny2＝nx(end)＋nh(end);
y＝conv(x,h);
ny＝[ny1:ny2];
```

修改后的卷积如图 2.23 所示。

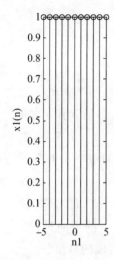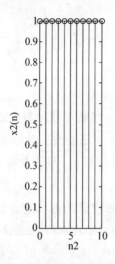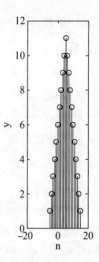

图 2.23   修改后的卷积

**例**   利用 comvwthn 求解 $x(n)=[1,2,3,-1,-2]$，$nx=[-1,3]$，与 $h(n)=[2,2,1,-1,4,-2]$，$nh=[-3,2]$ 的卷积。

```
clc;clear all
x=[1,2,3,-1,-2];
nx=-1:3;
h=[2,2,1,-1,4,-2];
nh=-3:2;
[y,ny]=convwthn(x,nx,h,nh);
stem(ny,y,'.');
xlabel('n'),ylabel('y(n)');grid
```

如图 2.24 所示。

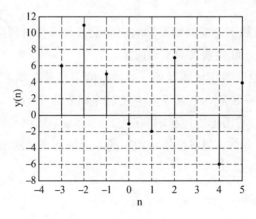

图 2.24   卷积

### 14. 差分方程的求解

(1)用到的函数 filter。

函数名称:filter 一维数字滤波器

功能:一维数字滤波器的实现

语法介绍:y = filter(b,a,X)返回一维数字滤波器的输出 y。参量 b 和 a 表示传递函数的分子和分母多项式的系数向量。参量 X 表示滤波器的输入。若 X 为一个矩阵,则 filer 对矩阵 X 的每列进行滤波操作;若 X 为一个 N 维数组,则函数对数组中的每一个非单一维数据进行滤波操作。

[y,zf] = filter(b,a,X)同时返回滤波器延迟状态向量的最后值 zf。若 X 为一个行向量或列向量,则输出 zf 是一个长度为 max(length(a),length(b))−1 的列向量;若 X 是一个矩阵,则分别对 X 中的每一列进行上述操作,zf 是一个由上述向量组成的数组。

[y,zf] = filter(b,a,X,zi)参量 zi 表示滤波器延迟的初始条件。

y = filter(b,a,X,zi,dim)对输入信号 X 的第 dim 维数据进行滤波操作。

**例** 使用滤波器求运行平均值。

```
>> data = [1:0.2:4]';
windowSize = 5;
filter(ones(1,windowSize)/windowSize,1,data)
```

ans = 0.2000　0.4400　0.7200　1.0400　1.4000　1.6000　1.8000　2.0000　2.2000
2.4000　2.6000　2.8000　3.0000　3.2000　3.4000　3.6000

(2)用到的函数 impz。

函数名称:impz

功能:计算数字滤波器的冲激响应

语法介绍:

[h,t] =impz(b,a)返回数字滤波器的冲激响应向量 h 和采样时间向量 t。参量 b 和 a 表示滤波器传递函数的分子和分母多项式的系数向量。

[h,t] = impz(b,a,n)返回数字滤波器的 n 点冲激响应向量 h 和采样时间向量 t。

[h,t] = impz(...,n,fs)参量 fs 指定采样点的频率间隔为 1/fs。

impz(...)绘制当前窗口的图形的冲激响应图。

**例** 绘制一个截止频率为 0.4 倍奈奎斯特频率的 4 阶椭圆低通滤波器的冲激响应。

```
>> [b,a] = ellip(4,0.5,20,0.4);
impz(b,a,50)
```

如图 2.25 所示。

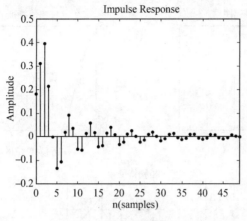

图 2.25 冲激响应

**例** 输入单位冲激序列,其长度为 6,差分方程为 $y(n)-0.5y(n-1)=x(n)$。

%初始条件为 y(-1)=0,(一阶方程只需要一个初始条件)

b=1;a=[1,-0.5];x=[1,0,0,0,0,0];

y=filter(b,a,x)

%结果

y=1.0000    0.5000    0.2500    0.1250    0.0625    0.0313

### 15.序列的傅里叶变换(离散时间傅里叶变换 DTFT)

**例** 求 $x(n)=[2,3,4,3,2]$ 的 DTFT,并画出它的幅频特性及相频特性。

%序列的傅里叶变换

clc; clear all

n=0:4;

x=[2,3,4,3,2];

k=1:1000;

w=(pi/500)*k;

X=x*(exp(-j*pi/500)).^(n'*k);

magX=abs(X);

angX=angle(X);

subplot(2,2,1);

stem(n,x,'.');

title('x(n)序列图');

ylabel('x(n)'),axis([0,5,0,6]);

subplot(2,2,2);plot(w/pi,magX);grid

xlabel('以/pi 为单位的频率');ylabel('模值');title('幅频特性');

subplot(2,2,4),plot(w/pi,angX);grid

xlabel('以/pi 为单位的频率');title('弧度');title('相频特性');

如图 2.26 所示。

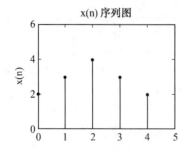
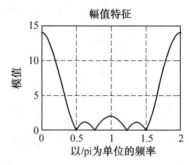

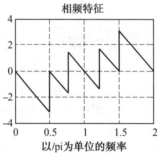

图 2.26　序列的 DTFT

### 16. DTFT 线性性质

设 $x_1(n)$ 和 $x_2(n)$ 是两个在 $[0,1]$ 之间均匀分布的随机序列,其中 $0 \leqslant n \leqslant 10$。通过如下程序可验证 DTFT 的线性性质。

用到的函数 rand

函数名称:rand

功能:生成均匀分布的伪随机数

语法介绍:

r = rand(n)返回一个 $[0,1]$ 区间内标准均匀分布的 n * n 的矩阵。

r = rand(m,n)或 r = rand([m,n])返回 m * n 矩。

r = rand(m,n,p,…)或 r = rand([m,n,p,…])返回 m * n * p 矩阵。

r = rand 返回一个标量。

r = rand(size(A))返回一个与 A 大小相同的数组。

r = rand(…,'double')或 r = rand(…,'single')返回一个指定类型的均匀分布的数组。

**例**　设 $x_1,x_2$ 都是长为 11 且服从 $N(0,1)$ 的序列,$\alpha,\beta$ 为实常数,试验证 DTFT$(\alpha x_1 + \beta x_2)$ 与 $\alpha$DTFT$(x_1)+\beta$DTFT$(x_2)$ 是否相等。

```
%DTFT 的线性性质
x1=rand(1,11);
x2=rand(1,11);
n=0:10;
alpha=2;
beta=3;
k=0:500;
```

```
w=(pi/500)*k;
X1=x1*(exp(-j*pi/500)).^(n'*k);          %x1 的 DTFT
X2=x2*(exp(-j*pi/500)).^(n'*k);          %x2 的 DTFT
x=alpha*x1+beta*x2                       %x1、x2 线性组合
X=x*(exp(-j*pi/500)).^(n'*k)             %x 的 DTFT
%验证
X_check=alpha*X1+beta*X2;                %X1、X2 的线性组合
error=max(abs(X-X_check))                %比较差异
```

**17. 序列移位后的 DTFT**

```
%序列移位后的 DTFT
x=rand(1,11);
n=0:10;
k=0:500;
w=(pi/500)*k;
X=x*(exp(-j*pi/500)).^(n'*k);            %x 的 DTFT
%信号移位 2
y=x;
m=n+2;
Y=y*(exp(-j*pi/500)).^(n'*k);            %y 的 DTFT
%验证
Y_check=(exp(-j*2).^w).*X;               %X 乘以 exp(-j2w)
error=max(abs(Y-Y_check));               %比较差异
```

**18. 乘以复指数序列后的 DTFT**

```
%乘以复指数序列后的 DTFT
n=0:100;
x=cos(pi*n/2);
k=-100:100;
w=(pi/100)*k;                            %频率取值区间[-pi,pi]
X=x*(exp(-j*pi/100)).^(n'*k);            %x 的 DTFT
y=exp(j*pi*n/4).*x                       %信号 x 乘以 exp(j*pi*n/4)
Y=y*(exp(-j*pi/100)).^(n'*k);            %y 的 DTFT
%画图验证
subplot(2,2,1);plot(w/pi,abs(X));grid;axis([-1,1,0,60]);
xlabel('归一化频率');ylabel('|X|');
title('X 的幅频特性');
subplot(2,2,2);plot(w/pi,angle(X)/pi);grid;axis([-1,1,-1,1]);
xlabel('归一化频率');ylabel('归一化相位');
title('X 的相频特性');
```

```
subplot(2,2,3);plot(w/pi,abs(Y));grid;axis([-1,1,0,60]);
xlabel('归一化频率');ylabel('|Y|');
title('Y 的幅频特性');
subplot(2,2,4);plot(w/pi,angle(Y)/pi);grid;axis([-1,1,-1,1]);
xlabel('归一化频率');ylabel('归一化相位');
title('Y 的相频特性');
```

如图 2.27 所示。

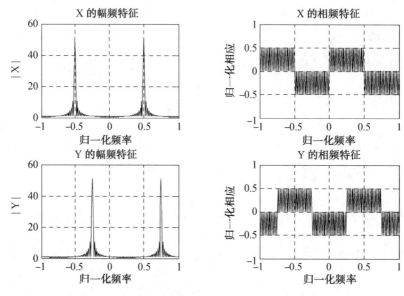

图 2.27　乘以复指数序列的 DTFT

### 19. 实信号的对称性质

设 $x(n) = \sin(\pi n/2)$，$-5 \leqslant n \leqslant 10$，求其离散时间傅里叶变换，并验证其对称性。

```
%信号的频谱对称性质
n=-5:10;
x=sin(pi * n/2);
k=-100:100;w=(pi/100) * k;            %频率取值区间[-pi,pi]
X=x * (exp(-j * pi/100)).^(n' * k);   %x 的 DTFT
%信号分解
[xe,xo,m]=evenodd(x,n)                %分解为奇部和偶部
XE=xe * (exp(-j * pi/100)).^(m' * k); %xe 的 DTFT
XO=xo * (exp(-j * pi/100)).^(m' * k); %xo 的 DTFT
%验证
XR=real(X);                           %X 的实部
error1=max(abs(XE-XR));               %比较
XI=imag(X);                           %X 的虚部
error2=max(abs(XO-j * XI))            %比较
```

％绘图验证

subplot(2,2,1);plot(w/pi,XR);grid;axis([−1,1,−2,2]);

xlabel('归一化频率');ylabel('Re(X)');

title('X 的实部')

subplot(2,2,2);plot(w/pi,XI);grid;axis([−1,1,−10,10]);

xlabel('归一化频率');ylabel('Im(X)');

title('X 的虚部')

subplot(2,2,3);plot(w/pi,real(XE));grid;axis([−1,1,−2,2]);

xlabel('归一化频率');ylabel('XE');

title('偶部的 DTFT')

subplot(2,2,4);plot(w/pi,imag(XO));grid;axis([−1,1,−10,10]);

xlabel('归一化频率');ylabel('XO');

title('奇部的 DTFT')

如图 2.28 所示。

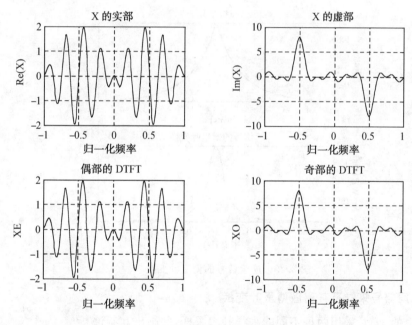

图 2.28　实信号的对称性质

## 20. 连续信号的傅里叶变换

设 $x_a(t) = e^{-1\,000|t|}$，画出其傅里叶变换。

％模拟信号

Dt＝0.00005;

t＝−0.005:Dt:0.005;

xa＝exp(−1000 * abs(t));

％连续信号的傅里叶变换

```
Wmax＝2 * pi * 2000;
K＝500;k＝0:1:K;
W＝k * Wmax/K;
Xa＝xa * exp(－j * t′ * W) * Dt;
Xa＝real(Xa);
W＝[－fliplr(W),W(2:501)];          %Ω∈[－Wmax,Wmax]
Xa＝[fliplr(Xa),Xa(2:501)];          %Xa 在[－Wmax,Wmax]内的采样值
subplot(2,1,1);plot(t * 1000,xa);
xlabel('t(ms)');ylabel('xa(t)');
title('模拟信号');
subplot(2,1,2);plot(W/(2 * pi * 1000),Xa * 1000);
xlabel('频率(kHz)');ylabel('Xa(jW) * 1000');
title('连续信号的傅里叶变换')
```

如图 2.29 所示。

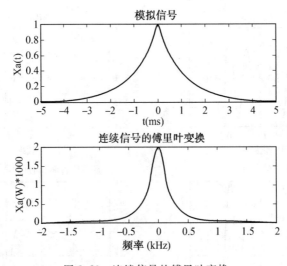

图 2.29　连续信号的傅里叶变换

### 21. 连续时间信号采样及其离散傅里叶变换

对上一题中的 $x_a(t)$ 采用两种不同的采样频率采样,并画出其频谱。

$f_s＝5\,000$ Hz 时对 $x_a(t)$ 采样得到 $x_1(n)$,画出 $X_1(j\omega)$;$f_s＝1\,000$ Hz 时对 $x_a(t)$ 采样得到 $x_2(n)$,画出 $X_2(j\omega)$。

```
%模拟信号
Dt＝0.00005;
t＝－0.005:Dt:0.005;
xa＝exp(－1000 * abs(t));
%离散时间信号
Ts＝0.0002;
n＝－25:1:25 ;
```

```
x=exp(-1000 * abs(n * Ts));
%离散时间信号傅里叶变换
K=500;
k=0:1:K;
w=pi * k/K;
X=x * exp(-j * n′ * w);
X=real(X);
w=[-fliplr(w),w(2:K+1)];
X=[fliplr(X),X(2:K+1)];
subplot(2,1,1);plot(t * 1000,xa);
xlabel('t(ms)');ylabel('x1(n)');
title('离散信号');hold on
stem(n * Ts * 1000,x);gtext('Ts=0.2msec');hold off
subplot(2,1,2);plot(w/pi,X);
xlabel('归一化频率');ylabel('X1(w)');
title('离散信号的傅里叶变换')
```

$f_s = 5\ 000$ Hz 时的结果如图 2.30 所示。

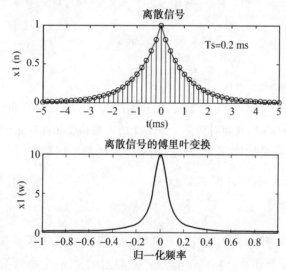

图 2.30　离散信号及其傅里叶变换

## 22. 采样信号的恢复

用上一题 $f_s = 5\ 000$ Hz 情况下的样本 $x_1(n)$ 重建 $x_a(t)$。

```
%离散时间信号 x1(n)
Ts=0.0002;
Fs=1/Ts;
n=-25:1:25;
nTs=n * Ts;
x=exp(-1000 * abs(nTs));
```

%采样信号恢复

Dt＝0.00005；

t＝－0.005：Dt：0.005；

xa＝x * sinc(Fs * (ones(length(n),1) * t－nTs′ * ones(1,length(t))))；

error＝max(abs(xa－exp(－1000 * abs(t))))

%%

plot(t * 1000,xa)；hold on

stem(n * Ts * 1000,x)；hold off

xlabel('t(ms)')；ylabel('xa(t)')；

title('利用 sinc 函数重建信号')

如图 2.31 所示。

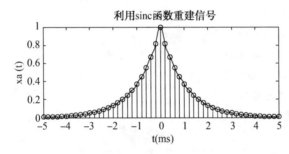

图 2.31　重建信号

# 习　　题

1. 如果 $x_1(n)$ 是偶序列，$x_2(n)$ 是奇序列，则 $y(n)＝x_1(n) \cdot x_2(n)$ 奇偶性如何？

2. 如果 $x_e(n)$ 是序列 $x(n)$ 的共轭对称部分，$x_e(n)$ 的实部和虚部具有什么形式的对称关系？

3. 判断下面的序列是否是周期序列，若是，请确定它的最小周期。

(1)$x(n)＝A\cos(\frac{5\pi}{8}n+\frac{\pi}{6})$（$A$ 是常数）；

(2)$x(n)＝e^{j(\frac{1}{8}n-\pi)}$。

4. 图 2.32 是单位冲激响应分别为 $h_1(n)$ 和 $h_2(n)$ 的两个线性移不变系统的级联，已知 $x(n)＝u(n)$，$h_1(n)＝\delta(n)-\delta(n-4)$，$h_2(n)＝a^n u(n)$，$|a|<1$，求系统的输出 $y(n)$。

5. 试证明线性卷积满足交换律、结合律和加法分配律。

6. 判断下列系统是否为线性系统、移不变系统、稳定系统、因果系统。

(1)$y(n)＝2x(n)+3$　　　　　　　　　　(2)$y(n)＝x(n)\sin[\frac{2\pi}{3}n+\frac{\pi}{6}]$

(3)$y(n)＝\sum_{k=-\infty}^{n}x(k)$　　　　　　　(4)$y(n)＝\sum_{k=n_0}^{n}x(k)$

(5)$y(n)＝x(n)g(n)$　　　　　　　　　(6)$y(n)＝x(n-n_0)$，$n_0$ 为整常数

7. 讨论下列系统的因果性和稳定性(已知(1)～(4)为线性移不变系统)。

(1)$h(n)＝-a^n u(-n-1)$　　　　　　　(2)$h(n)＝\delta(n+n_0)$（$n_0>0$）

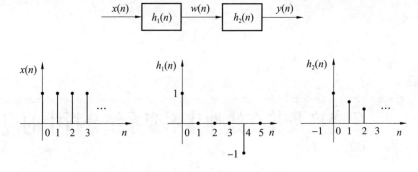

图 2.32　题 4 图

$(3) h(n) = 2^n u(-n)$ 　　　　　　　　　　　$(4) h(n) = \left(\dfrac{1}{2}\right)^n u(n)$

$(5) y(n) = \dfrac{1}{N} \sum_{k=0}^{N-1} x(n-k)$ 　　　　　　　$(6) y(n) = x(n) + x(n+1)$

$(7) y(n) = \sum_{k=n-n_0}^{n+n_0} x(k)$ 　　　　　　　　　$(8) y(n) = e^{x(n)}$

8. 已知序列 $x(n)$、$h(n)$ 为

$$h(n) = \begin{cases} 2^n & (0 \leqslant n \leqslant 10) \\ 0 & (n \text{ 为其他值}) \end{cases}$$

$$x(n) = \begin{cases} 1 & (0 \leqslant n \leqslant 5) \\ 0 & (n \text{ 为其他值}) \end{cases}$$

求：$y(n) = h(n) * x(n)$。

9. 序列 $x(n)$ 的傅里叶变换为 $X(j\omega)$，求下列各序列的傅里叶变换。

$(1) a x_1(n) + b x_2(n)$ 　　　　　　　　　$(2) e^{j\omega_0 n} x(n)$

$(3) x^*(-n)$ 　　　　　　　　　　　　　　$(4) \mathrm{Re}[x(n)]$

$(5) n x(n)$

10. 设一个因果的线性移不变系统由下列差分方程描述

$$y(n) - \frac{1}{2} y(n-1) = x(n) + \frac{1}{2} x(n-1)$$

求该系统的单位冲激响应。

11. 令 $x(n)$ 和 $X(j\omega)$ 分别表示一个序列和其傅里叶变换，证明帕塞瓦尔定理

$$\sum_{n=-\infty}^{+\infty} x(n) x^*(n) = \frac{1}{2\pi} \int_{-\pi}^{\pi} X(j\omega) X^*(j\omega) \, d\omega$$

12. 有一连续时间信号 $x_a(t) = \cos(2\pi f t + \varphi)$，式中 $f = 20$ Hz，$\varphi = \dfrac{\pi}{2}$。

(1) 求出 $x_a(t)$ 的周期。

(2) 用抽样间隔 $T_s = 0.02$ s 对 $x_a(t)$ 进行抽样，试写出抽样信号 $x(nT_s)$ 的表达式。

(3) 画出对应 $x(nT_s)$ 的离散时间信号 $x(n)$ 的波形，并求出 $x(n)$ 的周期。

# 第 3 章

## Z 变换及其在线性移不变系统分析中的应用

Z 变换(Z Transform)是分析离散时间信号与系统的一种有用工具,它在离散时间信号与系统中的地位相当于连续时间信号与系统中的拉普拉斯变换。Z 变换可用于求解常系数差分方程,估计一个输入给定的线性移不变系统的响应,以及设计线性滤波器。在这一章,我们将介绍 Z 变换以及如何用 Z 变换来解决各种问题。

## 3.1 Z 变 换

一个序列 $x(n)$ 的傅里叶变换为

$$X(\mathrm{j}\omega) = \sum_{n=-\infty}^{+\infty} x(n)\mathrm{e}^{-\mathrm{j}\omega n}$$

为了使这个序列收敛,信号必须绝对可和;然而,我们考虑的许多信号却不是绝对可和的,所以不能进行傅里叶变换。Z 变换是傅里叶变换的推广,它可以处理非绝对可和的序列。

### 3.1.1 定义

一个离散时间信号 $x(n)$ 的 Z 变换定义为

$$X(z) = \sum_{n=-\infty}^{+\infty} x(n)z^{-n} \tag{3.1}$$

这里 $z=r\mathrm{e}^{\mathrm{j}\omega}$ 是一个复变量,它所在的复平面称为 $z$ 平面($z$ Plane)。

如果 $x(n)$ 的 Z 变换为 $X(z)$,我们记作

$$Z[x(n)] = X(z)$$

Z 变换可以看作是指数加权序列的傅里叶变换,特别地当 $z=r\mathrm{e}^{\mathrm{j}\omega}$ 时

$$X(z) = \sum_{n=-\infty}^{+\infty} x(n)z^{-n} = \sum_{n=-\infty}^{+\infty} \left[ r^{-n}x(n) \right] \mathrm{e}^{-\mathrm{j}\omega n} \tag{3.2}$$

即 $X(z)$ 是序列 $r^{-n}x(n)$ 的傅里叶变换。

式(3.1)的 Z 变换存在的条件是等号右边级数收敛,要求级数绝对可和,即

$$\sum_{n=-\infty}^{+\infty} |x(n)z^{-n}| < +\infty \tag{3.3}$$

为使式(3.3)成立,$z$ 变量取值的域称为收敛域(Region of Convergence,ROC)。因为 Z 变换是复变量的函数,便于用复 $z$ 平面描述,此时

$$z = \mathrm{Re}[z] + \mathrm{jIm}[z] = r\mathrm{e}^{\mathrm{j}\omega}$$

$z$ 平面的横轴、竖轴分别代表变量 $z$ 的实部和虚部,如图 3.1 所示。

对应于 $|z|=1$ 的围线是半径为 1 的圆，称为单位圆（Unit Circle）。单位圆上的 Z 变换就是序列的傅里叶变换，即

$$X(\mathrm{j}\omega) = X(z)\,\big|_{z=\mathrm{e}^{\mathrm{j}\omega}} \tag{3.4}$$

更具体地说，通过计算单位圆上各个点的 $X(z)$ 值，从 $z=1(\omega=0)$ 开始，到 $z=\mathrm{j}(\omega=\frac{\pi}{2})$，再到 $z=-1(\omega=\pi)$，我们可以得到 $0\leqslant\omega\leqslant\pi$ 的 $X(\mathrm{j}\omega)$ 值，值得注意的是，为了保证一个离散时间信号的傅里叶变换存在，单位圆必须包括在 $X(z)$ 的收敛域内。

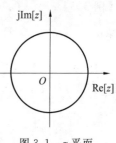

图 3.1　$z$ 平面

### 3.1.2　Z 变换的收敛域

在数字信号处理中，许多有用信号的 Z 变换都是 $z$ 的确定函数，用两个多项式之比表示为

$$X(z) = \frac{P(z)}{Q(z)} \tag{3.5}$$

分解分子和分母多项式，一个有理 Z 变换可以表示为

$$X(z) = A\,\frac{\displaystyle\prod_{i=1}^{M}(1-c_i z^{-1})}{\displaystyle\prod_{k=1}^{N}(1-d_k z^{-1})} \tag{3.6}$$

分子多项式的根 $c_i$ 称为 $X(z)$ 的零点（Zero），分母多项式的根 $d_k$ 称为 $X(z)$ 的极点（Pole）。

【例 3.1】　令 $x(n)=a^n u(n)$，式中 $a$ 为常数，$u(n)$ 为单位阶跃序列，求 $x(n)$ 的 Z 变换，并确定其收敛域。

**解**　$X(z) = \displaystyle\sum_{n=-\infty}^{+\infty} x(n)z^{-n} = \sum_{n=-\infty}^{+\infty} a^n u(n)z^{-n} = \sum_{n=0}^{+\infty} a^n z^{-n} = \sum_{n=0}^{+\infty}(az^{-1})^n$

上式是一个幂级数，显然，如果 $|az^{-1}|<1$，即 $|z|>|a|$，该级数收敛，于是

$$X(z) = \frac{1}{1-az^{-1}} = \frac{z}{z-a}$$

其收敛域如图 3.2 所示，图中 $|a|<1$。如果 $|a|>1$，则收敛域在单位圆外，由于收敛域不包括单位圆，所以此时序列 $a^n u(n)$ 的傅里叶变换也不收敛。

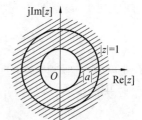

图 3.2　例 3.1 收敛域

【例 3.2】　令 $x(n)=-a^n u(-n-1)$，式中 $u(-n-1)=\begin{cases}1 & (n\leqslant-1)\\0 & (n\geqslant0)\end{cases}$，求其 Z 变换，并确定其收敛域。

**解**　$X(z) = \displaystyle\sum_{n=-\infty}^{+\infty} x(n)z^{-n} = -\sum_{n=-\infty}^{-1} a^n z^{-n} = 1 - \sum_{n=0}^{+\infty}(a^{-1}z)^n$

显然，只有当 $|a^{-1}z|<1$，即 $|z|<|a|$ 时，上式才收敛，这时

$$X(z) = 1 - \frac{1}{1-a^{-1}z} = \frac{z}{z-a}$$

其结果和例 3.1 相同。由此可以看出，对不同的 $x(n)$，其 Z 变换有可能具有相同的形式，区别在于各自的收敛域。因此，为了保证由 Z 反变换求出的序列是唯一的，则必须指明其收敛域。

**【例 3.3】**  令 $x(n) = u(n)$，试求其 Z 变换，并确定其收敛域。

**解**
$$X(z) = \sum_{n=0}^{+\infty} 1 \cdot z^{-n} = \frac{1}{1-z^{-1}} = \frac{z}{z-1}$$

其收敛性为 $|z| > 1$，即单位阶跃序列的 Z 变换的收敛域不包括单位圆，因此其傅里叶变换不存在。实际上，由于 $u(n)$ 不是绝对可和的，所以有

$$\left| \sum_{n=0}^{+\infty} u(n)z^{-n} \right|_{z=e^{j\omega}} = \left| \sum_{n=0}^{+\infty} e^{-j\omega n} \right| \to +\infty$$

### 3.1.3  序列特性对收敛域的影响

由定义式(3.1)所表示的 Z 变换是 $z^{-1}$ 的幂级数，即复变函数中的罗朗级数。该级数的系数即是序列 $x(n)$ 本身，对于级数总有一个收敛问题，即式(3.1)的级数只有收敛，$X(z)$ 才存在。因此，我们有必要讨论，对于给定的序列 $x(n)$，$z$ 取何值时，其 Z 变换收敛，取何值时发散。

由式(3.2)可以看出，$X(z)$ 是序列 $x(n)$ 被一实序列 $r^{-n}$ 加权后的傅里叶变换，当 $|r| > 1$ 时，这一加权序列 $r^{-n}$ 是衰减的；当 $|r| < 1$ 时，$r^{-n}$ 是增长的。因此，对给定的 $x(n)$，将会存在某一个 $r$ 值，使 $X(z)$ 收敛或发散，又因为 $r$ 是 $z$ 的模，因此，$X(z)$ 的收敛域将是 $z$ 平面中一个圆的内部或外部，也有可能为一环状区域。为了加深对收敛域问题的认识，下面列出收敛域的几种情况，了解序列特性与收敛域的一些一般关系对使用 Z 变换是很有帮助的。

设 $x(n)$ 在区间 $n_1 \sim n_2$ 有值，$n_1 < n_2$，即 $X(z) = \sum_{n=n_1}^{n_2} x(n)z^{-n}$，当 $n_1$、$n_2$ 取不同值时，$x(n)$ 可以是有限长序列、右边序列、左边序列及双边序列。

**1. 有限长序列**(Finite Duration/Length Sequence)

如序列 $x(n)$ 满足下式：

$$x(n) = \begin{cases} x(n) & (n_1 \leqslant n \leqslant n_2, n_1, n_2 \text{ 为有限值}) \\ 0 & (n \text{ 为其他值}) \end{cases}$$

即序列 $x(n)$ 从 $n_1$ 到 $n_2$ 的序列值不全为零，除此范围之外序列值全为零，这样的序列称为有限长序列，其 Z 变换为

$$X(z) = \sum_{n=n_1}^{n_2} x(n)z^{-n}$$

设 $x(n)$ 为有界序列，由于是有限项求和，收敛域包括除 $z=0$ 和 $z=+\infty$ 外的整个 $z$ 平面。如果 $n < 0$ 时，$x(n) = 0$，则收敛域还包括 $z = +\infty$ 点；如 $n > 0$ 时，$x(n) = 0$，则收敛域还包括 $z = 0$ 点。具体来说有限长序列的收敛域表示如下：

$$n_1 < 0, n_2 \leqslant 0 \text{ 时}, 0 \leqslant |z| < +\infty$$
$$n_1 < 0, n_2 > 0 \text{ 时}, 0 < |z| < +\infty$$
$$n_1 \geqslant 0, n_2 > 0 \text{ 时}, 0 < |z| \leqslant +\infty$$

图 3.3 画出了有限长序列及其 Z 变换的收敛域，其中 $n_1 < 0, n_2 > 0$，除 $z=0, z=+\infty$ 外皆收敛。

**2. 右边序列(右序列)**(Right-side Sequence)

右边序列是指 $n \geqslant n_1$ 时，序列值不全为零；而在 $n < n_1$ 时，序列值全为零的序列，其 Z 变换

为

$$X(z) = \sum_{n=n_1}^{+\infty} x(n)z^{-n} = \sum_{n=n_1}^{-1} x(n)z^{-n} + \sum_{n=0}^{+\infty} x(n)z^{-n} \qquad (3.7)$$

式(3.7)中第一项 $X_1(z)$ 是有限长序列的 Z 变换,若 $n_1 \leqslant -1$,其收敛域是 $0 \leqslant |z| < +\infty$;第二项 $X_2(z)$ 是因果序列的 Z 变换,其收敛域 $R_{x-} < |z| \leqslant +\infty$,证明如下:

$$X_2(z) = \sum_{n=0}^{+\infty} x(n)z^{-n}$$

设式 $X_2(z)$ 的级数在 $|z| = z_1$ 时绝对收敛,即

$$\sum_{n=0}^{+\infty} |x(n)z_1^{-n}| < +\infty \qquad (3.8)$$

那么当 $|z| > |z_1|$ 时,级数 $\sum\limits_{n=0}^{+\infty} |x(n)z^{-n}|$ 中每一项都小于式(3.8)级数中的对应项,所以

$$\sum_{n=0}^{+\infty} |x(n)z^{-n}| < +\infty \quad (|z| > |z_1|)$$

如果 $z_1 = R_{x-}$ 是使式 $X_2(z)$ 级数收敛的最小 $|z|$ 值,则当 $|z| > R_{x-}$ 时,$X_2(z)$ 的级数收敛,即 $X_2(z)$ 的收敛域为 $R_{x-} < |z| \leqslant +\infty$。

取 $X_1(z)$ 和 $X_2(z)$ 收敛域的交集,得出 $X(z)$ 的收敛域为 $R_{x-} < |z| < +\infty$;若 $n_1 \geqslant 0$,$X(z)$ 的收敛域为 $R_{x-} < |z| \leqslant +\infty$。右边序列及其 Z 变换的收敛域如图 3.4 所示,其收敛域为以 $R_{x-}$ 为半径的圆的外部。

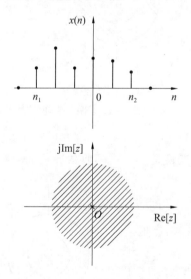

图 3.3　有限长序列及收敛域

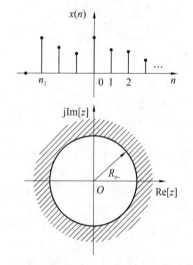

图 3.4　右边序列及收敛域

### 3. 左边序列(左序列)(Left-side Sequence)

左边序列是在 $n \leqslant n_2$ 时序列值不全为零,而在 $n > n_2$ 时序列值全为零的序列,其 Z 变换为

$$X(z) = \sum_{n=-\infty}^{n_2} x(n)z^{-n}$$

若 $n_2 > 0$,其收敛域不包括原点,即 $0 < |z| < R_{x+}$;若 $n_2 \leqslant 0$,其收敛域包括原点,即 $0 \leqslant |z| < R_{x+}$,和右边序列正相反,其 Z 变换的收敛域是以 $R_{x+}$ 为半径的圆的内部。图 3.5 为左边

序列及其 Z 变换的收敛域。

**4. 双边序列**(Two-side/Bilateral Sequence)

双边序列是指 $n$ 从 $-\infty$ 延伸到 $+\infty$ 的序列,即 $x(n)$,$-\infty < n < +\infty$,其 Z 变换为

$$X(z) = \sum_{n=-\infty}^{+\infty} x(n)z^{-n} = \sum_{n=-\infty}^{-1} x(n)z^{-n} + \sum_{n=0}^{+\infty} x(n)z^{-n} \tag{3.9}$$

综合上面所讨论的左边及右边序列,显然,双边序列的收敛域是使上述两个级数都收敛的公共部分,如果该公共部分存在,则其收敛域一定是一个环状区域,即 $R_{x-} < |z| < R_{x+}$,如图 3.6 所示,其中 $R_{x-}$,$R_{x+}$ 分别为式(3.9)中第二个级数和第一个级数对应的收敛域。

如果公共部分不存在,那么 $X(z)$ 就不收敛。

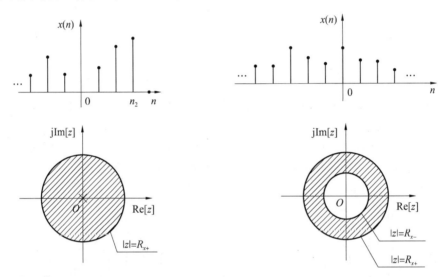

图 3.5　左边序列及收敛域($n_2 > 0$,故 $z = 0$ 除外)　　　图 3.6　双边序列及收敛域

【**例 3.4**】　求双边序列 $x(n) = a^{|n|} = a^n u(n) + a^{-n} u(-n-1)$ 的 Z 变换,并确定其收敛域,式中 $a$ 为实数,且 $a > 0$。

**解**　由例 3.1 及例 3.2 可知,对级数 $a^n u(n)$,其 Z 变换是 $\dfrac{1}{1-az^{-1}}$,收敛域是 $|z| > a$;对

级数 $a^{-n} u(-n-1)$,其 Z 变换是 $\dfrac{az}{1-az}$,收敛域是 $|z| < \dfrac{1}{a}$。这样

$X(z) = \dfrac{1}{1-az^{-1}} + \dfrac{az}{1-az}$ 的收敛域是 $a < |z| < \dfrac{1}{a}$。显然,如果 $a >$

1,则 $X(z)$ 将不收敛;只有当 $a < 1$ 时,例如 $a = \dfrac{1}{2}$,则在 $\dfrac{1}{2} < |z| <$

2 的范围内 $X(z)$ 才收敛。如图 3.7 所示。

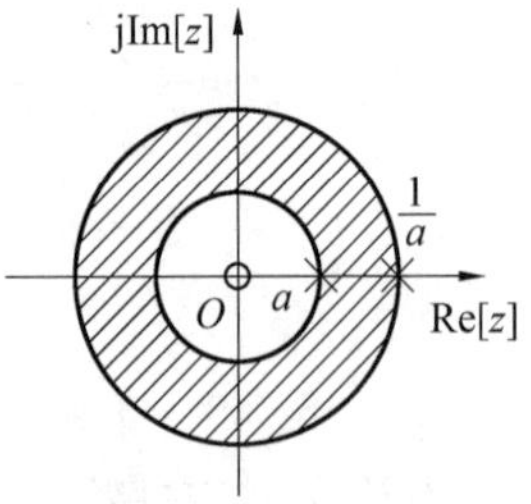

由上面的讨论可以看出,Z 变换的收敛域是 $z$ 平面上的一圆环

图 3.7　例 3.4 的收敛域

(Ring),某种情况下,该圆环可向内扩展到原点,形成一个圆盘(Disk),在另外的情况下,也可以扩展到无穷大。只有当 $x(n)$ 是单位冲激函数 $\delta(n)$ 时,其收敛域才是整个 $z$ 平面。

# 3.2　Z 反(逆) 变换

Z变换是线性系统分析的一种有用工具,和求一个序列的Z变换同样重要的是能用Z反变换从 $X(z)$ 中恢复出原序列 $x(n)$,求Z反变换的方法通常有三种:围线积分法(留数法)、幂级数法(长除法) 和部分分式展开法。Z反变换记为: $x(n) = Z^{-1}[X(z)]$。

## 3.2.1　围线积分法(留数法)

围线积分法(留数法)(Method of Contour Integration/Residues) 求解的过程主要依赖于柯西积分定理。柯西积分定理表述如下:如果 $C$ 是包围坐标原点的逆时针方向的闭合曲线,则

$$\frac{1}{2\pi j}\oint_C z^{k-1} \mathrm{d}z = \begin{cases} 1 & (k=0) \\ 0 & (k \neq 0) \end{cases} \qquad k \text{ 为整数} \tag{3.10}$$

对于 $X(z) = \sum\limits_{n=-\infty}^{+\infty} x(n)z^{-n}$,可以用柯西积分定理证明,系数 $x(n)$ 可由 $X(z)$ 求得

$$x(n) = \frac{1}{2\pi j}\oint_C X(z)z^{n-1}\mathrm{d}z \qquad C \in (R_{x-}, R_{x+}) \tag{3.11}$$

这里 $C$ 是 $X(z)$ 的收敛域内包围原点的逆时针方向的闭合围线,如图3.8所示。式(3.11) 就是用围线积分法表示的Z反变换公式。

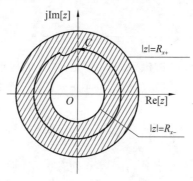

图 3.8　围线积分路径

证明如下:

序列 $x(n)$ 的Z变换为

$$X(z) = \sum_{n=-\infty}^{+\infty} x(n)z^{-n} \tag{3.12}$$

将式(3.12) 两边同时乘以 $z^{k-1}$,并在 $X(z)$ 的收敛域内取一条逆时针方向包围原点的闭合曲线 $C$,计算 $X(z)z^{k-1}$ 的围线积分

$$\frac{1}{2\pi j}\oint_C x(z)z^{k-1}\mathrm{d}z = \frac{1}{2\pi j}\oint_C \sum_{n=-\infty}^{+\infty} x(n)z^{-n} \cdot z^{k-1}\mathrm{d}z =$$

$$\sum_{n=-\infty}^{+\infty} x(n)\frac{1}{2\pi j}\oint_C z^{-n+k-1}\mathrm{d}z \tag{3.13}$$

依据式(3.10) 可知

$$\frac{1}{2\pi \mathrm{j}}\oint_C z^{-n+k-1}\mathrm{d}z = \begin{cases} 1 & (n=k) \\ 0 & (n \neq k) \end{cases} \tag{3.14}$$

将式(3.14)代入式(3.13),得

$$\frac{1}{2\pi \mathrm{j}}\oint_C X(z)z^{k-1}\mathrm{d}z = x(k) \tag{3.15}$$

将式(3.15)中的 $k$ 用 $n$ 代替,便得到式(3.11)。

这种形式的围线积分常用柯西留数定理来计算,即

$$x(n) = \frac{1}{2\pi \mathrm{j}}\oint_C X(z)z^{n-1}\mathrm{d}z = \sum_k \left[X(z)z^{n-1}, 在 C 内极点处的留数\right] \tag{3.16}$$

如果 $X(z)$ 是 $z$ 的有理函数,且在 $z=z_k$ 处有一个一阶(重)极点,则

$$\mathrm{Res}\left[X(z)z^{n-1}\right]_{z=z_k} = (z-z_k)\cdot X(z)z^{n-1}\big|_{z=z_k} \tag{3.17}$$

若 $z=z_k$ 是 $N$ 阶(重)极点,则

$$\mathrm{Res}\left[X(z)z^{n-1}\right]_{z=z_k} = \frac{1}{(N-1)!}\frac{\mathrm{d}^{N-1}}{\mathrm{d}z^{N-1}}\left[(z-z_k)^N \cdot X(z)z^{n-1}\right]\big|_{z=z_k} \tag{3.18}$$

该式表明,对于 $N$ 阶极点,需要求 $N-1$ 次导数,这是比较麻烦的。

【例 3.5】 已知 $X(z)=(1-az^{-1})^{-1}$,$|z|>a$,求其 Z 反变换 $x(n)$。

**解** 首先在 $X(z)$ 的收敛域内取一条围线 $C$,即 $C$ 的半径大于 $a$。由式(3.11)得

$$x(n) = \frac{1}{2\pi \mathrm{j}}\oint_C (1-az^{-1})^{-1}z^{n-1}\mathrm{d}z$$

令

$$F(z) = \frac{1}{1-az^{-1}}z^{n-1} = \frac{z^n}{z-a}$$

为了用留数法求解,先找出 $F(z)$ 的极点。$z=a$ 是 $F(z)$ 的极点;$z=0$ 是否为 $F(z)$ 的极点和 $n$ 的取值有关:$n \geqslant 0$ 时,$z=0$ 不是极点;$n<0$ 时,$z=0$ 是一个 $(-n)$ 阶(重)极点。因此分成 $n \geqslant 0$ 和 $n<0$ 两种情况求 $x(n)$。

当 $n \geqslant 0$ 时 $\quad x(n)=\mathrm{Res}\left[F(z)\right]_{z=a} = (z-a)\dfrac{z^n}{z-a}\big|_{z=a} = a^n$

当 $n<0$ 时,除 $z=a$ 一个一阶级点外,在 $z=0$ 处有 $(-n)$ 阶极点。围线积分应等于这两个极点留数之和。现对 $n$ 取不同负整数求留数:

令 $n=-1$,则

$$\mathrm{Res}\left[\frac{z^{-1}}{z-a}\right] = \left[\frac{1}{z}\right]_{z=a} = \frac{1}{a}$$

$$\mathrm{Res}\left[\frac{z^{-1}}{z-a}\right] = \left[\frac{1}{z-a}\right]_{z=0} = -\frac{1}{a}$$

所以

$$x(-1) = \sum \mathrm{Res}\left[\frac{z^{-1}}{z-a}\right] = \frac{1}{a} - \frac{1}{a} = 0$$

令 $n=-2$,则

$$\mathrm{Res}\left[\frac{z^{-2}}{z-a}\right] = \left[\frac{1}{z^2}\right]_{z=a} = \frac{1}{a^2}$$

$$\mathrm{Res}\left[\frac{z^{-2}}{z-a}\right] = \left[\frac{\mathrm{d}}{\mathrm{d}z}\left(\frac{1}{z-a}\right)\right]_{z=0} = -\frac{1}{a^2}$$

所以

$$x(-2) = \sum \text{Res}\left[\frac{z^{-2}}{z-a}\right] = \frac{1}{a^2} - \frac{1}{a^2} = 0$$

以此类推,对于 $n < 0$ 的所有情况皆有

$$\sum \text{Res}[X(z)z^{n-1}] = 0$$

即当 $n < 0$ 时,$x(n) = 0$。因此所求序列为

$$x(n) = a^n u(n)$$

由上例可见,当 $n < 0$ 时,$z = 0$ 处有高阶(多重)极点,随着 $n \to -\infty$,其极点阶数越高,求其留数越繁。为了避免这种繁难的求解,可以采用留数辅助定理来求留数。

留数辅助定理:如果围线积分的被积函数 $F(z)$ 在整个 $z$ 平面上除有限个极点外,都是解析的,且当 $z$ 趋向于无穷大时,$F(z)$ 以不低于二阶无穷小的速度趋近于零(对于 $F(z) = \dfrac{\varphi(z)}{\psi(z)}$ 为有理分式的情形,$\psi(z)$ 的次数至少高于 $\varphi(z)$ 两次),则当围线 $C$ 的半径趋向无穷大时,围线积分 $\dfrac{1}{2\pi j}\oint_{C_\infty} F(z)\text{d}z$ 以不低于二阶无穷小的速度趋近于零,即

$$\frac{1}{2\pi j}\oint_{C_\infty} F(z)\text{d}z = 0$$

或写成

$$\frac{1}{2\pi j}\oint_{C_\infty} F(z)\text{d}z = \sum[F(z),\text{在 } z \text{ 平面全部极点的留数}] = 0$$

在这种情况下,若在 $F(z)$ 的任意收敛区域内取任意有限围线 $C$,则有

$$\sum[F(z),\text{在 } C \text{ 内部极点的留数}] = -\sum[F(z),\text{在 } C \text{ 外全部极点的留数}]$$

此时逆变换的形式将变成

$$x(n) = \frac{1}{2\pi j}\oint_C X(z)z^{n-1}\text{d}z = -\sum[X(z)z^{n-1},\text{在 } C \text{ 外全部极点的留数}] \quad (3.19)$$

式(3.19)表明,当 $z \to +\infty$,$X(z)z^{n-1}$ 以不低于二阶无穷小的速度趋近于零时,围线内的留数可以用围线外的留数计算。

例 3.5 中的 $F(z)$ 的分母多项式 $z$ 的阶次比分子多项式 $z$ 的阶次高二阶或二阶以上,满足留数辅助定理的要求,因此可用留数辅助定理求解 $x(n)$。即 $n < 0$ 时,改求 $C$ 外极点留数,但 $F(z)$ 在 $C$ 外没有极点,如图 3.9 所示,故 $n < 0$,$x(n) = 0$,最后得到原序列为 $x(n) = a^n u(n)$。

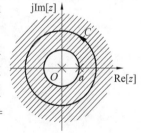

图 3.9　$n < 0$ 时,$F(z)$ 极点分布

事实上,该例题由于收敛域是 $|z| > a$,根据前面分析的序列特性对收敛域的影响可知,$x(n)$ 一定是因果的右边序列,这样,$n < 0$ 部分一定为零,就不需再求了。

【例 3.6】　已知序列的 Z 变换为

$$X(z) = \frac{z(2z-a-b)}{(z-a)(z-b)} \quad (|a| < |z| < |b|)$$

求原序列 $x(n)$。

**解**　根据式(3.16)有

$$x(n) = \frac{1}{2\pi j} \oint_C X(z) z^{n-1} \mathrm{d}z = \frac{1}{2\pi j} \oint_C \frac{2z - a - b}{(z-a)(z-b)} z^n \mathrm{d}z$$

其中所取围线 $C$ 在 $|a|$ 与 $|b|$ 之间。

当 $n \geq 0$ 时,在围线 $C$ 内只有 $z = a$ 一个一阶极点,很易求出留数,因此易得

$$x_1(n) = \mathrm{Res}[X(z) z^{n-1}] = \left[ \frac{2z - a - b}{z - b} z^n \right]_{z=a} = a^n$$

当 $n < 0$ 时,则被积函数除 $z = a$ 处有一极点外,在 $z = 0$ 处有 $(-n)$ 阶极点,不易求留数,但它满足留数辅助定理条件。应用式(3.19)有

$$x(n) = \frac{1}{2\pi j} \oint_C \frac{2z - a - b}{(z-a)(z-b)} z^n \mathrm{d}z = -\sum \left[ \frac{2z - a - b}{(z-a)(z-b)} z^n, \text{在 } C \text{ 外所有极点的留数} \right]$$

而在 $C$ 外只有 $z = b$ 处的一个极点,所以

$$x_2(n) = -\mathrm{Res}[X(z) z^{n-1}] = -\left[ \frac{2z - a - b}{z - a} z^n \right]_{z=b} = -b^n$$

即

$$x(n) = x_1(n) + x_2(n) = a^n u(n) - b^n u(-n-1)$$

例 3.6 的极点分布如图 3.10 所示。

### 3.2.2  幂级数法(长除法)

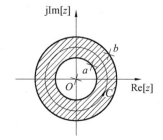

图 3.10  例 3.6 的极点分布

幂级数法(长除法)(Power Series Expansion/Long Division)的基本处理过程如下:一般情况下 $X(z)$ 是一个有理分式,分子分母都是 $z$ 的多项式,则可直接用分子多项式除以分母多项式,从得到的商即可方便地求出 $x(n)$。需要说明的是,如果 $x(n)$ 是右序列,级数应是负幂级数,如果 $x(n)$ 是左序列,级数则是正幂级数。

【例 3.7】  已知 $X(z) = \dfrac{1}{1 - az^{-1}}$,$|z| > |a|$,试求 $X(z)$ 的 Z 反变换 $x(n)$。

**解**  收敛域为 $|z| > |a|$,故 $x(n)$ 是因果序列(右序列),因而 $X(z)$ 的分子分母应按 $z$ 的降幂或 $z^{-1}$ 的升幂排列,但按 $z$ 的降幂排列较方便,所以有

$$
1 - az^{-1} \overline{\smash{\big)}\ \begin{array}{l} 1 + az^{-1} + a^2 z^{-2} + \cdots \\ 1 \end{array}}
$$

$$\underline{1 - az^{-1}}$$
$$az^{-1}$$
$$\underline{az^{-1} - a^2 z^{-2}}$$
$$a^2 z^{-2}$$
$$\vdots$$

$$X(z) = 1 + az^{-1} + a^2 z^{-2} + a^3 z^{-3} + \cdots = \sum_{n=0}^{+\infty} a^n z^{-n}$$

因此

$$x(n) = a^n u(n)$$

【例 3.8】  已知 $X(z) = \dfrac{1}{1 - az^{-1}}$,$|z| < |a|$,试求 $X(z)$ 的 Z 反变换 $x(n)$。

**解**  由收敛域 $|z| < |a|$ 可以确定,$x(n)$ 是一个左序列,所以将 $X(z)$ 展成正幂级数:

$$-az^{-1}+1)\overline{\begin{array}{r}-a^{-1}z-a^{-2}z^2-a^{-3}z^3\cdots \\ 1\end{array}}$$

$$\begin{array}{r}\underline{1-a^{-1}z}\\ a^{-1}z\end{array}$$

$$\begin{array}{r}\underline{a^{-1}z-a^{-2}z^2}\\ a^{-2}z^2\end{array}$$

$$\vdots$$

$$X(z) = -\left[a^{-1}z + a^{-2}z^2 + \cdots\right] = -\sum_{n=-\infty}^{-1} a^n z^{-n}$$

因此

$$x(n) = -a^n u(-n-1)$$

长除法的缺点是在复杂情况下,很难得到 $x(n)$ 的封闭解形式。

### 3.2.3　部分分式展开法

对于大多数具有单阶极点的序列,常常利用部分分式展开法($Partial\ Fraction\ Expansion$)来求解其反变换。

设 $x(n)$ 的 Z 变换 $X(z)$ 是有理函数,分母多项式是 $N$ 阶,分子多项式是 $M$ 阶,将 $X(z)$ 展成一些简单的常用的部分分式之和,然后求每一部分分式的 Z 反变换(可利用 3.2 节中的表 3.1 的基本变换对的公式),再相加即可得到原序列 $x(n)$,设 $X(z)$ 只有 $N$ 个一阶极点,可展开为

$$X(z) = A_0 + \sum_{m=1}^{N} \frac{A_m z}{z - z_m}$$

$$\frac{X(z)}{z} = \frac{A_0}{z} + \sum_{m=1}^{N} \frac{A_m}{z - z_m} \qquad (3.20)$$

观察式 (3.20),$\dfrac{X(z)}{z}$ 在 $z=0$ 的极点的留数就是其系数 $A_0$;在 $z=z_m$ 的极点的留数就是系数 $A_m$。

$$A_0 = \mathrm{Res}\left[\frac{X(z)}{z}\right]_{z=0}$$

$$A_m = \mathrm{Res}\left[\frac{X(z)}{z}\right]_{z=z_m}$$

求出系数 $A_m(m=0,1,2,3,\cdots,N)$ 后,很容易求得序列 $x(n)$。

【例 3.9】　已知 $X(z) = \dfrac{5z^{-1}}{1 + z^{-1} - 6z^{-2}}$,$2 < |z| < 3$,求 Z 反变换 $x(n)$。

**解**　$\dfrac{X(z)}{z} = \dfrac{5z^{-2}}{1 + z^{-1} - 6z^{-2}} = \dfrac{5}{z^2 + z - 6} = \dfrac{5}{(z-2)(z+3)} = \dfrac{A_1}{z-2} + \dfrac{A_2}{z+3}$

$A_1 = \mathrm{Res}\left[\dfrac{X(z)}{z}\right]_{z=2} = \dfrac{X(z)}{z}(z-2)\Big|_{z=2} = 1$

$A_2 = \mathrm{Res}\left[\dfrac{X(z)}{z}\right]_{z=-3} = \dfrac{X(z)}{z}(z+3)\Big|_{z=-3} = -1$

$\dfrac{X(z)}{z} = \dfrac{1}{z-2} - \dfrac{1}{z+3}$

$$X(z) = \frac{1}{1 - 2z^{-1}} - \frac{1}{1 + 3z^{-1}}$$

因为收敛域为 $2 < |z| < 3$，上式中第一部分的极点是 $z = 2$，因此收敛域为 $|z| > 2$，第二部分的极点 $z = -3$，收敛域应取 $|z| < 3$，查表 3.1 得

$$x(n) = 2^n u(n) + (-3)^n u(-n-1)$$

表 3.1  几种常用序列的 Z 变换及其收敛域

| 序号 | 序列 | Z 变换 | 收敛域 |
|------|------|--------|--------|
| 1 | $\delta(n)$ | $1$ | 全部 $z$ |
| 2 | $u(n)$ | $\dfrac{1}{1 - z^{-1}}$ | $|z| > 1$ |
| 3 | $u(-n-1)$ | $-\dfrac{1}{1 - z^{-1}}$ | $|z| < 1$ |
| 4 | $a^n u(n)$ | $\dfrac{1}{1 - az^{-1}}$ | $|z| > |a|$ |
| 5 | $-a^n u(-n-1)$ | $\dfrac{1}{1 - az^{-1}}$ | $|z| < |a|$ |
| 6 | $R_N(n)$ | $\dfrac{1 - z^{-N}}{1 - z^{-1}}$ | $|z| > 0$ |
| 7 | $nu(n)$ | $\dfrac{z^{-1}}{(1 - z^{-1})^2}$ | $|z| > 1$ |
| 8 | $na^n u(n)$ | $\dfrac{az^{-1}}{(1 - az^{-1})^2}$ | $|z| > |a|$ |
| 9 | $-na^n u(-n-1)$ | $\dfrac{az^{-1}}{(1 - az^{-1})^2}$ | $|z| < |a|$ |
| 10 | $e^{-jn\omega_0} u(n)$ | $\dfrac{1}{1 - e^{-j\omega_0} z^{-1}}$ | $|z| > 1$ |
| 11 | $\sin(n\omega_0) u(n)$ | $\dfrac{z^{-1} \sin \omega_0}{1 - 2z^{-1} \cos \omega_0 + z^{-2}}$ | $|z| > 1$ |
| 12 | $\cos(n\omega_0) u(n)$ | $\dfrac{1 - z^{-1} \cos \omega_0}{1 - 2z^{-1} \cos \omega_0 + z^{-2}}$ | $|z| > 1$ |
| 13 | $e^{-an} \sin(\omega_0 n) u(n)$ | $\dfrac{z^{-1} e^{-a} \sin \omega_0}{1 - 2z^{-1} e^{-a} \cos \omega_0 + z^{-2} e^{-2a}}$ | $|z| > e^{-a}$ |
| 14 | $e^{-an} \cos(w_0 n) u(n)$ | $\dfrac{1 - z^{-1} e^{-a} \cos \omega_0}{1 - 2z^{-1} e^{-a} \cos \omega_0 + z^{-2} e^{-2a}}$ | $|z| > e^{-a}$ |
| 15 | $\sin(\omega_0 n + \theta) u(n)$ | $\dfrac{\sin \theta + z^{-1} \sin(\omega_0 - \theta)}{1 - 2z^{-1} \cos \omega_0 + z^{-2}}$ | $|z| > 1$ |

# 3.3 Z 变换的基本性质和定理

**1. 线性**

线性就是要满足齐次性和可加性。

若
$$X(z) = Z[x(n)] \quad (R_{x-} < |z| < R_{x+})$$
$$Y(z) = Z[y(n)] \quad (R_{y-} < |z| < R_{y+})$$

则
$$Z[ax(n) + by(n)] = aX(z) + bY(z) \quad (R_- < |z| < R_+) \tag{3.21}$$

其中 $a, b$ 为任意常数。$R_- \leqslant \max[R_{x-}, R_{y-}]$，$R_+ \geqslant \min[R_{x+}, R_{y+}]$，相加后 Z 变换的收敛域 $(R_-, R_+)$ 为两个相加序列的公共收敛域。其中取"$\leqslant$"、"$\geqslant$"的原因是考虑到如果线性组合产生了一些零、极点对消，则收敛域可能会扩大。

**2. 序列的移位**

设
$$Z[x(n)] = X(z) \quad (R_{x-} < |z| < R_{x+})$$

则有
$$Z[x(n-m)] = z^{-m}X(z) \quad (R_{x-} < |z| < R_{x+}) \tag{3.22}$$

式中 $m$—— 任意整数。$m$ 为正则为延迟；$m$ 为负则为超前。

证明：按 Z 变换的定义式有

$$Z[x(n-m)] = \sum_{n=-\infty}^{+\infty} x(n-m) z^{-n} = z^{-m} \sum_{k=-\infty}^{+\infty} x(k) z^{-k} = z^{-m}X(z)$$

从式(3.22)可以看出，序列移位后，收敛域是相同的，只是对单边序列在 $z = 0$ 或 $z = +\infty$ 处可能有例外。

**3. 乘以指数序列($z$ 域尺度变换)**

若
$$X(z) = Z[x(n)] \quad (R_{x-} < |z| < R_{x+})$$

则
$$Z[a^n x(n)] = X\left(\frac{z}{a}\right) \quad (|a|R_{x-} < |z| < |a|R_{x+}) \tag{3.23}$$

证明：$Z[a^n x(n)] = \sum_{n=-\infty}^{+\infty} a^n x(n) z^{-n} = \sum_{n=-\infty}^{+\infty} x(n) \left(\frac{z}{a}\right)^{-n} = X\left(\frac{z}{a}\right)$，$|a|R_{x-} < |z| < |a|R_{x+}$

**4. 序列的线性加权($X(z)$ 的微分)**

设
$$Z[x(n)] = X(z) \quad (R_{x-} < |z| < R_{x+})$$

则
$$Z[nx(n)] = -z \frac{\mathrm{d}X(z)}{\mathrm{d}z} \quad (R_{x-} < |z| < R_{x+}) \tag{3.24}$$

证明：
$$\frac{\mathrm{d}X(z)}{\mathrm{d}z} = \frac{\mathrm{d}}{\mathrm{d}z}\left[\sum_{n=-\infty}^{+\infty} x(n) z^{-n}\right] = \sum_{n=-\infty}^{+\infty} x(n) \frac{\mathrm{d}}{\mathrm{d}z}[z^{-n}] =$$
$$-\sum_{n=-\infty}^{+\infty} nx(n) z^{-n-1} = -z^{-1} \sum_{n=-\infty}^{+\infty} nx(n) z^{-n} = -z^{-1} Z[nx(n)]$$

所以
$$Z[nx(n)] = -z \frac{\mathrm{d}X(z)}{\mathrm{d}z}$$

因而序列的线性加权(乘以 $n$)等效于其 Z 变换取导数再乘以 $(-z)$，同样可得

$$Z[n^2 x(n)] = Z[n \cdot nx(n)] = -z \frac{\mathrm{d}}{\mathrm{d}z} Z[n \cdot x(n)] =$$

$$-z \frac{\mathrm{d}}{\mathrm{d}z} \left[ -z \frac{\mathrm{d}}{\mathrm{d}z} X(z) \right] =$$

$$z^2 \frac{\mathrm{d}^2}{\mathrm{d}z^2} X(z) + z \frac{\mathrm{d}}{\mathrm{d}z} X(z)$$

由此递推可得 $Z[n^m x(n)] = (-z \frac{\mathrm{d}}{\mathrm{d}z})^m X(z)$，其中符号 $(-z \frac{\mathrm{d}}{\mathrm{d}z})^m$ 表示

$$(-z \frac{\mathrm{d}}{\mathrm{d}z})^m = -z \frac{\mathrm{d}}{\mathrm{d}z} \left\{ -z \frac{\mathrm{d}}{\mathrm{d}z} \left[ -z \frac{\mathrm{d}}{\mathrm{d}z} \cdots (-z \frac{\mathrm{d}}{\mathrm{d}z} X(z)) \cdots \right] \right\}$$

**5. 翻褶序列**

若 $\qquad Z[x(n)] = X(z) \quad (R_{x-} < |z| < R_{x+})$

则 $\qquad Z[x(-n)] = X(\frac{1}{z}) \quad \left( \frac{1}{R_{x+}} < |z| < \frac{1}{R_{x-}} \right)$ \hfill (3.25)

证：按定义得

$$Z[x(-n)] = \sum_{n=-\infty}^{+\infty} x(-n) z^{-n} = \sum_{n=-\infty}^{+\infty} x(n) z^{n} =$$

$$\sum_{n=-\infty}^{+\infty} x(n) \cdot (z^{-1})^{-n} = X(\frac{1}{z}) \quad (R_{x-} < |z^{-1}| < R_{x+})$$

**6. 复序列取共轭**(Conjugation of a Complex Sequence)

设 $\qquad Z[x(n)] = X(z) \quad (R_{x-} < |z| < R_{x+})$

则

$$Z[x^*(n)] = X^*(z^*) \quad (R_{x-} < |z| < R_{x+}) \tag{3.26}$$

证明： $\qquad Z[x^*(n)] = \sum_{n=-\infty}^{+\infty} x^*(n) z^{-n} = \sum_{n=-\infty}^{+\infty} [x(n) (z^*)^{-n}]^* =$

$$\left[ \sum_{n=-\infty}^{+\infty} x(n) (z^*)^{-n} \right]^* = X^*(z^*) \quad (R_{x-} < |z| < R_{x+})$$

**7. 初值定理**(Initial Value Theorem)

对于因果序列 $x(n)$，即 $x(n) = 0, n < 0$，有

$$x(0) = \lim_{z \to +\infty} X(z) \tag{3.27}$$

证明：$X(z) = \sum_{n=0}^{+\infty} x(n) z^{-n} = x(0) + x(1) z^{-1} + x(2) z^{-2} + \cdots$

因此 $\qquad \lim_{z \to +\infty} X(z) = x(0)$

**8. 终值定理**(Final Value Theorem)

若 $x(n)$ 是因果序列，其 Z 变换的极点均在单位圆 $|z|=1$ 以内（单位圆上最多在 $z=1$ 处可有一阶极点），则

$$\lim_{n \to +\infty} x(n) = \lim_{z \to 1} [(z-1) X(z)] \tag{3.28}$$

证明： $\qquad (z-1) X(z) = \sum_{n=-\infty}^{+\infty} [x(n+1) - x(n)] z^{-n}$

因为 $x(n)$ 是因果序列，即

$$x(n)=0 \quad (n<0)$$

则

$$(z-1)X(z)=\lim_{n\to+\infty}\Big[\sum_{m=-1}^{n}x(m+1)z^{-m}-\sum_{m=0}^{n}x(m)z^{-m}\Big]$$

因为 $(z-1)X(z)$ 的全部极点在单位圆内，故 $(z-1)X(z)$ 在 $1\leqslant|z|\leqslant+\infty$ 上都收敛，所以可对上式两端取 $z\to1$ 的极限。

$$\lim_{z\to1}\big[(z-1)X(z)\big]=\lim_{n\to+\infty}\sum_{m=-1}^{n}\big[x(m+1)-x(m)\big]=$$
$$\lim_{n\to+\infty}\{[x(0)-0]+[x(1)-x(0)]+$$
$$[x(2)-x(1)]+\cdots+[x(n+1)-x(n)]\}=$$
$$\lim_{n\to+\infty}[x(n+1)]=\lim_{n\to+\infty}x(n)$$

由于等式最左端即为 $X(z)$ 在 $z=1$ 处的留数，即

$$\lim_{z\to1}(z-1)X(z)=\mathrm{Res}\,[X(z)]_{z=1}$$

所以也可以将式(3.28)写成

$$x(+\infty)=\mathrm{Res}\,[X(z)]_{z=1}$$

如果单位圆上 $X(z)$ 无极点，则 $x(+\infty)=0$。

**9. 序列卷积和**

设

$$y(n)=x(n)*h(n)$$

且

$$X(z)=Z[x(n)] \quad (R_{x-}<|z|<R_{x+})$$
$$H(z)=Z[h(n)] \quad (R_{h-}<|z|<R_{h+})$$

则

$$Y(z)=Z[y(n)]=H(z)\cdot X(z) \quad (R_{y-}<|z|<R_{y+}) \tag{3.29}$$

其中 $R_{y-}\leqslant\max[R_{x-},R_{h-}],R_{y+}\geqslant\min[R_{x+},R_{h+}]$。

证明：$Z[x(n)*h(n)]=\sum_{n=-\infty}^{+\infty}[x(n)*h(n)]z^{-n}=\sum_{n=-\infty}^{+\infty}\sum_{m=-\infty}^{+\infty}x(m)h(n-m)z^{-n}=$
$$\sum_{m=-\infty}^{+\infty}x(m)\Big[\sum_{n=-\infty}^{+\infty}h(n-m)z^{-n}\Big]=$$
$$\sum_{m=-\infty}^{+\infty}x(m)z^{-m}H(z)=$$
$$X(z)H(z)$$

其收敛域为 $H(z)$ 和 $X(z)$ 的公共收敛域，但若发生零、极点对消，则收敛域可能扩大。

**【例 3.10】**　设 $x(n)=a^{n}u(n),h(n)=b^{n}u(n)-ab^{n-1}u(n-1)$，求 $y(n)=x(n)*h(n)$。

**解**

$$X(z)=Z[x(n)]=\frac{z}{z-a} \quad (|z|>|a|)$$

$$H(z)=Z[h(n)]=\frac{z}{z-b}-\frac{a}{z-b}=\frac{z-a}{z-b} \quad (|z|>|b|)$$

所以

$$Y(z)=X(z)H(z)=\frac{z}{z-b} \quad (|z|>b)$$

其 Z 反变换为

$$y(n) = x(n) * h(n) = Z^{-1}[Y(z)] = b^n u(n)$$

显然,在 $z=a$ 处,$X(z)$ 的极点与 $H(z)$ 的零点对消。如果 $|b| < |a|$,则 $Y(z)$ 的收敛域要比 $X(z)$ 与 $H(z)$ 收敛域的重叠部分要大,如图 3.11 所示。

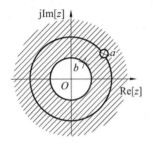

图 3.11 $x(n) * h(n)$ 的 Z 变换的收敛域

**10. 序列相乘($z$ 域复卷积定理)**

若
$$y(n) = x(n) \cdot h(n)$$

且
$$Z[x(n)] = X(z) \quad (R_{x-} < |z| < R_{x+})$$
$$Z[h(n)] = H(z) \quad (R_{h-} < |z| < R_{h+})$$

则

$$Y(z) = Z[y(n)] = \frac{1}{2\pi\mathrm{j}} \oint_C X(v) H\left(\frac{z}{v}\right) v^{-1} \mathrm{d}v \tag{3.30}$$

其中 $C$ 是哑变量 $v$ 平面上,$X(v)$ 与 $H\left(\dfrac{z}{v}\right)$ 的公共收敛域内环绕原点的一条逆时针方向的闭合围线。

$Y(z)$ 的收敛域为

$$R_{x-}R_{h-} < |z| < R_{x+}R_{h+} \tag{3.31}$$

式(3.30)中 $v$ 平面上,被积函数的收敛域为

$$\max\left(R_{x-}, \frac{|z|}{R_{h+}}\right) < |v| < \min\left(R_{x+}, \frac{|z|}{R_{h-}}\right) \tag{3.32}$$

证明: $\quad Y(z) = \displaystyle\sum_{n=-\infty}^{+\infty} x(n)h(n)z^{-n} = \sum_{n=-\infty}^{+\infty} h(n)\left[\frac{1}{2\pi\mathrm{j}} \oint_C X(v) v^{n-1} \mathrm{d}v\right] z^{-n} =$

$$\frac{1}{2\pi\mathrm{j}} \sum_{n=-\infty}^{+\infty} h(n)\left[\oint_C X(v) v^n \frac{\mathrm{d}v}{v}\right] z^{-n} =$$

$$\frac{1}{2\pi\mathrm{j}} \oint_C \left[X(v) \sum_{n=-\infty}^{+\infty} h(n) \left(\frac{z}{v}\right)^{-n}\right] \frac{\mathrm{d}v}{v} =$$

$$\frac{1}{2\pi\mathrm{j}} \oint_C X(v) H\left(\frac{z}{v}\right) v^{-1} \mathrm{d}v$$

由 $X(z)$ 与 $H(z)$ 的收敛域得

$$R_{x-} < |v| < R_{x+}$$

$$R_{h-} < \left|\frac{z}{v}\right| < R_{h+}$$

因此
$$R_{x-}R_{h-} < |z| < R_{x+}R_{h+}$$

$$\max(R_{x-}, \frac{|z|}{R_{h+}}) < |v| < \min(R_{x+}, \frac{|z|}{R_{h-}})$$

不难证明,由于 $x(n)$ 与 $h(n)$ 的相乘顺序可以调换,故 $X(\cdot)$ 与 $H(\cdot)$ 的位置也可以调换,故下式成立

$$Y(z) = Z[h(n)x(n)] = \frac{1}{2\pi j}\oint_C H(v)X(\frac{z}{v})v^{-1}dv \qquad R_{x-}R_{h-} < |z| < R_{x+}R_{h+} \quad (3.33)$$

满足

$$\begin{cases} R_{h-} < |v| < R_{h+} \\ R_{x-} < \left|\frac{z}{v}\right| < R_{x+} \quad \left[即 \frac{|z|}{R_{x+}} < |v| < \frac{|z|}{R_{x-}}\right] \end{cases} \quad (3.34)$$

将两不等式相乘得

$$R_{x-} \cdot R_{h-} < |z| < R_{x+} \cdot R_{h+} \quad (3.35)$$

$v$ 平面收敛域为

$$\max\left[R_{h-}, \frac{|z|}{R_{x+}}\right] < |v| < \min\left[R_{h+}, \frac{|z|}{R_{x-}}\right] \quad (3.36)$$

**11. 帕塞瓦尔定理**

利用复卷积定理即可以得到重要的帕塞瓦尔定理。

设
$$Z[x(n)] = X(z) \quad R_{x-} < |z| < R_{x+}$$
$$Z[h(n)] = H(z) \quad R_{h-} < |z| < R_{h+}$$

且
$$R_{x-} \cdot R_{h-} < 1 < R_{x+} \cdot R_{h+} \quad (3.37)$$

那么

$$\sum_{n=-\infty}^{+\infty} x(n)h^*(n) = \frac{1}{2\pi j}\oint_C X(v)H^*(\frac{1}{v^*})v^{-1}dv \quad (3.38)$$

上式积分闭合围线 $C$ 应在 $X(v)$ 与 $H^*(\frac{1}{v^*})$ 的公共收敛域内,即

$$\max\left[R_{x-}, \frac{1}{R_{h+}}\right] < |v| < \min\left[R_{x+}, \frac{1}{R_{h-}}\right]$$

证明:令 $\qquad y(n) = x(n) \cdot h^*(n)$

由 $\qquad Z[h^*(n)] = H^*(z^*)$

利用复卷积公式可得

$$Y(z) = Z[y(n)] = \sum_{n=-\infty}^{+\infty} x(n)h^*(n)z^{-n} =$$

$$\frac{1}{2\pi j}\oint_C X(v)H^*(\frac{z^*}{v^*})v^{-1}dv \quad (R_{x-}R_{h-} < |z| < R_{x+}R_{h+})$$

由式(3.37)可知,$Y(z)$ 在单位圆上是收敛的,所以有

$$Y(z)\big|_{z=1} = \sum_{n=-\infty}^{+\infty} x(n)h^*(n) = \frac{1}{2\pi j}\oint_C X(v)H^*(\frac{1}{v^*})v^{-1}dv$$

若 $h(n)$ 是实序列,两边就没有取共轭( * )号。若 $X(z)$、$H(z)$ 都在单位圆上收敛,则 $C$ 可取单位圆,即

$$v = e^{j\omega}$$

于是得

$$\sum_{n=-\infty}^{+\infty} x(n)h^*(n) = \frac{1}{2\pi}\int_{-\pi}^{\pi} X(j\omega)H^*(j\omega)d\omega \tag{3.39}$$

若 $h(n) = x(n)$,则进一步有

$$\sum_{n=-\infty}^{+\infty} |x(n)|^2 = \frac{1}{2\pi}\int_{-\pi}^{\pi} |X(j\omega)|^2 d\omega \tag{3.40}$$

式(3.39)与式(3.40)是序列及其傅里叶变换的帕塞瓦尔公式。Z 变换主要性质见表 3.2。

**表 3.2  Z 变换的主要性质**

| 序列 | Z 变换 | 收敛域 |
|---|---|---|
| $x(n)$ | $X(z)$ | $R_{x-} < |z| < R_{x+}$ |
| $h(n)$ | $H(z)$ | $R_{h-} < |z| < R_{h+}$ |
| $ax(n) + bh(n)$ | $aX(z) + bH(z)$ | $\max[R_{x-}, R_{h-}] < |z| < \min[R_{x+}, R_{h+}]$<br>若零、极点对消,收敛域可能扩大 |
| $x(n-m)$ | $z^{-m}X(z)$ | $R_{x-} < |z| < R_{x+}$ |
| $a^n x(n)$ | $X\left(\dfrac{z}{a}\right)$ | $|a|R_{x-} < |z| < |a|R_{x+}$ |
| $n^m x(n)$ | $\left(-z\dfrac{d}{dz}\right)^m X(z)$ | $R_{x-} < |z| < R_{x+}$ |
| $x^*(n)$ | $X^*(z^*)$ | $R_{x-} < |z| < R_{x+}$ |
| $x(-n)$ | $X\left(\dfrac{1}{z}\right)$ | $\dfrac{1}{R_{x+}} < |z| < \dfrac{1}{R_{x-}}$ |
| $x^*(-n)$ | $X^*\left(\dfrac{1}{z^*}\right)$ | $\dfrac{1}{R_{x+}} < |z| < \dfrac{1}{R_{x-}}$ |
| $\text{Re}[x(n)]$ | $\dfrac{1}{2}[X(z) + X^*(z^*)]$ | $R_{x-} < |z| < R_{x+}$ |
| $j\text{Im}[x(n)]$ | $\dfrac{1}{2}[X(z) - X^*(z^*)]$ | $R_{x-} < |z| < R_{x+}$ |
| $\displaystyle\sum_{m=0}^{n} x(m)$ | $\dfrac{z}{z-1}X(z)$ | $|z| > \max[R_{x-}, 1]$,$x(n)$ 为因果序列 |
| $x(n) * h(n)$ | $X(z) \cdot H(z)$ | $\max[R_{x-}, R_{h-}] < |z| < \min[R_{x+}, R_{h+}]$<br>若零、极点对消收敛域可能扩大 |
| $x(n)h(n)$ | $\dfrac{1}{2\pi j}\oint_C X(v)H\left(\dfrac{z}{v}\right)v^{-1}dv$ | $R_{x-}R_{h-} < |z| < R_{x+}R_{h+}$ |
| $x(0) = \lim\limits_{z\to+\infty} X(z)$ | | $x(n)$ 为因果序列,$|z| > R_{x-}$ |
| $x(\infty) = \lim\limits_{z\to 1}(z-1)X(z)$ | | $x(n)$ 为因果序列,$X(z)$ 的极点落于单位圆内部,最多在 $z=1$ 处有一阶极点 |
| $\displaystyle\sum_{n=-\infty}^{+\infty} x(n)h^*(n) = \dfrac{1}{2\pi j}\oint_C X(v)H^*\left(\dfrac{1}{v^*}\right)v^{-1}dv$ | | $R_{x-}R_{h-} < 1 < R_{x+}R_{h+}$ |

# 3.4　利用 Z 变换分析信号和系统的特性

前面已经讲过了用傅里叶变换来分析系统的频率特性,这一节我们讨论用 Z 变换的方法来进行分析。

## 3.4.1　频率响应与系统函数

**1. 频率响应**(Frequency Response)

设系统初始状态为零,输出端对输入为单位冲激序列 $\delta(n)$ 的响应称为系统的单位冲激响应 $h(n)$。对 $h(n)$ 进行傅里叶变换得

$$H(\mathrm{j}\omega) = \sum_{n=-\infty}^{+\infty} h(n)\mathrm{e}^{-\mathrm{j}\omega n} \tag{3.41}$$

一般称 $H(\mathrm{j}\omega)$ 为系统的频率响应,它表明了系统的频率特性。

**2. 系统函数**(System Function)

一个线性移不变系统的频率响应是单位冲激响应的傅里叶变换,它的系统函数是单位冲激响应的 Z 变换,它表征了系统的复频特性。

$$H(z) = \sum_{n=-\infty}^{+\infty} h(n)z^{-n} \tag{3.42}$$

通过计算单位圆上的 $H(z)$ 的值,频率响应可由系统函数导出为

$$H(\mathrm{j}\omega) = H(z)\big|_{z=\mathrm{e}^{\mathrm{j}\omega}}$$

一个系统函数为 $H(z)$ 的线性移不变系统,如果输入序列 $x(n)$ 的 Z 变换为 $X(z)$,则输出序列 $y(n)$ 的 Z 变换为

$$Y(z) = H(z)X(z)$$

则

$$H(z) = \frac{Y(z)}{X(z)}$$

$H(z)$ 称为线性移不变系统的系统函数。

## 3.4.2　差分方程的 Z 变换

对于一个用线性常系数差分方程描述的线性移不变系统:

$$y(n) + \sum_{k=1}^{N} a_k y(n-k) = \sum_{i=0}^{M} b_i x(n-i)$$

其系统函数是 $z$ 的有理函数,对上式取 Z 变换,得

$$Y(z) = -Y(z)\sum_{k=1}^{N} a_k z^{-k} + X(z)\sum_{i=0}^{M} b_i z^{-i}$$

即

$$Y(z)\left[1 + \sum_{k=1}^{N} a_k z^{-k}\right] = X(z)\left[\sum_{i=0}^{M} b_i z^{-i}\right] \tag{3.43}$$

由 Z 变换的卷积性质,我们有 $Y(z) = X(z)H(z)$,对照式(3.43),得出

$$H(z) = \frac{Y(z)}{X(z)} = \frac{\sum\limits_{i=0}^{M} b_i z^{-i}}{1 + \sum\limits_{k=1}^{N} a_k z^{-k}} \tag{3.44}$$

也就是说，$H(z)$ 即可定义为系统单位冲激响应 $h(n)$ 的 Z 变换，又可以定义为系统输出、输入 Z 变换之比。

如果式(3.44)中 $a_k = 0, k = 1, 2, \cdots, N$，并令 $b_0 = 1$，那么

$$H(z) = 1 + \sum\limits_{i=1}^{M} b_i z^{-i} \tag{3.45}$$

对应的差分方程为

$$y(n) = \sum\limits_{i=1}^{M} b_i x(n-i) + x(n) \tag{3.46}$$

该系统的单位冲激响应为

$$h(n) = \sum\limits_{i=0}^{M} b_i \delta(n-i) \tag{3.47}$$

即 $h(0) = b_0, h(1) = b_1, \cdots, h(M) = b_M, h(n) \equiv 0$，对 $n > M$，所以该系统为 FIR（有限长冲激响应）系统。FIR 系统由于其 $h(n)$ 为有限长，在输入端不包含输出对输入的反馈，因此 FIR 系统总是稳定的。

若 $a_k(k = 1, 2, \cdots, N)$ 中不全为零，那么输入端包含输出端的反馈，因此，$h(n)$ 将是无限长的，故称该系统为 IIR（无限长冲激响应）系统，IIR 系统存在稳定问题。

## 3.5　用系统函数的极点分布分析系统的因果性和稳定性

因果系统的单位冲激响应 $h(n)$ 一定为因果序列，即当 $n < 0$ 时，$h(n) = 0$。因果序列 Z 变换的收敛域为 $R_{x-} < |z| \leqslant +\infty$，也就是说因果系统的收敛域是以 $R_{x-}$ 为收敛半径的圆的外部，且必须包括 $z = +\infty$ 在内。

一个线性移不变系统稳定的充要条件是 $h(n)$ 必须满足绝对可和的条件，即

$$\sum\limits_{n=-\infty}^{+\infty} |h(n)| < +\infty \tag{3.48}$$

而 Z 变换的收敛域是由满足 $\sum\limits_{n=-\infty}^{+\infty} |h(n) z^{-n}| < +\infty$ 的那些所有 $z$ 值的集合来确定的。所以说，如果系统函数 $H(z)$ 的收敛域包括单位圆 $|z| = 1$，则系统是稳定的；如果系统因果且稳定，收敛域一定包含 $+\infty$ 和单位圆，也就是说系统函数的全部极点必须在单位圆内。

**【例 3.11】**　已知 $H(z) = \dfrac{1 - a^2}{(1 - az^{-1})(1 - az)}, 0 < a < 1$，分析其因果性和稳定性。

**解**　$H(z)$ 的极点 $z_1 = a, z_2 = a^{-1}$。

(1) 收敛域 $a^{-1} < |z| \leqslant +\infty$ 对应的是因果系统，但其收敛域不包含单位圆，所以不是稳定的系统，其单位冲激响应 $h(n) = (a^n - a^{-n}) u(n)$，这是一个因果序列，但不收敛。

(2) 收敛域 $0 \leqslant |z| < a$ 对应的系统是非因果且不稳定系统，其单位冲激响应 $h(n) = (a^{-n} - a^n) u(-n-1)$，这是一个非因果且不收敛的序列。

（3）收敛域 $a < |z| < a^{-1}$ 对应的系统是一个非因果系统，但由于收敛域包含单位圆，所以是稳定的系统，其单位冲激响应 $h(n) = a^{|n|}$ 是一个收敛的双边序列。

## 3.6　用系统的零、极点分布分析系统的频率特性

对于 $N$ 阶差分方程，进行 Z 变换得到系统函数的一般表示式

$$H(z) = \frac{Y(z)}{X(z)} = \frac{\sum\limits_{i=0}^{M} b_i z^{-i}}{\sum\limits_{k=0}^{N} a_k z^{-k}} \tag{3.49}$$

将其因式分解，得

$$H(z) = A \frac{\prod\limits_{i=1}^{M} (1 - c_i z^{-1})}{\prod\limits_{k=1}^{N} (1 - d_k z^{-1})} \tag{3.50}$$

式中 $A = \dfrac{b_0}{a_0}$，$c_i$ 是 $H(z)$ 的零点，$d_k$ 是 $H(z)$ 的极点。$A$ 的变化只会影响到 $H(z)$ 的幅度，而系统的特性则由 $H(z)$ 的零点 $c_i$ 和极点 $d_k$ 来决定。下面我们采用几何法来研究系统零、极点分布对系统频率特性的影响。

将式（3.50）的分子、分母同乘以 $z^{N-M}$，得

$$H(z) = A \frac{\prod\limits_{i=1}^{M} (z - c_i)}{\prod\limits_{k=1}^{N} (z - d_k)} z^{N-M} \tag{3.51}$$

若系统稳定，令 $z = e^{j\omega}$ 代入式（3.51），有

$$H(j\omega) = A \frac{\prod\limits_{i=1}^{M} (e^{j\omega} - c_i)}{\prod\limits_{k=1}^{N} (e^{j\omega} - d_k)} e^{j\omega(N-M)} \tag{3.52}$$

其中 $e^{j\omega} - c_i$ 是 $z$ 平面上一条由零点 $c_i$ 指向单位圆上 $e^{j\omega}$ 点 $B$ 的向量，用 $\overrightarrow{c_iB}$ 表示，同样 $e^{j\omega} - d_k$ 是 $z$ 平面上一条由极点 $d_k$ 指向单位圆上 $e^{j\omega}$ 点 $B$ 的向量，用 $\overrightarrow{d_kB}$ 表示，如图 3.12 所示。

记

$$\overrightarrow{c_iB} = e^{j\omega} - c_i$$
$$\overrightarrow{d_kB} = e^{j\omega} - d_k$$

其分别称为零点矢量和极点矢量，将各向量用极坐标表示为

$$\overrightarrow{c_iB} = c_iB e^{j\alpha_i}$$
$$\overrightarrow{d_kB} = d_kB e^{j\beta_k}$$

将其代入式（3.52），有

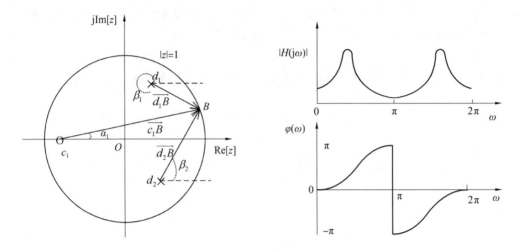

图 3.12 频率响应的几何表示法

$$H(j\omega) = A \frac{\prod\limits_{i=1}^{M} \overrightarrow{c_i B}}{\prod\limits_{k=1}^{N} \overrightarrow{d_k B}} e^{j\omega(N-M)} = |H(j\omega)| e^{j\varphi(\omega)} \tag{3.53}$$

其中

$$|H(j\omega)| = |A| \frac{\prod\limits_{i=1}^{M} c_i B}{\prod\limits_{k=1}^{N} d_k B} \tag{3.54}$$

$$\varphi(\omega) = \sum_{i=1}^{M} \alpha_i - \sum_{k=1}^{N} \beta_k + \varphi_A + (N-M)\omega \tag{3.55}$$

系统的频率特性完全由式(3.54)、(3.55)来确定。当频率 $\omega$ 从零变化到 $2\pi$ 时,这些向量的终点 $B$ 沿单位圆逆时针旋转一周,根据式(3.54)、(3.55),可以分别估算出系统的幅度特性和相位特性。

根据式(3.54),我们只要知道系统函数零、极点的分布就可以很容易地确定零、极点位置对系统频率特性的影响。即当 $B$ 点转到极点附近时,极点矢量长度最短,那么 $|H(j\omega)|$ 可能出现峰值,且 $d_k$ 越接近单位圆,则峰值越高越尖锐。若极点在单位圆上,则 $|H(j\omega)|$ 趋向无穷大,此时,系统不稳定。对零点则刚好相反,当 $B$ 点转到零点附近时,零点矢量长度变短,$|H(j\omega)|$ 将出现谷值。$c_i$ 在单位圆上时,$|H(j\omega)| = 0$。零点无论在单位圆内部还是外部,都不影响系统的稳定性。总结以上分析:极点位置主要影响频率响应的峰值位置及尖锐程度,而零点位置主要影响频率响应的谷点位置及形状,如图 3.12 所示。

由式(3.55)看出,系统的相位特性等于各零点矢量与实轴夹角(逆时针计算)及常数 $A$ 的相角 $\varphi_A$ 之和,减去各极点矢量与实轴夹角之和。

原点处的零、极点对 $|H(j\omega)|$ 没有影响,只对 $H(j\omega)$ 的相位 $\varphi(\omega)$ 引入一线性分量 $(N-M)\omega$。

【例 3.12】 已知 $H(z) = z^{-1}$,分析其频率特性。

**解** 由 $H(z) = z^{-1}$ 可知极点为 $z = 0$,所以

$$|H(j\omega)|=1 \quad \varphi(\omega)=-\omega$$

频率特性如图 3.13 所示。

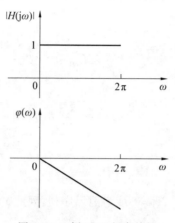

图 3.13　例 3.12 频率特性

用几何法也容易得到这样的结果。

当 $\omega=0$ 转到 $\omega=2\pi$ 时,相关矢量的长度始终为 1。由该例题也可以得到结论:处于原点处的零点或极点,由于零点矢量长度或者极点矢量长度始终为 1,因此原点处的零、极点对系统频率响应的幅频特性不产生影响,只是对相位引入一线性分量。

## 3.7　利用 Z 变换求解差分方程

第 2 章中介绍了求解差分方程的一些方法,也提到了可以利用 Z 变换的方法求解,现在详细介绍一下。

利用 Z 变换解差分方程,必须具备如下两个条件:

① 给定差分方程的初始条件;

② 给定输入序列 $x(n)$。

由此可解得系统的唯一输出 $y(n)$,计算步骤为:

① 对差分方程两边进行 Z 变换;

② 求出 $Y(z)=H(z)X(z)$;

③ 根据初始条件,确定 $Y(z)=H(z)X(z)$ 的收敛区域,并对其进行 Z 反变换而得差分方程的解 $y(n)$。

**【例 3.13】**　设差分方程为

$$y(n)=ay(n-1)+x(n) \tag{3.56}$$

输入序列为 $x(n)=\delta(n)$,初始条件为 $y(n)=0,n<0$,利用 Z 变换求解此差分方程。

**解**　对差分方程(3.56)两边进行 Z 变换,得

$$\sum_{n=-\infty}^{+\infty} y(n)z^{-n}=\sum_{n=-\infty}^{+\infty} ay(n-1)z^{-n}+\sum_{n=-\infty}^{+\infty} x(n)z^{-n}$$

利用 Z 变换的线性及移位性质,有

$$Y(z)=az^{-1}Y(z)+X(z)$$

整理得

$$Y(z) = \frac{1}{1 - az^{-1}} X(z) \tag{3.57}$$

由式(3.57)看出,系统函数为

$$H(z) = \frac{1}{1 - az^{-1}} \tag{3.58}$$

已知 $x(n) = \delta(n)$,则

$$X(z) = \sum_{n=-\infty}^{+\infty} x(n) z^{-n} = \sum_{n=-\infty}^{+\infty} \delta(n) z^{-n} = 1 \tag{3.59}$$

将式(3.59)代入式(3.57),得

$$Y(z) = \frac{1}{1 - az^{-1}} \tag{3.60}$$

根据初始条件:$y(n) = 0, n < 0$,即 $y(n)$ 为因果序列,因此 $Y(z)$ 的收敛域为 $|z| > |a|$。对式(3.60)作 Z 反变换,得

$$y(n) = a^n u(n)$$

【例 3.14】 设二阶差分方程为

$$y(n) = a_1 y(n-1) + a_2 y(n-2) + x(n) \tag{3.61}$$

输入序列为 $x(n) = \delta(n)$,初始条件为 $y(n) = 0, n < 0$,利用 Z 变换求解此差分方程。

**解** 对差分方程(3.61)两边进行 Z 变换,得

$$\sum_{n=-\infty}^{+\infty} y(n) z^{-n} = \sum_{n=-\infty}^{+\infty} a_1 y(n-1) z^{-n} + \sum_{n=-\infty}^{+\infty} a_2 y(n-2) z^{-n} + \sum_{n=-\infty}^{+\infty} x(n) z^{-n}$$

利用 Z 变换的线性及移位性质,有

$$Y(z) = a_1 z^{-1} Y(z) + a_2 z^{-2} Y(z) + X(z)$$

整理得

$$Y(z) = \frac{1}{1 - a_1 z^{-1} - a_2 z^{-2}} X(z) \tag{3.62}$$

即系统函数为

$$H(z) = \frac{1}{1 - a_1 z^{-1} - a_2 z^{-2}} \tag{3.63}$$

已知 $x(n) = \delta(n)$,则

$$X(z) = 1 \tag{3.64}$$

将式(3.64)代入式(3.62),得

$$Y(z) = \frac{1}{1 - a_1 z^{-1} - a_2 z^{-2}} = \frac{z^2}{z^2 - a_1 z - a_2} = \frac{z^2}{(z - p_1)(z - p_2)} \tag{3.65}$$

式(3.65)中

$$p_{1,2} = \frac{a_1}{2} \pm \sqrt{\frac{a_1^2 + 4a_2}{4}} = \frac{a_1}{2} \pm \sqrt{\frac{a_1^2}{4} + a_2} \tag{3.66}$$

根据初始条件:$y(n) = 0, n < 0$,知系统为因果系统,因此 $Y(z)$ 的收敛域为 $|z| > R_{x-}$,$R_{x-} = \max[|p_1|, |p_2|]$。对式(3.65)作 Z 反变换,得

$$y(n) = \mathrm{Res}\left[\frac{z^{n+1}}{(z - p_1)(z - p_2)}\right]_{z=p_1} + \mathrm{Res}\left[\frac{z^{n+1}}{(z - p_1)(z - p_2)}\right]_{z=p_2} =$$

$$\frac{p_1^{n+1}}{p_1 - p_2}u(n) - \frac{p_2^{n+1}}{p_1 - p_2}u(n) = \frac{1}{p_1 - p_2}\left[p_1^{n+1} - p_2^{n+1}\right]u(n)$$

从以上例题看出,利用 Z 变换求解差分方程比较方便,只不过在求 Z 反变换的过程可能会比较麻烦。

## 3.8 系统结构图与信号流图

到现在为止,我们学到了多种描述离散时间系统的方式,可以用它的单位冲激响应 $h(n)$ 描述,也可用它的频率响应 $H(j\omega)$ 或系统函数 $H(z)$ 描述,还可以用差分方程描述。不但如此,还可通过图形的方式描述一个离散时间系统,即通过系统结构图(Block Diagram)或信号流图(Signal Flow Graph)的方式。

总结所学知识发现,在数字信号处理中存在四种基本运算:延迟(Unit Delay)、乘系数(Multiplication by a Constant)、相加(Addition of Sequences)和分支(Branch)。我们用图 3.14 中的符号表示这四种基本运算,其中图 3.14(a) 表示的是系统结构图基本运算单元,图 3.14(b) 表示的是信号流图基本运算单元。

这样,根据系统的差分方程,可以画出系统结构图以及信号流图,当然根据系统结构图以及信号流图也可写出差分方程。

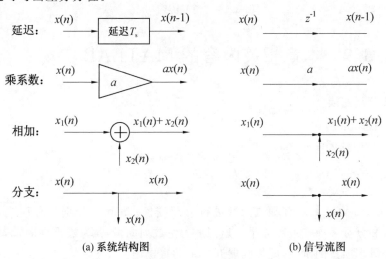

(a) 系统结构图          (b) 信号流图

图 3.14   基本运算单元

【例 3.15】   设差分方程为
$$y(n) - a_1 y(n-1) - a_2 y(n-2) = bx(n)$$
画出该方程对应的系统结构图和信号流图。

**解**   首先将差分方程写为
$$y(n) = a_1 y(n-1) + a_2 y(n-2) + bx(n)$$
然后分别画出它对应的系统结构图以及信号流图,如图 3.15 和图 3.16 所示。

比较图 3.15 和图 3.16 很容易看出,信号流图明显比系统结构图简单,因此信号流图在数字信号处理的系统结构描述中得到了更广泛的应用。

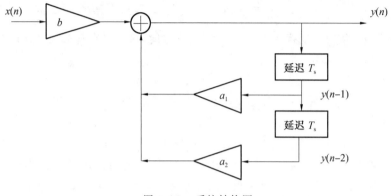

图 3.15　系统结构图

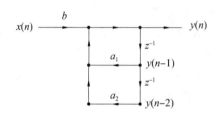

图 3.16　信号流图

# 3.9　本章相关内容的 MATLAB 实现

**1. 留数法求 Z 反变换**

用到的函数 residuez

函数名称：residuez Z 反变换

功能：计算 Z 反变换

语法介绍：

[r,p,k]＝residuez(b,a)对有理式函数进行 Z 反变换。$b$ 和 $a$ 分别为有理式函数的分子多项式系数向量和分母多项式系数向量。返回 $r$ 为留数列向量，$p$ 为极点列向量，若分子多项式的阶数大于分母多项式的阶数，则 $k$ 为展开式中的直接项。

[b,a] ＝ residuez(r,p,k)三个输入参量，两个输出参量。

**例**　用留数法求有理函数 $X(z)=\dfrac{z}{3z^2-4z+1}$ 的 Z 反变换。

％留数法求 Z 反变换

```
>>b=[0,1];
>>a=[3,-4,1];
>>[R,p,C]=residuez(b,a)
R =
    0.5000
   -0.5000
```

P =

　　1.0000

　　0.3333

C =

　　[]

得 $X(z) = \dfrac{\frac{1}{2}}{1-z^{-1}} - \dfrac{\frac{1}{2}}{1-\frac{1}{3}z^{-1}}$

同样,为了将它转换为有理多项式形式,可以使用如下命令:

>>[b,a] = residuez(R,p,c)

B =

　　0.0000

　　0.3333

a =

　　1.0000

　　−1.3333

　　0.3333

则

$$X(z) = \frac{0 + \frac{1}{3}z^{-1}}{1 - \frac{4}{3}z^{-1} + \frac{1}{3}z^{-2}} = \frac{z}{3z^2 - 4z + 1}$$，与所给有理式相同。

**2. 长除法**

%长除法

X＝deconv([b,zeros(1, Nq＋N－M－1)])

%其中 Nq 为输出长度,N 为分母项数,m 为分子项数

　　**例**　已知系统函数为 $H(z) = 1/[(1-0.2z^{-1})(1-0.3z^{-1})(1+0.4z^{-1})]$。试用长除法求 $h(n)$ 的六点输出。

%长除法

clc；clear all；

b＝1；

a＝poly([0.2,0.3,−0.4])

x＝deconv([1,zeros(1,6＋4−1−1)],a)

**3. Z 变换分析信号和系统的频域响应**

(1)用到的函数 zplane。

函数名称:zplane 绘制系统的零、极点图

功能:绘制系统的零、极点图

语法介绍:

zplane(z,p)绘制出列向量 z 中的零点(以符号"○"表示)和列向量 p 中的极点(以符号"×"表示),同时画出参考单位圆,并在多阶零点和极点的右上角标出其阶数。如果 z 和 p 为矩阵,则 zplane 以不同的颜色分别绘出 z 和 p 各列中的零点和极点。

zplane(B,A)绘制出系统函数 H(z)的零、极点图,其中 B 和 A 为系统函数 H(z)＝B(z)/A(z)的分子和分母多项式系数向量。

(2)用到的函数 roots。

函数名称:roots 求多项式的根

功能:求多项式的根

语法介绍:r ＝ roots(c)返回一个列向量,其元素是多项式 c 的根。

**例** 求解多项式 $s^3-6s^2-72s-27$ 的根

>> p ＝ [1 −6 −72 −27];

>> r ＝ roots(p)

r ＝ 12.1229 −5.7345 −0.3884

**例** 已知

$$H(z)=[1-1.8z^{-1}-1.44z^{-2}+0.64z^{-3}]/[-1.648\,53z^{-1}+1.038\,82z^{-2}-0.288z^{-3}]$$

求 H(z)的零、极点并画出零、极点图。

%Z 变换分析信号和系统的频域响应

```
clc; clear all
b=[1,−1.8,−1.44,0.64];                    %系统函数分子系数向量
a=[1,−1.64853,1.03882,−0.288];            %系统函数分母系数向量
rp=roots(a);                              %求极点
rz=roots(b);                              %求零点
[H,w]=freqz(b,a,1024,'whole');            %计算频率响应
magX=abs(H);angX=angle(H);
figure(1)
zplane(b,a)
xlabel('实部');ylabel('虚部')
figure(2)
subplot(2,1,1);plot(w/pi,magX);grid
xlabel('');ylabel('幅值') ; title('幅度部分');
subplot(2,1,2);
plot(w/pi,angX); grid
xlabel('以 Ω/pi 为单位的频率');ylabel('相角(弧度)');title('相角部分')
```

如图 3.17 所示。

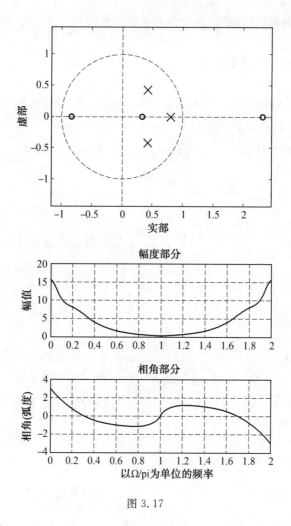

图 3.17

**4. z 域系统稳定性**

**例** 若系统函数为 $H(z) = (z+2)(z-7)/(z^3 - 1.4z^2 + 0.84z - 0.288)$，求系统的稳定性

```
%z域系统稳定性
clc；clear all；
a＝[1,－1.4,0.84,－0.288]；
zp＝roots(a)；
zpm＝max(abs(zp))；
ifzpm＜1,disp('系统稳定'),else disp('系统不稳定'),end
```

**5. Z 变换求解差分方程**

用到的函数 filtic

函数名称：filtic 直接 II 型数字滤波器实现初始条件

功能：用直接 II 型数字滤波器滤波，返回实现的初始条件

语法介绍：

z ＝filtic(b,a,y,x)返回直接 II 型数字滤波器的初始条件 z。参量 y 为向量，表示早前的

输出；参量 x 为向量，表示最新的输入；参量 b 和 a 表示传递函数的分子和分母多项式的系数向量。

z＝filtic(b,a,y)等价于上式输入 x 为 0。

**例** 已知差分方程

$$y(n)=0.6y(n-1)-0.36y(n-2)+x(n)+0.5x(n-1), n \geqslant 0$$

其中 $x(n)=\sin(\pi n/6) \cdot u(n)$，初始条件 $y(-1)=-1, y(-2)=-2, x(-1)=1$

求输出的 Z 变换函数表达式 $Y^+(z)$ 及数值解 $y(n)$(取前 11 位输出)。

```
%Z 变换求解差分方程
clc; clear all;
b=[1,0.5,0];
a=[1,-0.6,0.36];                    %系统函数分子分母系数
ys=[-1,-2];
xs=1;                               %初始条件
xic=filtic(b,a,ys,xs);             %初始条件形成的等效输入序列
bxl=[0,0.5];
axl=[1,-1.7321,1];                 %X(z)的系数
ayl=conv(a,axl);                   %Y(z)的分母系数
byl=conv(b,bxl)+conv(xic,axl);     %Y(z)的分子系数
[r,p,z]=residuez(byl,ayl);
n=[0:10];
x=sin(pi*n/6);
y=filter(b,a,x,xic)                %求输出的前 11 个数值解
```

# 习 题

1. 求以下序列的 Z 变换及收敛域。

(1) $2^{-n}u(n)$ 　　　　　　　　(2) $-2^{-n}u(-n-1)$

(3) $2^{-n}u(-n)$ 　　　　　　　(4) $\delta(n)$

(5) $\delta(n-1)$ 　　　　　　　　(6) $a^{-n}[u(n)-u(n-10)]$

(7) $\dfrac{1}{n}u(n-1)$ 　　　　　　(8) $x(n)=n\sin(\omega_0 n)$ 　 $(n \geqslant 0, \omega_0$ 为常数)

2. 求以下序列的 Z 变换及其收敛域，并在 z 平面上画出零、极点分布图。

(1) $x(n)=R_N(n), N=4$；

(2) $x(n)=Ar^n\cos(\omega_0 n+\varphi)u(n), r=0.9, \omega_0=0.5\pi$ rad, $\varphi=0.25\pi$ rad。

3. 已知 $X(z)=\dfrac{3}{1-\dfrac{1}{2}z^{-1}}+\dfrac{2}{1-2z^{-1}}$，求出对应 $X(z)$ 的各种可能的序列表达式。

4. 已知 $x(n)=a^n u(n), 0<a<1$，分别求：

（1）$x(n)$ 的 Z 变换　　　　　　　（2）$nx(n)$ 的 Z 变换

（3）$a^{-n}u(n)$ 的 Z 变换

5. 已知序列 $x(n)$ 的 Z 变换 $X(z)$ 的零、极点如图 3.18 所示。

（1）如果已知 $x(n)$ 的傅里叶变换是收敛的,试求 $X(z)$ 的收敛域,并确定 $x(n)$ 是右边序列、左边序列或双边序列。

（2）如果不知道序列 $x(n)$ 的傅里叶变换是否收敛,但知道序列是双边序列,试问图 3.18 所示的零、极点图可能对应多少个不同的序列,请写出具体表达式,并指出每种可能的序列的 Z 变换的收敛域。

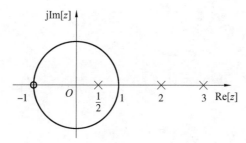

图 3.18　题 5 图

6. 用留数法求下列 Z 变换的反变换。

（1）$X(z) = \dfrac{z(z-1)}{(z+1)(z+\frac{1}{3})}$　　$|z| > 1$

（2）$X(z) = \dfrac{z(z-1)}{(z+1)(z+\frac{1}{3})}$　　$|z| < \dfrac{1}{3}$

（3）$X(z) = \dfrac{z(z-1)}{(z+1)(z+\frac{1}{3})}$　　$\dfrac{1}{3} < |z| < 1$

7. 有一信号 $y(n)$,它与另两个信号 $x_1(n)$ 和 $x_2(n)$ 的关系是 $y(n) = x_1(n+3) * x_2(-n-1)$,其中 $x_1(n) = (\frac{1}{2})^n u(n)$,$x_2(n) = (\frac{1}{3})^n u(n)$。已知 $Z[a^n u(n)] = \dfrac{1}{1-az^{-1}}$,$|z| > |a|$,利用 Z 变换的性质求 $y(n)$ 的 Z 变换 $Y(z)$。

8. 利用 Z 变换求以下序列 $x(n)$ 的频谱 $X(j\omega)$（即 $x(n)$ 的傅里叶变换）。

（1）$\delta(n-n_0)$　　　　　　　　（2）$e^{-an}u(n)$　（3）$e^{-(\sigma+j\omega_0)n}u(n)$

（4）$e^{-an}u(n)\cos(\omega_0 n)$

9. 若 $x_1(n)$、$x_2(n)$ 是因果稳定的实序列,求证

$$\frac{1}{2\pi}\int_{-\pi}^{\pi} X_1(j\omega)X_2(j\omega)\,d\omega = \left\{\frac{1}{2\pi}\int_{-\pi}^{\pi} X_1(j\omega)\,d\omega\right\}\left\{\frac{1}{2\pi}\int_{-\pi}^{\pi} X_2(j\omega)\,d\omega\right\}$$

10. 设系统由下面差分方程描述

$$y(n) = y(n-1) + y(n-2) + x(n-1)$$

（1）求系统的系统函数 $H(z)$,并画出零、极点分布图。

（2）限定系统是因果的，写出 $H(z)$ 的收敛域，并求出其单位冲激响应 $h(n)$。

（3）限定系统是稳定的，写出 $H(z)$ 的收敛域，并求出其单位冲激响应 $h(n)$。

11. 已知线性因果系统用下面的差分方程来描述

$$y(n) = 0.9y(n-1) + x(n) + 0.9x(n-1)$$

（1）求系统函数 $H(z)$ 及单位冲激响应 $h(n)$。

（2）写出频率响应 $H(j\omega)$ 的表达式。

（3）设输入 $x(n) = e^{j\omega_0 n}$，求系统输出 $y(n)$。

# 第 4 章

# 离散傅里叶变换

对于在数字信号处理中占有重要地位的有限长序列来说,可以利用傅里叶变换和 Z 变换对其进行处理。除此之外,特别针对"有限长"这一特点,可以导出一种更为有用的工具——离散傅里叶变换(Discrete Fourier Transform,DFT)。离散傅里叶变换作为有限长序列的傅里叶表示法在理论上相当重要;同时,由于存在计算离散傅里叶变换的快速算法,因此离散傅里叶变换在各种数字信号处理的算法中起着核心的作用。

## 4.1　傅里叶变换的几种形式

傅里叶变换就是建立以时间为自变量的"信号"和以频率为自变量的"频谱函数"之间的某种变换关系,所以"时间"或"频率"取连续值还是离散值,就形成了四种不同形式的傅里叶变换对。

### 1. 连续时间、连续频率的傅里叶变换

根据"信号与系统"课程所学知识,对于连续时间非周期信号 $x(t)$,可以计算它的频谱密度函数 $X(\mathrm{j}\Omega)$,而 $X(\mathrm{j}\Omega)$ 是非周期的并且是连续的,示意图如图 4.1 所示,变换的数学表达式为

$$X(\mathrm{j}\Omega) = \int_{-\infty}^{+\infty} x(t)\mathrm{e}^{-\mathrm{j}\Omega t}\,\mathrm{d}t$$

$$x(t) = \frac{1}{2\pi}\int_{-\infty}^{+\infty} X(\mathrm{j}\Omega)\mathrm{e}^{\mathrm{j}\Omega t}\,\mathrm{d}\Omega$$

时域的连续性对应频域的非周期性,而时域非周期性则对应频域的连续谱。

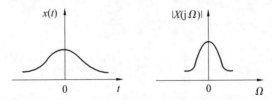

图 4.1　连续时间、连续频率的傅里叶变换

### 2. 连续时间、离散频率的傅里叶变换 —— 傅里叶级数

在"信号与系统"课程中讨论过,如果 $x(t)$ 是连续时间周期信号,周期为 $T_\mathrm{p}$,则可将 $x(t)$ 展成傅里叶级数,其傅里叶级数的系数(Fourier Series Coefficient)记为 $X(\mathrm{j}k\Omega_1)$,$X(\mathrm{j}k\Omega_1)$ 是离散频率的非周期函数,$x(t)$ 和 $X(\mathrm{j}k\Omega_1)$ 组成变换对(示意图见图 4.2),其数学表达式为

$$X(jk\Omega_1) = \frac{1}{T_p} \int_{-\frac{T_p}{2}}^{\frac{T_p}{2}} x(t) e^{-jk\Omega_1 t} dt$$

$$x(t) = \sum_{k=-\infty}^{+\infty} X(jk\Omega_1) e^{jk\Omega_1 t}$$

式中　　$\Omega_1$—— 离散频谱相邻两谱线的角频率间隔，$\Omega_1 = 2\pi F = \dfrac{2\pi}{T_p}$；

　　　　$k$—— 谐波序号。

时域的连续性对应频域的非周期性，而时域周期特性则对应频域的离散谱。

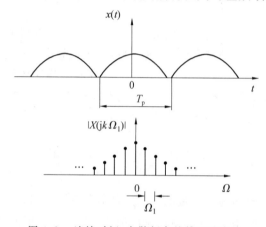

图 4.2　连续时间、离散频率的傅里叶变换

**3. 离散时间、连续频率的傅里叶变换 —— 序列的傅里叶变换**

在第 2 章中我们学到序列的傅里叶变换对为

$$X(j\omega) = \sum_{n=-\infty}^{+\infty} x(n) e^{-j\omega n}$$

$$x(n) = \frac{1}{2\pi} \int_{-\pi}^{\pi} X(j\omega) e^{j\omega n} d\omega$$

示意图如图 4.3 所示，其中 $\omega$ 是数字角频率，与模拟角频率 $\Omega$ 的关系为 $\omega = \Omega T_s$。

如果把序列看成模拟信号的抽样，$T_s$ 为抽样时间间隔，抽样频率为 $f_s = 1/T_s$，$\Omega_s = 2\pi/T_s$，$x(n) = x(nT_s)$，有

$$X(j\Omega T_s) = \sum_{n=-\infty}^{+\infty} x(nT_s) e^{-jn\Omega T_s}$$

$$x(nT_s) = \frac{1}{\Omega_s} \int_{-\frac{\Omega_s}{2}}^{\frac{\Omega_s}{2}} X(j\Omega T_s) e^{jn\Omega T_s} d\Omega$$

时域的离散性对应频域的周期特性，而时域的非周期性则对应频域的连续谱。

**4. 离散时间、离散频率的傅里叶变换 —— 离散傅里叶级数**

我们知道，计算机只能用来处理离散的信号，因此以上 3 种傅里叶变换都不适于在计算机上运算，因为它们至少在一个域中的函数是连续的。从数字计算角度来看，我们感兴趣的是时域和频域都是离散的情况，即离散傅里叶级数。这里先引入一些结果(示意图见图 4.4)，4.2 节会详细讨论。

$$X(k) = \sum_{n=0}^{N-1} x(n) \mathrm{e}^{-\mathrm{j}\frac{2\pi}{N}nk}$$

$$x(n) = \frac{1}{N} \sum_{k=0}^{N-1} X(k) \mathrm{e}^{\mathrm{j}\frac{2\pi}{N}nk}$$

图 4.4 中，$\Omega_1 = \dfrac{2\pi}{T_p}$，$T_p = NT_s$ 为时域信号的周期。

时域的离散性对应频域的周期特性，而时域的周期性则对应频域的离散谱。

这种傅里叶变换时域和频域都是离散的，适合用计算机进行运算。

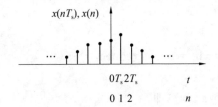

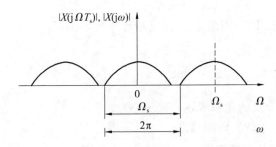

图 4.3　离散时间、连续频率的傅里叶变换

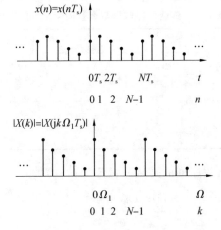

图 4.4　离散时间、离散频率的傅里叶变换

## 4.2　周期序列的离散傅里叶级数

有限长序列的离散傅里叶变换（DFT）和周期序列的离散傅里叶级数（Discrete Fourier Series，DFS）本质上是一样的，为了更好地理解 DFT，需要首先讨论周期序列的离散傅里叶级数。

### 4.2.1 离散傅里叶级数

周期为 $N$ 的周期序列 $x_p(n)$ 是无限长的,不能用 Z 变换方法对它进行讨论,因为没有任何 $z$ 值能使 $\sum\limits_{n=-\infty}^{+\infty} x_p(n)z^{-n}$ 收敛。

根据"信号与系统"所学知识,连续时间周期函数 $x_p(t)$ 可以用傅里叶级数表示,即

$$x_p(t) = \sum_{k=-\infty}^{+\infty} a_k \mathrm{e}^{\mathrm{j}\Omega_k t} \tag{4.1}$$

式中      $k$——任意整数;

         $\Omega_k = \Omega_1 k$;

         $\Omega_1$——基频角频率(Fundamental Frequency);

         $a_k$——傅里叶系数。

同样,周期为 $N$ 的周期序列 $x_p(n)$,即

$$x_p(n) = x_p(n+rN) \quad (r\text{ 为任意整数}) \tag{4.2}$$

也可用离散傅里叶级数表示,即用周期为 $N$ 的复指数序列表示:

$$x_p(n) = \sum_{k=-\infty}^{+\infty} X_p(k) \mathrm{e}^{\mathrm{j}\omega_k n} \tag{4.3}$$

式中      $k$——任意整数;

         $\omega_1$——$x_p(n)$ 基频分量的角频率,$\omega_1 = 2\pi/N$;

         $\omega_k$——其 $k$ 次谐波分量的角频率,$\omega_k = \omega_1 k = 2\pi k/N$;

         $X_p(k)$——$k$ 次谐波分量的幅值。

现把连续周期信号 $x_p(t)$ 与离散周期信号 $x_p(n)$ 作对比,见表 4.1。

表 4.1    连续周期信号与离散周期信号的对比

| 类别 | 基频分量 | 周期 | 基频 | $k$ 次谐波分量 |
|---|---|---|---|---|
| 连续周期信号 | $\mathrm{e}^{\mathrm{j}\Omega_1 t} = \mathrm{e}^{\mathrm{j}(\frac{2\pi}{T_p})t}$ | $T_p$ | $\Omega_1 = 2\pi/T_p$ | $\mathrm{e}^{\mathrm{j}k(\frac{2\pi}{T_p})t}$ |
| 离散周期信号 | $\mathrm{e}^{\mathrm{j}\omega_1 n} = \mathrm{e}^{\mathrm{j}(\frac{2\pi}{N})n}$ | $N$ | $\omega_1 = 2\pi/N$ | $\mathrm{e}^{\mathrm{j}k(\frac{2\pi}{N})n}$ |

我们将周期为 $N$ 的复指数序列的基频分量记为 $e_1(n)$:

$$e_1(n) = \mathrm{e}^{\mathrm{j}(\frac{2\pi}{N})n} \tag{4.4}$$

其 $k$ 次谐波分量记为 $e_k(n)$:

$$e_k(n) = \mathrm{e}^{\mathrm{j}(\frac{2\pi}{N})nk} \tag{4.5}$$

对于离散时间周期序列 $x_p(n)$ 来说,虽然它的展开式在表现形式上和连续时间周期信号 $x_p(t)$ 的展开式是相同的,但是离散傅里叶级数的谐波成分只有 $N$ 个独立成分,而连续傅里叶级数有无穷多个谐波成分,原因是

$$\mathrm{e}^{\mathrm{j}\frac{2\pi}{N}(k+rN)n} = \mathrm{e}^{\mathrm{j}\frac{2\pi}{N}kn} \quad (r \text{ 为任意整数})$$

即

$$e_{k+rN}(n) = e_k(n) \tag{4.6}$$

因此对于离散傅里叶级数，我们只取 $k=0$ 到 $N-1$ 的 $N$ 个独立谐波分量，即

$$x_{\mathrm{p}}(n) = \frac{1}{N} \sum_{k=0}^{N-1} X'_{\mathrm{p}}(k) \mathrm{e}^{\mathrm{j}\frac{2\pi}{N}kn} \tag{4.7}$$

式(4.7) 中的 $X'_{\mathrm{p}}(k)$ 是将相同的谐波成分合并而得到的新系数，而 $1/N$ 是为了方便，并与一般表示形式保持一致而加的。此式强调只有 $N$ 个不同的分量，它们以 $N$ 个样本为周期重复出现。

为讨论方便，用 $X_{\mathrm{p}}(k)$ 代替 $X'_{\mathrm{p}}(k)$，即将式(4.7) 写成

$$x_{\mathrm{p}}(n) = \frac{1}{N} \sum_{k=0}^{N-1} X_{\mathrm{p}}(k) \mathrm{e}^{\mathrm{j}\frac{2\pi}{N}kn} \tag{4.8}$$

值得注意的是，此式中的 $X_{\mathrm{p}}(k)$ 与式(4.3) 中的 $X_{\mathrm{p}}(k)$ 不同。

下面求解系数 $X_{\mathrm{p}}(k)$。

利用性质

$$\frac{1}{N} \sum_{n=0}^{N-1} \mathrm{e}^{\mathrm{j}\frac{2\pi}{N}rn} = \begin{cases} 1 & (r=mN, m \text{ 为任意整数}) \\ 0 & (r \text{ 为其他值}) \end{cases} \tag{4.9}$$

首先对此性质进行证明：

① 当 $r=mN$ 时，$\mathrm{e}^{\mathrm{j}\frac{2\pi}{N}rn} = \mathrm{e}^{\mathrm{j}\frac{2\pi}{N}mNn} = \mathrm{e}^{\mathrm{j}2\pi mn} = 1$

$$\frac{1}{N} \sum_{n=0}^{N-1} \mathrm{e}^{\mathrm{j}\frac{2\pi}{N}rn} = \frac{1}{N} \sum_{n=0}^{N-1} 1 = 1$$

② 当 $r \neq mN$ 时，

$$\frac{1}{N} \sum_{n=0}^{N-1} \mathrm{e}^{\mathrm{j}\frac{2\pi}{N}rn} = \frac{1}{N} \frac{1-\mathrm{e}^{\mathrm{j}\frac{2\pi}{N}rN}}{1-\mathrm{e}^{\mathrm{j}\frac{2\pi}{N}r}} = \frac{1}{N} \frac{1-\mathrm{e}^{\mathrm{j}2\pi r}}{1-\mathrm{e}^{\mathrm{j}\frac{2\pi}{N}r}} = \frac{1}{N} \frac{1-1}{1-\mathrm{e}^{\mathrm{j}\frac{2\pi}{N}r}} = 0$$

得证。

将式(4.8) 两端乘以 $\mathrm{e}^{-\mathrm{j}\frac{2\pi}{N}rn}$，然后从 $n=0$ 到 $N-1$ 的一个周期内求和，有

$$\sum_{n=0}^{N-1} x_{\mathrm{p}}(n) \mathrm{e}^{-\mathrm{j}\frac{2\pi}{N}rn} = \frac{1}{N} \sum_{n=0}^{N-1} \sum_{k=0}^{N-1} X_{\mathrm{p}}(k) \mathrm{e}^{\mathrm{j}\frac{2\pi}{N}(k-r)n} = \sum_{k=0}^{N-1} X_{\mathrm{p}}(k) \left[ \frac{1}{N} \sum_{n=0}^{N-1} \mathrm{e}^{\mathrm{j}\frac{2\pi}{N}(k-r)n} \right] \tag{4.10}$$

利用式(4.9) 的性质，$\dfrac{1}{N} \displaystyle\sum_{n=0}^{N-1} \mathrm{e}^{\mathrm{j}\frac{2\pi}{N}(k-r)n}$ 只有当 $k-r=mN$ ，即 $k=r+mN$ 时等于 1，其他情况下都等于 0，而式(4.10) 中求和范围限定在 $k=0 \sim N-1$ 之间，则 $k=r+mN$ 中只有 $k=r$ 满足条件，因此

$$\sum_{n=0}^{N-1} x_{\mathrm{p}}(n) \mathrm{e}^{-\mathrm{j}\frac{2\pi}{N}rn} = \sum_{k=0}^{N-1} X_{\mathrm{p}}(k) \left[ \frac{1}{N} \sum_{n=0}^{N-1} \mathrm{e}^{\mathrm{j}\frac{2\pi}{N}(k-r)n} \right] = X_{\mathrm{p}}(r) \tag{4.11}$$

将式(4.11) 中的 $r$ 用 $k$ 替换，有

$$X_{\mathrm{p}}(k) = \sum_{n=0}^{N-1} x_{\mathrm{p}}(n) \mathrm{e}^{-\mathrm{j}\frac{2\pi}{N}kn} \tag{4.12}$$

$X_{\mathrm{p}}(k)$ 也是一个以 $N$ 为周期的周期序列，即

$$X_{\mathrm{p}}(k+mN) = \sum_{n=0}^{N-1} x_{\mathrm{p}}(n) \mathrm{e}^{-\mathrm{j}\frac{2\pi}{N}(k+mN)n} = \sum_{n=0}^{N-1} x_{\mathrm{p}}(n) \mathrm{e}^{-\mathrm{j}\frac{2\pi}{N}kn} = X_{\mathrm{p}}(k) \tag{4.13}$$

这与前面提到的复指数序列只有在 $k=0,1,\cdots,N-1$ 时才各不相同，即离散傅里叶级数只有 $N$ 个不同系数 $X_{\mathrm{p}}(k)$ 的说法一致。

式(4.13)表明,时域周期序列的离散傅里叶级数在频域(即其系数)也是一个周期序列。为讨论方便,记

$$W_N = \mathrm{e}^{-\mathrm{j}\frac{2\pi}{N}} \tag{4.14}$$

我们得到离散傅里叶级数对:

$$X_\mathrm{p}(k) = \mathrm{DFS}[x_\mathrm{p}(n)] = \sum_{n=0}^{N-1} x_\mathrm{p}(n)\mathrm{e}^{-\mathrm{j}\frac{2\pi}{N}nk} = \sum_{n=0}^{N-1} x_\mathrm{p}(n)W_N^{nk} \tag{4.15}$$

$$x_\mathrm{p}(n) = \mathrm{IDFS}[X_\mathrm{p}(k)] = \frac{1}{N}\sum_{k=0}^{N-1} X_\mathrm{p}(k)\mathrm{e}^{\mathrm{j}\frac{2\pi}{N}nk} = \frac{1}{N}\sum_{k=0}^{N-1} X_\mathrm{p}(k)W_N^{-nk} \tag{4.16}$$

DFS[·]表示离散傅里叶级数正变换,IDFS[·]表示离散傅里叶级数反变换。

从以上的讨论看出,只要知道周期序列的一个周期的内容,则其他内容也都知道了,所以实际上只有 $N$ 个序列值有独立的信息,因而这就和有限长序列有着本质的联系。

### 4.2.2　离散傅里叶级数的性质

设两个周期皆为 $N$ 的周期序列 $x_\mathrm{p}(n)$、$y_\mathrm{p}(n)$ 的离散傅里叶级数分别为

$$\mathrm{DFS}[x_\mathrm{p}(n)] = X_\mathrm{p}(k)$$
$$\mathrm{DFS}[y_\mathrm{p}(n)] = Y_\mathrm{p}(k)$$

**1. 线性**

两个序列线性组合的离散傅里叶级数,等于两个序列各自离散傅里叶级数的线性组合,即

$$\mathrm{DFS}[ax_\mathrm{p}(n) + by_\mathrm{p}(n)] = aX_\mathrm{p}(k) + bY_\mathrm{p}(k)$$

式中,$a$、$b$ 为任意常数。

**2. 序列的位移**

$$\mathrm{DFS}[x_\mathrm{p}(n+m)] = W_N^{-mk}X_\mathrm{p}(k)$$
$$\mathrm{IDFS}[X_\mathrm{p}(k+l)] = W_N^{ln}x_\mathrm{p}(n)$$

如果 $m$、$l \geqslant N$,则 $m$、$l$ 分别用 $m'$、$l'$ 代替,其中 $m' = m(\mathrm{mod}\ N)$,$l' = l(\mathrm{mod}\ N)$。

证明如下:

(1) $$\mathrm{DFS}[x_\mathrm{p}(n+m)] = \sum_{n=0}^{N-1} x_\mathrm{p}(n+m)W_N^{nk}$$

令 $i = n+m$,作变量代换,有

$$\mathrm{DFS}[x_\mathrm{p}(n+m)] = \sum_{i=m}^{N-1+m} x_\mathrm{p}(i)W_N^{ik}W_N^{-mk}$$

由于 $x_\mathrm{p}(i)$ 及 $W_N^{ik}$ 都以 $N$ 为周期,故

$$\mathrm{DFS}[x_\mathrm{p}(n+m)] = W_N^{-mk}\sum_{i=0}^{N-1} x_\mathrm{p}(i)W_N^{ik} = W_N^{-mk}X_\mathrm{p}(k)$$

(2) $$\mathrm{DFS}[W_N^{ln}x_\mathrm{p}(n)] = \sum_{n=0}^{N-1} W_N^{ln}x_\mathrm{p}(n)W_N^{kn} = \sum_{n=0}^{N-1} x_\mathrm{p}(n)W_N^{(k+l)n} = X_\mathrm{p}(k+l)$$

即 $$\mathrm{IDFS}[X_\mathrm{p}(k+l)] = W_N^{ln}x_\mathrm{p}(n)$$

**3. 对称性**

与序列的傅里叶变换类似,周期序列的离散傅里叶级数也具有类似的对称性,推导也类

似,这里只给出结果。

(1) 共轭对称性:若 $\text{DFS}[x_{\text{p}}(n)] = X_{\text{p}}(k)$,则

$$\text{DFS}[x_{\text{p}}^*(n)] = X_{\text{p}}^*(-k)$$

$$\text{DFS}[x_{\text{p}}^*(-n)] = X_{\text{p}}^*(k)$$

(2) 周期序列 $x_{\text{p}}(n)$ 的实部 $\text{Re}[x_{\text{p}}(n)]$ 的离散傅里叶级数等于 $x_{\text{p}}(n)$ 的离散傅里叶级数 $X_{\text{p}}(k)$ 的共轭对称部分 $X_{\text{pe}}(k)$;其虚部 $\text{jIm}[x_{\text{p}}(n)]$ 的离散傅里叶级数等于 $X_{\text{p}}(k)$ 的共轭反对称部分 $X_{\text{po}}(k)$,即

若
$$x_{\text{p}}(n) = \text{Re}[x_{\text{p}}(n)] + \text{jIm}[x_{\text{p}}(n)]$$

$$X_{\text{p}}(k) = X_{\text{pe}}(k) + X_{\text{po}}(k)$$

则
$$\text{DFS}\{\text{Re}[x_{\text{p}}(n)]\} = X_{\text{pe}}(k)$$

$$\text{DFS}\{\text{jIm}[x_{\text{p}}(n)]\} = X_{\text{po}}(k)$$

作为特例,实周期序列的离散傅里叶级数是共轭对称的,即

若
$$x_{\text{p}}(n) = \text{Re}[x_{\text{p}}(n)]$$

有
$$\text{DFS}[x_{\text{p}}(n)] = X_{\text{p}}(k) = X_{\text{pe}}(k)$$

极坐标形式为

$$X_{\text{p}}(k) = |X_{\text{p}}(k)| \text{e}^{\text{j}\varphi(k)}$$

则
$$|X_{\text{p}}(k)| = |X_{\text{p}}(-k)|$$

$$\varphi(k) = -\varphi(-k)$$

其幅度为一偶序列,相位为一奇序列。

(3) 周期序列 $x_{\text{p}}(n)$ 的共轭对称部分 $x_{\text{pe}}(n)$ 的离散傅里叶级数等于 $x_{\text{p}}(n)$ 的离散傅里叶级数 $X_{\text{p}}(k)$ 的实部 $\text{Re}[X_{\text{p}}(k)]$;其共轭反对称部分 $x_{\text{po}}(n)$ 的离散傅里叶级数等于 $X_{\text{p}}(k)$ 的虚部 $\text{jIm}[X_{\text{p}}(k)]$,即

若
$$x_{\text{p}}(n) = x_{\text{pe}}(n) + x_{\text{po}}(n)$$

$$X_{\text{p}}(k) = \text{Re}[X_{\text{p}}(k)] + \text{jIm}[X_{\text{p}}(k)]$$

则
$$\text{DFS}[x_{\text{pe}}(n)] = \text{Re}[X_{\text{p}}(k)]$$

$$\text{DFS}[x_{\text{po}}(n)] = \text{jIm}[X_{\text{p}}(k)]$$

作为特例,$x_{\text{p}}(n) = x_{\text{pe}}(n)$ 时

$$\text{DFS}[x_{\text{p}}(n)] = \text{Re}[X_{\text{p}}(k)] = X_{\text{p}}(k)$$

即一个共轭对称周期序列的离散傅里叶级数是一个实周期序列。

(4) 若周期序列是一个实偶序列,即

若
$$x_{\text{p}}(n) = \text{Re}[x_{\text{p}}(n)] = x_{\text{pe}}(n)$$

则
$$\text{DFS}[x_{\text{p}}(n)] = X_{\text{pe}}(k) = \text{Re}[X_{\text{p}}(k)]$$

即其 DFS 也是一实偶周期序列。

**4. 周期卷积**(Periodic Convolution)

对于两个周期同为 $N$ 的周期序列 $x_{\text{p1}}(n)$ 和 $x_{\text{p2}}(n)$,定义它们的周期卷积为

$$x_{\text{p3}}(n) = \sum_{m=0}^{N-1} x_{\text{p1}}(m) x_{\text{p2}}(n-m) = x_{\text{p1}}(n) \circledast x_{\text{p2}}(n) \tag{4.17}$$

它可以用两序列的离散傅里叶级数的乘积的逆离散傅里叶级数来计算,即,如果

$$\text{DFS}[x_{\text{p1}}(n)] = X_{\text{p1}}(k)$$

$$\text{DFS}[x_{p2}(n)] = X_{p2}(k)$$

$$X_{p3}(k) = X_{p1}(k)X_{p2}(k)$$

$$x_{p3}(n) = \text{IDFS}[X_{p3}(k)]$$

则

$$x_{p3}(n) = \sum_{m=0}^{N-1} x_{p1}(m)x_{p2}(n-m) = x_{p1}(n) \circledast x_{p2}(n)$$

证明：

$$x_{p3}(n) = \text{IDFS}[X_{p1}(k)X_{p2}(k)] = \frac{1}{N}\sum_{k=0}^{N-1} X_{p1}(k)X_{p2}(k)W_N^{-kn} \tag{4.18}$$

式中

$$X_{p1}(k) = \sum_{m=0}^{N-1} x_{p1}(m)W_N^{mk} \tag{4.19}$$

将式(4.19)代入式(4.18)，得

$$x_{p3}(n) = \frac{1}{N}\sum_{k=0}^{N-1} X_{p2}(k)\sum_{m=0}^{N-1} x_{p1}(m)W_N^{-k(n-m)}$$

交换求和次序，得

$$x_{p3}(n) = \sum_{m=0}^{N-1} x_{p1}(m) \cdot \frac{1}{N}\sum_{k=0}^{N-1} X_{p2}(k)W_N^{-k(n-m)} =$$

$$\sum_{m=0}^{N-1} x_{p1}(m)x_{p2}(n-m) = x_{p1}(n) \circledast x_{p2}(n)$$

得证。

现在讨论一下周期卷积与线性卷积的区别。根据线性卷积(即第 2 章讨论的卷积和)的表达式：

$$y(n) = x_1(n) * x_2(n) = \sum_{m=-\infty}^{+\infty} x_1(m)x_2(n-m) \tag{4.20}$$

以及周期卷积的表达式(4.17)，可知它们之间的区别：

① 周期卷积中参与运算的两个序列都是周期为 $N$ 的周期序列；

② 周期卷积只限于一个周期内求和，即 $m = 0, 1, \cdots, N-1$；

③ 周期卷积的计算结果也是一个周期为 $N$ 的周期序列。

周期卷积除了可以用两序列的离散傅里叶级数的乘积的逆离散傅里叶级数来计算，也可通过以下方式计算。

周期卷积过程示意图如图 4.5 所示，其中图 4.5(a)、4.5(b) 为两个周期序列 $x_{p1}(m)$ 和 $x_{p2}(m)$，图 4.5(c) ~ 4.5(f) 分别对应不同 $n$ 值的序列 $x_{p2}(n-m)$，图 4.5(g) ~ 4.5(j) 分别对应不同 $n$ 值的两序列乘积 $x_{p1}(m)x_{p2}(n-m)$，图 4.5(k) 为周期卷积的结果 $x_{p3}(n)$。

由于 DFS 和 IDFS 的对称性，可以证明，时域周期序列的乘积对应于频域周期序列的周期卷积，即如果

$$y_p(n) = x_{p1}(n)x_{p2}(n)$$

则

$$Y_p(k) = \text{DFS}[y_p(n)] = \sum_{n=0}^{N-1} y_p(n)W_N^{nk} = \frac{1}{N}\sum_{l=0}^{N-1} X_{p1}(l)X_{p2}(k-l) =$$

$$\frac{1}{N}\sum_{l=0}^{N-1} X_{p2}(l)X_{p1}(k-l)$$

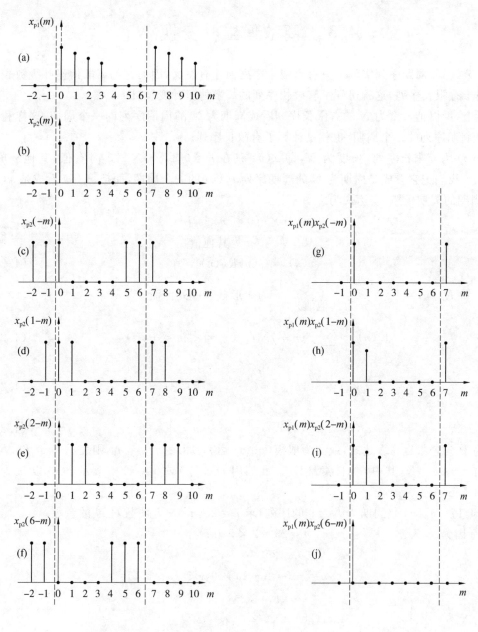

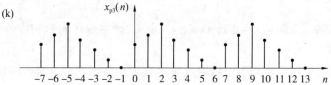

图 4.5　周期卷积过程示意图($N = 7$)

# 4.3 离散傅里叶变换

上一节说到,周期序列实际上只有有限个序列值才有意义,因而它的离散傅里叶级数表示式也适用于有限长序列,这就得到了有限长序列的离散傅里叶变换(DFT)。

实际上,可以把长度为 $N$ 的有限长序列看成周期为 $N$ 的周期序列的一个周期,这样利用 DFS 计算周期序列的一个周期,也就是计算了有限长序列。

设 $x(n)$ 为有限长序列,长度为 $N$,即 $x(n)$ 只在 $n=0,1,\cdots,N-1$ 时有值,其他 $n$ 时,$x(n)=0$。我们把它看成是周期为 $N$ 的周期序列 $x_p(n)$ 的一个周期,而把 $x_p(n)$ 看成是 $x(n)$ 以 $N$ 为周期的周期延拓,表达式为

$$x(n)=\begin{cases} x_p(n) & (0\leqslant n\leqslant N-1) \\ 0 & (n\ 为其他值) \end{cases} \tag{4.21}$$

或

$$x(n)=x_p(n)R_N(n) \tag{4.22}$$

式(4.22)中 $R_N(n)=\begin{cases} 1 & (0\leqslant n\leqslant N-1) \\ 0 & (n\ 为其他值) \end{cases}$ 为矩形截断序列。而

$$x_p(n)=\sum_{r=-\infty}^{+\infty} x(n+rN) \quad (-\infty<n<+\infty) \tag{4.23}$$

也可写成

$$x_p(n)=x(\langle n\rangle_N) \quad (-\infty<n<+\infty) \tag{4.24}$$

或

$$x_p(n)-x((n))_N \quad (\ \infty<n<+\infty) \tag{4.25}$$

$\langle n\rangle_N$ 称为余数运算表达式,或称为取模(mod)运算,如果 $\langle n\rangle_N=n_1$,则表示 $n$、$n_1$ 和 $N$ 之间关系为 $n=n_1+rN$(其中 $r$ 为任意整数)。我们用 $x(\langle n\rangle_N)$ 或 $x((n))_N$ 表示 $x(n)$ 以 $N$ 为周期的周期延拓序列。

【例 4.1】 $x_p(n)$ 是周期为 $N=9$ 的序列,求 $n=25,n=-5$ 两数对 $N$ 的余数。

**解** 因为 $\qquad\qquad\qquad\qquad n=25=2\times 9+7$

故 $\qquad\qquad\qquad\qquad\qquad\qquad \langle 25\rangle_9=7$

$$n=-5=(-1)\times 9+4$$

故 $\qquad\qquad\qquad\qquad\qquad\qquad \langle -5\rangle_9=4$

因此 $\qquad\qquad\qquad x_p(25)=x(\langle 25\rangle_9)=x(7)$

$$x_p(-5)=x(\langle -5\rangle_9)=x(4)$$

通常把 $x_p(n)$ 的第一个周期 $n=0$ 到 $n=N-1$ 定义为"主值区间",相应的称 $x(n)$ 是 $x_p(n)$ 的"主值序列"。

同理,对频域的周期序列 $X_p(k)$ 也可看成是对有限长序列 $X(k)$ 的周期延拓,而有限长序列 $X(k)$ 看成是周期序列 $X_p(k)$ 的主值序列,即

$$X_p(k)=X(\langle k\rangle_N)$$

$$X(k)=X_p(k)R_N(k)$$

从 DFS 和 IDFS 的表达式看出,求和是只限定在 $n=0$ 到 $N-1$ 及 $k=0$ 到 $N-1$ 的主值区间进行,故完全适用于主值序列 $x(n)$ 及 $X(k)$。回顾 DFS 和 IDFS 的表达式

$$X_{\mathrm{p}}(k) = \mathrm{DFS}[x_{\mathrm{p}}(n)] = \sum_{n=0}^{N-1} x_{\mathrm{p}}(n) W_N^{nk}$$

$$x_{\mathrm{p}}(n) = \mathrm{IDFS}[X_{\mathrm{p}}(k)] = \frac{1}{N} \sum_{k=0}^{N-1} X_{\mathrm{p}}(k) W_N^{-nk}$$

从而得出新的定义,即有限长序列的离散傅里叶变换为

$$X(k) = \mathrm{DFT}[x(n)] = \sum_{n=0}^{N-1} x(n) W_N^{nk} \quad (0 \leqslant k \leqslant N-1) \tag{4.26}$$

$$x(n) = \mathrm{IDFT}[X(k)] = \frac{1}{N} \sum_{k=0}^{N-1} X(k) W_N^{-nk} \quad (0 \leqslant n \leqslant N-1) \tag{4.27}$$

或者写成

$$X(k) = \sum_{n=0}^{N-1} x(n) W_N^{nk} R_N(k) = X_{\mathrm{p}}(k) R_N(k) \tag{4.28}$$

$$x(n) = \frac{1}{N} \sum_{k=0}^{N-1} X(k) W_N^{-nk} R_N(n) = x_{\mathrm{p}}(n) R_N(n) \tag{4.29}$$

DFT[·] 表示离散傅里叶变换,IDFT[·] 表示离散傅里叶反变换(逆离散傅里叶变换)。

由此可以看出有限长序列的离散傅里叶变换及周期序列的离散傅里叶级数之间的关系:它们仅仅是 $n$、$k$ 的取值不同,DFT 只取主值区间的值。

$x(n)$ 和 $X(k)$ 是一个有限长序列的离散傅里叶变换对,已知其中一个序列,就能唯一确定另一个序列,这是因为 $x(n)$ 和 $X(k)$ 都是长度为 $N$ 的序列,都有 $N$ 个独立值,所以信息量相等。

长度为 $N$ 的有限长序列和周期为 $N$ 的周期序列,都由 $N$ 个独立值来定义,但是我们要记住,凡是说到离散傅里叶变换关系之处,有限长序列都是作为周期序列的一个周期来表示的,具有隐含周期性,尤其在涉及其位移特性时更要注意。

# 4.4　Z 变换的抽样

## 4.4.1　离散傅里叶变换与 Z 变换的关系

对于有限长序列:

$$x(n) = \begin{cases} x(n) & (n_1 \leqslant n \leqslant n_2) \\ 0 & (n \text{ 为其他值}) \end{cases}$$

$x(n)$ 的 Z 变换为

$$X(z) = \sum_{n=n_1}^{n_2} x(n) z^{-n}$$

收敛域为 $0 < |z| < +\infty$。

当 $n_1 \geqslant 0$ 时,收敛域包含 $+\infty$ 点,即收敛域为 $0 < |z| \leqslant +\infty$。

当 $n_2 \leqslant 0$ 时,收敛域包含 0,即收敛域为 $0 \leqslant |z| < +\infty$。

因此长度为 $N$ 的有限长序列 $x(n)$,$(n=0,\cdots,N-1)$ 的 Z 变换及收敛域为

$$X(z) = \sum_{n=0}^{N-1} x(n) z^{-n} \quad (z \neq 0) \tag{4.30}$$

在 $z$ 平面单位圆上 $(z = e^{j\omega})$，序列的 Z 变换就是其傅里叶变换，即

$$X(j\omega) = \sum_{n=0}^{N-1} x(n) e^{-j\omega n} = X(z) \big|_{z = e^{j\omega}} \tag{4.31}$$

我们把 $z$ 平面上的单位圆圆周 $N$ 等分，则各分点的角频率为 $\omega_k = \left(\dfrac{2\pi}{N}\right) \cdot k$，其中 $0 \leqslant k \leqslant N-1$，$\omega_k$ 也就是 $2\pi$ 范围内等间隔 $\left(\dfrac{2\pi}{N}\right)$ 抽样点的角频率。

故

$$X(z) \big|_{z = e^{j\frac{2\pi}{N}k}} = X\left(j\frac{2\pi}{N}k\right) = \sum_{n=0}^{N-1} x(n) e^{-j\frac{2\pi}{N}kn} = \sum_{n=0}^{N-1} x(n) W_N^{kn} \tag{4.32}$$

即

$$X(z) \big|_{z = e^{j\frac{2\pi}{N}k}} = \text{DFT}[x(n)] \tag{4.33}$$

该式说明，长度为 $N$ 的有限长序列的离散傅里叶变换等于其 Z 变换在单位圆上 $N$ 个等间隔点的抽样值，也即等于其傅里叶变换在 $2\pi$ 范围内等间隔点 $\omega_k = \left(\dfrac{2\pi}{N}\right) \cdot k$ 上的抽样值。如图 4.6 所示。

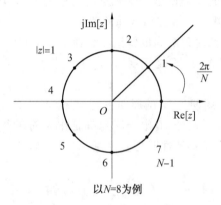

以 $N=8$ 为例

图 4.6    离散傅里叶变换与 Z 变换的关系

【例 4.2】    求等幅有限长序列

$$x(n) = \begin{cases} 1 & (0 \leqslant n \leqslant 4) \\ 0 & (n \text{ 为其他值}) \end{cases}$$

的离散傅里叶变换，并与其傅里叶变换的抽样进行比较，设抽样点数 $N = 10$。

**解**    $x(n)$ 的离散傅里叶变换为

$$X(k) = \sum_{n=0}^{10-1} x(n) W_N^{kn} = \sum_{n=0}^{4} x(n) W_N^{kn} = \sum_{n=0}^{4} x(n) e^{-j\frac{2\pi}{10}kn} = \frac{1 - e^{-j\frac{2\pi}{10}(4+1)k}}{1 - e^{-j\frac{2\pi}{10}k}} =$$

$$\frac{1 - e^{-jk\pi}}{1 - e^{-j\frac{\pi}{5}k}} = \frac{1 - e^{-jk\pi}}{1 - e^{-j\frac{\pi}{5}k}} \cdot \frac{e^{j\frac{\pi}{2}k}}{e^{j\frac{\pi}{10}k}} \cdot \frac{e^{-j\frac{\pi}{2}k}}{e^{-j\frac{\pi}{10}k}} =$$

$$\frac{e^{j\frac{\pi}{2}k} - e^{-j\frac{\pi}{2}k}}{e^{j\frac{\pi}{10}k} - e^{-j\frac{\pi}{10}k}} \cdot e^{-jk\left(\frac{\pi}{2} - \frac{\pi}{10}\right)} = \frac{\sin\left(\dfrac{k\pi}{2}\right)}{\sin\left(\dfrac{k\pi}{10}\right)} \cdot e^{-j\frac{2}{5}k\pi}$$

$x(n)$ 的傅里叶变换为

$$X(\mathrm{j}\omega) = \sum_{n=0}^{4} x(n)\mathrm{e}^{-\mathrm{j}\omega n} = \sum_{n=0}^{4} \mathrm{e}^{-\mathrm{j}\omega n} = \frac{1-\mathrm{e}^{-\mathrm{j}5\omega}}{1-\mathrm{e}^{-\mathrm{j}\omega}} =$$

$$\frac{\sin\left(\dfrac{5}{2}\omega\right)}{\sin\left(\dfrac{\omega}{2}\right)} \cdot \mathrm{e}^{-\mathrm{j}\omega\left(\frac{5}{2}-\frac{1}{2}\right)} = \frac{\sin\left(\dfrac{5}{2}\omega\right)}{\sin\left(\dfrac{\omega}{2}\right)} \cdot \mathrm{e}^{-\mathrm{j}2\omega}$$

将其在 $\omega_k = \dfrac{2\pi}{N}k = \dfrac{2\pi}{10}k$ 频率点上取样,得抽样值为

$$X(\mathrm{j}\omega_k) = X\left(\mathrm{j}\,\frac{2\pi}{10}k\right) = \frac{\sin\left(\dfrac{5}{2}\cdot\dfrac{2\pi}{10}k\right)}{\sin\left(\dfrac{1}{2}\cdot\dfrac{2\pi}{10}k\right)} \cdot \mathrm{e}^{-\mathrm{j}2\cdot\frac{2\pi}{10}k} = \frac{\sin\left(\dfrac{k\pi}{2}\right)}{\sin\left(\dfrac{k\pi}{10}\right)} \cdot \mathrm{e}^{-\mathrm{j}\frac{2}{5}k\pi}$$

两式结果相等,如图 4.7 所示。

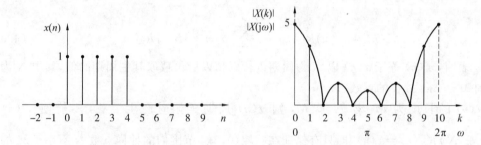

图 4.7　有限长序列的离散傅里叶变换与其傅里叶变换的关系

## 4.4.2　频域抽样定理

有限长序列 $x(n)$ 的离散傅里叶变换 $X(k)$,实质上是其傅里叶变换 $X(\mathrm{j}\omega)$ 在主周期内等间隔的抽样值。怎样抽样才能保证由 $X(k)$ 不失真地恢复 $X(\mathrm{j}\omega)$ 呢?　频域抽样定理(Frequency Sampling Theorem)回答了这个问题。

### 1. 抽样

设任意序列 $x(n)$ 存在 Z 变换

$$X(z) = \sum_{n=-\infty}^{+\infty} x(n)z^{-n}$$

且 $X(z)$ 的收敛域包含单位圆(即 $x(n)$ 的傅里叶变换存在)。在单位圆上等间隔采样 $N$ 点得到

$$X(k) = X(z)\big|_{z=\mathrm{e}^{\mathrm{j}\frac{2\pi}{N}k}} = \sum_{n=-\infty}^{+\infty} x(n)\mathrm{e}^{-\mathrm{j}\frac{2\pi}{N}kn} \quad (0 \leqslant k \leqslant N-1) \tag{4.34}$$

式(4.34)表示在区间 $[0,2\pi)$ 上对 $x(n)$ 的傅里叶变换 $X(\mathrm{j}\omega)$ 的 $N$ 点等间隔采样。如将 $X(k)$ 看作长度为 $N$ 的有限长序列 $x'(n)$ 的 DFT,有

$$x'(n) = \mathrm{IDFT}[X(k)] \quad (0 \leqslant n \leqslant N-1)$$

下面推导序列 $x'(n)$ 与原序列 $x(n)$ 之间的关系,并导出频域抽样定理。

由 DFT 与 DFS 的关系可知,$X(k)$ 是 $x'(n)$ 以 $N$ 为周期的周期延拓序列 $x_\mathrm{p}(n)$ 的离散傅里叶级数的系数 $X_\mathrm{p}(k)$ 的主值序列,即

$$X_p(k) = X(\langle k \rangle_N) = \text{DFS}[x_p(n)]$$

$$X(k) = X_p(k) R_N(k)$$

$$x_p(n) = x'(\langle n \rangle_N) = \text{IDFS}[X_p(k)] =$$

$$\frac{1}{N} \sum_{k=0}^{N-1} X_p(k) W_N^{-kn} = \frac{1}{N} \sum_{k=0}^{N-1} X(k) W_N^{-kn} \tag{4.35}$$

将式(4.34)代入式(4.35),有

$$x_p(n) = \frac{1}{N} \sum_{k=0}^{N-1} \Big[ \sum_{m=-\infty}^{+\infty} x(m) W_N^{km} \Big] W_N^{-kn} = \sum_{m=-\infty}^{+\infty} x(m) \frac{1}{N} \sum_{k=0}^{N-1} W_N^{k(m-n)}$$

式中

$$\frac{1}{N} \sum_{k=0}^{N-1} W_N^{k(m-n)} = \begin{cases} 1 & (m = n + rN, r \text{ 为整数}) \\ 0 & (m \text{ 为其他值}) \end{cases}$$

则有

$$x_p(n) = \sum_{r=-\infty}^{+\infty} x(n + rN)$$

所以

$$x'(n) = x_p(n) R_N(n) = \Big[ \sum_{r=-\infty}^{+\infty} x(n + rN) \Big] R_N(n) \tag{4.36}$$

式(4.36)表明,$x'(n)$ 等于 $x(n)$ 以 $N$ 为周期进行延拓以后再截取其主周期的值,其中 $N$ 为单位圆一周($0 \sim 2\pi$)抽样的点数。

设 $x(n)$ 的长度为 $M$,若 $N < M$,则 $x(n)$ 周期延拓时产生混叠,不能使 $x'(n) = \sum_{r=-\infty}^{+\infty} x(n + rN) R_N(n) = x(n)$,即只有保证在频域$(0, 2\pi)$范围内的抽样点数 $N$ 不小于$M$ 的条件下,即只有当 $N \geqslant M$ 时,才能保证 $x'(n) = \text{IDFT}[X(k)] = x(n)$,即可由频率抽样序列 $X(k)$ 不失真地恢复 $X(j\omega)$ 或 $X(z)$,否则会产生时域混叠现象,这就是频域抽样定理。

**2. 内插公式**

频域抽样定理的内插公式,就是由 $X(k)$ 精确地恢复 $X(z)$ 或 $X(j\omega)$ 的公式。推导如下:

有限长序列 $x(n)(0 \leqslant n \leqslant N-1)$ 的 Z 变换为

$$X(z) = \sum_{n=0}^{N-1} x(n) z^{-n} \tag{4.37}$$

根据 IDFT 的表达式,有

$$x(n) = \frac{1}{N} \sum_{k=0}^{N-1} X(k) W_N^{-kn} \tag{4.38}$$

将式(4.38)代入式(4.37),得

$$X(z) = \sum_{n=0}^{N-1} \Big[ \frac{1}{N} \sum_{k=0}^{N-1} X(k) W_N^{-kn} \Big] z^{-n} =$$

$$\frac{1}{N} \sum_{k=0}^{N-1} X(k) \Big[ \sum_{n=0}^{N-1} W_N^{-kn} z^{-n} \Big] =$$

$$\frac{1}{N} \sum_{k=0}^{N-1} X(k) \frac{1 - W_N^{-Nk} z^{-N}}{1 - W_N^{-k} z^{-1}} =$$

$$\frac{1 - z^{-N}}{N} \sum_{k=0}^{N-1} \frac{X(k)}{1 - W_N^{-k} z^{-1}} \tag{4.39}$$

式(4.39)就是由 $X(k)$ 来恢复 $X(z)$ 的内插公式。

将式(4.39)表示成

$$X(z) = \sum_{k=0}^{N-1} X(k)\Phi_k(z) \tag{4.40}$$

其中

$$\Phi_k(z) = \frac{1}{N} \frac{1 - z^{-N}}{1 - W_N^{-k} z^{-1}} \tag{4.41}$$

称为内插函数(Interpolation Function)。

下面讨论内插函数 $\Phi_k(z)$ 的特点:

令内插函数 $\Phi_k(z)$ 的分子为 0,则有

$$z = \mathrm{e}^{\mathrm{j}\frac{2\pi}{N}r} \quad (r = 0, 1, 2, \cdots, k, \cdots, N-1)$$

即 $\Phi_k(z)$ 有 $N$ 个零点。

令内插函数 $\Phi_k(z)$ 的分母为零,则有

$$z = W_N^{-k} = \mathrm{e}^{\mathrm{j}\frac{2\pi}{N}k}$$

即内插函数 $\Phi_k(z)$ 有一个极点。它将和第 $k$ 个零点相抵消,因而内插函数 $\Phi_k(z)$ 只在本身抽样点 $\mathrm{e}^{\mathrm{j}\frac{2\pi}{N}k}$ 处不为零(零点被极点抵消),在其他 $N-1$ 个抽样点 $r$ 上 $(r \neq k)$ 都是零点,即有 $N-1$ 个零点。

将 $\Phi_k(z)$ 改写为

$$\Phi_k(z) = \frac{1}{N} \frac{z^N - 1}{z - W_N^{-k}} \cdot \frac{1}{z^{N-1}} \tag{4.42}$$

由式(4.42)看出,内插函数 $\Phi_k(z)$ 在 $z = 0$ 处有 $N-1$ 阶极点。

内插函数零、极点分布如图 4.8 所示。

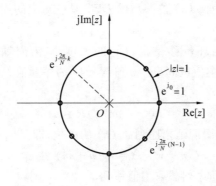

图 4.8  内插函数零、极点分布图

若想由 $X(k)$ 恢复 $X(\mathrm{j}\omega)$,则内插公式为

$$X(\mathrm{j}\omega) = \sum_{k=0}^{N-1} X(k)\Phi_k(\mathrm{j}\omega) \tag{4.43}$$

其中

$$\Phi_k(\mathrm{j}\omega) = \frac{1}{N} \frac{1 - \mathrm{e}^{-\mathrm{j}\omega N}}{1 - \mathrm{e}^{-\mathrm{j}(\omega - k\frac{2\pi}{N})}} = \frac{1}{N} \frac{\sin\dfrac{\omega N}{2}}{\sin\left[\left(\omega - \dfrac{2\pi}{N}k\right)/2\right]} \mathrm{e}^{-\mathrm{j}\left(\frac{N-1}{2}\omega + \frac{k\pi}{N}\right)}$$

有时也写成

$$\Phi_k(\mathrm{j}\omega) = \varphi\left[\mathrm{j}\left(\omega - k\frac{2\pi}{N}\right)\right]$$

其中

$$\varphi(\mathrm{j}\omega) = \frac{1}{N}\frac{\sin\left(\dfrac{\omega N}{2}\right)}{\sin\left(\dfrac{\omega}{2}\right)}\mathrm{e}^{-\mathrm{j}\left(\frac{N-1}{2}\right)\omega}$$

则

$$X(\mathrm{j}\omega) = \sum_{k=0}^{N-1} X(k)\varphi\left[\mathrm{j}\left(\omega - \frac{2\pi}{N}k\right)\right] \qquad (4.44)$$

内插公式(4.43)或式(4.44)说明,频域的连续函数 $X(\mathrm{j}\omega)$ 可以通过其抽样序列 $X(k)$ 不失真地恢复。

# 4.5　离散傅里叶变换的性质

讨论离散傅里叶变换(DFT)的性质时,要注意 $x(n)$、$X(k)$ 的隐含周期性。

若 $X_1(k) = \mathrm{DFT}[x_1(n)]$,$X_2(k) = \mathrm{DFT}[x_2(n)]$,则离散傅里叶变换的性质如下。

**1. 线性**

$$X_3(k) = \mathrm{DFT}[ax_1(n) + bx_2(n)] = a\mathrm{DFT}[x_1(n)] + b\mathrm{DFT}[x_2(n)]$$

即

$$X_3(k) = aX_1(k) + bX_2(k)$$

式中 $a$、$b$ 为常数,若 $x_1(n)$ 与 $x_2(n)$ 的长度 $N_1$、$N_2$ 不等,则 $N$ 的取值应满足:$N \geqslant \max[N_1, N_2]$。

**2. 序列的循环位移** (Circular Shift of a Sequence)

考虑隐含周期性,有限长序列 $x(n)$ 位移后的 DFT 是它对应的周期序列 $x_\mathrm{p}(n)$ 的 DFS 截取其主周期的结果。

一个有限长序列 $x(n)$ 的循环位移是指以它的长度 $N$ 为周期,将其延拓成周期序列 $x_\mathrm{p}(n)$,然后加以移位,最后截取主值区间($n=0$ 到 $N-1$)的序列值。因而有限长序列 $x(n)$ 的循环位移定义为

$$x_1(n) = x(\langle n+m\rangle_N)R_N(n) \qquad (4.45)$$

其中 $x(\langle n+m\rangle_N)$ 表示 $x(n)$ 的周期延拓序列 $x_\mathrm{p}(n)$ 的移位,即

$$x(\langle n+m\rangle_N) = x_\mathrm{p}(n+m)$$

乘以 $R_N(n)$ 表示对移位后的周期序列截取主值序列。

对 $x_1(n)$ 进行 DFT,得

$$X_1(k) = \mathrm{DFT}[x_1(n)] = \{\mathrm{DFS}[x(\langle n+m\rangle_N)]\}R_N(k) =$$

$$\left[\sum_{n=0}^{N-1} x_\mathrm{p}(n+m)W_N^{nk}\right]R_N(k) = \left[\sum_{n=m}^{N-1+m} x_\mathrm{p}(n)W_N^{k(n-m)}\right]R_N(k) =$$

$$W_N^{-km}\left[\sum_{n=0}^{N-1} x_\mathrm{p}(n)W_N^{kn}\right]R_N(k) =$$

$$W_N^{-km}X(k)$$

即

$$\mathrm{DFT}[x(n+m)] = W_N^{-km}\mathrm{DFT}[x(n)]$$

同理可证
$$\mathrm{IDFT}[X(k+l)]=\mathrm{IDFT}[X(k)]W_N^{nl}$$

若式中 $m$、$l \geqslant N$，则用 $m'=m(\mathrm{mod}\ N)$，$l'=l(\mathrm{mod}\ N)$ 来代替 $m$ 和 $l$。

**3. 对称性**

在讨论序列的 DFT 对称性以前，首先讨论序列本身的对称性。因序列隐含周期性，所以序列的对称性也就是其对应的周期序列的对称性。

第 2 章中我们学到：
$$x(n)=x_{\mathrm{e}}(n)+x_{\mathrm{o}}(n) \tag{4.46}$$

其中 $x_{\mathrm{e}}(n)$ 和 $x_{\mathrm{o}}(n)$ 分别为序列 $x(n)$ 的共轭对称部分和共轭反对称部分。

$$x_{\mathrm{e}}(n)=\frac{1}{2}\left[x(n)+x^*(-n)\right] \tag{4.47}$$

$$x_{\mathrm{o}}(n)=\frac{1}{2}\left[x(n)-x^*(-n)\right] \tag{4.48}$$

设由有限长序列 $x(n)$ 延拓成的周期序列为 $x_{\mathrm{p}}(n)$，则有
$$x_{\mathrm{p}}(n)=x_{\mathrm{pe}}(n)+x_{\mathrm{po}}(n) \tag{4.49}$$

式中
$$x_{\mathrm{pe}}(n)=\frac{1}{2}\left[x_{\mathrm{p}}(n)+x_{\mathrm{p}}^*(N-n)\right] \tag{4.50}$$

$$x_{\mathrm{po}}(n)=\frac{1}{2}\left[x_{\mathrm{p}}(n)-x_{\mathrm{p}}^*(N-n)\right] \tag{4.51}$$

$x_{\mathrm{pe}}(n)$ 和 $x_{\mathrm{po}}(n)$ 分别为周期序列 $x_{\mathrm{p}}(n)$ 的共轭对称部分和共轭反对称部分。

这里 $x(n)$ 为有限长序列，考虑其隐含周期性 $x_{\mathrm{p}}^*(N-n)=x_{\mathrm{p}}^*(-n)$，把 $x_{\mathrm{pe}}(n)$ 和 $x_{\mathrm{po}}(n)$ 截取主周期，分别得

$$x_{\mathrm{pet}}(n)=x_{\mathrm{pe}}(n)R_N(n) \tag{4.52}$$
$$x_{\mathrm{pot}}(n)=x_{\mathrm{po}}(n)R_N(n) \tag{4.53}$$

于是原序列 $x(n)$ 可表示成
$$x(n)=x_{\mathrm{p}}(n)R_N(n)=x_{\mathrm{pet}}(n)+x_{\mathrm{pot}}(n) \tag{4.54}$$

式（4.52）、（4.53）的 $x_{\mathrm{pet}}(n)$ 和 $x_{\mathrm{pot}}(n)$ 与式（4.47）、（4.48）中的 $x_{\mathrm{e}}(n)$ 和 $x_{\mathrm{o}}(n)$ 不同，主要原因是构成 $x_{\mathrm{e}}(n)$ 和 $x_{\mathrm{o}}(n)$ 的两序列 $x(n)$ 与 $x^*(-n)$ 在坐标轴上不重叠，使 $x_{\mathrm{e}}(n)$ 和 $x_{\mathrm{o}}(n)$ 的长度为原序列长度的两倍减 1，如图 4.9 所示。构成 $x_{\mathrm{pet}}(n)$ 和 $x_{\mathrm{pot}}(n)$ 的两序列是周期序列 $x_{\mathrm{p}}(n)$ 与 $x_{\mathrm{p}}^*(N-n)$ 截取主周期而得的，长度为 $N$，如图 4.10 所示。为了避免混淆，通常把 $x_{\mathrm{pet}}(n)$ 和 $x_{\mathrm{pot}}(n)$ 分别称为序列 $x(n)$ 的周期共轭对称分量和周期共轭反对称分量。

虽然 $x_{\mathrm{pet}}(n)$ 和 $x_{\mathrm{pot}}(n)$ 与 $x_{\mathrm{e}}(n)$ 和 $x_{\mathrm{o}}(n)$ 不同，但毕竟是由同一个序列 $x(n)$ 分解出来的，因此它们之间必然存在一定得联系。下面讨论 $x_{\mathrm{e}}(n)$ 和 $x_{\mathrm{o}}(n)$ 与 $x_{\mathrm{pet}}(n)$ 和 $x_{\mathrm{pot}}(n)$ 的关系。

首先用 $x(n)$ 和 $x^*(N-n)$ 来表示 $x_{\mathrm{pet}}(n)$ 和 $x_{\mathrm{pot}}(n)$。

根据式（4.50）～（4.53）得出
$$x_{\mathrm{pet}}(n)=\frac{1}{2}\left[x(n)+x^*(N-n)+x^*(0)\delta(n)\right]R_N(n) \tag{4.55}$$

$$x_{\mathrm{pot}}(n)=\frac{1}{2}\left[x(n)-x^*(N-n)-x^*(0)\delta(n)\right]R_N(n) \tag{4.56}$$

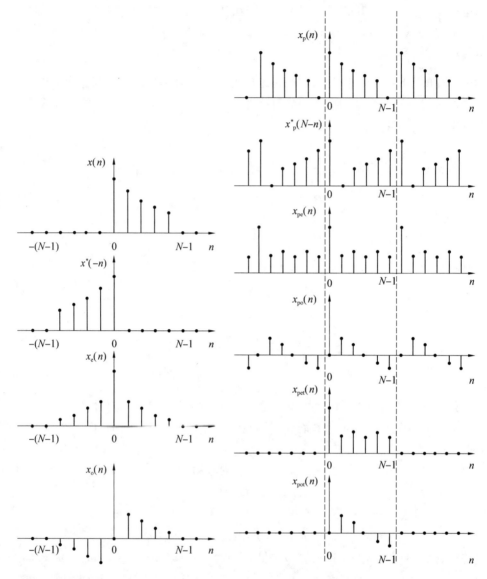

图 4.9　非周期序列的共轭对称部分和
　　　　共轭反对称部分

图 4.10　周期序列的周期共轭对称分量和周期
　　　　　共轭反对称分量

$x^*(0)\delta(n)$ 项存在是因为对于有限长序列 $x(n)$ 来说，$x^*(N-n)$ 在 $n=0$ 点为 0，而上面提到的 $x_p(n)$ 与 $x_p^*(N-n)$ 在 $n=0$ 点有非零值。

利用多项式

$$\underbrace{[x^*(-n)}_{\parallel} - x^*(0)\delta(n) \pm \underbrace{x(n-N)]}_{\parallel} R_N(n) = 0$$

$$x^*(0)\delta(n)(在[0,N-1]内) \quad 0(在 n=0,\cdots,N-1 无值) \tag{4.57}$$

在式(4.55)和式(4.56)中分别加上和减去式(4.57)的多项式，有

$$x_{pet}(n) = \frac{1}{2}[x(n) + x^*(N-n) + x^*(0)\delta(n) + x^*(-n) - x^*(0)\delta(n) + x(n-N)]R_N(n) =$$

$$\frac{1}{2}\left[x(n)+x(n-N)+x^*(N-n)+x^*(-n)\right]R_N(n)=$$

$$\left\{\frac{1}{2}\left[x(n)+x^*(-n)\right]+\frac{1}{2}\left[x(n-N)+x^*(N-n)\right]\right\}R_N(n)=$$

$$\left[x_e(n)+x_e(n-N)\right]R_N(n) \tag{4.58}$$

$$x_{\text{pot}}(n)=\frac{1}{2}\left\{x(n)-x^*(N-n)-x^*(0)\delta(n)-\left[x^*(-n)-x^*(0)\delta(n)-x(n-N)\right]\right\}R_N(n)=$$

$$\frac{1}{2}\left[x(n)-x^*(-n)+x(n-N)-x^*(N-n)\right]R_N(n)=$$

$$\left\{\frac{1}{2}\left[x(n)-x^*(-n)\right]+\frac{1}{2}\left[x(n-N)-x^*(N-n)\right]\right\}R_N(n)=$$

$$\left[x_o(n)+x_o(n-N)\right]R_N(n) \tag{4.59}$$

式(4.58)、(4.59)表明了 $x_{\text{pet}}(n)$ 和 $x_e(n)$、$x_{\text{pot}}(n)$ 和 $x_o(n)$ 的关系。

以上讨论的是时域序列的对称性,其结论也适用于频域序列。下面讨论序列离散傅里叶变换的对称性。

(1)$x(n)$ 的共轭序列 $x^*(n)$ 的离散傅里叶变换

若 $$\text{DFT}\left[x(n)\right]=X(k)$$

则 $$\text{DFT}\left[x^*(n)\right]=X^*(\langle N-k\rangle_N)R_N(k) \quad (0\leqslant k\leqslant N-1)$$

证明:

$$\text{DFT}\left[x^*(n)\right]=\sum_{n=0}^{N-1}x^*(n)W_N^{kn}=\left[\sum_{n=0}^{N-1}x_p^*(n)W_N^{nk}\right]R_N(k)=$$

$$\left[\sum_{n=0}^{N-1}x_p(n)W_N^{-nk}\right]^*R_N(k)=$$

$$\left[\sum_{n=0}^{N-1}x_p(n)W_N^{\langle N-k\rangle n}\right]^*R_N(k)=$$

$$X^*(\langle N-k\rangle_N)R_N(k) \quad (0\leqslant k\leqslant N-1)$$

(2) $x(n)$ 的逆象 $x(\langle N-n\rangle_N)R_N(n)$ 的离散傅里叶变换为

$$\text{DFT}\left[x(\langle N-n\rangle_N)R_N(n)\right]=X(\langle N-k\rangle_N)R_N(k) \quad (0\leqslant k\leqslant N-1)$$

证明:

$$\text{DFT}\left[x(\langle N-n\rangle_N)R_N(n)\right]=\left[\sum_{n=0}^{N-1}x_p(N-n)W_N^{kn}\right]R_N(k)=$$

$$\left[\sum_{n=0}^{N-1}x_p(-n)W_N^{kn}\right]R_N(k)\xrightarrow[\text{再用 } n \text{ 代替 } m]{\text{令 } m=-n}$$

$$\left[\sum_{n=-(N-1)}^{0}x_p(n)W_N^{-kn}\right]R_N(k)=$$

$$\left[\sum_{n=0}^{N-1}x_p(n)W_N^{-kn}\right]R_N(k)=$$

$$\left[\sum_{n=0}^{N-1}x_p(n)W_N^{\langle N-k\rangle n}\right]R_N(k)=$$

$$X(\langle N-k\rangle_N)R_N(k)$$

(3) $x(n)$ 的逆象共轭 $x^*(\langle N-n\rangle_N)R_N(n)$ 的离散傅里叶变换为

$$\text{DFT}[x^*(\langle N-n\rangle_N)R_N(n)]=X^*(k) \quad (0\leqslant k\leqslant N-1)$$

（4）序列 $x(n)$ 的实部和虚部的离散傅里叶变换为

$$\text{DFT}\{\text{Re}[x(n)]\}=X_{\text{pet}}(k)$$

$$\text{DFT}\{\text{jIm}[x(n)]\}=X_{\text{pot}}(k)$$

证明：因为

$$\text{Re}[x(n)]=\frac{1}{2}[x(n)+x^*(n)]$$

所以

$$\text{DFT}\{\text{Re}[x(n)]\}=\text{DFT}\left\{\frac{1}{2}[x(n)+x^*(n)]\right\}=$$

$$\frac{1}{2}[X_{\text{p}}(k)+X_{\text{p}}^*(N-k)]R_N(k)=$$

$$X_{\text{pe}}(k)R_N(k)=X_{\text{pet}}(k) \quad (0\leqslant k\leqslant N-1)$$

同理可证：

$$\text{DFT}\{\text{jIm}[x(n)]\}=\frac{1}{2}[X_{\text{p}}(k)-X_{\text{p}}^*(N-k)]R_N(k)=$$

$$X_{\text{po}}(k)R_N(k)=X_{\text{pot}}(k)$$

此性质说明了序列实部的离散傅里叶变换等于其离散傅里叶变换的周期共轭对称分量，其虚部的离散傅里叶变换等于其离散傅里叶变换的周期共轭反对称分量。

（5）序列 $x(n)$ 的周期共轭对称分量 $x_{\text{pet}}(n)$ 和周期共轭反对称分量 $x_{\text{pot}}(n)$ 的傅里叶变换为

$$\text{DFT}[x_{\text{pet}}(n)]=\text{Re}[X(k)]$$

$$\text{DFT}[x_{\text{pot}}(n)]=\text{jIm}[X(k)]$$

证明：因为

$$x_{\text{pet}}(n)=\frac{1}{2}[x_{\text{p}}(n)+x_{\text{p}}^*(N-n)]R_N(n)$$

所以

$$\text{DFT}[x_{\text{pet}}(n)]=\frac{1}{2}[X_{\text{p}}(k)+X_{\text{p}}^*(k)]R_N(k)=$$

$$\text{Re}[X_{\text{p}}(k)]R_N(k)=$$

$$\text{Re}[X(k)] \quad (0\leqslant k\leqslant N-1)$$

同理可证：

$$\text{DFT}[x_{\text{pot}}(n)]=\text{jIm}[X(k)] \quad (0\leqslant k\leqslant N-1)$$

此性质说明了序列的周期共轭对称分量的离散傅里叶变换等于该序列离散傅里叶变换的实部；而其周期共轭反对称分量的离散傅里叶变换等于该序列离散傅里叶变换的虚部。

（6）若 $x(n)$ 为实周期对称序列，则其离散傅里叶变换也为实周期对称序列；若 $x(n)$ 为纯虚周期反对称序列，则其离散傅里叶变换也是纯虚周期反对称序列。

证明：当 $x(n)$ 为实周期对称序列时，有

$$x(n)=x_{\text{pet}}(n)=\text{Re}[x(n)]$$

根据性质（5）有

$$\text{DFT}[x(n)]=\text{DFT}[x_{\text{pet}}(n)]=\text{Re}[X(k)]$$

根据性质（4）有

$$\mathrm{DFT}[x(n)] = \mathrm{DFT}\{\mathrm{Re}[x(n)]\} = X_{\mathrm{pet}}(k)$$

得证，$X(k)$ 为实周期对称序列。

同理可证第二部分。

**4. 循环卷积 (圆周卷积和) (Circular Convolution)**

前面已讲过，周期卷积是两个周期相同 (同为 $N$) 的周期序列在一个周期内的卷积，其卷积结果仍是周期为 $N$ 的周期序列。数学表达式为

$$x_{\mathrm{p3}}(n) = \sum_{m=0}^{N-1} x_{\mathrm{p1}}(m) x_{\mathrm{p2}}(n-m) \tag{4.60}$$

循环卷积是周期卷积截取其主周期所得的结果，或者说是周期卷积在主周期内的值，即循环卷积为

$$x_3(n) = x_{\mathrm{p3}}(n) R_N(n) = \Big[\sum_{m=0}^{N-1} x_{\mathrm{p1}}(m) x_{\mathrm{p2}}(n-m)\Big] R_N(n) \tag{4.61}$$

对于循环卷积，可以想象一个序列在一个圆柱体侧面一周上，其一圈正好等于序列的长度 $N$，即只有 $N$ 点；另一个序列的时间轴是反向 (即把它反转过后再移位 $n$) 分布在圆柱体外边的套筒 (与圆柱体半径相同) 一周上，其一圈也正好等于序列的长度 $N$，即也有 $N$ 点。圆柱体和套筒上各对应点的序列值相乘并求和，即得循环卷积的一点值。为了得到循环卷积的各点值，将圆柱体和套筒相对 (反向) 旋转，重复上述运算过程即可。

若将圆柱体上的点做定标，则套筒上的序列对定标点来说，相当于一端移进，另一端移出，循环不止，故称循环卷积。循环卷积过程如图 4.11 所示，其中图 4.11(a)、4.11(b) 为两个有限长序列，图 4.11(c) ~ 4.11(f) 为"旋转"序列，图 4.11(g) ~ 4.11(j) 为相应点乘积，图 4.11(k) 为循环卷积结果。

为了与线性卷积和周期卷积相区别，循环卷积的运算符号记为 Ⓝ，至此，我们已经学到了三种卷积运算，总结如下：

① 线性卷积：$y(n) = x_1(n) * x_2(n) = \sum_{m=-\infty}^{+\infty} x_1(m) x_2(n-m)$

② 周期卷积：$x_{\mathrm{p3}}(n) = x_{\mathrm{p1}}(n) \circledast x_{\mathrm{p2}}(n) = \sum_{m=0}^{N-1} x_{\mathrm{p1}}(m) x_{\mathrm{p2}}(n-m)$

③ 循环卷积：$x_3(n) = x_1(n) \;Ⓝ\; x_2(n) = x_{\mathrm{p3}}(n) R_N(n)$

循环卷积可用两序列离散傅里叶变换乘积的逆离散傅里叶变换求得，即若

$$\mathrm{DFT}[x_1(n)] = X_1(k), \mathrm{DFT}[x_2(n)] = X_2(k)$$

则

$$x_3(n) = \mathrm{IDFT}[X_1(k) X_2(k)] = x_1(n) \;Ⓝ\; x_2(n) \tag{4.62}$$

证明：由离散傅里叶变换与离散傅里叶级数的关系可知，离散傅里叶变换是离散傅里叶级数的主周期值，因此由

$$x_3(n) = \mathrm{IDFT}[X_1(k) X_2(k)]$$

可得

$$x_3(n) = \{\mathrm{IDFS}[X_{\mathrm{p1}}(k) X_{\mathrm{p2}}(k)]\} R_N(n)$$

前面已经证明，$\mathrm{IDFS}[X_{\mathrm{p1}}(k) X_{\mathrm{p2}}(k)]$ 为 $x_{\mathrm{p1}}(n)$ 和 $x_{\mathrm{p2}}(n)$ 的周期卷积，其中 $x_{\mathrm{p1}}(n)$ 和 $x_{\mathrm{p2}}(n)$ 分别为 $x_1(n)$ 和 $x_2(n)$ 的周期延拓序列，即

$$x_{\mathrm{p3}}(n) = \mathrm{IDFS}[X_{\mathrm{p1}}(k) X_{\mathrm{p2}}(k)] = \sum_{m=0}^{N-1} x_{\mathrm{p1}}(m) x_{\mathrm{p2}}(n-m)$$

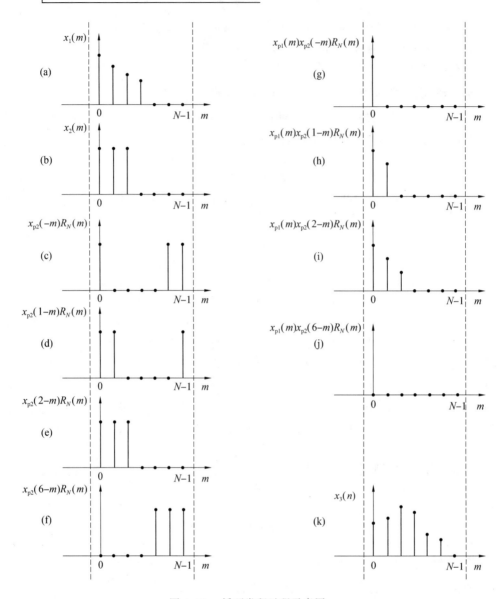

图 4.11 循环卷积过程示意图

所以
$$x_3(n) = x_{p3}(n)R_N(n) = \left[\sum_{m=0}^{N-1} x_{p1}(m)x_{p2}(n-m)\right]R_N(n) = x_1(n) \textcircled{N} x_2(n)$$

即两序列的离散傅里叶变换乘积的逆离散傅里叶变换等于这两序列的循环卷积。

循环卷积满足交换律，即

$$x_3(n) = x_1(n) \textcircled{N} x_2(n) = x_2(n) \textcircled{N} x_1(n)$$

在频域，同理可证，若

$$x_3(n) = x_1(n)x_2(n)$$

则
$$X_3(k) = \frac{1}{N}X_1(k) \textcircled{N} X_2(k) = \frac{1}{N}X_2(k) \textcircled{N} X_1(k)$$

即两个序列乘积的离散傅里叶变换等于它们的离散傅里叶变换的循环卷积乘上因子 $1/N$。

【例 4.3】 设两个有限长序列分别为

$$x_1(n)=\begin{cases}1 & (0\leqslant n\leqslant 2)\\0 & (n\text{ 为其他值})\end{cases}, x_2(n)=\begin{cases}a & (0\leqslant n\leqslant 3)\\0 & (n\text{ 为其他值})\end{cases},$$ 试求这两序列 $N=6$ 时的循环卷积。

**解**　设 $x_3(n)=x_1(n)\,\mathbb{N}\,x_2(n)$，用图 4.12 来说明卷积过程，其中 4.12(a)、4.12(b) 为进行循环卷积的两个有限长序列，4.12(c) 为 $n=0$ 时的"旋转"序列 $x_{p2}(n-m)R_N(m)$，它随 $n$ 值的增加，右端移出，左端移入，进行循环。将不同 $n$ 值时的乘积 $x_1(m)[x_{p2}(n-m)R_N(m)]$ 的各样本求和即得不同点的循环卷积值 $x_3(n)$，如图 4.12(d) 所示。

$$x_3(0)=\sum_{m=0}^{N-1}x_1(m)\{[x_{p2}(0-m)]R_6(m)\}=a$$
$$x_3(1)=\sum_{m=0}^{N-1}x_1(m)\{[x_{p2}(1-m)]R_6(m)\}=2a$$
$$x_3(2)=\sum_{m=0}^{N-1}x_1(m)\{[x_{p2}(2-m)]R_6(m)\}=3a$$

同样方法，可得

$$x_3(3)=3a$$
$$x_3(4)=2a$$
$$x_3(5)=a$$

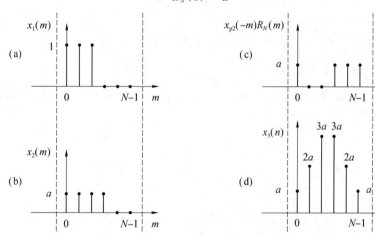

图 4.12　两序列的 6 点循环卷积

## 4.6　用循环卷积计算序列的线性卷积

两序列的循环卷积可通过它们各自的 DFT 乘积的 IDFT 求得，而 DFT 又可用其快速算法 FFT 来计算，如能用循环卷积来计算线性卷积，就可以用 FFT 来计算线性卷积，这就大大提高了线性卷积的计算速度。

现将讨论在何种条件下循环卷积才能实现线性卷积。两个有限长序列 $x_1(n)$ 和 $x_2(n)$，设其长度分别为 $N_1$ 和 $N_2$，它们的线性卷积为

$$y(n)=\sum_{m=-\infty}^{+\infty}x_1(m)x_2(n-m)$$

$x_1(m)$ 的非零区间为 $0\leqslant m\leqslant N_1-1$，$x_2(n-m)$ 的非零区间为 $0\leqslant n-m\leqslant N_2-1$，将两个不等式相加，得

$$0 \leqslant n \leqslant N_1 + N_2 - 2$$

在这个区间外，$y(n) = 0$，因而 $y(n)$ 是有限长序列，长度为 $N_1 + N_2 - 1$。

现在我们来看 $x_1(n)$ 和 $x_2(n)$ 的循环卷积：

这里 $x_1(n)$ 和 $x_2(n)$ 的长度分别为 $N_1$ 和 $N_2$。先对它们进行长度为 $N$ 的循环卷积，再讨论 $N$ 取何值时，循环卷积可以代表线性卷积。把 $x_1(n)$ 和 $x_2(n)$ 的长度都取为 $N$，$N \geqslant \max(N_1, N_2)$，即

$$x_1(n) = \begin{cases} x_1(n) & (0 \leqslant n \leqslant N_1 - 1) \\ 0 & (N_1 - 1 < n \leqslant N - 1) \\ 0 & (n \text{ 为其他值}) \end{cases}$$

$$x_2(n) = \begin{cases} x_2(n) & (0 \leqslant n \leqslant N_2 - 1) \\ 0 & (N_2 - 1 < n \leqslant N - 1) \\ 0 & (n \text{ 为其他值}) \end{cases}$$

根据前面知识，周期卷积为

$$x_{p3}(n) = \sum_{m=0}^{N-1} x_{p1}(m) x_{p2}(n-m)$$

式中 $x_{p1}(n)$、$x_{p2}(n)$——$x_1(n)$、$x_2(n)$ 的周期延拓序列。

而 $x_1(n)$ 和 $x_2(n)$ 的循环卷积为

$$x_3(n) = x_{p3}(n) R_N(n)$$

即

$$x_3(n) = x_1(n) \, \textcircled{N} \, x_2(n) = \left[ \sum_{m=0}^{N-1} x_{p1}(m) x_{p2}(n-m) \right] R_N(n) \tag{4.63}$$

在主值区间 $0 \leqslant m \leqslant N-1$ 内，$x_{p1}(m) = x_1(m)$，$0 \leqslant m \leqslant N-1$，则式(4.63)可写为

$$x_3(n) = \left[ \sum_{m=0}^{N-1} x_1(m) x_{p2}(n-m) \right] R_N(n) =$$
$$\left[ \sum_{m=0}^{N-1} x_1(m) x_2(\langle n-m \rangle_N) \right] R_N(n) \tag{4.64}$$

式(4.64)中

$$x_2(\langle n-m \rangle_N) = \sum_{r=-\infty}^{+\infty} x_2(n-m+rN) \tag{4.65}$$

将式(4.65)代入式(4.64)，有

$$x_3(n) = \left[ \sum_{m=0}^{N-1} x_1(m) \sum_{r=-\infty}^{+\infty} x_2(n+rN-m) \right] R_N(n) =$$
$$\left[ \sum_{r=-\infty}^{+\infty} \underbrace{\sum_{m=0}^{N-1} x_1(m) x_2(n+rN-m)}_{\text{线性卷积}} \right] R_N(n) =$$
$$\left[ \sum_{r=-\infty}^{+\infty} y(n+rN) \right] R_N(n) = \left[ y_p(n) \right] R_N(n) \tag{4.66}$$

式(4.66)中 $y_p(n)$ 为 $y(n)$ 以 $N$ 为周期的周期延拓序列。此式表明，循环卷积 $x_3(n)$ 是线性卷积 $y(n)$ 以 $N$ 为周期的周期延拓序列 $y_p(n)$ 的主值序列。因为 $y(n)$ 有 $N_1 + N_2 - 1$ 个非零值，所以延拓的周期 $N$ 必须满足 $N \geqslant N_1 + N_2 - 1$，这时各 $y(n+rN)$ 才不重叠。而 $x_3(n)$ 的前 $N_1 + N_2 - 1$ 个值正好是 $x_3(n)$ 的全部非零序列值，也正是 $y(n)$，$x_3(n)$ 剩下的 $N - (N_1 + N_2 - 1)$ 个点上的序列值则是补充的零值。

即当 $N \geqslant N_1 + N_2 - 1$ 时，$x_3(n) = y(n)$，可以通过循环卷积实现线性卷积，即

$$x_1(n) \text{Ⓝ} x_2(n) = x_1(n) * x_2(n), \quad (N \geqslant N_1 + N_2 - 1; 0 \leqslant n \leqslant N_1 + N_2 - 2)$$

当 $N < N_1 + N_2 - 1$ 时,对 $y(n)$ 进行周期延拓时会发生重叠,此时不能用循环卷积实现线性卷积。图 4.13 给出了 $N \geqslant N_1 + N_2 - 1$ 和 $N < N_1 + N_2 - 1$ 两种情况下的循环卷积。

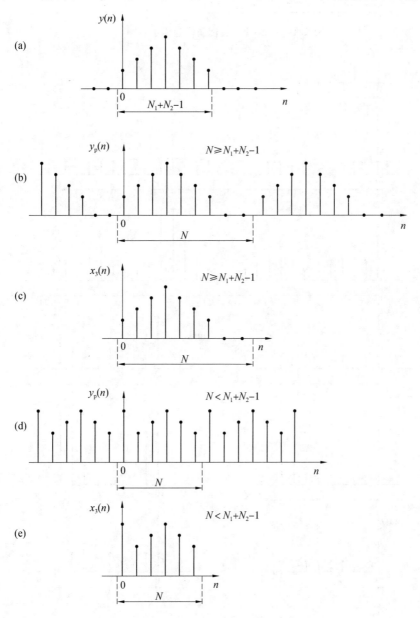

图 4.13  不同 $N$ 值的循环卷积

因为两序列的循环卷积可用各自离散傅里叶变换乘积的逆离散傅里叶变换求得,而离散傅里叶变换又有快速算法,所以可以加快线性卷积的运算速度,如图 4.14 所示。

实际中,经常会遇到两序列长度相差很多的情况,如将两序列长度处理成不小于两序列长度之和减 1,会浪费计算机容量及运算时间,此时可用分段循环卷积的方法实现上述两序列的卷积。如图 4.15 所示,序列 $h(n)$ 长度为 $M$,$x(n)$ 长度为 $3N$。

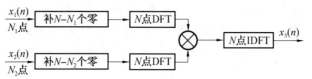

图 4.14　用 DFT 实现循环卷积示意图

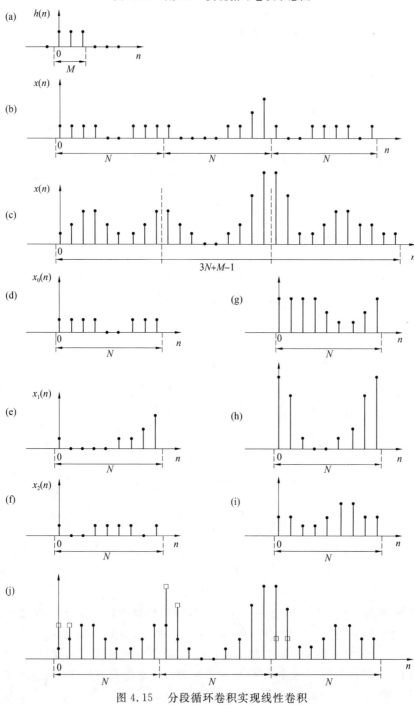

图 4.15　分段循环卷积实现线性卷积

将 $x(n)$ 分成三段,每段长度为 $N$,它们分别与 $h(n)$ 进行 $N$ 点循环卷积。由于混叠(不满足利用循环卷积计算线性卷积的条件),前 $M-1$ 点值与线性卷积值不符,后 $N-(M-1)$ 点相符。这样每段产生 $M-1$ 点失真,为解决此问题,需要采用改进的分段循环卷积法——重叠保留法和重叠相加法。

**1. 重叠保留法(Overlap-Save Method)/ 重叠舍去法**

把每一段序列 $x_k(n)$ 向前多取 $M-1$ 点,这样与 $h(n)$ 卷积多了 $M-1$ 点数据,由于混叠这些数据不正确,所以将其舍去,剩下 $N$ 点符合线性卷积值的数据。将各段 $y_k(n)$ 合成便得到 $y(n)$,即 $x(n)$ 与 $h(n)$ 的线性卷积。

实际中是把每段最后的 $M-1$ 点数据作为下一段向前填充的 $M-1$ 点数据,保留使用,故称重叠保留法,又称重叠舍去法。示意图如图 4.16 所示。

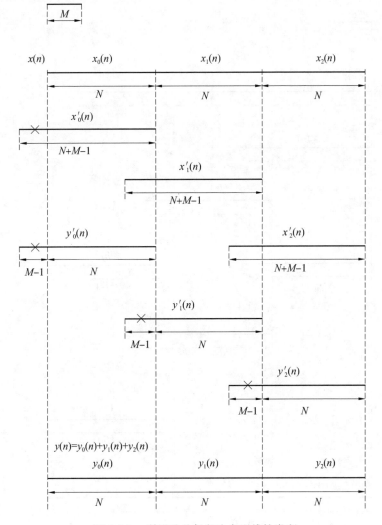

图 4.16　利用重叠保留法实现线性卷积

重叠保留法的数学表达式为

$$y(n) = \sum_{k=0}^{+\infty} y_k(n)$$

式中
$$y_k(n) = \begin{cases} y'_k(n) & (M-1 < n \leqslant N+M-1) \\ 0 & (n \text{ 为其他值}) \end{cases}$$

$$y'_k(n) = h(n) \, \textcircled{L} \, x_k'(n) \quad (L = N+M-1)$$

**2. 重叠相加法**(Overlap-add Method)

为消除由重叠效应引起的失真,可以选择每段运算点数 $L \geqslant N+M-1$,使每段循环卷积都与线性卷积一致,然后将各段的卷积结果相加,即为整个序列 $x(n)$ 与 $h(n)$ 的线性卷积,所得前一段的末尾 $M-1$ 点与后一段开始 $M-1$ 点卷积值之和即为对应整个线性卷积相应点的值,因此称为重叠相加法。示意图如图 4.17 所示。

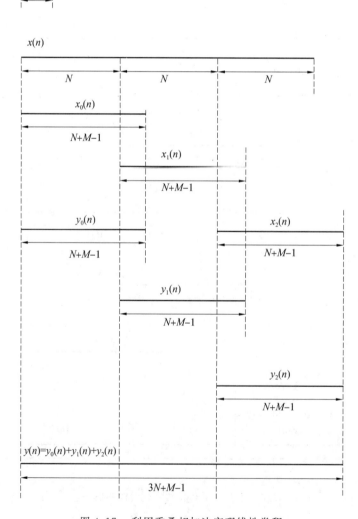

图 4.17 利用重叠相加法实现线性卷积

如果取 $x(n)$ 中的 $N$ 点数据作为一段,为了保证 $L \geqslant N + M - 1$,则必须填充 $M-1$ 个 0,即

$$x(n) = \sum_{k=0}^{+\infty} x_k(n)$$

其中

$$x_k(n) = \begin{cases} x(n) & (kN \leqslant n \leqslant (k+1)N - 1) \\ 0 & (n \text{ 为其他值}) \end{cases}$$

这样,序列 $x(n)$ 与 $h(n)$ 的线性卷积为

$$y(n) = h(n) * x(n) = h(n) * \sum_{k=0}^{+\infty} x_k(n) = \sum_{k=0}^{+\infty} h(n) * x_k(n) = \sum_{k=0}^{+\infty} y_k(n)$$

当选择 $L \geqslant N + M - 1$ 时

$$h(n) * x_k(n) = h(n) \, ⑴ \, x_k(n)$$

对于以上两种分段循环卷积,$L$ 的取值有一个最佳值,一般情况下,取 $L = 2^r$($r$ 为正整数),见表 4.2。

**表 4.2　分段卷积时 $L$ 的最佳取值**

| $M$ | $L$ | $r$ |
|:---:|:---:|:---:|
| $1 \sim 10$ | 32 | 5 |
| $11 \sim 19$ | 64 | 6 |
| $20 \sim 29$ | 128 | 7 |
| $30 \sim 49$ | 256 | 8 |
| $50 \sim 99$ | 512 | 9 |
| $100 \sim 199$ | 1 024 | 10 |
| $200 \sim 299$ | 2 048 | 11 |
| $300 \sim 599$ | 4 096 | 12 |
| $600 \sim 999$ | 8 192 | 13 |
| $1\,000 \sim 1\,999$ | 16 384 | 14 |
| $2\,000 \sim 3\,999$ | 32 768 | 15 |

# 4.7　本章相关内容的 MATLAB 实现

**1. 计算 DFS 的系数**

function [Xk]=dfs(xn,N)

％计算离散傅里叶级数

％Xk=DFS 多项式系数,k∈[0,N-1]

％xn=一个周期的周期信号,n∈[0,N-1]

％N=xn 的阶数

n=[0:1:N-1];　　　　　　　　％变量 n

k=[0:1:N-1];　　　　　　　　％变量 k

```
WN＝exp(－j＊2＊pi/N);          %Wn 因数
nk＝n′＊k;                      %建立 N＊N 矩阵 nk
WNnk＝WN.^nk;                  %DFS 矩阵
Xk＝xn＊WNnk;                  %DFS 系数
```

### 2. 计算逆离散傅里叶级数(IDFS)的系数

```
function [xn]＝idfs(Xk,N)
%计算逆离散傅里叶级数
%xn＝一个周期的周期信号,n∈[0,N－1]
%Xk＝DFS 多项式系数,k∈[0,N－1]
%N＝Xk 的阶数
n＝[0:1:N－1];                 %变量 n
k＝[0:1:N－1];                 %变量 k
WN＝exp(－j＊2＊pi/N);          %Wn 因数
nk＝n′＊k;                      %建立 N＊N 矩阵 nk
WNnk＝WN.^(－nk);              %DFS 矩阵
xn＝Xk＊WNnk/N;               %DFS 系数
```

### 3. 取模运算

函数名称:mod 求模数

功能:求模数

语法介绍:

$z = \text{mod}(x,y)$ 计算输入量 x、y 的模数 z。x、y 为同维实数向量、实数矩阵、实数数组或标量。如果 $y \neq 0$,则 $z＝x－n.＊\text{floor}(x./y)$,其中 floor 表示朝负无穷大方向取整;如果 $y＝0$,则 $z＝x$。

例

```
mod(13,5)
ans ＝
    3
mod([1:5],3)
ans ＝
    1    2    0    1    2
```

### 4. DFT 和 IDFT 的直接计算

设 $x(n)$ 是 4 点序列 $x(n)＝\begin{cases}1 & (0 \leqslant n \leqslant 3)\\ 0 & (其余 n)\end{cases}$

(1)计算离散时间傅里叶变换 $X(j\omega)$,并画出其幅度和相位;

(2)计算 $x(n)$ 的 4 点 DFT。

```
%第一问
w＝0:0.01:2        %向量 w
X＝1＋exp(－j＊w＊pi)＋exp(－j＊2＊w＊pi)＋exp(－j＊3＊w＊pi);
subplot(2,1,1)
```

```
plot(w,abs(X));grid
xlabel('角频率/π'),ylabel('幅度|X|')
title('DTFT 幅频特性')
subplot(2,1,2)
plot(w,angle(X)/pi);grid
xlabel('角频率/π'),ylabel('相位/π')
title('DTFT 相频特性')
%第二问
xx=[1,1,1,1];
n=0:2/length(xx):2-2/length(xx);
N=4;
XX=dfs(xx,N);                    %调用了离散傅里叶级数函数
magX=abs(XX);
phaX=angle(XX)/pi;
figure
subplot(2,1,1)
plot(w,abs(X),'-·');hold on
stem(n,magX);hold off ;
xlabel('角频率/π'),ylabel('幅度|X|')
title('DTFT 幅频特性')
subplot(2,1,2)
plot(w,angle(X)/pi,'-·');hold on
stem(n,phaX);hold off;
xlabel('角频率/π'),ylabel('相位/π')
title('DTFT 相频特性')
```

如图 4.18、4.19 所示。

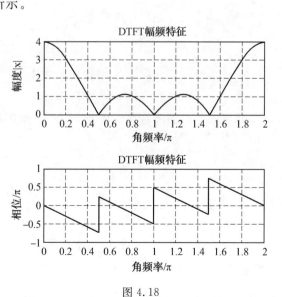

图 4.18

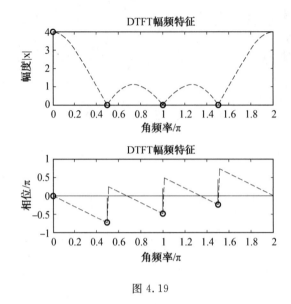

图 4.19

**5. 序列的循环移位**

function y＝cirshift(x,m,N)

％长度为 N 的 x 序列(时域)做 m 点循环位移

％y＝包含循环位移的输出序列

％x＝长度＜＝N 的输入序列

％N＝循环缓冲器的长度

％方法:y(n)＝x((n－m)mod N)

if length(x)＞N

  error('N 必须大于 x 的长度');

end

x＝[x,zeros(1,N－length(x))];   ％将长度补到 N

n＝[0:1:N－1];

n＝mod(n－m,N);

y＝x(n＋1);      ％matlab 下标从 1 开始

**例** $x(n)＝[1,2,3,4,5]$,求 $x(n-3)$循环右移 5 倍及 $x(n+3)$循环右移 6 位。

clc;clear all

x＝[1,2,3,4,5];

y1＝cirshift(x,3,5)

y2＝cirshift(x,－3,6)

％结果为:y1 ＝ [3 4 5 1 2]  y2 ＝[4 5 0 1 2 3]

**6. 利用循环卷积计算线性卷积**

设 $x_1(n)$ 和 $x_2(n)$ 是如下给出的两个 4 点序列:

$x_1(n) = \{1, 2, 2, 1\}$，$x_2(n) = \{1, -1, -1, 1\}$

(1)求它们的线性卷积 $x_3(n)$；

(2)计算循环卷积 $x_4(n)$ 使它等于 $x_3(n)$。

```
%利用循环卷积计算线性卷积
x1=[1,2,2,1];
x2=[1,-1,-1,1];
x3=conv(x1,x2)
x4=circonvt(x1,x2,7)
%调用到的函数
function y=circonvt(x1,x2,N)
%x1 和 x2 的 N 点循环卷积
%y=输出循环卷积结果
%x1=输入序列,N1<N
%x2=输入序列,N2<N
%N=循环卷积长度
%功能 y(n)=sum(x1(m)*x2((n-m)mod N))
%检验 x1 的长度
if length(x1)>N
    error('N 必须大于输入序列 x1(n)长度');
end
%检验 x2 的长度
if length(x2)>N
    error('N 必须大于输入序列 x2(n)长度');
end
x1=[x1,zeros(1,N-length(x1))];
x2=[x2,zeros(1,N-length(x2))];
m=[0:1:N-1];
x2=x2(mod(-m,N)+1);
H=zeros(N,N);
for n=1:1:N
    H(n,:)=cirshftt(x2,n-1,N);
end
y=x1*conj(H');
```

**7. 循环卷积(圆周卷积和)的计算**

**例**　已知 $x_1(n) = [2, 4, 3, 1]$，$x_2(n) = [2, 1, 3]$，求 4 点循环卷积 $y(n) x_1(n) ④ x_2(n)$。

```
clc;clear all
x1=[2 4 3 1];
x2=[2 1 3];
```

```
y=circonvt(x1,x2,4)              %函数 circonvt 见上题
%结果为 y=[14 13 16 17]
```

### 8. 高密度和高分辨谱

考虑序列 $x(n)=\cos(0.48\pi n)+\cos(0.52\pi n)$

(1)求出并画出 $x(n)$，$0 \leqslant n \leqslant 10$ 的离散时间傅里叶变换；

(2)求出并画出 $x(n)$，$0 \leqslant n \leqslant 100$ 的离散时间傅里叶变换。

```
n=[0:1:99];
x=cos(0.48*pi*n)+cos(0.52*pi*n);
n1=[0:1:9]
y1=x(1:1:10);
figure(1)
subplot(2,1,1);
stem(n1,y1);
title('信号 x(n),0<=n<=9');xlabel('n'),ylabel('幅值');
Y1=dft(y1,10);
magY1=abs(Y1(1:1:6));
k1=0:1:5;
w1=2/10*k1;                      %w1 以 π 为单位
subplot(2,1,2);
plot(w1,magY1);grid
title('序列 y1 的 DTFT 模值');xlabel('角频率/pi'),ylabel('模值');
%%
n2=[0:1:99];
y2=[x(1:1:10),zeros(1,90)];
figure(2)
subplot(2,1,1);
stem(n2,y2);
title('信号 x(n),0<=n<=9,并添 0 延长');xlabel('n'),ylabel('幅值');
Y2=dft(y2,100);
magY2=abs(Y2(1:1:51));
k2=0:1:50;
w2=2/100*k2;                     %w2 以 π 为单位
subplot(2,1,2);
plot(w2,magY2);grid
title('序列 y2 的 DTFT 模值');xlabel('角频率/pi'),ylabel('模值');
%%
figure(3)
subplot(2,1,1);
stem(n,x);
```

title('信号 x(n),0<=n<=99');xlabel('n'),ylabel('幅值');

X=dft(x,100);

magX=abs(X(1:1:51));

k=0:1:50;

w=2/100 * k2;　　　　　　　　　　　　　%w 以 π 为单位

subplot(2,1,2);

plot(w,magX);grid

title('序列 x 的 DTFT 模值');xlabel('角频率/pi'),ylabel('模值');

如图 4.20、4.21、4.22 所示。

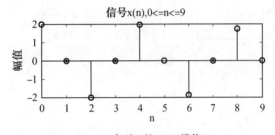

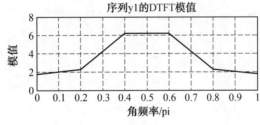

图 4.20

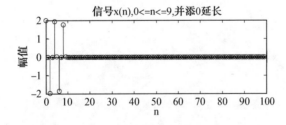

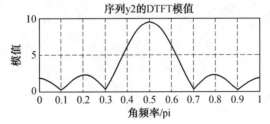

图 4.21

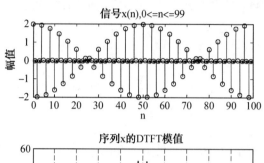

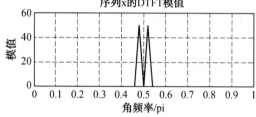

图 4.22

### 9. 利用重叠保留法计算 DFT

设 x(n)＝x(n＋1),0≤*n*≤9 和 h(n)＝{1,0,－1},试利用 N＝6 用重叠保留法计算 y(n)＝x(n)*h(n)。

```
clear all
close all
n＝0:9
x＝n＋1;
h＝[1,0,－1];
N＝6;
y＝ovrlpsav(x,h,N)
function y＝ovrlpsav(x,h,N)
%重叠保留法块卷积
%y＝输出序列
%x＝输入序列
%h＝冲激响应
%N＝块长度
Lenx＝length(x);
M＝length(h);
M1＝M－1;L＝N－M1;
h＝[h zeros(1,N－M)];
%
x＝[zeros(1,M1),x,zeros(1,N－1)];  %延拓 x 的长度
K＝floor((Lenx＋M1－1)/L);          %块数量
Y＝zeros(K＋1,N);
```

%连续块卷积

```
for k=0:K
    xk=x(k*L+1:k*L+N);
    Y(k+1,:)=circonvt(xk,h,N);
end
Y=Y(:,M:N)';
y=(Y(:))';
```

**10. 利用重叠相加法计算 DFT**

用到的函数 fftfilt

函数名称:fftfilt 基于 FFT 的 FIR 滤波

功能:使用叠加法进行基于 FFT 的 FIR 滤波

语法介绍:

y =fftfilt(b,x) 使用叠加法对信号进行基于 FFT 的 FIR 滤波。参量 x 为向量,参量 b 为系数向量。

y =fftfilt(b,x,n) 使用叠加法对信号进行 FFT 的 FIR 滤波。参量 x 为向量,参量 b 为系数向量,n 表示 FFT 的长度。

**例**  比较使用叠加法进行基于 FFT 的 FIR 滤波器和一维数字滤波器的差别。

b = [1 2 3 4];

x = [1 zeros(1,99)]';

norm(fftfilt(b,x) - filter(b,1,x))

ans =   5.1926e−16

# 习    题

1.计算以下序列的 $N$ 点 DFT,在变换区间 $0 \leqslant n \leqslant N-1$ 内,序列定义为

(1)$x(n)=1$

(2)$x(n)=\delta(n)$

(3)$x(n)=\delta(n-n_0)$  $(0<n_0<N)$

(4)$x(n)=R_m(n)$  $(0<m<N)$

(5)$x(n)=e^{j\frac{2\pi}{N}mn}$  $(0<m<N)$

2.已知序列 $x(n)=a^n u(n)$,$0<a<1$,对 $x(n)$ 的 Z 变换 $X(z)$ 在单位圆上等间隔采样 $N$ 点,采样值为

$$X(k)=X(z)\big|_{z=W_N^{-k}}  (k=0,1,\cdots,N-1)$$

求有限长序列 $\text{IDFT}[X(k)]$。

3.用计算机对实数序列作谱分析,要求谱分辨率 $\Delta f \leqslant 50$ Hz,信号最高频率为 1 kHz,试确定以下各参数:

(1) 最小记录时间 $T_{pmin}$;

(2) 最大抽样间隔 $T_{max}$;

(3) 最少采样点数 $N_{min}$;

(4) 在频带宽度不变的情况下,将频率分辨率提高一倍的 $N$ 值。

4. 已知 $x(n)$ 为长度为 $N$ 的有限长序列,$X(k)=\text{DFT}[x(n)]$,现将 $x(n)$ 的后面补零使其成为长度为 $rN$ 点的有限长序列 $y(n)$:

$$y(n)=\begin{cases}x(n) & (0\leqslant n\leqslant N-1)\\0 & (N\leqslant n\leqslant rN-1)\end{cases}$$

记 $Y(k)=\text{DFT}[y(n)]$,$0\leqslant k\leqslant rN-1$,求 $Y(k)$ 与 $X(k)$ 的关系。

5. 已知 $x(n)$ 为长度为 $N$ 的有限长序列,$X(k)=\text{DFT}[x(n)]$,现将 $x(n)$ 的每两点之间补进 $r-1$ 个零值点,得到一个长度为 $rN$ 点的有限长序列 $y(n)$:

$$y(n)=\begin{cases}x(n/r) & (n=ir,0\leqslant i\leqslant N-1)\\0 & (n\text{ 为其他值})\end{cases}$$

记 $Y(k)=\text{DFT}[y(n)]$,$0\leqslant k\leqslant rN-1$,求 $Y(k)$ 与 $X(k)$ 的关系。

6. 证明离散帕塞瓦尔定理:

若 $X(k)=\text{DFT}[x(n)]$,则

$$\sum_{n=0}^{N-1}|x(n)|^2=\frac{1}{N}\sum_{k=0}^{N-1}|X(k)|^2$$

7. 一周期为 $N$ 的周期序列 $x_p(n)$,其离散傅里叶级数的系数为 $X_p(k)$。若将 $x_p(n)$ 看成以 $2N$ 为周期序列 $x_{p1}(n)$,其离散傅里叶级数的系数为 $X_{p1}(k)$。试用 $X_p(k)$ 表示 $X_{p1}(k)$。

8. 已知序列 $x(n)=\begin{cases}a^n & (0\leqslant n\leqslant 9)\\0 & (n\text{ 为其他值})\end{cases}$,求其 10 点和 20 点离散傅里叶变换。

9. 已知序列 $x_1(n)=\begin{cases}\left(\dfrac{1}{2}\right)^n & (0\leqslant n\leqslant 3)\\0 & (n\text{ 为其他值})\end{cases}$,$x_2(n)=\begin{cases}1 & (0\leqslant n\leqslant 3)\\0 & (n\text{ 为其他值})\end{cases}$,试求它们的 4 点和 8 点循环卷积。

10. 为作频谱分析,对模拟信号以 10 kHz 的速率进行抽样,并计算了 1 024 个抽样的离散傅里叶变换。

(1) 求频谱抽样之间的间隔;

(2) 分析处理后,作逆离散傅里叶变换:

① 逆离散傅里叶变换后,抽样点的间隔为多少?

② 逆离散傅里叶变换后,整个 1 024 点的时宽为多少?

# 第 5 章

# DFT 的有效计算:快速傅里叶变换

离散傅里叶变换从理论上解决了傅里叶变换应用于实际的可能性,但若直接按 DFT 公式计算,运算量太大(与 $N^2$ 成比例)。快速傅里叶变换(FFT)是离散傅里叶变换的快速算法,它大大减少了离散傅里叶变换的运算量,一般可缩短一、二个数量级,且 $N$ 越大改善的效果越明显,从而使 DFT 的运算在实际工作中才真正得到广泛的应用。

## 5.1 基 2 时域抽选 FFT 的基本原理

### 5.1.1 DFT 的运算量

为了突出 FFT 的优点,首先讨论直接计算 DFT 的运算量。

设 $x(n)$ 为 $N$ 点有限长序列,$n=0,1,\cdots,N-1$,其 DFT 为

$$X(k) = \sum_{n=0}^{N-1} x(n) W_N^{nk} \quad (k=0,\cdots,N-1) \tag{5.1}$$

IDFT 为

$$x(n) = \frac{1}{N} \sum_{k=0}^{N-1} X(k) W_N^{-nk} \quad (n=0,\cdots,N-1) \tag{5.2}$$

对比式(5.1)和(5.2)可看出,两者的差别仅在于 $W_N$ 的指数符号不同,以及相差一个常数乘因子 $\frac{1}{N}$,而这两点变化基本不影响运算次数,因此我们只讨论 DFT 正变换的运算量。

一般来说 $x(n)$ 和 $W_N^{nk}$ 都是复数,$X(k)$ 也是复数,因此每计算一个 $X(k)$ 值,需要 $N$ 次复数乘法($x(n)$ 与 $W_N^{nk}$ 相乘)以及 $N-1$ 次复数加法,而 $X(k)$ 一共有 $N$ 个点($k$ 从 0 到 $N-1$),所以完成整个 DFT 运算总共需 $N^2$ 次复数乘法和 $N(N-1)$ 次复数加法。而复数运算实际上是由实数运算来完成的,因此讨论 DFT 的实数运算次数更有实际意义。将 $X(k)$ 写成下面形式:

$$X(k) = \sum_{n=0}^{N-1} x(n) W_N^{nk} = \sum_{n=0}^{N-1} \{\mathrm{Re}[x(n)] + \mathrm{jIm}[x(n)]\} \{\mathrm{Re}[W_N^{nk}] + \mathrm{jIm}[W_N^{nk}]\} =$$

$$\sum_{n=0}^{N-1} \left\{ \begin{array}{l} (\mathrm{Re}[x(n)]\mathrm{Re}[W_N^{nk}] - \mathrm{Im}[x(n)]\mathrm{Im}[W_N^{nk}]) + \\ \mathrm{j}(\mathrm{Re}[x(n)]\mathrm{Im}[W_N^{nk}] + \mathrm{Im}[x(n)]\mathrm{Re}[W_N^{nk}]) \end{array} \right\} \tag{5.3}$$

由式(5.3)可见,一次复数乘法需要四次实数乘法和两次实数加(减)法,而一次复数加法则需要两次实数加法(实部与实部相加,虚部与虚部相加),因而每计算一个 $X(k)$ 需要 $4N$ 次实数乘法及 $2N+2(N-1)=4N-2$ 次实数加法。所以整个 DFT 运算总共需要 $4N^2$ 次实数乘法和 $N(4N-2)$ 次实数加法。由于 $N(4N-2) \approx 4N^2$ $(N \gg 1)$,所以有时可统称离散傅里

叶变换需要计算 $4N^2$ 次实数乘法和实数加法,或 $N^2$ 次复数乘法和复数加法。

上述统计与实际需要的运算次数有些出入,因为某些 $W_N^{nk}$ 可能是 1 或 j,就不必相乘了。例如,$W_N^0 = 1$,$W_N^{N/2} = -1$,$W_N^{N/4} = -j$ 等就不需乘法。但是为了比较,一般不考虑这些特殊情况,而是把 $W_N^{nk}$ 都看成复数,当 $N$ 很大时,这种特例的比重很小。

因而直接计算 DFT 时,乘法次数和加法次数都和 $N^2$ 成正比。当 $N$ 很大时,运算量是很可观的。例如,当 $N = 8$ 时,DFT 运算需 64 次复数乘法;当 $N = 1\ 024$ 时,DFT 运算需 1 048 576 次复数乘法。而 $N$ 的取值可能会更大,因此,寻找减少运算量的途径是很必要的。

### 5.1.2 FFT 算法原理

大多数减少离散傅里叶变换运算次数的方法都是基于 $W_N^{nk}$ 的对称性和周期性。

(1)对称性

$$W_N^{k(N-n)} = (W_N^{kn})^* = W_N^{-kn} \tag{5.4}$$

(2)周期性

$$W_N^{(kn)\,(\mathrm{mod}\ N)} = W_N^{kn} = W_N^{(n+N)k} = W_N^{n(k+N)} \tag{5.5}$$

由此可得

$$\begin{cases} W_N^{n(N-k)} = W_N^{(N-n)k} = W_N^{-nk} \\ W_N^{N/2} = -1 \\ W_N^{(k+N/2)} = -W_N^k \end{cases} \tag{5.6}$$

这样:

① 利用式(5.6)的这些特性,DFT 运算中有些项可以合并;

② 利用 $W_N^{nk}$ 的对称性和周期性,可以将长序列的 DFT 分解为短序列的 DFT。

前面已经说过,DFT 的运算量是与 $N^2$ 成正比的,所以 $N$ 越小对计算越有利,因而小点数序列的 DFT 比大点数序列的 DFT 运算量要小。

快速傅里叶变换算法正是基于这样的基本思路而发展起来的,它的算法基本上可分成两大类,即按时间抽取(选)法(Decimation-In-Time,DIT)和按频率抽取(选)法(Decimation-In-Frequence,DIF)。

所谓抽选,就是把长序列分为短序列的过程,可在时域也可在频域进行。最常用的时域抽选方法是按奇偶将长序列不断地变为短序列,结果使输入序列为倒序、输出序列为顺序排列,这就是 Coolly-Tukey 算法。

我们最常用的是 $N = 2^M$($M$ 为正整数)的情况,该情况下的变换称为基 2 快速傅里叶变换。下面详细讨论分组过程:

若将 $x(n)$ 进行奇偶分组,则 $x(n)$ 的离散傅里叶变换为

$$X(k) = \sum_{\substack{n=0\\n=\text{偶}}}^{N-1} x(n) W_N^{nk} + \sum_{\substack{n=0\\n=\text{奇}}}^{N-1} x(n) W_N^{nk} \quad (0 \leqslant k \leqslant N-1) \tag{5.7}$$

$x(n)$ 按奇偶分组($n = 0,1,\cdots,N-1$),记为

$$\begin{cases} n = \text{偶}, \quad x(2r) = x_1(r) \\ n = \text{奇}, \ x(2r+1) = x_2(r) \end{cases} \left( r = 0,1,\cdots,\frac{N}{2}-1 \right) \tag{5.8}$$

则式(5.7)可写为

$$X(k) = \sum_{r=0}^{(N/2)-1} x(2r)W_N^{2rk} + \sum_{r=0}^{(N/2)-1} x(2r+1)W_N^{(2r+1)k} =$$

$$\sum_{r=0}^{(N/2)-1} x(2r)(W_N^2)^{rk} + W_N^k \sum_{r=0}^{(N/2)-1} x(2r+1)(W_N^2)^{rk} =$$

$$\sum_{r=0}^{(N/2)-1} x_1(r)(W_N^2)^{rk} + W_N^k \sum_{r=0}^{(N/2)-1} x_2(r)(W_N^2)^{rk} \qquad (5.9)$$

由于

$$W_N^2 = e^{-j\frac{2\pi}{N}\cdot 2} = e^{-j\frac{2\pi}{\left(\frac{N}{2}\right)}} = W_{\frac{N}{2}} \qquad (5.10)$$

所以式(5.9)可写为

$$X(k) = \sum_{r=0}^{\frac{N}{2}-1} x_1(r)W_{N/2}^{rk} + W_N^k \sum_{r=0}^{\frac{N}{2}-1} x_2(r)W_{N/2}^{rk} = X_1(k) + W_N^k X_2(k) \qquad (5.11)$$

式(5.11)中 $X_1(k)$ 和 $X_2(k)$ 分别是 $x_1(r)$ 和 $x_2(r)$ 的 $\dfrac{N}{2}$ 点 DFT,即

$$X_1(k) = \sum_{r=0}^{\frac{N}{2}-1} x_1(r)W_{N/2}^{rk} = \sum_{r=0}^{\frac{N}{2}-1} x(2r)W_{N/2}^{rk} \qquad (5.12)$$

$$X_2(k) = \sum_{r=0}^{\frac{N}{2}-1} x_2(r)W_{N/2}^{rk} = \sum_{r=0}^{\frac{N}{2}-1} x(2r+1)W_{N/2}^{rk} \qquad (5.13)$$

式(5.11)表明,一个 $N$ 点 DFT 可分解成两个 $\dfrac{N}{2}$ 点 DFT。但是 $x_1(r)$、$x_2(r)$ 以及 $X_1(k)$、$X_2(k)$ 都是 $\dfrac{N}{2}$ 点的序列,即 $r,k=0,\cdots,\dfrac{N}{2}-1$,而 $X(k)$ 却有 $N$ 点,因此利用式(5.11)计算得到的只是 $X(k)$ 的前一半项数的结果。要用 $X_1(k)$、$X_2(k)$ 来表达全部 $X(k)$ 值,还必须应用系数的周期性,即

$$W_{N/2}^{rk} = W_{N/2}^{r\left(k+\frac{N}{2}\right)}$$

这样可得

$$X_1\left(\frac{N}{2}+k\right) = \sum_{r=0}^{\frac{N}{2}-1} x_1(r)W_{N/2}^{r\left(\frac{N}{2}+k\right)} = \sum_{r=0}^{\frac{N}{2}-1} x_1(r)W_{N/2}^{rk} = X_1(k) \qquad (5.14)$$

同理可得

$$X_2\left(\frac{N}{2}+k\right) = X_2(k) \qquad (5.15)$$

这说明后半部分 $k$ 值 $\left(\dfrac{N}{2} \leqslant k \leqslant N-1\right)$ 所对应的 $X_1(k)$、$X_2(k)$ 分别等于前半部分 $k$ 值 $\left(0 \leqslant k \leqslant \dfrac{N}{2}-1\right)$ 所对应的 $X_1(k)$、$X_2(k)$。再考虑 $W_N^k$ 的对称性:

$$W_N^{\left(\frac{N}{2}+k\right)} = W_N^{\frac{N}{2}} \cdot W_N^k = -W_N^k \qquad (5.16)$$

把式(5.14)～(5.16)代入式(5.11),有

前半部分 $X(k)$

$$X(k) = X_1(k) + W_N^k X_2(k) \quad \left(k=0,1,\cdots,\frac{N}{2}-1\right) \qquad (5.17)$$

后半部分 $X(k)$

$$X\left(k+\frac{N}{2}\right)=X_1\left(k+\frac{N}{2}\right)+W_N^{\left(k+\frac{N}{2}\right)}X_2\left(k+\frac{N}{2}\right)=$$

$$X_1(k)-W_N^k X_2(k)\quad\left(k=0,1,\cdots,\frac{N}{2}-1\right)\qquad(5.18)$$

这样,只要求出 0 到 $\frac{N}{2}-1$ 区间的所有 $X_1(k)$ 和 $X_2(k)$ 值,即可求出 0 到 $N-1$ 区间内所有的 $X(k)$ 值,大大节省了运算量。

式(5.17)、(5.18) 的运算可用图 5.1 的蝶形计算(Butterfly Computation) 信号流程图表示。

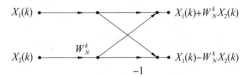

图 5.1　蝶形信号流程图

采用这种表示法,可将上面讨论的分解过程表示成图 5.2。

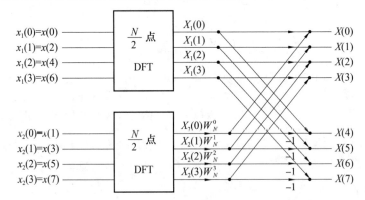

图 5.2　$N$ 点 DFT 分解成两个 $N/2$ 点 DFT

（$N=2^3=8$ 时的情况）

其中输出值 $X(0)$ 到 $X(3)$ 由式(5.17)给出,而输出值 $X(4)$ 到 $X(7)$ 由式(5.18)给出。

从图 5.1 的碟形信号流图可以看出,每个蝶形运算需要一次复数乘法($X_2(k)W_N^k$)及两次复数加(减)法。

据此,一个 $N$ 点 DFT 分解为两个 $\frac{N}{2}$ 点 DFT 后,如果直接计算 $\frac{N}{2}$ 点 DFT,则每一个 $\frac{N}{2}$ 点 DFT 需 $\left(\frac{N}{2}\right)^2=\frac{N^2}{4}$ 次复数乘法,以及 $\frac{N}{2}\left(\frac{N}{2}-1\right)$ 次复数加法,两个 $\frac{N}{2}$ 点 DFT 共需 $2\times\left(\frac{N}{2}\right)^2=\frac{N^2}{2}$ 次复数乘法和 $N\left(\frac{N}{2}-1\right)$ 次复数加法。此外,把两个 $\frac{N}{2}$ 点 DFT 合成为 $N$ 点 DFT 时,有 $\frac{N}{2}$ 个蝶形运算,还需 $\frac{N}{2}$ 次复数乘法和 $2\times\left(\frac{N}{2}\right)=N$ 次复数加法。因而通过第一步分解后,总共需要 $\frac{N^2}{2}+\frac{N}{2}=\frac{N(N+1)}{2}\approx\frac{N^2}{2}(N\gg1)$ 次复数乘法和 $N\left(\frac{N}{2}-1\right)+N=\frac{N^2}{2}$ 次复数加法,因此通过这样分解后运算量差不多减少了一半。由于 $N=2^M$,则 $\frac{N}{2}$ 仍是偶数,可以进一步把每个

$\dfrac{N}{2}$ 子序列再按奇偶分解为两个 $\dfrac{N}{4}$ 点的子序列。

例如:针对 $x_1(r)=x(2r)$,$n=$偶数时,$r=0,1,\cdots,\dfrac{N}{2}-1$,仿照上面分组方式继续将 $x_1(r)$ 按奇偶分组,记为

$$\begin{cases} x_1(2l)=x_3(l) \\ x_1(2l+1)=x_4(l) \end{cases} \quad \left(l=0,1,\cdots,\dfrac{N}{4}-1\right)$$

则有

$$X_1(k)=\sum_{l=0}^{\frac{N}{4}-1}x_1(2l)W_{N/2}^{2lk}+\sum_{l=0}^{\frac{N}{4}-1}x_1(2l+1)W_{N/2}^{(2l+1)k}=$$

$$\sum_{l=0}^{\frac{N}{4}-1}x_3(l)W_{N/4}^{lk}+W_{N/2}^{k}\sum_{l=0}^{\frac{N}{4}-1}x_4(l)W_{N/4}^{lk}=$$

$$X_3(k)+W_{N/2}^{k}X_4(k)\quad\left(k=0,1,\cdots,\dfrac{N}{4}-1\right) \tag{5.19}$$

同样

$$X_1\left(k+\dfrac{N}{4}\right)=X_3(k)-W_{N/2}^{k}X_4(k)\quad\left(k=0,1,\cdots,\dfrac{N}{4}-1\right) \tag{5.20}$$

其中

$$X_3(k)=\sum_{l=0}^{\frac{N}{4}-1}x_3(l)W_{N/4}^{lk} \tag{5.21}$$

$$X_4(k)=\sum_{l=0}^{\frac{N}{4}-1}x_4(l)W_{N/4}^{lk} \tag{5.22}$$

图 5.3 为将一个 $\dfrac{N}{2}$($N=8$ 时)点 DFT 分解成两个 $\dfrac{N}{4}$ 点 DFT 的过程,由两个 $\dfrac{N}{4}$ 点 DFT 组合成一个 $\dfrac{N}{2}$ 点 DFT。

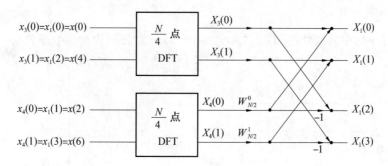

图 5.3　$N/2$ 点 DFT 分解成两个 $N/4$ 点 DFT

$X_2(k)$ 也进行同样的分解

$$\begin{cases} X_2(k)=X_5(k)+W_{N/2}^{k}X_6(k) \\ X_2\left(k+\dfrac{N}{4}\right)=X_5(k)-W_{N/2}^{k}X_6(k) \end{cases}\quad\left(k=0,1,\cdots,\dfrac{N}{4}-1\right) \tag{5.23}$$

其中

$$X_5(k) = \sum_{l=0}^{\frac{N}{4}-1} x_2(2l) W_{N/4}^{lk} = \sum_{l=0}^{\frac{N}{4}-1} x_5(l) W_{N/4}^{lk} \tag{5.24}$$

$$X_6(k) = \sum_{l=0}^{\frac{N}{4}-1} x_2(2l+1) W_{N/4}^{lk} = \sum_{l=0}^{\frac{N}{4}-1} x_6(l) W_{N/4}^{lk} \tag{5.25}$$

这样一个 $N=8$ 点的 DFT 就可以分解为 4 个 $\frac{N}{4}=2$ 点的 DFT。利用 4 个 $\frac{N}{4}$ 点的 DFT 及两级蝶形运算来计算 $N$ 点 DFT,比只用一次分解蝶形组合方式的计算量又减少了大约一半。

现在来讨论按奇偶分组过程中序列序号的变化。仍以 $N=8$ 为例,输入序列 $x(n)$ 按奇偶第一次分解为两个 $\frac{N}{2}$ 点序列:

$$r=0,1,\cdots,\frac{N}{2}-1$$

（偶序列）                                    （奇序列）

$x(2r)=x_1(r)$                           $x(2r+1)=x_2(r)$

| $r$ | 0 | 1 | 2 | 3 |
|---|---|---|---|---|
| $n=2r$ | 0 | 2 | 4 | 6 |

| $r$ | 0 | 1 | 2 | 3 |
|---|---|---|---|---|
| $n=2r+1$ | 1 | 3 | 5 | 7 |

第二次分解:把每个 $\frac{N}{2}$ 点的子序列按奇偶分解为两个 $\frac{N}{4}$ 点子序列。

$$l=0,1,\cdots,\frac{N}{4}-1$$

（偶序列中的偶数序列）                       （偶序列中的奇数序列）

$x_1(2l)=x_3(l)$                             $x_1(2l+1)=x_4(l)$

| $l$ | 0 | 1 |
|---|---|---|
| $r=2l$ | 0 | 2 |
| $n=2r$ | 0 | 4 |

| $l$ | 0 | 1 |
|---|---|---|
| $r=2l+1$ | 1 | 3 |
| $n=2r$ | 2 | 6 |

（奇序列中的偶数序列）                        （奇序列中的奇数序列）

$x_2(2l)=x_5(l)$                             $x_2(2l+1)=x_6(l)$

| $l$ | 0 | 1 |
|---|---|---|
| $r=2l$ | 0 | 2 |
| $n=2r+1$ | 1 | 5 |

| $l$ | 0 | 1 |
|---|---|---|
| $r=2l+1$ | 1 | 3 |
| $n=2r+1$ | 3 | 7 |

最后剩下的是 4 个 2 点的 DFT,输出为 $X_3(k)$、$X_4(k)$、$X_5(k)$、$X_6(k)$,$k=0,1$,由式 (5.21)、(5.22)、(5.24)、(5.25) 计算。例如按式 (5.22) 计算,有

$$X_4(k) = \sum_{l=0}^{2-1} x_4(l) W_2^{lk} \quad (k=0,1)$$

即           $X_4(0) = x_4(0) + W_2^0 x_4(1) = x(2) + W_N^0 x(6)$

$$X_4(1) = x_4(0) + W_2^1 x_4(1) = x(2) - W_N^0 x(6)$$

上面两式中,$W_2^1 = \mathrm{e}^{-\mathrm{j}\frac{2\pi}{2}\times 1} = \mathrm{e}^{-\mathrm{j}\pi} = -1 = -W_N^0$。

类似可求出 $X_3(k)$、$X_5(k)$、$X_6(k)$,这两点 DFT 也可用一个蝶形图表示,由此得出一个按时间抽取运算的完整的 8 点 FFT 流图,如图 5.4 所示。

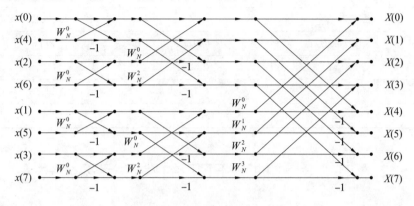

图 5.4　完整的 8 点 FFT 流图

这种方法的每一步分解都是按输入序列在时间上的次序是属于偶数还是属于奇数将长序列分解为两个更短的子序列,所以称为"按时间抽取法"(DIT)。

### 5.1.3　FFT 运算量

由按时间抽取法 FFT 的流图 5.4 可见,当 $N = 2^M$ 时共有 $M$ 级蝶形,每级都由 $\frac{N}{2}$ 个蝶形运算组成。计算每个蝶形需要一次复数乘法和两次复数加法,因而每级运算需 $\frac{N}{2}$ 次复数乘法和 $N$ 次复数加法,这样 $M$ 级运算总共需要:

复数乘法次数

$$m_F = \frac{N}{2} \cdot M = \frac{N}{2}\log_2 N \tag{5.26}$$

复数加法次数

$$a_F = NM = N\log_2 N \tag{5.27}$$

因为一般情况下,复数乘法所需时间比复数加法多,因此以复数乘法为例将 DFT 运算量与 FFT 运算量进行对比。直接进行 DFT 运算复数乘法次数为 $N^2$ 次,利用 FFT 运算复数乘法为 $\frac{N}{2}\log_2 N$ 次。

计算量之比为

$$\frac{\text{DFT 复数乘法次数}}{\text{FFT 复数乘法次数}} = \frac{N^2}{\frac{N}{2}\log_2 N} = \frac{2N}{\log_2 N} \tag{5.28}$$

表 5.1 列出了 $N$ 在取不同值时直接进行 DFT 运算与采用 FFT 算法的复数乘法次数之比。很明显,$N$ 越大,FFT 的优点就越突出。

表 5.1　直接进行 DFT 运算与采用 FFT 算法的复数乘法次数之比

| $N$ | DFT 复数乘法次数 | FFT 复数乘法次数 | 次数之比(DFT/FFT) |
|---|---|---|---|
| 2 | 4 | 1 | 4 |
| 16 | 256 | 32 | 8 |
| 128 | 16 384 | 448 | 36.6 |
| 512 | 262 144 | 2 304 | 113.8 |
| 1 024 | 1 048 576 | 5 120 | 204.8 |
| 2 048 | 4 194 304 | 11 264 | 372.4 |

# 5.2　基 2 时域抽选 FFT 的蝶形运算公式

为了最终写出 FFT 运算程序或设计出硬件实现电路,有必要对 FFT 运算的核心部分——蝶形运算公式进一步深入了解。

**1. 原位运算(同位运算)(In-Place Computation)**

从 FFT 流图 5.4 中可看出这种运算是很有规律的,每级运算都是由 $\dfrac{N}{2}$ 个蝶形运算构成。每一个蝶形结构完成下述基本迭代运算:

$$\begin{cases} X_m(k) = X_{m-1}(k) + X_{m-1}(j)W_N^p \\ X_m(j) = X_{m-1}(k) - X_{m-1}(j)W_N^p \end{cases} \tag{5.29}$$

式中　　$m$——第 $m$ 列迭代;

　　　　$k,j$——数据所在行数。

此蝶形运算结构如图 5.5 所示,从图中可看出:完成一个蝶形运算需要一次复数乘法,两次复数加法。

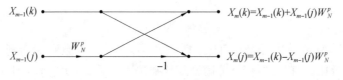

图 5.5　蝶形运算结构

由图 5.4 看出,某一列的任何两个节点 $k$ 和 $j$ 的节点变量进行蝶形运算后,得到结果为下一列 $k,j$ 两节点的节点变量,而和其他节点变量无关。因而可以采用原位运算,即某一列的 $N$ 个数据送到存储器后,经蝶形运算,其结果为另一列数据,它们以蝶形为单位仍存储在这同一组存储器中,直到最后输出,中间无需其他存储器,也就是蝶形的两个输出值仍放回蝶形的两个输入所在的存储器中。每列的 $\dfrac{N}{2}$ 个蝶形运算全部完成后,再开始下一列的蝶形运算。这样存储数据只需 $N$ 个存储单元。下一级的运算仍采用这种原位运算,只不过进入蝶形结构组合关系有所不同。这种原位运算结构可节省存储单元,降低设备成本。

**2. 倒位序规律**(Bit-reversed Sorting)

按原位运算时,FFT 的输出 $X(k)$ 是按正常顺序排列在存储单元中,即按 $X(0)$,$X(1)$,…,$X(7)$ 的顺序排列。但输入 $x(n)$ 却不是按自然顺序存储的,看起来是混乱无序,而实际上是有规律的,这种规律称为倒位序。

产生倒位序的原因是输入 $x(n)$ 按标号 $n$ 的偶奇不断分组造成的。如果标号 $n$ 用二进制数表示为 $(n_2 n_1 n_0)$ (当 $N=8$ 时)。第一次分组,$n_0=0$ 对应偶数抽样,在上半部分,$n_0=1$ 对应奇数抽样,在下半部分。下一次则依 $n_1$ 为 0 或 1 来分组,以此类推,如图 5.6 所示。

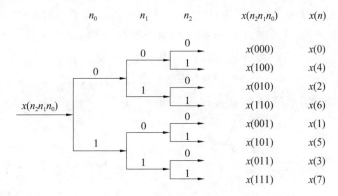

图 5.6　倒位序规律

**3. 倒位序的实现**

所谓倒位序,实际上是二进制意义上的倒序,即 $(n_2 n_1 n_0) \rightarrow (n_0 n_1 n_2)$。我们可以按照图 5.7 所示的方式实现倒位序,非常简单便捷。

| 自然顺序($n$) | 二进制数 | 倒位序二进制数 | 倒位序顺序($\hat{n}$) |
|---|---|---|---|
| 0 | 000 | 000 | 0 |
| 1 | 001 | 100 | 4 |
| 2 | 010 | 010 | 2 |
| 3 | 011 | 110 | 6 |
| 4 | 100 | 001 | 1 |
| 5 | 101 | 101 | 5 |
| 6 | 110 | 011 | 3 |
| 7 | 111 | 111 | 7 |

图 5.7　倒位序的实现($N=8$)

**4. 与对偶节点相关的几个定义**

图 5.5 中,$X_{m-1}(k)$ 与 $X_{m-1}(j)$ 称为对偶节点。观察图 5.4,对于 $N=8$ 的 FFT 流图,其第一级(第一列)每个蝶形两节点"距离"为 1,第二级两节点"距离"为 2,第三级两节点"距离"为 4。以此类推,对 $N=2^M$ 点的 FFT,当输入为倒序,输出为正常顺序时,其第 $m$ 级运算,每个蝶形两节点间的"距离"为 $2^{m-1}$,称为"对偶节点跨距"。2 倍的对偶节点跨距 $2^m$ 称为"分组间

隔"。$N/2^m$ 称为"分组数"。

### 5. $W_N^p$ 的确定

将 $W_N^p$ 称为旋转因子(Twiddle Factor)，$p$ 则称为旋转因子的指数，对于第 $m$ 级运算，蝶形公式可写成

$$\begin{cases} X_m(k)=X_{m-1}(k)+X_{m-1}(k+2^{m-1})W_N^p \\ X_m(k+2^{m-1})=X_{m-1}(k)-X_{m-1}(k+2^{m-1})W_N^p \end{cases} \quad (0\leqslant k\leqslant 2^{m-1}-1) \quad (5.30)$$

现在讨论如何确定旋转因子的指数 $p$：

从 FFT 流程图 5.4 看出，第 $m$ 级共有 $2^{m-1}$ 个不同的旋转因子。对于 $N=2^3=8$ 时，

$$m=1,W_N^p=W_{N/4}^k=W_{2^m}^k \quad (k=0)$$
$$m=2,W_N^p=W_{N/2}^k=W_{2^m}^k \quad (k=0,1)$$
$$m=3,W_N^p=W_N^k=W_{2^m}^k \quad (k=0,1,2,3)$$

因此，对 $N=2^M$ 的一般情况，第 $m$ 级的旋转因子为

$$W_N^p=W_{2^m}^k \quad (k=0,\cdots,(2^{m-1}-1))$$

由于 $2^m=2^M\cdot 2^{m-M}=N\cdot 2^{m-M}$，所以

$$W_N^p=W_{N\cdot 2^{m-M}}^k=W_N^{k\cdot 2^{M-m}} \quad (k=0,\cdots,(2^{m-1}-1))$$

因此有

$$p=k\cdot 2^{M-m} \quad (5.31)$$

则基 2 时域抽选 FFT 的蝶形运算公式为

$$\begin{cases} T=X_{m-1}(k+2^{m-1})\cdot W_N^p \\ X_m(k)=X_{m-1}(k)+T \\ X_m(k+2^{m-1})=X_{m-1}(k)-T \\ p=2^{M-m}\cdot k \end{cases} \quad (0\leqslant k\leqslant 2^{m-1}-1,1\leqslant m\leqslant M) \quad (5.32)$$

式(5.32) 中的蝶形公式由于节点标号 $k$ 的取值是从 0 到 $2^{m-1}-1$，所以不能计算全部节点，例如第一级只能算出第一组数据。为了使蝶形运算适用于全部节点，必须把节点标号扩展到全部节点。我们用 $l$ 表示分组的序号，则可用 $l\cdot 2^m+k$ 表示各节点的标号，有

$$X_m(l\cdot 2^m+k)=X_{m-1}(l\cdot 2^m+k)+W_N^p X_{m-1}(l\cdot 2^m+k+2^{m-1}) \quad (5.33)$$
$$X_m(l\cdot 2^m+k+2^{m-1})=X_{m-1}(l\cdot 2^m+k)-W_N^p X_{m-1}(l\cdot 2^m+k+2^{m-1}) \quad (5.34)$$

其中，$p=2^{M-m}\cdot(k+l\cdot 2^m),0\leqslant l\leqslant \dfrac{N}{2^m}-1,0\leqslant k\leqslant 2^{m-1}-1$。

注意，$2^m$ 为分组间隔，所以式(5.33)、(5.34)中用 $l\cdot 2^m$ 代表不同的组，第一级 $l=0,1,2,3$，第二级 $l=0,1$，第三级 $l=0$，而

$$X_0(0)=x(0),X_0(1)=x(4),X_0(2)=x(2),X_0(3)=x(6),$$
$$X_0(4)=x(1),X_0(5)=x(5),X_0(6)=x(3),X_0(7)=x(7)$$

也可将式(5.33)、(5.34)合并，引入 $q$ 值，$q=0$ 表示第一个式子，$q=1$ 表示第二个式子，则

$$\begin{cases} X_m(l\cdot 2^m+k+q\cdot 2^{m-1})=X_{m-1}(l\cdot 2^m+k)+(-1)^q W_N^p X_{m-1}(l\cdot 2^m+k+2^{m-1}) \\ p=2^{M-m}\cdot(k+l\cdot 2^m) \end{cases} \quad (5.35)$$

其中，$0\leqslant q\leqslant 1,0\leqslant l\leqslant \dfrac{N}{2^m}-1,0\leqslant k\leqslant 2^{m-1}-1$。

**6. 存储单元**

由于是原位运算,只需有输入序列 $x(n)(n=0,1,\cdots,N-1)$ 的 $N$ 个存储单元,加上系数 $W_N^p\left(p=0,1,\cdots,\dfrac{N}{2}-1\right)$ 的 $\dfrac{N}{2}$ 个存储单元。但要注意的是,一般情况下 $x(n)$ 与 $W_N^p$ 均为复数,因此这里所说的存储单元为复数存储单元。

# 5.3　基 2 时域抽选 FFT 的其他形式

上节给出的计算流图是输入数据倒序、输出数据顺序的快速傅里叶变换算法。根据前面讨论,每一级的运算结果只与输入两点的数据和系数 $W_N^p$ 有关(原位运算),因此可以任意安排输入输出数据的排列方式来拟定快速傅里叶变换的方案。它可以是输入为顺序、输出为倒序,或输入输出均为顺序排列的方案。

**1. 输入顺序、输出倒序的算法**(Input in Normal Order, Output in Bit-reversed Order)

仍以 $N=8$ 为例,只要把 $x(4)$ 与 $x(1)$ 以及 $x(6)$ 与 $x(3)$ 换位就可以实现输入序列的顺序排列,但需要注意的是,为了保证原位运算,输出则成为倒序。此种算法流图如图 5.8 所示。

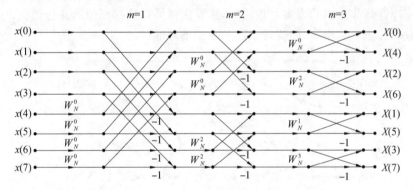

图 5.8　输入顺序、输出倒序的算法

相应的蝶形运算公式为

$$\begin{cases} X_m(n) = X_{m-1}(n) + W_N^p X_{m-1}\left(n+\dfrac{N}{2^m}\right) \\ X_m\left(n+\dfrac{N}{2^m}\right) = X_{m-1}(n) - W_N^p X_{m-1}\left(n+\dfrac{N}{2^m}\right) \end{cases} \quad \left(0 \leqslant n \leqslant \dfrac{N}{2^m}-1\right) \qquad (5.36)$$

式中,$W_N^p = W_N^{2^{M-m}\cdot k}$,$k$ 为 $n$ 的倒码,$p = 2^{M-m}\cdot \text{IBR}(n)$,$0 \leqslant n \leqslant \dfrac{N}{2^m}-1$,对偶节点跨距由 $2^{m-1}$ 变为 $N/2^m$。由于 $k$ 变成了倒码,而在蝶形运算公式中又应该用顺码表示节点标号,因此式 (5.36) 中的节点标号采用 $n$ 表示。

**2. 输入输出均为顺序的算法**(Both Input and Output in Normal Order)

该算法省去了输入或输出整序的过程,特点是在 $m < M/2$ 时保持顺序输入的流图形状,而在 $m \geqslant M/2$ 时逐级地输出也变为顺序,如图 5.9 所示。该算法以牺牲原位运算为代价,因此除旋转因子外,还需要 $2N$ 个复数存储单元。

这里要说明的是,我们在工作中用到的 FFT 算法程序虽然输入数据和输出数据皆为顺序排列的,但是一般并不是按照此算法编制的,而是按照输入倒序输出顺序或者输入顺序输出倒序的算法编制的,只不过是在 FFT 之前或之后进行了简单的排序而已。

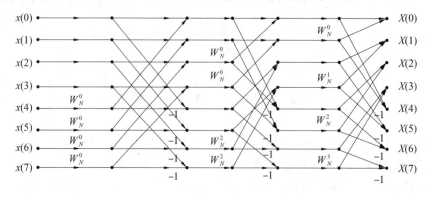

图 5.9    输入输出皆为顺序的时域抽选算法流图

**3. 适于顺序存储的算法**(Sequential Data Accessing and Storage)

以上算法中的数据存入和取出都不是按顺序进行的,需要随机存储器。我们可以将以上算法改成适于顺序存储的算法,如图 5.10 所示。此种算法的特点是每级都有相同的几何形状,可以得到顺序存储和取出的方案。很明显,该算法同样以牺牲原位运算为代价。值得注意的是,虽然每级的几何形状相同,但旋转因子 $W_N^k$ 是不同的。

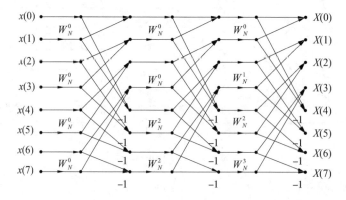

图 5.10    适合于顺序存储的时域抽选算法流图

# 5.4    基 2 频域抽选快速傅里叶变换

前面讨论的是对 $x(n)$ 在时域进行抽选,将长序列不断地分为短序列,以达到减少运算量的目的。由于是按 $n$ 取值的奇偶分组的,因此时域抽选法也称为奇偶抽选法。频域抽选是按奇偶原则把输出长序列 $X(k)$ 逐步分解成越来越短的序列,这种分选的结果是使时域序列 $x(n)$ 成为前后分组,故又称为前后抽选法 ——Sande-Tukey 算法。

## 5.4.1    基 2 频域抽选 FFT 的基本原理

仍设序列长度为 $N=2^M$,$M$ 为整数。根据对偶原理,如果在时域把 $x(n)$ 分解成前后两组,则必使频域的 $X(k)$ 变成奇偶抽选分组。

$x(n)$ 的 DFT 为

$$X(k) = \sum_{n=0}^{N-1} x(n) W_N^{nk} = \sum_{n=0}^{\frac{N}{2}-1} x(n) W_N^{nk} + \sum_{n=\frac{N}{2}}^{N-1} x(n) W_N^{nk} =$$

$$\sum_{n=0}^{\frac{N}{2}-1} x(n) W_N^{nk} + \sum_{n=0}^{\frac{N}{2}-1} x\left(n + \frac{N}{2}\right) W_N^{\left(n+\frac{N}{2}\right)k} =$$

$$\sum_{n=0}^{\frac{N}{2}-1} \left[ x(n) + x\left(n + \frac{N}{2}\right) \cdot W_N^{\frac{N}{2}k} \right] W_N^{nk} \quad (k=0,1,\cdots,N-1)$$

$$(5.37)$$

由于 $W_N^{N/2} = -1$，故 $W_N^{\frac{N}{2} \cdot k} = (-1)^k$。注意式(5.37) 中用的是 $W_N^{nk}$，而不是 $W_{N/2}^{nk}$，故式(5.37) 并不是 $\frac{N}{2}$ 点 DFT 的表达式。

式(5.37) 可写成

$$X(k) = \sum_{n=0}^{\frac{N}{2}-1} \left[ x(n) + (-1)^k x\left(n + \frac{N}{2}\right) \right] W_N^{nk} \quad (k=0,1,\cdots,N-1) \quad (5.38)$$

当 $k$ 为偶数时 $(-1)^k = 1$，$k$ 为奇数时 $(-1)^k = -1$，故按 $k$ 的奇偶将 $X(k)$ 分为两部分。令

$$\left. \begin{array}{l} k = 2r \\ k = 2r+1 \end{array} \right\}, r = 0, 1, \cdots, \frac{N}{2} - 1$$

则

$$X(2r) = \sum_{n=0}^{\frac{N}{2}-1} \left[ x(n) + x\left(n + \frac{N}{2}\right) \right] W_N^{2nr} =$$

$$\sum_{n=0}^{\frac{N}{2}-1} \left[ x(n) + x\left(n + \frac{N}{2}\right) \right] W_{N/2}^{nr} \quad (5.39)$$

$$X(2r+1) = \sum_{n=0}^{\frac{N}{2}-1} \left[ x(n) - x\left(n + \frac{N}{2}\right) \right] W_N^{n(2r+1)} =$$

$$\sum_{n=0}^{\frac{N}{2}-1} \left\{ \left[ x(n) - x\left(n + \frac{N}{2}\right) \right] W_N^n \right\} W_{N/2}^{nr} \quad (5.40)$$

式(5.39) 为前一半输入与后一半输入之和的 $\frac{N}{2}$ 点 DFT，式(5.40) 为前一半输入与后一半输入之差再与 $W_N^n$ 之积的 $\frac{N}{2}$ 点 DFT，令

$$\left\{ \begin{array}{l} x_1(n) = x(n) + x\left(n + \frac{N}{2}\right) \\ y_1(n) = \left[ x(n) - x\left(n + \frac{N}{2}\right) \right] W_N^n \end{array} \right. \quad (n = 0, 1, \cdots, \frac{N}{2} - 1) \quad (5.41)$$

则 $X(k)$ 分为两部分：

$$
\begin{cases}
X(2r) = \displaystyle\sum_{n=0}^{\frac{N}{2}-1} x_1(n) W_{N/2}^{nr} \\[3mm]
X(2r+1) = \displaystyle\sum_{n=0}^{\frac{N}{2}-1} y_1(n) W_{N/2}^{r}
\end{cases}
\qquad \left(r = 0, 1, \cdots, \frac{N}{2} - 1\right) \tag{5.42}
$$

此算法蝶形运算单元如图 5.11 所示。

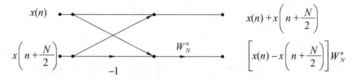

图 5.11 基 2 频域抽选 FFT 蝶形运算单元

这样就把一个 $N$ 点 DFT 按频率 $k$ 的奇偶分解为两个 $\frac{N}{2}$ 点 DFT，如图 5.12 所示($N=8$)。

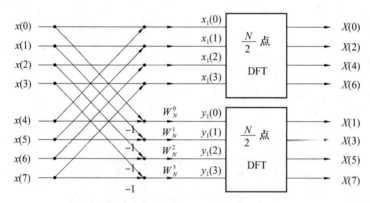

图 5.12 $N$ 点 DFT 分解成两个 $N/2$ 点 DFT

与时间抽取法一样，由于 $N = 2^M$，$\frac{N}{2}$ 仍是一偶数，因而可将每个 $\frac{N}{2}$ 点 DFT 的输出再分解为偶数组与奇数组，这就将 $\frac{N}{2}$ 点 DFT 进一步分解为两个 $\frac{N}{4}$ 点 DFT。这两个 $\frac{N}{4}$ 点 DFT 的输入也是将 $\frac{N}{2}$ 点 DFT 的输入上下对半分开后通过蝶形运算而形成，如图 5.13 所示。因为 $N$ 是 2 的整数次幂，故可一直化到两点 DFT，而两点 DFT 又可化为一点 DFT，如图 5.14 所示。

这样一直分下去，最后得到 $N=8$ 点频域抽选 FFT 完整流图，如图 5.15 所示。

很明显，该算法的运算量与时域抽选法的运算量相同，因为它也是共分为 $M$ 级，每级有 $\frac{N}{2}$ 个蝶形。

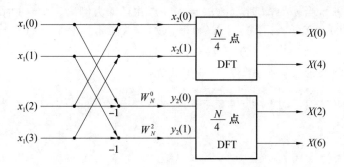

图 5.13　$N/2$ 点 DFT 分解成两个 $N/4$ 点 DFT

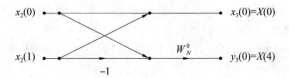

图 5.14　两点 DFT

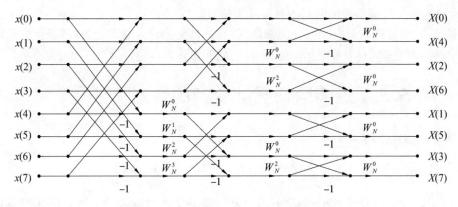

图 5.15　频域抽选 8 点 FFT 完整流图

## 5.4.2　频域抽选法的蝶形运算公式

将式(5.41)写成一般形式

$$x_m(n) = x_{m-1}(n) + x_{m-1}\left(n + \frac{N}{2^m}\right) \tag{5.43}$$

$$y_m(n) = \left[x_{m-1}(n) - x_{m-1}\left(n + \frac{N}{2^m}\right)\right] W_{N/2^{m-1}}^n \quad \left(0 \leqslant n \leqslant \frac{N}{2^m} - 1\right) \tag{5.44}$$

用 $x_m\left(n + \dfrac{N}{2^m}\right)$ 取代 $y_m(n)$，有

$$\begin{cases} x_m(n) = x_{m-1}(n) + x_{m-1}\left(n + \dfrac{N}{2^m}\right) \\ x_m\left(n + \dfrac{N}{2^m}\right) = \left[x_{m-1}(n) - x_{m-1}\left(n + \dfrac{N}{2^m}\right)\right] W_N^p \end{cases} \quad \left(0 \leqslant n \leqslant \dfrac{N}{2^m} - 1\right) \tag{5.45}$$

式中

$$W_N^p = W_{N/2^{m-1}}^n, \quad p = 2^{m-1} \cdot n$$

式(5.45)中 $x_{m-1}(n)$ 为第 $m$ 级运算($m = 1, \cdots, M$)的输入数据，$x_m(n)$ 则为输出数据。当

$m=1$ 时,$x_0(n)=x(n)$,当 $m=M$ 时,$x_M(n)=X(k)$,并且 $k$ 为倒码。$N=8$ 时,对应关系为

$$x_M(0)=X(0),x_M(1)=X(4),x_M(2)=X(2),x_M(3)=X(6)$$
$$x_M(4)=X(1),x_M(5)=X(5),x_M(6)=X(3),x_M(7)=X(7)$$

仿照前面讨论,将蝶形运算公式写成一般形式为

$$x_m\left(l \cdot \frac{N}{2^{m-1}}+n+q \cdot \frac{N}{2^m}\right)=\left[x_{m-1}\left(l \cdot \frac{N}{2^{m-1}}+n\right)+(-1)^q \cdot x_{m-1}\left(l \cdot \frac{N}{2^{m-1}}+n+\frac{N}{2^m}\right)\right]W_N^{qp}$$

(5.46)

式中,$p=2^{m-1} \cdot \left(n+l \cdot \frac{N}{2^{m-1}}\right)$;$0 \leqslant q \leqslant 1,0 \leqslant l \leqslant 2^{m-1}-1,0 \leqslant n \leqslant \frac{N}{2^m}-1$;$l$ 为分组序号。

现在分析频域抽选法与时域抽选法的异同:

① 时域抽选法:输入倒序、输出顺序。频域抽选法:输入顺序、输出倒序。但这不是实质区别,因为在保证原位运算的前提下可任意变换序列的顺序。

② 时域抽选法与频域抽选法的基本蝶形不同,频域抽选法中 DFT 的复数乘法出现在减法之后。

③ 时域抽选法与频域抽选法的运算量相同,都可进行原位运算。

④ 时域抽选法与频域抽选法的基本蝶形互为转置。

注:转置 —— 将流图的所有支路方向都取反向,并且交换输入输出变量(但节点变量值不改变,即不交换),对比图 5.15 与图 5.4 可看出,它们互为转置。

# 5.5　逆离散傅里叶变换的快速算法

IDFT 数学表达式为

$$x(n)=\frac{1}{N}\sum_{k=0}^{N-1}X(k)W_N^{-kn} \quad (0 \leqslant n \leqslant N-1)$$

与 DFT 相比,一方面是多乘了系数 $\frac{1}{N}$,另一方面是 $W_N$ 的指数符号不同。因此前面讨论的 FFT 算法同样适用于 IDFT 的计算,称为 IFFT,即快速傅里叶反变换。下面介绍三种求逆离散傅里叶变换的快速算法。

**1. 方法一**

利用将时域抽选 FFT 算法流图转置的方法来获得 IDFT 的快速算法 IFFT。

按 5.1 节的方法分组,不同的是把 $X(k)$ 作为输入数据,把 $x(n)$ 作为输出数据,即 $X(k)=X_0(k)$,$x(n)=X_M(k)$,$k=\text{IBR}(n)$,即 $k$ 为 $n$ 的倒码。对每一级来说,$X_m(k),X_m(k+2^{m-1})$ 为输入数据,$X_{m-1}(k),X_{m-1}(k+2^{m-1})$ 为输出数据。

在 5.1 节中,蝶形公式为

$$\begin{cases} X_m(k)=X_{m-1}(k)+W_N^p X_{m-1}(k+2^{m-1}) \\ X_m(k+2^{m-1})=X_{m-1}(k)-W_N^p X_{m-1}(k+2^{m-1}) \end{cases} \quad (0 \leqslant k \leqslant 2^{m-1}-1)$$

因此可解出

$$\begin{cases} X_{m-1}(k)=\frac{1}{2}\left[X_m(k)+X_m(k+2^{m-1})\right] \\ X_{m-1}(k+2^{m-1})=\frac{1}{2}\left[X_m(k)-X_m(k+2^{m-1})\right]W_N^{-p} \end{cases} \quad (0 \leqslant k \leqslant 2^{m-1}-1) \quad (5.47)$$

习惯上用 $m-1$ 表示输入,$m$ 表示输出,则上式变为

$$\begin{cases} X_m(k) = \dfrac{1}{2}\left[ X_{m-1}(k) + X_{m-1}\left(k+\dfrac{N}{2^m}\right) \right] \\[3mm] X_m\left(k+\dfrac{N}{2^m}\right) = \dfrac{1}{2}\left[ X_{m-1}(k) - X_{m-1}\left(k+\dfrac{N}{2^m}\right) \right] W_N^{-p} \end{cases} \tag{5.48}$$

式中,$p = 2^{m-1} \cdot k$;$0 \leqslant k \leqslant \dfrac{N}{2^m} - 1$。

具体实现方法可由时域抽选的蝶形流图转置后把系数 $W_N^k$ 改为 $W_N^{-p}$,并添加系数 $1/2$ 而成,如图 5.16 所示。此为计算逆离散傅里叶变换的一种快速算法,记为

$$\mathrm{IDFT}[X(k)] = \mathrm{FFT}\left[ X(k), \dfrac{1}{2}W_N^{-p} \right] \tag{5.49}$$

由此方法构成的完整流图如图 5.17 所示。

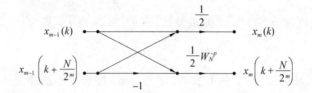

图 5.16  逆快速傅里叶变换的蝶形运算单元

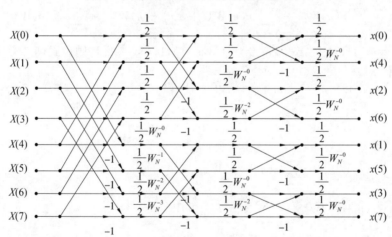

图 5.17  逆快速傅里叶变换的计算流图($N=8$)

**2. 方法二**

与方法一类似,区别只是计算逆离散傅里叶变换时将 $\dfrac{1}{2}$ 集中起来考虑。

由于计算 IDFT 时每级都有 $\dfrac{1}{2}$,而 $\left(\dfrac{1}{2}\right)^M = \dfrac{1}{N}$,则有

$$\mathrm{IDFT}[X(k)] = \dfrac{1}{N}\mathrm{FFT}[X(k), W_N^{-p}] \tag{5.50}$$

**3. 方法三**

先用快速傅里叶变换计算 $X^*(k)$ 的离散傅里叶变换,然后取其共轭并乘以 $\dfrac{1}{N}$,得到 $x(n)$,即

$$x(n) = \frac{1}{N} \left\{ \sum_{k=0}^{N-1} X^*(k) W_N^{kn} \right\}^* \tag{5.51}$$

前面两种方法是从算法内部加以变化而求出逆离散傅里叶变换,第三种方法则是维持原算法不变,用改变外部输入序列及输出序列的方法来求得逆离散傅里叶变换。

# 5.6   基 4FFT 算法

基 2 时域抽选 / 频域抽选 FFT 是目前较为普及的离散傅里叶变换的快速算法,但并不是所有 FFT 算法都是建立在基 $2(N = 2^M)$ 基础上的,还存在基 4FFT、基 8FFT、分裂基 FFT 等快速算法。

基 2FFT 可分为按时间抽选和按频率抽选两大类,基 4FFT 算法也是如此。下面以按频率抽选为例进行介绍。

设序列 $x(n)$ 的点数为 $N = 4^M$,$M$ 为正整数,$x(n)$ 的 $N$ 点 DFT 为

$$X(k) = \sum_{n=0}^{N-1} x(n) W_N^{nk} \tag{5.52}$$

参照 5.4 节基 2 频域抽选 FFT 的方式,将序列 $x(n)$ 按照 $n$ 的顺序分为 4 组,则式(5.52)变为

$$X(k) = \sum_{n=0}^{N/4-1} x(n) W_N^{nk} + \sum_{n=N/4}^{N/2-1} x(n) W_N^{nk} + \sum_{n=N/2}^{3N/4-1} x(n) W_N^{nk} + \sum_{n=3N/4}^{N-1} x(n) W_N^{nk} \tag{5.53}$$

分别令 $k = 4r, k = 4r+1, k = 4r+2, k = 4r+3, r = 0, 1, \cdots, \frac{N}{4}-1$,则由式(5.53)可以求出

$$
\begin{aligned}
X(4r) &= \sum_{n=0}^{N/4-1} x(n) W_N^{4nr} + \sum_{n=0}^{N/4-1} x(n+\frac{N}{4}) W_N^{4(n+\frac{N}{4})r} + \\
&\quad \sum_{n=0}^{N/4-1} x(n+\frac{N}{2}) W_N^{4(n+\frac{N}{2})r} + \sum_{n=0}^{N/4-1} x(n+\frac{3}{4}N) W_N^{4(n+\frac{3}{4}N)r} = \\
&\quad \sum_{n=0}^{N/4-1} x(n) W_{N/4}^{nr} + \sum_{n=0}^{N/4-1} x(n+\frac{N}{4}) W_{N/4}^{nr} + \\
&\quad \sum_{n=0}^{N/4-1} x(n+\frac{N}{2}) W_{N/4}^{nr} + \sum_{n=0}^{N/4-1} x(n+\frac{3}{4}N) W_{N/4}^{nr} = \\
&\quad \sum_{n=0}^{N/4-1} \left\{ \left[ x(n) + x(n+\frac{N}{2}) \right] + \left[ x(n+\frac{N}{4}) + x(n+\frac{3}{4}N) \right] \right\} W_{N/4}^{nr}
\end{aligned} \tag{5.54}
$$

$$
\begin{aligned}
X(4r+2) &= \sum_{n=0}^{N/4-1} x(n) W_N^{(4r+2)n} + \sum_{n=0}^{N/4-1} x(n+\frac{N}{4}) W_N^{(4r+2)(n+\frac{N}{4})} + \\
&\quad \sum_{n=0}^{N/4-1} x(n+\frac{N}{2}) W_N^{(4r+2)(n+\frac{N}{2})} + \sum_{n=0}^{N/4-1} x(n+\frac{3}{4}N) W_N^{(4r+2)(n+\frac{3}{4}N)} = \\
&\quad \sum_{n=0}^{N/4-1} x(n) W_{N/4}^{nr} \cdot W_N^{2n} + \sum_{n=0}^{N/4-1} x(n+\frac{N}{4}) W_{N/4}^{nr} \cdot W_N^{2n} \cdot W_N^{N/2} + \\
&\quad \sum_{n=0}^{N/4-1} x(n+\frac{N}{2}) W_{N/4}^{nr} \cdot W_N^{2n} + \sum_{n=0}^{N/4-1} x(n+\frac{3}{4}N) W_{N/4}^{nr} \cdot W_N^{2n} \cdot W_N^{3N/2} = \\
&\quad \sum_{n=0}^{N/4-1} \left\{ \left[ x(n) + x(n+\frac{N}{2}) \right] - \left[ x(n+\frac{N}{4}) + x(n+\frac{3}{4}N) \right] \right\} W_N^{2n} W_{N/4}^{nr}
\end{aligned} \tag{5.55}
$$

$$X(4r+1) = \sum_{n=0}^{N/4-1} x(n)W_N^{(4r+1)n} + \sum_{n=0}^{N/4-1} x(n+\frac{N}{4})W_N^{(4r+1)(n+\frac{N}{4})} +$$

$$\sum_{n=0}^{N/4-1} x(n+\frac{N}{2})W_N^{(4r+1)(n+\frac{N}{2})} + \sum_{n=0}^{N/4-1} x(n+\frac{3}{4}N)W_N^{(4r+1)(n+\frac{3}{4}N)} =$$

$$\sum_{n=0}^{N/4-1} x(n)W_{N/4}^{nr} \cdot W_N^n + \sum_{n=0}^{N/4-1} x(n+\frac{N}{4})W_{N/4}^{nr} \cdot W_N^n \cdot W_N^{N/4} +$$

$$\sum_{n=0}^{N/4-1} x(n+\frac{N}{2})W_{N/4}^{nr} \cdot W_N^n \cdot W_N^{N/2} + \sum_{n=0}^{N/4-1} x(n+\frac{3}{4}N)W_{N/4}^{nr} \cdot W_N^n \cdot W_N^{3N/4} =$$

$$\sum_{n=0}^{N/4-1} \left\{ \left[ x(n) - x(n+\frac{N}{2}) \right] - j\left[ x(n+\frac{N}{4}) - x(n+\frac{3}{4}N) \right] \right\} W_N^n W_{N/4}^{nr} \quad (5.56)$$

$$X(4r+3) = \sum_{n=0}^{N/4-1} x(n)W_N^{(4r+3)n} + \sum_{n=0}^{N/4-1} x(n+\frac{N}{4})W_N^{(4r+3)(n+\frac{N}{4})} +$$

$$\sum_{n=0}^{N/4-1} x(n+\frac{N}{2})W_N^{(4r+3)(n+\frac{N}{2})} + \sum_{n=0}^{N/4-1} x(n+\frac{3}{4}N)W_N^{(4r+3)(n+\frac{3}{4}N)} =$$

$$\sum_{n=0}^{N/4-1} x(n)W_{N/4}^{nr} \cdot W_N^{3n} + \sum_{n=0}^{N/4-1} x(n+\frac{N}{4})W_{N/4}^{nr} \cdot W_N^{3n} \cdot W_N^{3N/4} +$$

$$\sum_{n=0}^{N/4-1} x(n+\frac{N}{2})W_{N/4}^{nr} \cdot W_N^{3n} \cdot W_N^{3N/2} + \sum_{n=0}^{N/4-1} x(n+\frac{3}{4}N)W_{N/4}^{nr} \cdot W_N^{3n} \cdot W_N^{9N/4} =$$

$$\sum_{n=0}^{N/4-1} \left\{ \left[ x(n) - x(n+\frac{N}{2}) \right] + j\left[ x(n+\frac{N}{4}) - x(n+\frac{3}{4}N) \right] \right\} W_N^{3n} W_{N/4}^{nr}$$

$$(5.57)$$

当 $M=1$ 时,$N=4^M=4$,$r=0$。由式(5.54)、(5.55)、(5.56)、(5.57),可求得

$$X(0) = \sum_{n=0}^{1-1} \{ [x(n) + x(n+2)] + [x(n+1) + x(n+3)] \} W_1^{nr} =$$

$$[x(0) + x(2)] + [x(1) + x(3)] \quad (5.58)$$

$$X(2) = \sum_{n=0}^{1-1} \{ [x(n) + x(n+2)] - [x(n+1) + x(n+3)] \} W_4^{2n} W_1^{nr} =$$

$$[x(0) + x(2)] - [x(1) + x(3)] \quad (5.59)$$

$$X(1) = \sum_{n=0}^{1-1} \{ [x(n) - x(n+2)] - j[x(n+1) - x(n+3)] \} W_4^n W_1^{nr} =$$

$$[x(0) - x(2)] - j[x(1) - x(3)] \quad (5.60)$$

$$X(3) = \sum_{n=0}^{1-1} \{ [x(n) - x(n+2)] + j[x(n+1) - x(n+3)] \} W_4^{3n} W_1^{nr} =$$

$$[x(0) - x(2)] + j[x(1) - x(3)] \quad (5.61)$$

将式(5.58)、(5.59)、(5.60)、(5.61)写成矩阵形式,为

$$\begin{bmatrix} X(0) \\ X(2) \\ X(1) \\ X(3) \end{bmatrix} = \begin{bmatrix} 1 & 1 & 1 & 1 \\ 1 & -1 & 1 & -1 \\ 1 & -j & -1 & j \\ 1 & j & -1 & -j \end{bmatrix} \begin{bmatrix} x(0) \\ x(1) \\ x(2) \\ x(3) \end{bmatrix} \quad (5.62)$$

将式(5.62)用信号流图表示,如图 5.18 所示。

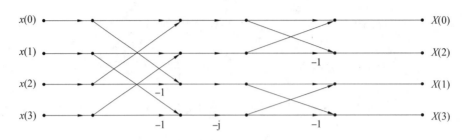

图 5.18　4 点基 4FFT 流图

图 5.18 所示的是基 4FFT 的一个基本单元,由图可见该基本单元仅有一个纯虚数 j 需要做乘法。

当 $M=2$ 时,$N=4^M=16$,$r=0,1,2,3$。仿照上述推导过程,可得 16 点基 4FFT 信号流图,如图 5.19 所示。

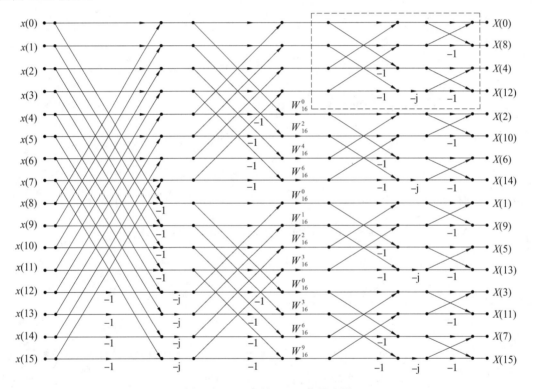

图 5.19　16 点基 4FFT 信号流图

图 5.19 中虚线框内为基 4FFT 的一个基本单元,与图 5.18 相同。该图共分为 $M(M=2)$ 级,每级包含 $\dfrac{N}{4}(N=16)$ 个基 4FFT 基本单元。

依据 5.4 节内容得到的 16 点基 2 频域抽选 FFT 信号流图如图 5.20 所示。

对比图 5.19 和图 5.20 可以看出,基 4FFT 和基 2FFT 具有相同的复数加法次数,但基 4FFT 所需的复数乘法次数却比基 2FFT 的复数乘法次数少(基 4FFT 中参与复数乘法运算的旋转因子个数较少)。这其实是利用了旋转因子 $W_N^k$ 的性质,将其特殊值 $(1,-1,j,-j)$ 进行合理分配,从而减少了实际参与与复数乘法运算的旋转因子个数。

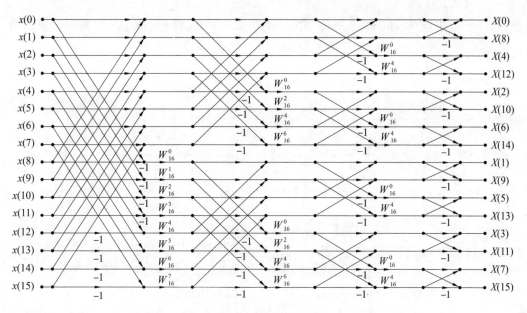

图 5.20　16 点基 2 频域抽选 FFT 信号流图

而复数乘法比复数加法需要更多的计算时间,因而相对于基 2FFT,基 4FFT 可获得明显的运算量的改善。

从理论上讲,选择更大的基数可以进一步减少运算量,但要以牺牲灵活性(基数越大,满足条件的 $N$ 值的选择性越少)和程度(或硬件)变得更为复杂为代价,因此取大于 8 的基数没有太大的实际意义。

# 5.7　分裂基 FFT 算法

1984 年,法国的杜梅尔和霍尔曼将基 2FFT 与基 4FFT 结合起来,提出了分裂基 FFT 算法,进一步减少了运算量。

观察图 5.20 可以看出,基 2 频域抽选 FFT 流图中每一级中每一组的上半部分的输出均没有乘以旋转因子,它们对应偶序号的输出,旋转因子都出现在奇序号的输出中。由式(5.39)和(5.40)也可得出此结论。分裂基 FFT 的基本思想是对偶序号输出使用基 2FFT 算法,对奇序号输出使用基 4FFT 算法。算法推导如下:

令 $N=2^M$,由式(5.39)可知,基 2 频域抽选 FFT 的偶序号输出为

$$X(2r) = \sum_{n=0}^{N/2-1} \left[x(n) + x(n+\frac{N}{2})\right]W_{N/2}^{nr} \quad (r=0,1,\cdots,\frac{N}{2}-1) \tag{5.63}$$

而 $k$ 的奇序号项用基 4FFT 算法形式表示,即

$$X(4r+1) = \sum_{n=0}^{N/4-1} \left\{\left[x(n)-x(n+\frac{N}{2})\right] - j\left[x(n+\frac{N}{4}) - x(n+\frac{3}{4}N)\right]\right\} W_N^n W_{N/4}^{nr}$$

$$\tag{5.64}$$

$$X(4r+3) = \sum_{n=0}^{N/4-1} \left\{\left[x(n)-x(n+\frac{N}{2})\right] + j\left[x(n+\frac{N}{4}) - x(n+\frac{3}{4}N)\right]\right\} W_N^{3n} W_{N/4}^{nr}$$

$$\tag{5.65}$$

式(5.64)、(5.65)中，$r = 0, 1, \cdots, \dfrac{N}{4} - 1$。式(5.63)、(5.64)、(5.65)构成了分裂基 FFT 算法的 L 型算法结构，如图 5.21 所示。

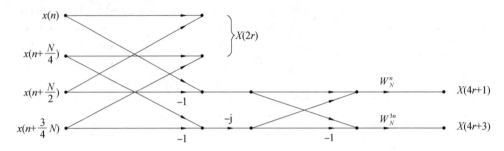

图 5.21　分裂基 FFT 算法的结构

设 $N = 16$，为方便讨论，记

$$a(n) = x(n) + x(n+8) \qquad (n = 0, 1, 2, \cdots, 7)$$
$$b(n) = x(n) - x(n+8) \qquad (n = 0, 1, 2, 3)$$
$$c(n) = x(n+4) - x(n+12) \qquad (n = 0, 1, 2, 3)$$
$$d(n) = [b(n) - \mathrm{j}c(n)]W_{16}^{n} \qquad (n = 0, 1, 2, 3)$$
$$e(n) = [b(n) + \mathrm{j}c(n)]W_{16}^{3n} \qquad (n = 0, 1, 2, 3)$$

则式(5.63)、(5.64)、(5.65)可写为

$$X(2r) = \sum_{n=0}^{7} a(n)W_8^{nr} \quad (r = 0, 1, 2, \cdots, 7) \tag{5.66}$$

$$X(4r+1) = \sum_{n=0}^{3} d(n)W_4^{nr} \quad (r = 0, 1, 2, 3) \tag{5.67}$$

$$X(4r+3) = \sum_{n=0}^{3} e(n)W_4^{nr} \quad (r = 0, 1, 2, 3) \tag{5.68}$$

式(5.67)、(5.68)分别是 $d(n)$、$e(n)$ 的 4 点 DFT，不需进一步分解。而式(5.66)可以进一步采用分裂基算法进行分解。由式(5.66)得

$$
\begin{aligned}
X(2r) &= \sum_{n=0}^{3} a(n)W_8^{nr} + \sum_{n=4}^{7} a(n)W_8^{nr} \\
&= \sum_{n=0}^{3} a(n)W_8^{nr} + \sum_{n=0}^{3} a(n+4)W_8^{(n+4)r} \\
&= \sum_{n=0}^{3} a(n)W_8^{nr} + \sum_{n=0}^{3} a(n+4)(W_8^4)^r W_8^{nr} \\
&= \sum_{n=0}^{3} [a(n) + (-1)^r a(n+4)]W_8^{nr} \tag{5.69}
\end{aligned}
$$

记

$$f(n) = a(n) + a(n+4) \qquad (n = 0, 1, 2, 3)$$
$$g(n) = a(n) - a(n+4) \qquad (n = 0, 1)$$
$$h(n) = a(n+2) - a(n+6) \qquad (n = 0, 1)$$
$$u(n) = [g(n) - \mathrm{j}h(n)]W_{16}^{2n} \qquad (n = 0, 1)$$
$$v(n) = [g(n) + \mathrm{j}h(n)]W_{16}^{6n} \qquad (n = 0, 1)$$

针对式(5.69),分别令 $r=2l, r=4l+1, r=4l+3$,得

$$X(4l) = \sum_{n=0}^{3} f(n)W_4^{nl} \quad (l=0,1,2,3) \tag{5.70}$$

$$X(8l+2) = \sum_{n=0}^{1} u(n)W_2^{nl} \quad (l=0,1) \tag{5.71}$$

$$X(8l+6) = \sum_{n=0}^{1} v(n)W_2^{nl} \quad (l=0,1) \tag{5.72}$$

式(5.70) 为 $f(n)$ 的 4 点 DFT,式(5.71)、(5.72) 分别为 $u(n)$、$v(n)$ 的 2 点 DFT。由此得出 16 点分裂基 FFT 算法信号流图如图 5.22 所示。

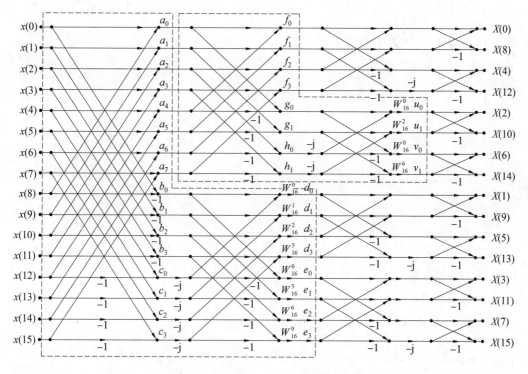

图 5.22　16 点分裂基 FFT 算法信号流图

分裂基 FFT 算法通过合理地设计算法结构,进一步减少了参与复数乘法运算的旋转因子个数,相对于基 2FFT 和基 4FFT,分裂基 FFT 算法的运算量得到进一步的减少。有研究表明,分裂基 FFT 算法所需复数乘法的次数接近理论上的最小值。感兴趣的读者可参阅参考文献[32]、[33]。

## 5.8　本章相关内容的 MATLAB 实现

**1. 重排** fft

用到的函数 fftshift

函数名称:fftshift

功能:将傅里叶变换的零频率成分移到频谱的中心

语法介绍：

Y＝fftshift(X) 通过将零频率成分移到数组的中心而对 fft、fft2 和 fftn 的结果进行重新安排，它对于在频谱的中心显示零频率成分的图像非常有用，对于向量，fftshift(X)对 X 的左右两半进行交换；对于矩阵，fftshift(X)将 X 的第一象限与第三象限进行交换，第二象限与第四象限进行交换；对于更高维数组，fftshift(X) 沿 X 的每一维交换一半。

Y＝fftshift(X,dim) 沿维数 dim 应用 fftshift 操作。

**例** 使用 fftshift 进行移位。

N ＝ 5；

X ＝ 0:N−1

Y ＝fftshift(fftshift(X))

Z ＝ifftshift(fftshift(X))


X ＝

    0     1     2     3     4


Y ＝

    1     2     3     4     0


Z ＝

    0     1     2     3     4


### 2. 用 FFT 计算有限长序列的频谱

(1)用到的函数 fft。

函数名称：fft 快速傅里叶变换

功能：对信号进行快速离散傅里叶变换

语法介绍：

Y ＝fft(x) 按照基 2 的算法对 X 进行快速傅里叶变换。若 X 是一个矩阵，则对矩阵的每一列进行快速傅里叶变换，返回是 Y 和 X 相同大小的矩阵；若 X 是一个多维序列，则对第一个非单独维进行快速傅里叶变换。

Y ＝fft(X,n) 对 X 进行 n 点快速傅里叶变换。当 X 是一个向量，若 X 的长度小于 n，则先对 X 进行补零使其长度为 n；若 X 的长度大于 n，则先对 X 进行剪切使其长度为 n，最后得到一个长度为 n 的向量 Y。当 X 是一个矩阵，则利用上述同样方法对矩阵的每一列进行调整，然后对矩阵的每列进行快速傅里叶变换，最后得到一个 n 行的矩阵 Y。

Y ＝fft(X,n,dim) 对多维数组 X 的第 dim 维数据进行 n 点快速傅里叶变换。

(2)用到的函数 randn。

函数名称：randn

功能：生成正态分布的伪随机数

语法介绍：同 rand

**例** 用傅里叶变换找到埋没在噪声中的信号的频率分量。

```
Fs = 1000;                                  %采样频率
T = 1/Fs;                                    %采样周期
L = 1000;                                    %信号长度
t = (0:L−1)*T;                              %时间向量
% 50Hz 正弦信号与 120Hz 正弦信号之和
x = 0.7*sin(2*pi*50*t) + sin(2*pi*120*t);     %信号
y = x + 2*randn(size(t));                    %正弦信号加噪声
plot(Fs*t(1:50),y(1:50))
title('夹杂零均值随机噪声的信号 y')
xlabel('时间（ms)')
```

如图 5.23 所示。

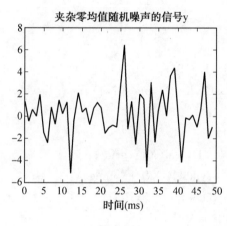

图 5.23

```
NFFT = 2^nextpow2(L);
Y = fft(y,NFFT)/L;
f = Fs/2*linspace(0,1,NFFT/2+1);

%绘制幅度谱
plot(f,2*abs(Y(1:NFFT/2+1)))
title('y(t)的幅度谱')
xlabel('频率（Hz)')
ylabel('|Y(f)|')
```

如图 5.24 所示。

**例**　已知有限长序列 $x(n) = \begin{cases} 1 & (-4 \leqslant n \leqslant 4) \\ 0 & (\text{其他}) \end{cases}$，这里 $x(n)$ 的长度为 $N=9$，求 $x(n)$ 的频谱 DTFT。

```
%用 FFT 计算有限长序列的频谱
clc; clear all;
c = [9,16,32,512];T = 0.4;
```

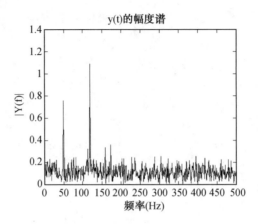

图 5.24

```
i=1
for i = [1:4];
    L = c(i);D = 2 * pi/(L * T);
    x = [ones(1,5),zeros(1,L−9),ones(1,4)];
    k = floor(−(L−1)/2:(L−1)/2);
    X =fftshift(fft(x,L));
    subplot(2,2,i);plot(k * D,real(X));grid;
    xlabel('\omega(rad)');ylabel('X(e^j^\omega)');
    axis([min(k * D),max(k * D),−5,10]);
    Str = ['N = ',num2str(L)];title(Str);
end
```

如图 5.25 所示。

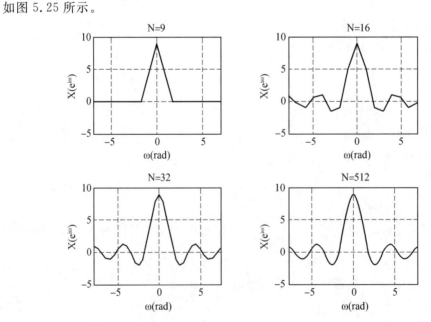

图 5.25

### 3. 用 FFT 计算无限长序列的频谱

**例**　$x(n)=(0.5)^n u(n)$,求此无限长序列的频谱。若需时域加倍长截断前后,同一频率处频谱的最大相对误差不差过 0.5%,试求截断长度为多少,画出其频谱。设抽样间隔 $T=0.4$。

```
clc; clear all;
T = 0.4;r =1;beta = 5e−3;b = 0.01;
while b>beta
    N1 = 2^r;n1 = 0:N1−1;              %判断结束循环的条件及给出的数据长度
    x1 = 0.5.^n1;
    X1 =fft(x1);                        %长度为 N1 的序列及其 FFT
    N2 = 2 * N1;
    n2 = 0:N2−1;                        %数据长度加倍为 N2
    x2 = 0.5.^n2;X2 =fft(x2);           %长度为 N2 的序列及其 FFT
    k1 = 0:N1/2−1;
    k2 = 2 * k1;                        %确定两序列同一角频率的下标
    d=max(abs(X1(k1+1)−X2(k2+1)));      %对应的同一频率点上 FFT 的误差的最大
                                       %绝对值
    X1m = max(abs(X1(k1+1)));           %X1 幅度的最大值
    b = d/X1m;                          %序列长度加倍
    r = r+1;
end
k = floor(−(N2−1)/2:(N2−1)/2);D = 2 * pi/(N2 * T);   %奈奎斯特频率范围,角
                                                     %频率间隔
subplot(121);plot(k * D,abs(fftshift(X2)));grid;
title('幅度谱');xlabel('模拟角频率(rad/s)');ylabel('幅度');
subplot(122);plot(k * D,angle(fftshift(X2)));grid;
title('相位谱');xlabel('模拟角频率(rad/s)');ylabel('相角');
N2 = 16;
```

如图 5.26 所示。

### 4. 用 FFT 计算非周期序列的频谱

```
clc; clear all;
T0 = [0.05,0.02,0.01,0.01];           %4 种抽样间隔
L0 = [10,10,10,20];                   %4 种信号记录长度,N = L0(i)/T0(i)
for i = 1:4
    T = T0(i);
    N = L0(i)/T0(i);                   %按顺序选用 T 和 L
    D = 2 * pi/(N * T);               %频率分辨率
    n = 0:N−1;
    x = exp(−0.02 * n * T).* cos(6 * pi * n * T)+2 * cos(14 * pi * n * T);   % 序列
```

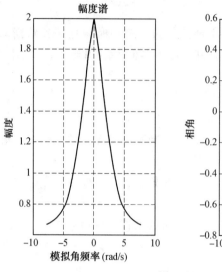
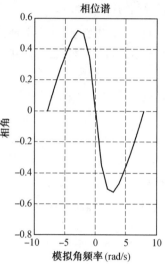

图 5.26

```
k = floor(-(N-1)/2:(N-1)/2);        %奈奎斯特频率下标向量
X = T * fftshift(fft(x));           %求 x 的 FFT 并移到对称位置奈奎斯特特
                                    %频率处的幅度

subplot(2,2,i);plot(k * D,abs(X));grid;
xlabel('模拟角频率(rad/s)');ylabel('幅度');
axis([min(k * D),max(k * D),0,inf]);%坐标范围
Str - ['T = ',num2str(T),'N = ',num2str(N)];
title(Str);                         % 标题显示抽样间隔 T 及 FFT 点数 N
end
```

如图 5.27 所示。

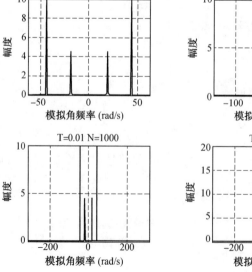
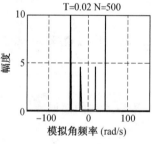
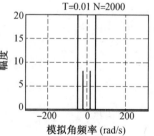

图 5.27

**5. 用 FFT 计算连续时间周期信号的频谱**

**例**　设周期信号为全部时间 $t$ 上的 $x_a(t) = \cos(10t)$ 使用 DFT 法分析其频谱。

```
clc; clear all;
N = input('N = ');
T = 0.05;
n = 1:N;                          %原始数据
D = 2 * pi/(N * T);               %计算分辨率
xa = cos(10 * n * T);             % 有限长余弦序列
Xa = T * fftshift(fft(xa,N));
Xa(1)                             % 求 x(n) 的 DFT,移到对称位置
k = floor(-(N-1)/2:(N-1)/2);      %对 w=0 对称的奈奎斯特频率的下标向量
TITLE = sprintf('N = % i,L = % i',N,N * T);
plot(k * D,abs(Xa));
axis([-20,20,0,max(abs(Xa))+2]);
xlabel('\omega');ylabel('|X(e^j^\omega)|');grid;
title(TITLE);                     % N = 100,200,800,1200 分别执行
```

如图 5.28 所示。

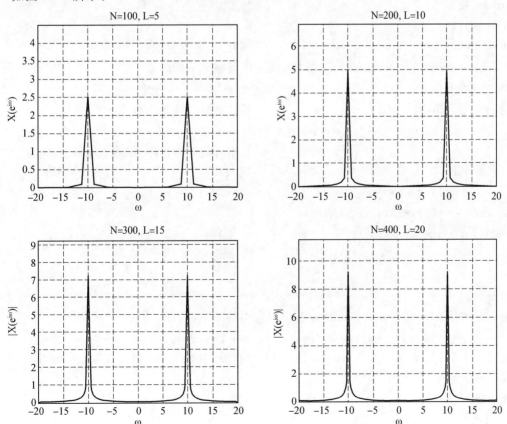

图 5.28

### 6. 用 IFFT 计算时间序列

用到的函数 ifft

函数名称：ifft 快速傅里叶反变换

功能：对信号进行快速离散傅里叶反变换

语法介绍：

Y ＝ifft(x) 按照基 2 的算法对 X 进行快速傅里叶反变换。若 X 是一个矩阵，则对矩阵的每列进行快速傅里叶反变换，返回是 Y 和 X 相同大小的矩阵；若 X 是一个多维序列，则对第一个非单独维进行快速傅里叶反变换。

Y ＝ifft(X,n) 对 X 进行 n 点快速傅里叶反变换。当 X 是一个向量，若 X 的长度小于 n，则先对 X 进行补零使其长度为 n；若 X 的长度大于 n，则先对 X 进行剪切使其长度为 n，最后得到一个长度为 n 的向量 Y。当 X 是一个矩阵，则利用上述同样方法对矩阵的每一列进行调整，然后对矩阵的每列进行快速傅里叶反变换，最后得到一个 n 行的矩阵 Y。

Y ＝ifft(X,n,dim) 对多维数组 X 的第 dim 维数据进行 n 点快速傅里叶反变换。

**例**　若 $X(e^{j\omega})=3+e^{-j\omega}-2e^{-j3\omega}+e^{-j4\omega}$，求 $x(n)=IDFT[X(ejw)]$。

```
clc; clear all;
T = 1;
c = [4,8];                           %设定两种 N 值
fori = 1:2                            % 做两次循环运算
N = c(i);
D = 2 * pi/N;                         %取 N,并求模拟频率分辨率
    k1 = floor(-(N-1)/2:-1/2);       %负频率下标向量
kh = floor(0:(N-1)/2);               % 正频率下标向量
    w = [kh,k1] * D;                 %将负频率移到正频率的右方
    X =3+exp(-j * w)-2 * exp(-j * 3 * w)+exp(-j * 4 * w);
                                     %按新的频率排序,输入数字频谱
    x =ifft(X);                      % IFFT
    subplot(1,2,i),stem(T * [0:N-1],real(x),'·');
    axis([-1,9,-3,5]);grid;
xlabel('n');ylabel('x(n)');          % 画图
Str = ['N = ',num2str(N)];title(Str);  % 标题显示点数
end
```

如图 5.29 所示。

**例**　某信号 $x(n)$ 是由两种频率的正弦信号加白噪声组成，即：

$$x(n)=a_1\sin(2\pi f_1 n/f_s)+a_2\sin(2\pi f_2 n/f_s)+n(t)$$

求当 $a_1=6,a_2=8,f_1=0.2$ Hz，$f_2=0.4$ Hz，抽样频率为 $f_s=1$ Hz，信号 $x(n)$ 的 FFT 频谱及其 IFFT 变换。

程序如下：

```
N=1024;
f1=0.2;
```

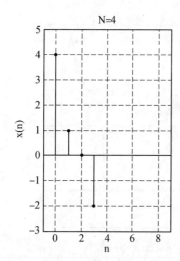
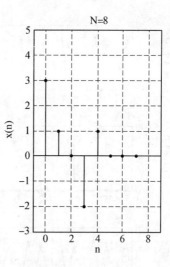

图 5.29

```
f2=0.3;
fs=1;
a1=6;a2=8;
w=2*pi/fs;
x=a1*sin(w*f1*(0:N-1))+a2*sin(w*f2*(0:N-1))+randn(1,N);
subplot(3,1,1);
plot(x(1:N/12));

ylabel('输入信号');
f=-0.5:1/N:0.5-1/N;
X=fft(x);
subplot(3,1,2);
plot(f,fftshift(abs(X)));
ylabel('FFT 频谱');
y=ifft(X);
subplot(3,1,3);
plot(real(x(1:N/12)));
ylabel('IFFT 信号')
```

如图 5.30 所示。

### 7. 用 FFT 计算连续时间信号

**例**　设理想低通滤波器的频率响应为 $H(j\Omega)=\begin{cases}1 & (|\Omega|<5)\\0 & (其他)\end{cases}$,求 $h(t)=\mathrm{IDTFT}[H(j\Omega)]$。

```
clc; clear all;
wc = 5;
T = 0.1*pi/wc;                        % 选 T 为抽样间隔的 1/10
```

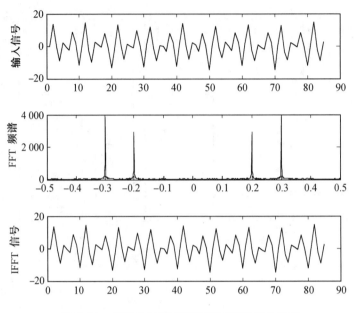

图 5.30　信号的 FFT 频谱及其 IFFT 后的图形

$N = 100 * 2 * pi/wc/T;$　　　　　　　% 输入的样点数

$D = 2 * pi/(N * T);$

$w = [0:N-1] * D;$　　　　　　　%模拟角频率的分辨率及角频率向量

$M = floor(wc/D);$　　　　　　　% 有效频段的边界下标

$H = [ones(1,M+1),zeros(1,N-2*M-1),ones(1,M)];$

　　　　　　　　　　%按新的频率排序后的频谱

$h = ifft(H/T);$　　　　　　　%用 IFFT 求 h(n)/T

$plot([0:N-1] * T,h);xlabel('t');ylabel('h(t)');$

　　　　　　　　　　%用 plot 直线插值画出 h(t)单位抽样响应

如图 5.31 所示。

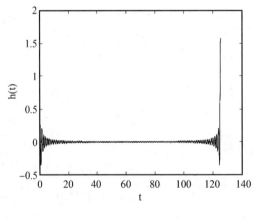

图 5.31

**8. 用 FFT 计算快速卷积**

分别用卷积和快速卷积两种方法求不同卡度序列的卷积,看计算用时有何不同。(示例图为采用 i3－350mm 计算时的次运行结果,不同计算运算用时可能不同)

```
conv_time＝zeros(1,150);fft_time＝zeros(1,150);
for n＝1:200
    L＝n * 500;
    tc＝0;
    tf＝0;
    h＝randn(1,L);
    x＝rand(1,L);
    t0＝clock;
    y1＝conv(h,x);
    t1＝etime(clock,t0);
    tc＝tc＋t1;
    t0＝clock;
    y2＝ifft(fft(h). * fft(x));
    t2＝etime(clock,t0);
    tf＝tf＋t2;
    conv_time(n)＝tc;
    fft_time(n)＝tf;
end
n＝1:150;
plot(n(25:150) * 500,conv_time(25:150),n(25:150) * 500,fft_time(25:150),'r');
title('卷积与快速卷积计算时间比较')
xlabel('序列长度'),ylabel('运算时间/s')
legend('线性卷积','快速卷积')
```

如图 5.32 所示。

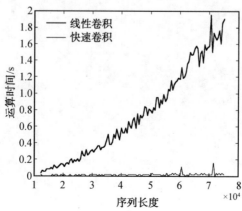

图 5.32　卷积与快速卷积计算时间比较

# 习　　题

1. 如果通用计算机的速度为平均每次复数乘法需要 $50\ \mu s$，每次复数加需要 $10\ \mu s$，用来计算 $N = 1\ 024$ 点 DFT，问直接计算需要多少时间？用 FFT 计算呢？

2. 设 $x(n)$ 是长度为 $2N$ 的有限长实序列，$X(k)$ 为 $x(n)$ 的 $2N$ 点 DFT。

（1）试设计用一次 $N$ 点 FFT 完成计算 $X(k)$ 的高效算法。

（2）若已知 $X(k)$，试设计用一次 $N$ 点 IFFT 实现求 $x(n)$ 的 $2N$ 点 IDFT 运算。

3. 请给出 16 点时域抽选输入倒序、输出顺序基 2-FFT 完整计算流图，注意 $W_N^p$ 及其中 $p$ 值的确定。

# 第6章

## 无限长冲激响应(IIR)数字滤波器结构与设计

## 6.1 数字滤波器设计概述

滤波器可广义的理解为一个信号选择系统,它让某些信号成分通过又阻止或衰减为另一成分。在更多的情况下,滤波器可理解为选频系统,如低通(Low Pass)、高通(High Pass)、带通(Band Pass)、带阻(Band Stop)等。

常用的滤波器有模拟滤波器和数字滤波器。模拟滤波器可以是由 RLC 构成的无源滤波器,也可以是加上运放的有源滤波器,是连续时间系统;而数字滤波器是通过对输入信号进行数值运算的方法来实现的。数字滤波器对输入的数字序列通过特定运算转变成输出的数字序列,如果要处理的是模拟信号,可通过A/D和D/A,在信号形式上进行匹配转换,同样可以使用数字滤波器对模拟信号进行滤波。

### 6.1.1 滤波原理

若滤波器的输入、输出都是离散的,则系统(滤波器)的单位冲激响应也是离散的,这样的滤波器就称为数字滤波器(Digital Filter)。

一个输入序列 $x(n)$ 通过一个单位冲激响应为 $h(n)$ 的线性移不变系统后,其输出响应 $y(n)$ 为

$$y(n) = x(n) * h(n) = \sum_{m=-\infty}^{+\infty} h(m)x(n-m) \qquad (6.1)$$

将上式两边经过傅里叶变换,可得

$$Y(j\omega) = X(j\omega)H(j\omega) \qquad (6.2)$$

式中    $Y(j\omega)$、$X(j\omega)$——输出序列和输入序列的频谱函数;

$H(j\omega)$——系统的频率响应函数。

一般情况下,$H(j\omega)$ 是一个复数,因此可用极坐标形式表示为

$$H(j\omega) = |H(j\omega)| e^{j\varphi(\omega)}$$

式中,$|H(j\omega)|$ 称为幅频特性;$\varphi(\omega)$ 称为相频特性。它们共同构成数字滤波器的频率响应。

可以看出,输入序列的频谱 $X(j\omega)$ 经过系统滤波后,变为 $X(j\omega)H(j\omega)$。如果 $|H(j\omega)|$ 的值在某些频率上是比较小的,则输入信号中的这些频率分量在输出信号中将被抑制掉。因此,只要按照输入信号频谱的特点和处理信号的目的,适当选择 $H(j\omega)$,使得滤波后的信号的频谱 $Y(j\omega) = X(j\omega)H(j\omega)$ 符合人们的要求,这就是数字滤波器的滤波原理。

如图 6.1 所示,具有图 6.1(a) 的频率成分的信号通过具有图 6.1(b) 的幅频特性的系统(滤波器)后,输出信号就只有 $|\omega| \leqslant \omega_c$ 的频率成分,而不再含有 $|\omega| > \omega_c$ 的频率成分。

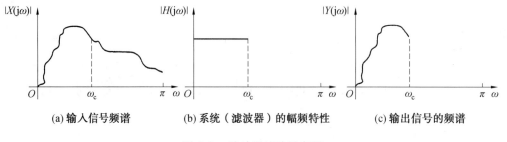

(a) 输入信号频谱          (b) 系统(滤波器)的幅频特性          (c) 输出信号的频谱

图 6.1　滤波器滤波示意图

### 6.1.2　数字滤波器的分类

从滤波器特性上考虑,数字滤波器可以分成数字低通、数字高通、数字带通、数字带阻等滤波器,它们的理想幅频特性如图 6.2 所示。

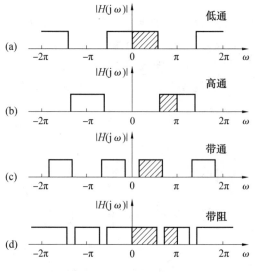

图 6.2　数字滤波器的理想幅频特性

与模拟滤波器不同的是,由于序列的傅里叶变换具有以 $2\pi$ 为周期的周期性。因此,数字滤波器的频率响应也有这种周期性。低通滤波器的通带处于 0 或 $2\pi$ 的整数倍频率附近,高通滤波器的通带则处于 $\pi$ 的奇数倍频率附近。

满足抽样定理时,信号的频率特性只能限带于 $|\omega| < \pi$ 的范围,因此,只需画出 $2\pi$ 范围内的频谱即可。由图 6.2 可知,理想低通滤波器选择出输入信号中的低频分量,而把输入信号频率在 $\omega_c < \omega \leqslant \pi$ 范围内的所有分量全部滤掉;相反,理想高通滤波器使输入信号中频率在 $\omega_c \leqslant \omega \leqslant \pi$ 范围内的所有分量不失真地通过,而滤掉低于 $\omega_c$ 的低频分量;带通滤波器只保留介于低频和高频之间的频率分量。

### 6.1.3　滤波器的幅度逼近

**1. 理想滤波器的不可实现性**

图 6.2 所示的理想滤波器的幅频特性是理想的。它有理想、陡截止的通带和无穷大衰减的阻带两个范围(即从通带到阻带是突变的),这在物理上是无法实现的,因为它们的单位冲激响应均是非因果和无限长的(例如,理想截止角频率为 $\omega_c$ 的低通滤波器的单位冲激响应为 $h_d(n) = \sin(\omega_c n)/n\pi$ $(-\infty < n < +\infty)$。

为了在物理上能够实现,在实际中,我们设计的滤波器只能是在某些准则下对理想滤波器的逼近,这保证了滤波器是物理上可实现的(或者说是因果的)、稳定的。

**2. 实际设计的考虑 —— 因果逼近**

理想滤波器不可实现的原因是它从一个频带(通带(Passband)或阻带(Stopband))到另一个频带(阻带或通带)是突变的。为了在物理上可以实现,可以从一个频带到另一个频带之间设立一个过滤带,且通带和阻带也不是严格的 1 或 0,而是有一定的波动,这种波动应该满足一定的容限。

也就是说,实际设计的滤波器,是用一种因果(物理可实现)的滤波器去对理想滤波器的逼近,滤波器的性能要求往往以频率响应的幅频特性的允许误差来表征,也就是说,这种逼近应满足给定的误差容限。一个实际滤波器的幅频特性在通带中允许有一定的波动,阻带衰减则应大于给定的衰减要求,且在通带与阻带之间允许有一定宽度的过渡带(Transition Band),过渡带宽也要满足一定的要求。

图 6.3 示出了一个实际低通滤波器的幅频特性,特性曲线中有通带、过渡带和阻带三个区间。通带范围是 $0 \leqslant \omega \leqslant \omega_p$,在通带内,幅频特性以误差 $\delta_1$ 逼近于 1,即

$$1 - \delta_1 \leqslant | H(j\omega) | \leqslant 1 + \delta_1 \quad (| \omega | \leqslant \omega_p) \tag{6.3}$$

式中,$\omega_p$ 称为通带截止角频率。

阻带范围是 $\omega_s \leqslant \omega \leqslant \pi$,$\omega_s$ 则称为阻带截止角频率。在阻带内,幅频特性以最大误差 $\delta_2$ 逼近于零,即

$$| H(j\omega) | \leqslant \delta_2 \quad (\omega_s \leqslant | \omega | \leqslant \pi) \tag{6.4}$$

在通带与阻带之间的区域 $\omega_p < \omega < \omega_s$,则称为过渡带,一般要求幅频特性在过渡带内单调下降。

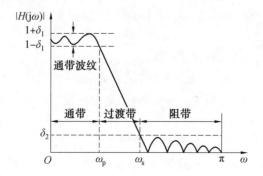

图 6.3　具有通带波纹的低通滤波器幅频特性

实际设计的数字低通滤波器也可能具有单调下降的幅频特性,如图 6.4 所示。

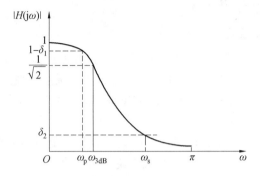

图 6.4 单调下降的低通滤波器幅频特性

此时,通带内最大衰减(通带波纹、带内波动)$A_p$ 和阻带内最小衰减(阻带衰减)$A_s$ 一般用分贝表示,即

$$A_p = -10\lg[\mid H(j\omega_p)\mid]^2 = -20\lg[\mid H(j\omega_p)\mid] = -20\lg(1-\delta_1) \tag{6.5}$$

$$A_s = -10\lg[\mid H(j\omega_s)\mid]^2 = -20\lg[\mid H(j\omega_s)\mid] = -20\lg\delta_2 \tag{6.6}$$

特别地,当 $\mid H(j\omega_{3dB})\mid = \dfrac{1}{\sqrt{2}}$ 时,$-20\lg[\mid H(j\omega_{3dB})\mid] = 3$ dB,因此称 $\omega_{3dB}$ 为滤波器的 3 dB 截止角频率。

### 6.1.4 滤波器的相位特性要求

一个实际的数字滤波器可能对相频特性 $\varphi(\omega)$ 没有过多的要求,只要保证滤波器的稳定性即可。但在现代信号处理的很多场合均要求系统具有线性相位特性,以保证信号通过该系统后不会破坏信号原有的相位信息,便于后续信息的正确提取。而数字滤波器本身就是一个数字系统,此时便要求数字滤波器具有线性相位特性。

设数字滤波器的频率响应为

$$H(j\omega) = \mid H(j\omega)\mid e^{j\varphi(\omega)} \tag{6.7}$$

输入信号为 $x(n)$,其频谱为

$$X(j\omega) = \mid X(j\omega)\mid e^{j\varphi_X(\omega)} \tag{6.8}$$

则该信号通过数字滤波器的输出信号 $y(n)$ 的频谱为

$$Y(j\omega) = X(j\omega)H(j\omega) = \mid Y(j\omega)\mid e^{j\varphi_Y(\omega)} \tag{6.9}$$

式(6.9)中

$$\mid Y(j\omega)\mid = \mid X(j\omega)\mid \cdot \mid H(j\omega)\mid \tag{6.10}$$

$$\varphi_Y(\omega) = \varphi_X(\omega) + \varphi(\omega) \tag{6.11}$$

式(6.10)表示的是输出信号 $y(n)$ 频谱的幅频特性,数字滤波器的滤波特性(低通、高通、带通、带阻等)就是体现在 $\mid Y(j\omega)\mid$ 的变化上,即利用 $\mid H(j\omega)\mid$ 对 $\mid X(j\omega)\mid$ 进行了适当的取舍。

式(6.11)表示的是输出信号 $y(n)$ 频谱的相频特性,若数字滤波器的相频特性 $\varphi(\omega)$ 是线性的,则很容易从输出信号 $y(n)$ 频谱的相频特性 $\varphi_Y(\omega)$ 中将原输入信号 $x(n)$ 频谱的相频特性 $\varphi_X(\omega)$ 提取出来。但若数字滤波器的相频特性是非线性的,则会使以上过程变得困难,甚至难以实现。

### 6.1.5　数字滤波器的实现 ——FIR 型滤波器和 IIR 型滤波器

数字滤波器按单位冲激响应 $h(n)$ 的时域特性可分为无限长冲激响应(Infinite Impulse Response,IIR) 滤波器和有限长冲激响应(Finite Impulse Response,FIR) 滤波器。

IIR 滤波器一般采用递归型结构,$N$ 阶递归型数字滤波器的差分方程为

$$y(n) = \sum_{i=0}^{M} b_i x(n-i) - \sum_{k=1}^{N} a_k y(n-k) \tag{6.12}$$

相应的系统函数为

$$H(z) = \frac{\sum\limits_{i=0}^{M} b_i z^{-i}}{1 + \sum\limits_{k=1}^{N} a_k z^{-k}} \tag{6.13}$$

式(6.12)、(6.13) 中若至少有一个 $a_k \neq 0$ ($k=1,\cdots,N$),该滤波器为 IIR 滤波器,是递归型滤波器,其差分方程及系统函数即为式(6.12) 和式(6.13)。

若 $a_k = 0$ ($k=1,\cdots,N$),该滤波器为 FIR 滤波器,是非递归型滤波器,此时,其差分方程及系统函数分别为

$$y(n) = \sum_{i=0}^{M} b_i x(n-i) \tag{6.14}$$

$$H(z) = \sum_{i=0}^{M} b_i z^{-i} \tag{6.15}$$

### 6.1.6　数字滤波器设计的基本步骤及设计方法

数字滤波器设计的基本步骤如下:

(1) 按照实际任务要求,确定滤波器的性能指标。

(2) 根据不同要求确定采用 IIR 系统函数,还是采用 FIR 系统函数去逼近。

(3) 用一个因果稳定的离散线性移不变系统的系统函数去逼近这一性能要求,即采用某种设计方法确定式(6.12) 或式(6.13) 中的阶数 $M,N$ 及系数 $a_k, b_i$。

(4) 利用有限精度算法来实现这个系统函数,包括选择运算结构、选择合适的字长(包括系数量化及输入变量、中间变量和输出变量的量化) 以及有效数字的处理方法(舍入、截尾) 等。

(5) 验证:验证设计的滤波器是否满足给定的性能指标,如果不满足,则重复步骤(2) ～ (4)。

数字滤波器通常可以分成 IIR 数字滤波器和 FIR 数字滤波器,这两种滤波器的设计方法和性能特点也截然不同。其中 IIR 数字滤波器的设计方法分成间接设计法和直接设计法。间接设计法是借助模拟滤波器设计方法进行设计的,先根据数字滤波器的设计指标设计相应的过渡模拟滤波器,再将过渡模拟滤波器转换成为数字滤波器。直接设计法是在时域或频域直接设计数字滤波器。

FIR 滤波器的设计方法和 IIR 滤波器的设计方法不一样,它不能以模拟滤波器为桥梁来设计,它的主要设计方法包含窗函数法、频率抽样法等,有关它的内容将在第 7 章介绍。

数字滤波器的实现方法有多种,可以用软件在计算机上实现,可以用专用的数字信号处理芯片完成,也可以搭建硬件(用加法器、乘法器、延时器的组合) 实现。

# 6.2 IIR 数字滤波器的网络结构

## 6.2.1 系统函数与网络结构

一般离散时间系统可以用差分方程、单位冲激响应以及系统函数进行描述。一个 $N$ 阶差分表示如下

$$\sum_{k=0}^{N} a_k y(n-k) = \sum_{i=0}^{M} b_i x(n-i), a_0 = 1 \tag{6.16}$$

则其系统函数 $H(z)$ 为

$$H(z) = \frac{Y(z)}{X(z)} = \frac{\displaystyle\sum_{i=0}^{M} b_i z^{-i}}{1 + \displaystyle\sum_{k=1}^{N} a_k z^{-k}} \tag{6.17}$$

式(6.16)直接表示了输入和输出的关系,可以采用递推法求出输出值。式(6.17)的表示方法有多种,一种表示方法代表着一种算法,在实现时对应的实现方法也不同,例如

$$H_1(z) = \frac{1}{1 - 0.6z^{-1} + 0.08z^{-2}}$$

$$H_2(z) = \frac{1}{1 - 0.2z^{-1}} \times \frac{1}{1 - 0.4z^{-1}}$$

$$H_3(z) = \frac{-1}{1 - 0.2z^{-1}} + \frac{2}{1 - 0.4z^{-1}}$$

可以证明以上 $H_1(z) = H_2(z) = H_3(z)$,但它们具有不同的算法。不同的算法代表不同的结构,不同的结构所需的存储单元及乘法次数是不同的,前者影响复杂性,后者影响运算速度。同时对于系统运算误差也有一定的影响,因此研究实现信号处理的算法是一个重要的问题。可用网络结构表示具体的算法,因此网络结构实际表示的是一种运算结构。

## 6.2.2 采用信号流图表示网络结构

本书第 3 章提到,在数字信号处理中存在四种基本运算:延迟、乘系数、相加和分支(有些书上称为三种基本运算,即不包括"分支"),其信号流图如图 3.14(b) 所示。

不同的信号流图代表不同的运算方法,而对于同一个系统函数可以有很多种信号流图与之对应。从基本运算考虑,满足以下条件的称为基本信号流图。

① 信号流图中所有支路都是基本的,即支路增益是常数或者是 $z^{-1}$;

② 流图环路中必须存在延迟支路;

③ 节点和支路的数目是有限的。

如果信号流图不是基本信号流图,则它不能决定一种具体算法。

## 6.2.3 IIR 数字滤波器的基本网络结构

无限长冲激响应(IIR)数字滤波器有以下特点:

(1) 系统的单位冲激响应 $h(n)$ 是无限长的;

（2）系统函数 $H(z)$ 在有限 $z$ 平面上有极点存在；

（3）结构上存在着输出到输入的反馈，也就是结构上是递归的。

但是，同一种系统函数 $H(z)$ 可以有多种不同的结构，它的基本结构分为直接型、级联型、并联型等。

**1. 直接型**（Direct Forms）

将 $N$ 阶差分方程重写如下

$$\sum_{k=0}^{N} a_k y(n-k) = \sum_{i=0}^{M} b_i x(n-i)$$

设 $N=M=2$，根据差分方程可以直接画出网络结构（即信号流图）如图 6.5(a) 所示，图中第一部分系统函数用 $H_1(z)$ 表示，第二部分用 $H_2(z)$ 表示，有 $H(z)=H_1(z)H_2(z)$，当然也可以写成 $H(z)=H_2(z)H_1(z)$，按照该式，相当于 6.5(a) 中两部分互换位置，如图 6.5(b) 所示，互换后前后两部分的延迟支路可以合并，形成如图 6.5(c) 所示的网络结构流图。我们将 6.5(a) 所示的网络结构流图称为 IIR 直接 Ⅰ 型网络结构，而把 6.5(c) 所示的网络结构流图称为直接 Ⅱ 型（规范型、典范型）网络结构。

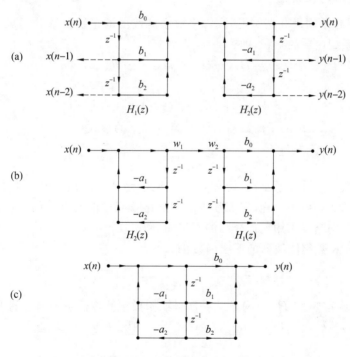

图 6.5　IIR 网络直接型结构

**【例 6.1】**　设 IIR 数字滤波器的系统函数为

$$H(z) = \frac{8z^3 - 4z^2 + 11z - 2}{(z - \frac{1}{4})(z^2 - z + \frac{1}{2})}$$

先将 $H(z)$ 写成 $z^{-1}$ 的多项式形式为

$$H(z) = \frac{8 - 4z^{-1} + 11z^{-2} - 2z^{-3}}{1 - \frac{5}{4}z^{-1} + \frac{3}{4}z^{-2} - \frac{1}{8}z^{-3}}$$

再将其写成差分方程的形式为

$$y(n)=8x(n)-4x(n-1)+11x(n-2)-2x(n-3)+\frac{5}{4}y(n-1)-$$

$$\frac{3}{4}y(n-2)+\frac{1}{8}y(n-3)$$

根据上面差分方程,即可画出直接 Ⅱ 型结构如图 6.6 所示。

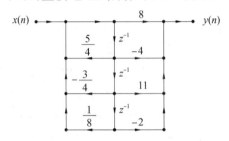

图 6.6　直接 Ⅱ 型结构

**2. 级联型**(Cascade Forms)

IIR 数字滤波器在采用级联型实现时,常将数字滤波器的系统函数分解成为若干个一阶和二阶数字滤波器系统函数的乘积,即

$$H(z)=H_1(z)H_2(z)H_3(z)\cdots H_K(z) \tag{6.18}$$

因此 $Y(z)$ 可以写为

$$Y(z)=H_1(z)H_2(z)H_3(z)\cdots H_K(z)X(z) \tag{6.19}$$

为了节约延时器,其中每一级的子滤波器 $H_i(z)$ 常取以下的形式:

$$H_i(z)=\frac{b_{i0}+b_{i1}z^{-1}+b_{i2}z^{-2}}{1-a_{i1}z^{-1}-a_{i2}z^{-2}} \quad (i=1,2,\cdots,K) \tag{6.20}$$

上式的系数均为实数。因此分子、分母均有多个多项式,组成二阶网络时可能有多种组合,从理论上说每种组合的实现效果一样,但实际中由于量化效应可能会有不同的运算精度。实现时每个一阶或者二阶网络均采用前面介绍的直接 Ⅱ 型实现。

【例 6.2】　设 IIR 数字滤波器的系统函数 $H(z)$ 为

$$H(z)=\frac{8z^3-4z^2+11z-2}{(z-0.25)(z^2-z+0.5)}$$

为了采用级联型实现,将 $H(z)$ 分解为一阶或二阶数字滤波器系统函数的乘积,即

$$H(z)=\frac{8(z-0.189\,9)(z^2-0.310z+1.316\,1)}{(z-0.25)(z^2-z+0.5)}$$

再将其写成 $z^{-1}$ 的形式为

$$H(z)=\frac{(2-0.379\,9z^{-1})}{(1-0.25z^{-1})}\frac{(4-1.240\,2z^{-1}+5.264\,4z^{-2})}{(1-z^{-1}+0.5z^{-2})}$$

则级联型的流图如图 6.7 所示。

**3. 并联型**(Parallel Forms)

IIR 数字滤波器在采用并联实现时,常将数字滤波器的系统函数分解成为若干个一阶和二阶数字滤波器系统函数和的形式,即

$$H(z)=H_1(z)+H_2(z)+H_3(z)+\cdots+H_K(z) \tag{6.21}$$

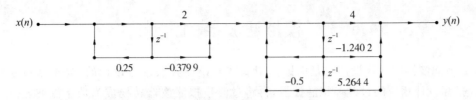

图 6.7　例 6.2 滤波器级联型的流图

因此 $Y(z)$ 可以写成

$$Y(z) = H_1(z)X(z) + H_2(z)X(z) + H_3(z)X(z) + \cdots + H_K(z)X(z) \qquad (6.22)$$

这意味着输入序列 $x(n)$ 通过 $K$ 个滤波器后,在输出端把它们累加起来就可以得到输出 $y(n)$,这种形式称为数字滤波器的并联形式。每个子滤波器 $H_i(z)$ 常取以下的形式:

$$H_i(z) = \frac{b_{i0} + b_{i1}z^{-1}}{1 - a_{i1}z^{-1} - a_{i2}z^{-2}} \qquad (i = 1, 2, \cdots, K) \qquad (6.23)$$

上式的系数均为实数。

**【例 6.3】**　设 IIR 数字滤波器的系统函数 $H(z)$ 为

$$H(z) = \frac{8z^3 - 4z^2 + 11z - 2}{(z - 0.25)(z^2 - z + 0.5)}$$

为了采用并联型实现,将 $H(z)$ 写成 $z^{-1}$ 的展开式,并应用部分分式展开的方法,可得

$$H(z) = \frac{8 - 4z^{-1} + 11z^{-2} - 2z^{-3}}{(1 - 0.25z^{-1})(1 - z^{-1} + 0.5z^{-2})} = \frac{A}{1 - 0.25z^{-1}} + \frac{Bz^{-1} + C}{1 - z^{-1} + 0.5z^{-2}} + D$$

可以求出 $A = 8, B = 20, C = -16, D = 16$,则

$$H(z) = \frac{8}{1 - 0.25z^{-1}} + \frac{20z^{-1} - 16}{1 - z^{-1} + 0.5z^{-2}} + 16$$

若每一部分采用直接 Ⅱ 型实现,其流图如图 6.8 所示。

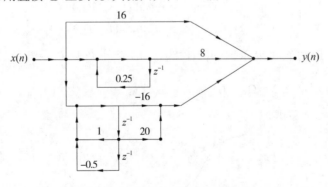

图 6.8　例 6.3 并联型结构流图

由于并联型各个基本环节是并联的,各自的运算误差互不影响,所以不会增加积累误差,比级联型的误差一般来说要稍小一些。另外信号是同时加到各个基本网络上的,实现时速度较快。而级联型的特点是可以单独调整零、极点位置,便于调整滤波器频率响应。

另外还有格型网络结构,读者可以参阅参考文献[26]。

# 6.3 模拟滤波器的设计

IIR 数字滤波器的间接设计法是借助模拟滤波器设计方法进行设计的,先根据数字滤波器的设计指标设计相应的过渡模拟滤波器,再将过渡模拟滤波器转换成为数字滤波器。本节对模拟滤波器的设计做简要介绍。

## 6.3.1 模拟滤波器的设计过程

模拟滤波器的一般设计过程如下:
(1) 根据具体要求确定设计指标;
(2) 选择滤波器类型;
(3) 计算滤波器阶数;
(4) 通过查表或计算确定滤波器系统函数 $H_a(s)$;
(5) 综合实现装配并调试。

## 6.3.2 模拟滤波器设计指标

在进行滤波器设计时,需要确定其性能指标。模拟滤波器的性能指标定义与数字滤波器类似。以低通滤波器为例,模拟滤波器的性能指标有 $A_p$、$\Omega_p$、$A_s$ 和 $\Omega_s$,其中 $\Omega_p$ 和 $\Omega_s$ 分别称为通带截止角频率(Pass-band Cutoff Frequency) 和阻带截止角频率,截止(角)频率有时也称为边界(角)频率,$A_p$ 是通带($0 \sim \Omega_p$)中的最大衰减系数,$A_s$ 是阻带($\Omega \geqslant \Omega_s$)中的最小衰减系数,$A_p$ 和 $A_s$ 一般采用 dB 表示。对于单调下降的幅频特性,如果 $\Omega=0$ 处幅度已归一化到 1,即 $|H_a(j0)|=1$,则 $A_p$ 和 $A_s$ 表示为

$$A_p = -10\lg |H_a(j\Omega_p)|^2 = -20\lg |H_a(j\Omega_p)| \ (\text{dB}) \tag{6.24}$$

$$A_s = -10\lg |H_a(j\Omega_s)|^2 = -20\lg |H_a(j\Omega_s)| \ (\text{dB}) \tag{6.25}$$

以上技术指标可用图 6.9 表示,图中 $\Omega_c$ 为 3 dB 截止角频率 ,因为 $|H_a(j\Omega_c)|=\dfrac{1}{\sqrt{2}}$,$-20\lg |H_a(j\Omega_c)|=3$ dB。$\Delta\Omega = \Omega_s - \Omega_p$ 称为过渡带宽。

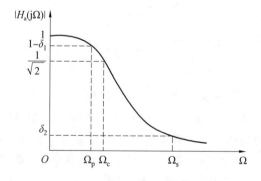

图 6.9 模拟低通滤波器的幅度特性

在一些应用中,模拟低通滤波器的幅度指标以归一化形式给出,如图 6.10 所示。则

$$A_p = -20\lg \mid H_a(j\Omega_p) \mid = -20\lg\left(\frac{1}{\sqrt{1+\varepsilon^2}}\right) = 10\lg(1+\varepsilon^2) \tag{6.26}$$

$$A_s = -20\lg \mid H_a(j\Omega_s) \mid = -20\lg\left(\frac{1}{A}\right) = 20\lg(A) \tag{6.27}$$

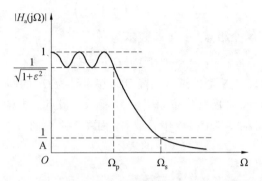

图 6.10　模拟低通滤波器的归一化幅度指标

滤波器的技术指标给定后,需要设计一个系统函数 $H_a(s)$,希望其幅度平方函数 $\mid H_a(j\Omega) \mid^2$ 满足给定的指标 $A_p$ 和 $A_s$,由于滤波器的单位冲激响应为实函数,因此

$$\mid H_a(j\Omega) \mid^2 = H_a(j\Omega) \cdot H_a^*(j\Omega) = H_a(j\Omega)H_a(-j\Omega) = H_a(s)H_a(-s)\mid_{s=j\Omega}$$

式中　　$H_a(s)$—— 模拟滤波器的系统函数,它是 $s$ 的有理函数;

　　　　$\mid H_a(j\Omega) \mid$—— 滤波器的幅频特性。

### 6.3.3　巴特沃斯模拟低通滤波器的设计方法

#### 1. 巴特沃斯低通滤波器的幅度平方函数

$N$ 阶巴特沃斯(Butterworth Low Pass Filter)模拟低通滤波器的幅度平方函数为

$$\mid H_a(j\Omega) \mid^2 = \frac{1}{1+(\Omega/\Omega_c)^{2N}} \tag{6.28}$$

式中　　$N$—— 滤波器的阶数。

当 $\Omega = 0$ 时,$\mid H_a(j\Omega) \mid = 1$;$\Omega = \Omega_c$ 时,$\mid H_a(j\Omega) \mid = \frac{1}{\sqrt{2}}$,$\Omega_c$ 是 3 dB 截止角频率。当 $\Omega > \Omega_c$ 时,随 $\Omega$ 增大,幅度迅速下降。下降速度与阶数 $N$ 有关,$N$ 越大,幅度下降的速度越快,过渡带越窄。幅度特性与 $\Omega$ 和 $N$ 的关系如图 6.11 所示。

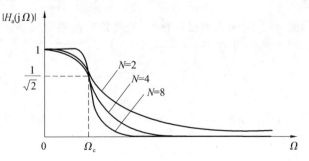

图 6.11　巴特沃斯幅频特性与 $\Omega$ 和 $N$ 的关系

**2. 幅度平方函数的极点分布及 $H_a(s)$ 的构成**

可以将幅度平方函数 $|H_a(j\Omega)|^2$ 写成 $s$ 的函数为

$$H_a(s)H_a(-s) = \frac{1}{1 + \left(\frac{s}{j\Omega_c}\right)^{2N}}$$

此式表明幅度平方函数有 $2N$ 个极点,极点 $s_k$ 表示为

$$s_k = (-1)^{\frac{1}{2N}}(j\Omega_c) = \Omega_c e^{j\pi\left(\frac{1}{2} + \frac{2k+1}{2N}\right)} \tag{6.29}$$

式中,$k = 0, 1, 2, \cdots, 2N-1$。$2N$ 个极点等间隔分布在半径为 $\Omega_c$ 的圆上(该圆称为巴特沃斯圆),间隔是 $\pi/N$ rad。当 $N=3$ 时极点分布如图 6.12 所示。极点以虚轴为对称轴,且不会落在虚轴上。为形成稳定的滤波器,$2N$ 个极点中只取 $s$ 平面左半平面的 $N$ 个极点构成 $H_a(s)$,而右半平面的 $N$ 个极点构成 $H_a(-s)$。则 $H_a(s)$ 的表示式为

$$H_a(s) = \frac{\Omega_c^N}{\prod_{k=0}^{N-1}(s-s_k)} \tag{6.30}$$

这里分子系数为 $\Omega_c^N$,可由 $H_a(s)$ 的低频特性决定,即代入 $H_a(0) = 1$,可求得分子系数 $\Omega_c^N$。

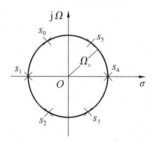

图 6.12　三阶巴特沃斯滤波器极点分布

设 $N=3$,则极点有 6 个,它们分别为

$$s_0 = \Omega_c e^{j\frac{2}{3}\pi}, s_1 = -\Omega_c, s_2 = \Omega_c e^{-j\frac{2}{3}\pi}$$

$$s_3 = \Omega_c e^{-j\frac{1}{3}\pi}, s_4 = \Omega_c, s_5 = \Omega_c e^{j\frac{1}{3}\pi}$$

取 $s$ 平面左半平面的极点 $s_0, s_1, s_2$ 组成 $H_a(s)$,则

$$H_a(s) = \frac{\Omega_c^3}{(s+\Omega_c)(s-\Omega_c e^{j\frac{2}{3}\pi})(s-\Omega_c e^{-j\frac{2}{3}\pi})}$$

**3. 频率归一化问题**

由于各滤波器的幅频特性不同,为使设计统一,应将所有的频率归一化。这里采用对 3 dB 截止角频率 $\Omega_c$ 归一化,归一化后的 $H_a(s)$ 表示为

$$H_a(s) = \frac{1}{\prod_{k=0}^{N-1}\left(\frac{s}{\Omega_c} - \frac{s_k}{\Omega_c}\right)} \tag{6.31}$$

式中,$s/\Omega_c = j\Omega/\Omega_c$。令 $\lambda = \Omega/\Omega_c$,$\lambda$ 称为归一化频率。令 $p = j\lambda$,$p$ 称为归一化复变量,这样归一化巴特沃斯的系统函数为

$$H_a(p) = \frac{1}{\prod_{k=0}^{N-1}(p-p_k)} \tag{6.32}$$

其中，$p = \mathrm{j}\lambda = \dfrac{s}{\Omega_c}$；$p_k$ 为归一化极点，表示为

$$p_k = \frac{s_k}{\Omega_c} = \mathrm{e}^{\mathrm{j}\pi\left(\frac{1}{2}+\frac{2k+1}{2N}\right)} \quad (k=0,1,\cdots,N-1) \tag{6.33}$$

这样只要根据技术指标求出阶数 $N$，即可按照式(6.33)求出 $N$ 个极点，再按照式(6.32)得到归一化的系统函数 $H_a(p)$。经过整理，还可以得到 $H_a(p)$ 的如下形式(即分母是 $p$ 的 $N$ 阶多项式)：

$$H_a(p) = \frac{1}{b_0 + b_1 p + b_2 p^2 + \cdots + b_{N-1}p^{N-1} + p^N} = \frac{1}{B(p)} \tag{6.34}$$

归一化的系统函数 $H_a(p)$ 的系数 $b_k(k=0,1,2,\cdots,N-1)$ 以及极点可以从表6.1查出，表中还给出了 $H_a(p)$ 的因式分解形式中的各个系数，这样只要求出阶数 $N$，查表可得到 $H_a(p)$ 及各极点，节约大量时间。

　　$H_a(p)$ 并不是实际的滤波器系统函数，在确定 $\Omega_c$ 后，还应去归一化，才能得到实际的系统函数 $H_a(s)$，即将 $p = \mathrm{j}\lambda = \dfrac{s}{\Omega_c}$ 代入 $H_a(p)$ 中，便得到 $H_a(s)$。

### 表 6.1　巴特沃斯归一化低通滤波器参数

| 极点位置 / 阶数 $N$ | $P_{0,N-1}$ | $P_{1,N-2}$ | $P_{2,N-3}$ | $P_{3,N-4}$ | $P_4$ |
|---|---|---|---|---|---|
| 1 | $-1.0000$ | | | | |
| 2 | $-0.7071\pm\mathrm{j}0.7071$ | | | | |
| 3 | $-0.5000\pm\mathrm{j}0.8660$ | $-1.0000$ | | | |
| 4 | $-0.3827\pm\mathrm{j}0.9239$ | $-0.9239\pm\mathrm{j}0.3827$ | | | |
| 5 | $-0.3090\pm\mathrm{j}0.9511$ | $-0.8090\pm\mathrm{j}0.5878$ | $-1.0000$ | | |
| 6 | $-0.2588\pm\mathrm{j}0.9659$ | $-0.7071\pm\mathrm{j}0.7071$ | $-0.9659\pm\mathrm{j}0.2588$ | | |
| 7 | $-0.2225\pm\mathrm{j}0.9749$ | $-0.6235\pm\mathrm{j}0.7818$ | $-0.9010\pm\mathrm{j}0.4339$ | $-1.0000$ | |
| 8 | $0.1951\pm\mathrm{j}0.9808$ | $0.5556\pm\mathrm{j}0.8315$ | $-0.8315\pm\mathrm{j}0.5556$ | $-0.9808\pm\mathrm{j}0.1951$ | |
| 9 | $-0.1736\pm\mathrm{j}0.9848$ | $-0.5000\pm\mathrm{j}0.8660$ | $-0.7660\pm\mathrm{j}0.6428$ | $-0.9397\pm\mathrm{j}0.3420$ | $-1.0000$ |

| 分母多项式 / 阶数 $N$ | $B(p) = b_0 + b_1 p + b_2 p^2 + \cdots + b_{N-1}p^{N-1} + p^N$ | | | | | | | | |
|---|---|---|---|---|---|---|---|---|---|
| | $b_0$ | $b_1$ | $b_2$ | $b_3$ | $b_4$ | $b_5$ | $b_6$ | $b_7$ | $b_8$ |
| 1 | $1.0000$ | | | | | | | | |
| 2 | $1.0000$ | $1.4142$ | | | | | | | |
| 3 | $1.0000$ | $2.0000$ | $2.0000$ | | | | | | |
| 4 | $1.0000$ | $2.6131$ | $3.4142$ | $2.613$ | | | | | |
| 5 | $1.0000$ | $3.2361$ | $5.2361$ | $5.2361$ | $3.2361$ | | | | |
| 6 | $1.0000$ | $3.8637$ | $7.4641$ | $9.1416$ | $7.4641$ | $3.8637$ | | | |
| 7 | $1.0000$ | $4.4940$ | $10.0978$ | $14.5918$ | $14.5918$ | $10.0978$ | $4.4940$ | | |
| 8 | $1.0000$ | $5.1258$ | $13.1371$ | $21.8462$ | $25.6884$ | $21.8642$ | $13.1371$ | $5.1258$ | |
| 9 | $1.0000$ | $5.7588$ | $16.5817$ | $31.1634$ | $41.9864$ | $41.9864$ | $31.1634$ | $16.5817$ | $5.7588$ |

**续表 6.1**

| 分母因式<br>阶数 N | $B(p) = B_1(p)B_2(p)B_3(p)B_4(p)B_5(p)$ |
|---|---|
| 1 | $(p+1)$ |
| 2 | $(p^2 + 1.414\,2p + 1)$ |
| 3 | $(p^2 + p + 1)(p+1)$ |
| 4 | $(p^2 + 0.765\,4p + 1)(p^2 + 1.847\,8p + 1)$ |
| 5 | $(p^2 + 0.618\,0p + 1)(p^2 + 1.618\,0p + 1)(p+1)$ |
| 6 | $(p^2 + 0.517\,6p + 1)(p^2 + 1.414\,2p + 1)(p^2 + 1.931\,9p + 1)$ |
| 7 | $(p^2 + 0.445\,0p + 1)(p^2 + 1.247\,0p + 1)(p^2 + 1.801\,9p + 1)(p+1)$ |
| 8 | $(p^2 + 0.390\,2p + 1)(p^2 + 1.111\,1p + 1)(p^2 + 1.662\,9p + 1)(p^2 + 1.961\,6p + 1)$ |
| 9 | $(p^2 + 0.347\,3p + 1)(p^2 + p + 1)(p^2 + 1.532\,1p + 1)(p^2 + 1.879\,4p + 1)(p+1)$ |

**4. 阶数 $N$ 的确定**

阶数 $N$ 的大小主要影响幅频特性下降速度,它应该由技术指标 $A_p$、$\Omega_p$、$A_s$ 和 $\Omega_s$ 确定。将 $\Omega = \Omega_p$ 代入幅度平方函数式(6.28)中,再将幅度平方函数 $|H_a(j\Omega_p)|^2$ 代入式(6.24),得到

$$1 + \left(\frac{\Omega_p}{\Omega_c}\right)^{2N} = 10^{A_p/10} \tag{6.35}$$

将 $\Omega = \Omega_s$ 代入式(6.28),再将 $|H_a(j\Omega_s)|^2$ 代入式(6.25),得

$$1 + \left(\frac{\Omega_s}{\Omega_c}\right)^{2N} = 10^{A_s/10} \tag{6.36}$$

由式(6.35)和式(6.36)得

$$\left(\frac{\Omega_p}{\Omega_s}\right)^N = \sqrt{\frac{10^{A_p/10} - 1}{10^{A_s/10} - 1}}$$

令 $\lambda_{sp} = \Omega_s/\Omega_p$,$k_{sp} = \sqrt{\dfrac{10^{A_p/10} - 1}{10^{A_s/10} - 1}}$,则 $N$ 由下式表示:

$$N = -\frac{\lg k_{sp}}{\lg \lambda_{sp}} = \frac{\lg\left[(10^{A_p/10} - 1)/(10^{A_s/10} - 1)\right]}{2\lg(\Omega_p/\Omega_s)} \tag{6.37}$$

用上式求出的 $N$ 可能有小数部分,应该取大于或等于 $N$ 的最小整数。关于 3 dB 截止角频率 $\Omega_c$,如果技术指标没有给出,可以按照式(6.35)或式(6.36)求出,如果由式(6.35)求出,则阻带指标有富余量;如果由式(6.36)求出,则通带指标有富余量。

**5. 设计步骤**

总结以上,低通巴特沃斯滤波器的设计步骤如下:

(1) 根据技术指标 $\Omega_p$、$A_p$、$\Omega_s$ 和 $A_s$,用确定滤波器的阶数 $N$;

(2) 求出归一化极点 $p_k$,进而得到归一化系统函数 $H_a(p)$;

(3) 将 $H_a(p)$ 去归一化。将 $p = s/\Omega_c$ 代入 $H_a(p)$,得到实际的滤波器系统函数 $H_a(s)$。

**【例 6.4】** 已知通带截止频率 $f_p = 5$ kHz,通带最大衰减 $A_p = 2$ dB,阻带截止频率 $f_s =$

12 kHz,阻带最小衰减 $A_s = 30$ dB,按照以上技术指标设计巴特沃斯低通滤波器。

**解**　(1) 确定阶数 $N$

$$k_{sp} = \sqrt{\frac{10^{0.1A_p} - 1}{10^{0.1A_s} - 1}} = 0.024\ 2$$

$$\lambda_{sp} = \frac{2\pi f_s}{2\pi f_p} = 2.4$$

$$N = -\frac{\lg 0.024\ 2}{\lg 2.4} = 4.25$$

取 $N = 5$。

(2) 求极点分别为

$$p_0 = e^{j\frac{3}{5}\pi}, \quad p_1 = e^{j\frac{4}{5}\pi}, \quad p_2 = e^{j\pi}, \quad p_3 = e^{j\frac{6}{5}\pi}, \quad p_4 = e^{j\frac{7}{5}\pi}$$

(3) 则归一化系统函数为

$$H_a(p) = \frac{1}{\prod\limits_{k=0}^{4} (p - p_k)}$$

上式分母可以展开成为五阶多项式,或者将共轭极点放在一起,形成因式分解形式。也可以直接查表,由 $N = 5$,得到极点:$-0.309\ 0 \pm j0.951\ 1, -0.809\ 0 \pm j0.587\ 8, -1.000\ 0$。

$$H_a(p) = \frac{1}{b_0 + b_1 p + b_2 p^2 + b_3 p^3 + b_4 p^4 + p^5}$$

$b_0 = 1.000\ 0, b_1 = 3.236\ 1, b_2 = 5.236\ 1, b_3 = 5.236\ 1, b_4 = 3.236\ 1$

为将 $H_a(p)$ 去归一化,先求 3 dB 截止角频率 $\Omega_c$。由式(6.35)和式(6.36)可分别推出

$$\Omega_c = \Omega_p (10^{0.1A_p} - 1)^{-\frac{1}{2N}} = 2\pi \cdot 5.275\ 5 \text{ krad/s}$$

或

$$\Omega_c = \Omega_s (10^{0.1A_s} - 1)^{-\frac{1}{2N}} = 2\pi \cdot 6.014\ 8 \text{ krad/s}$$

将 $p = s/\Omega_c$ 代入 $H_a(p)$ 中得到

$$H_a(s) = \frac{\Omega_c^5}{b_0 \Omega_c^5 + b_1 \Omega_c^4 s + b_2 \Omega_c^3 s^2 + b_3 \Omega_c^2 s^3 + b_4 \Omega_c s^4 + s^5}$$

### 6.3.4　切比雪夫模拟滤波器的设计方法

巴特沃斯滤波器的频率特性曲线,无论在通带和阻带内都是频率的单调函数,因此,当通带边界处满足指标要求时,通带内肯定有余量。更有效的设计方法是将精度均匀地分布在整个通带内,或者均匀地分布在整个阻带内,或者同时分布在两者之间,从而就可以用阶数较低的系统满足设计要求,这可以通过选择具有等波纹特性(Equiripple Behavior)的逼近函数来满足。

切比雪夫滤波器(Chebychev Filter) 主要分两种:切比雪夫 Ⅰ 型和切比雪夫 Ⅱ 型。切比雪夫 Ⅰ 型特点为幅频特性在通带内是等波纹的,在阻带内是单调的。切比雪夫 Ⅱ 型特点为幅频特性在通带内是单调的,在阻带内是等波纹的。

下面仅简单介绍切比雪夫 Ⅰ 型的设计方法。

$N$ 阶切比雪夫 Ⅰ 型模拟低通滤波器 $H_a(s)$ 的幅度平方函数为

$$|H_a(j\Omega)|^2 = \frac{1}{1 + \varepsilon^2 C_N^2 (\Omega/\Omega_p)} \tag{6.38}$$

式中,$\varepsilon$ 为小于 1 的正数,表示通带波纹幅度参数。$C_N(x)$ 是 $N$ 阶切比雪夫多项式,定义为

$$C_N(\Omega) = \begin{cases} \cos(N\mathrm{arccos}\,\Omega) & (|\Omega| \leqslant 1) \\ \cosh(N\mathrm{arcosh}\,\Omega) & (|\Omega| > 1) \end{cases} \qquad (6.39)$$

当 $N=0$ 时,$C_0(\Omega)=1$;当 $N=1$ 时,$C_1(\Omega)=\Omega$;当 $N=2$ 时,$C_2(\Omega)=2\Omega^2-1$;当 $N=3$ 时,$C_3(\Omega)=4\Omega^3-3\Omega$。

由此可归纳出高阶切比雪夫多项式特性为

$$C_N(\Omega) = 2\Omega C_{N-1}(\Omega) - C_{N-2}(\Omega) \qquad (N \geqslant 2) \qquad (6.40)$$

对两个不同的阶数 $N$,取相同的通带波纹幅度参数 $\varepsilon$,切比雪夫 Ⅰ 型模拟低通滤波器幅频特性曲线可参考图 6.10。图 6.13 给出了不同阶数 $N$ 的切比雪夫 Ⅰ 型模拟低通滤波器幅频特性曲线。图 6.13 中通带最大衰减 $A_p=1$ dB,$\varepsilon=0.508\,8$。由图 6.13 可见,幅频特性曲线在通带 $[0,1]$ 内为等波纹,当 $\Omega > 1$ 时,单调下降,而且阶数 $N$ 越大过渡带越窄。

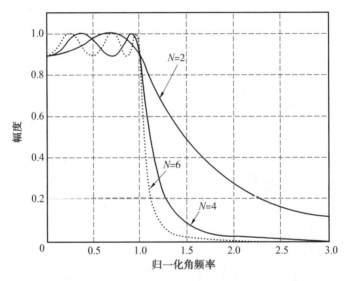

图 6.13 切比雪夫 Ⅰ 型模拟低通滤波器幅频特性曲线

切比雪夫 Ⅰ 型模拟低通滤波器的阶数 $N$ 由所给通带截止角频率 $\Omega_p$、通带波纹参数 $\varepsilon$、阻带截止角频率 $\Omega_s$ 和阻带波纹($1/A$)共同决定。从式(6.39)和式(6.40)得

$$|H_a(\mathrm{j}\Omega_s)|^2 = \frac{1}{1+\varepsilon^2 C_N^2(\Omega_s/\Omega_p)} = \frac{1}{1+\varepsilon^2\{\cosh[N\mathrm{arcosh}(\Omega_s/\Omega_p)]\}^2} = \frac{1}{A^2} \quad (6.41)$$

求解上式得

$$N = \frac{\mathrm{arcosh}(\sqrt{A^2-1}/\varepsilon)}{\mathrm{arcosh}(\Omega_s/\Omega_p)} \qquad (6.42)$$

用上式计算 $N$ 时,利用恒等式 $\mathrm{arcosh}(x) = \ln(x+\sqrt{x^2-1})$ 较为方便,当然最后 $N$ 取大于等于式(6.42)计算结果的最小整数。

系统函数为

$$H_a(s) = \frac{\Omega_p^N}{\prod_{k=0}^{N-1}(s-s_k)} \qquad (6.43)$$

式中 $s_k$——$s$ 平面左半平面的极点。

# 6.4　无限冲激响应数字滤波器设计的模拟－数字转换法

利用模拟滤波器来设计数字滤波器(模拟－数字转换法),也就是使数字滤波器能模仿模拟滤波器的特性。因此,利用模拟滤波器来完成数字滤波器的设计,就需要先确定模拟滤波器的 $H_a(s)$,进而确定数字滤波器的系统函数 $H(z)$。 它实际上是由 $s$ 平面到 $z$ 平面间的一种映射转换,此时必须满足两种基本要求:

(1) $H(z)$ 的频率响应要能模仿 $H_a(s)$ 的频率响应,即 $s$ 平面的虚轴必须映射到 $z$ 平面的单位圆上。

(2) 因果稳定的模拟滤波器 $H_a(s)$ 转换成数字滤波器 $H(z)$,仍是因果稳定的。也就是 $s$ 平面的左半平面应该映射到 $z$ 平面的单位圆内。

将系统函数 $H_a(s)$ 从 $s$ 平面映射到 $z$ 平面可以有多种方法,主要有时域转换法和频域转换法。前者是使数字滤波器时域响应与模拟滤波器的时域响应的抽样值相等,冲激不变法、阶跃不变法属于该类方法;后者则是使数字滤波器在 $-\pi \leqslant \Omega T_s < \pi$ 范围内的幅度特性和模拟滤波器的幅度特性一致,双线性变换法属于该类方法。

## 6.4.1　冲激(响应)不变法(脉冲响应不变法)

### 1. 变换原理

冲激不变法是从滤波器的单位冲激响应出发,是依据数字滤波器的单位冲激响应 $h(n)$ 与模拟滤波器的单位冲激响应 $h_a(t)$ 在抽样点上的值相等,即

$$h(n) = h_a(t) \mid_{t=nT_s} = h_a(nT_s) \tag{6.44}$$

来得到变换关系(式中, $T_s$ 是抽样间隔)。

如果给定模拟滤波器的系统函数 $H_a(s)$,则 $h_a(t)$ 就是 $H_a(s)$ 的拉普拉斯反变换:

$$h_a(t) = L^{-1}[H_a(s)] \tag{6.45}$$

于是,所求数字滤波器的系统函数为

$$H(z) = Z[h(n)] = Z\{L^{-1}[H_a(s)] \mid_{t=nT_s}\} \tag{6.46}$$

### 2. 模拟滤波器的数字化方法

若模拟滤波器的系统函数 $H_a(s)$ 只有单阶极点,且分母的阶次大于分子的阶次,则有

$$H_a(s) = \sum_{k=1}^{N} \frac{A_k}{s - s_k} \tag{6.47}$$

相应的单位冲激响应为

$$h_a(t) = L^{-1}[H_a(s)] = \sum_{k=1}^{N} A_k e^{s_k t} u(t) \tag{6.48}$$

因此,冲激不变法转换得到的数字滤波器的单位冲激响应为

$$h(n) = h_a(nT_s) = \sum_{k=1}^{N} A_k e^{s_k n T_s} u(n) = \sum_{k=1}^{N} A_k (e^{s_k T_s})^n u(n) \tag{6.49}$$

对 $h(n)$ 求 $Z$ 变换,即得数字滤波器的系统函数

$$H(z) = Z[h(n)] = Z\Big[\sum_{k=1}^{N} A_k \ (e^{s_k T_s})^n u(n)\Big] = \sum_{k=1}^{N} A_k Z\big[(e^{s_k T_s})^n u(n)\big] =$$

$$\sum_{k=1}^{N} \frac{A_k}{1 - e^{s_k T_s} z^{-1}} = \sum_{k=1}^{N} \frac{A_k}{1 - p_k z^{-1}} \tag{6.50}$$

将式(6.47)、(6.50)对比可见：

①$s$ 平面的每一个单阶极点 $s_k$ 映射到 $z$ 平面上的单阶极点 $p_k$。

$$p_k = e^{s_k T_s} \tag{6.51}$$

②$H_a(s)$ 与 $H(z)$ 的部分分式的系数是相同的，都是 $A_k$。

根据以上分析可知：

① 若模拟滤波器的系统函数的极点是单阶，则可将其展开成部分分式表达，冲激响应不变法的设计步骤可不再经历 $H_a(s) \to h_a(t) \to h(n) \to H(z)$ 的过程，而是直接将 $H_a(s)$ 写成若干个单极点的部分分式之和的形式，然后将各个部分分式依据上述原则转换成数字系统的部分分式，从而得到所需的数字滤波器系统函数 $H(z)$。

② 若模拟滤波器的极点不是单阶的，则应按照 $H_a(s) \to h_a(t) \to h(n) \to H(z)$ 的过程来设计数字滤波器 $H(z)$。

**3. 冲激不变法的特点**

（1）如果模拟滤波器是因果稳定的，则数字滤波器也是因果稳定的。因为，模拟滤波器是因果稳定的，则所有极点 $s_k$ 位于 $s$ 平面的左半平面，即 $\text{Re}[s_k] < 0$，则变换后的数字滤波器的全部极点 $|p_k| = |e^{s_k T_s}| = e^{\text{Re}[s_k] T_s} < 1$，因此数字滤波器也是因果稳定的。

（2）一个线性相位的模拟滤波器通过冲激不变法得到的仍然是一个线性相位的数字滤波器。

从以上讨论可以看出，冲激不变法使得数字滤波器的单位冲激响应完全模仿模拟滤波器的单位冲激响应，也就是时域逼近良好，而且模拟角频率 $\Omega$ 和数字角频率 $\omega$ 之间呈线性关系 $\omega = \Omega T_s$。因而，一个线性相位的模拟滤波器（例如贝塞尔滤波器）通过冲激响应不变法得到的数字滤波器的相频特性从理论上讲仍然是线性的。

（3）$s$ 平面到 $z$ 平面的映射是多值的，存在混叠失真，只适用于带宽有限的滤波器设计。

为说明此问题，设 $H_a(s)$ 在 $s$ 平面上有两个单阶极点 $s_1$ 和 $s_2$，它们的实部相等，虚部相差 $\dfrac{2\pi}{T_s} r$ $(r = \pm 1, \pm 2, \pm 3, \cdots)$，即

$$s_1 = \sigma_1 + j\Omega_1$$
$$s_2 = \sigma_2 + j\Omega_2$$

其中，$\sigma_1 = \sigma_2$，$\Omega_2 = \Omega_1 + \dfrac{2\pi}{T_s} r$，由式(6.51)可求得它们映射到 $z$ 平面的单阶极点分别为

$$p_1 = e^{s_1 T_s} = e^{(\sigma_1 + j\Omega_1) T_s} = e^{\sigma_1 T_s} \cdot e^{j\Omega_1 T_s} = |p_1| e^{j\Omega_1 T_s}$$

$$p_2 = e^{s_2 T_s} = e^{(\sigma_2 + j\Omega_2) T_s} = e^{\sigma_2 T_s} e^{j\Omega_2 T_s} = e^{\sigma_1 T_s} e^{j(\Omega_1 + \frac{2\pi}{T_s} r) T_s} =$$

$$|p_1| e^{j\Omega_1 T_s} e^{j2\pi r} = |p_1| e^{j\Omega_1 T_s} = p_1$$

即 $s$ 平面上实部相等、虚部相差 $\dfrac{2\pi}{T_s} r$ 的多个单阶极点映射到 $z$ 平面上同一个单阶极点。由此可见，冲激不变法将模拟滤波器的 $s$ 平面内宽度为 $2\pi/T_s$ 的带状区映射成数字滤波器整个 $z$ 平

面;$s$ 平面中每一带状区的左半边映入 $z$ 平面单位圆内;$s$ 平面中每一带状区的右半边映射到 $z$ 平面单位圆外部,如图 6.14 所示。

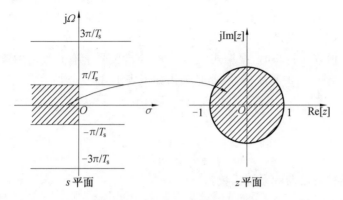

图 6.14　冲激不变法的映射关系

根据抽样定理,数字滤波器的频率响应和模拟滤波器的频率响应间的关系为

$$H(\mathrm{j}\omega) = \frac{1}{T_s} \sum_{k=-\infty}^{+\infty} H_a \left( \mathrm{j}\, \frac{\omega - 2\pi k}{T_s} \right) \tag{6.52}$$

因此,如果模拟滤波器的频率响应是限带(带宽有限)的,并且

$$H_a(\mathrm{j}\Omega) = 0 \quad (\,|\, \Omega\,| \geqslant \pi/T_s = \frac{\Omega_s}{2} = \pi f_s, f_s = 1/T_s)$$

才能使数字滤波器的频率响应在折叠频率以内重现模拟滤波器的频率响应,而不产生混叠失真,即

$$H(\mathrm{j}\omega) = \frac{1}{T_s} H_a \left( \mathrm{j}\, \frac{\omega}{T_s} \right) \quad (\,|\, \omega\,| < \pi) \tag{6.53}$$

由式(6.53)可以看出,冲激不变法频率坐标的变换是线性的($\omega = \Omega T_s$),因此变换不会改变原来的相位特性。

但是,任何一个实际滤波器的频率响应都不可能是真正限带的,所以由式(6.52)就会出现频谱交叠现象,引起频率响应失真,如图 6.15 所示。所以,冲激不变法只适用于限带的模拟滤波器(例如,衰减特性很好的低通或带通滤波器),而且高频衰减越快,混叠效应越小。至于高通和带阻滤波器,由于它们在高频部分不衰减,因此不适合采用冲激不变法进行转换。

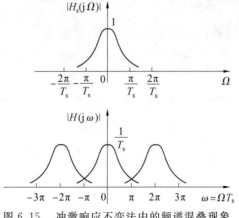

图 6.15　冲激响应不变法中的频谱混叠现象

#### 4. 减少混叠失真的方法

为了减少混叠失真,设计时应减少 $T_s$ 值,提高折叠频率,使在折叠频率处的衰减加大,但这就会导致数字滤波器的指标发生变化。由于这种方法只适于限带滤波器,所以对高通或带阻数字滤波器的设计是不适用的。

顺便指出,当 $T_s$ 值取得过小时,根据式(6.53),数字滤波器会有较高的增益。因此可以不用式(6.50)建立数字滤波器的系统函数,而是采用如下表示式

$$H(z) = \sum_{k=1}^{N} \frac{T_s A_k}{1 - \mathrm{e}^{s_k T_s} z^{-1}} \tag{6.54}$$

对应的冲激响应为

$$h(n) = T_s h_a(nT_s) \tag{6.55}$$

【例 6.5】 设模拟滤波器的系统函数为

$$H_a(s) = \frac{1}{s^2 + 5s + 6}$$

试利用冲激不变法(设 $T_s = 1$)将 $H_a(s)$ 转换成 IIR 数字滤波器的系统函数 $H(z)$。

**解** 因为

$$H_a(s) = \frac{1}{s^2 + 5s + 6} = \frac{1}{s+2} - \frac{1}{s+3}$$

所以

$$H(z) = \frac{T_s}{1 - z^{-1}\mathrm{e}^{-2T_s}} - \frac{T_s}{1 - z^{-1}\mathrm{e}^{-3T_s}} = \frac{T_s z^{-1}(\mathrm{e}^{-2T_s} - \mathrm{e}^{-3T_s})}{1 - z^{-1}(\mathrm{e}^{-2T_s} + \mathrm{e}^{-3T_s}) + z^{-2}\mathrm{e}^{-5T_s}}$$

由 $T_s = 1$ 有

$$H(z) = \frac{0.085\ 5z^{-1}}{1 - 0.185\ 1z^{-1} + 0.006\ 7z^{-2}}$$

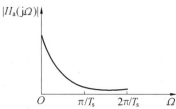

这是二阶递归型数字滤波器。它的两个极点是模拟滤波器系统函数的两个极点在 $z$ 平面中的映射。它还有两个零点,一个位于原点,另一个位于无穷远点。由图 6.16 可看出,由于 $H_a(\mathrm{j}\Omega)$ 不是限带的,在折叠频率附近仍不为零,所以数字滤波器的频率响应 $H(\mathrm{j}\omega)$ 产生了严重的频谱混叠失真。

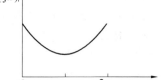

图 6.16 例 6.5 的幅频特性

### 6.4.2 阶跃(响应)不变法

阶跃不变法是使数字滤波器的阶跃响应 $h_s(n)$ 与模拟滤波器的阶跃响应抽样值 $h_{s_a}(nT_s)$ 相等来得到变换关系的,即

$$h_s(n) = h_{s_a}(t)\big|_{t=nT_s} = h_{s_a}(nT_s) \tag{6.56}$$

根据阶跃响应的定义,模拟滤波器的阶跃响应为

$$h_{s_a}(t) = \int_{-\infty}^{+\infty} u(\tau) h_a(t-\tau) \mathrm{d}\tau \tag{6.57}$$

其拉普拉斯变换为

$$H_{s_a}(s) = \frac{1}{s} H_a(s) \tag{6.58}$$

所以,阶跃响应的 Z 变换为

$$H_s(z) = Z[h_s(n)] = Z\{L^{-1}[H_{s_a}(s)]\mid_{t=nT_s}\} = Z\{L^{-1}[\frac{1}{s}H_a(s)]\mid_{t=nT_s}\} \tag{6.59}$$

又由于

$$h(n) = h_s(n) - h_s(n-1) \tag{6.60}$$

其对应的 Z 变换为

$$H(z) = \frac{z-1}{z}H_s(z) \tag{6.61}$$

因此

$$H(z) = \frac{z-1}{z}Z\{L^{-1}[\frac{1}{s}H_a(s)]\mid_{t=nT_s}\} \tag{6.62}$$

这就是用阶跃不变法由模拟滤波器求得响应数字滤波器系统函数的表达式。也就是说，如果给定了模拟滤波器的系统函数 $H_a(s)$，保持阶跃不变时，可按下面方法求数字滤波器的系统函数。步骤如下：先把 $H_a(s)/s$ 展成部分分式，然后按照冲激不变法的数字化过程求出 $H_s(z)$，再乘以 $(z-1)/z$，即为所要求的 $H(z)$。

用阶跃不变法设计的滤波器与用冲激不变法设计的滤波器一样，也会产生混叠现象。但是，由于式(6.62)括号中比式(6.46)的括号中多了一个因子 $1/s$，因而在高频段将有一定的衰减，因此，对同一个滤波器的系统函数，阶跃不变法所引入的混叠误差将比冲激不变法小，但变换过程比冲激不变法更加复杂，因此并未得到广泛应用。

### 6.4.3　双线性变换法

#### 1. 变换原理

冲激不变法产生频率响应的混叠失真的原因是：冲激不变法从 $s$ 平面到 $z$ 平面的映射是多值的，其将模拟滤波器的 $s$ 平面内宽度为 $2\pi/T_s$ 的带状区都映射到数字滤波器的整个 $z$ 平面；$s$ 平面中每一带状区的左半边映入 $z$ 平面单位圆内；$s$ 平面中每一带状区的右半边映射到 $z$ 平面单位圆外部。

为了克服这一缺点，可以采用非线性频率压缩方法，将整个频率轴上的频率范围压缩到 $-\pi/T_s \sim \pi/T_s$ 之间的 $2\pi/T_s$ 的带状区，然后再采用冲激不变法用 $z=e^{sT_s}$ 将此条带转换到 $z$ 平面上。即：① 采用某种变换将整个 $s$ 平面压缩映射到 $s_1$ 平面的 $-\pi/T_s \sim \pi/T_s$ 一条横带里；② 通过变换关系 $z=e^{s_1 T_s}$ 将此横带变换到整个 $z$ 平面上去。这样就使 $s$ 平面与 $z$ 平面建立了一一对应的单值关系，消除了多值变换性，也就消除了频谱混叠现象，映射关系如图 6.17 所示。

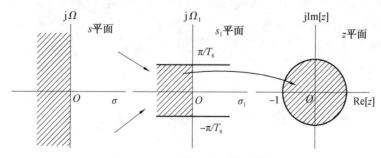

图 6.17　双线性变换法的映射关系

### 2. 双线性变换公式

下面我们按照上述步骤建立 $s$ 平面到 $z$ 平面的映射关系。

(1) $s$ 到 $s_1$ 平面的映射。

为了建立 $s$ 到 $s_1$ 平面的映射,首先建立 $s$ 平面的整个虚轴 $j\Omega$ 压缩到 $s_1$ 平面 $j\Omega_1$ 轴上的映射关系。

将 $\Omega$ 从 $(-\infty, +\infty)$ 的范围压缩到 $\Omega_1$ 轴上的 $-\pi/T_s$ 到 $\pi/T_s$ 段上,有许多函数使用,这里通过以下的正切变换实现(如图 6.18 所示)。

$$\Omega = C\tan\left(\frac{\Omega_1 T_s}{2}\right) \tag{6.63}$$

式中,$C$ 是一个大于 0 的常数。引入 $C$ 是为了控制数字滤波器的截止频率等指标。

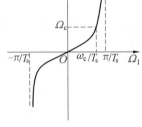

于是

$$j\Omega = jC\tan\left(\frac{\Omega_1 T_s}{2}\right) = jC\frac{\sin(\Omega_1 T_s/2)}{\cos(\Omega_1 T_s/2)} =$$

$$jC\frac{[e^{j\Omega_1 T_s/2} - e^{-j\Omega_1 T_s/2}]/(2j)}{[e^{j\Omega_1 T_s/2} + e^{-j\Omega_1 T_s/2}]/2} = C\frac{e^{j\Omega_1 T_s/2} - e^{-j\Omega_1 T_s/2}}{e^{j\Omega_1 T_s/2} + e^{-j\Omega_1 T_s/2}} \tag{6.64}$$

图 6.18　正切函数

将上式延拓到整个 $s$ 平面和 $s_1$ 平面,即令 $j\Omega = s$,$j\Omega_1 = s_1$,代入上式可得

$$s = C\frac{e^{s_1 T_s/2} - e^{-s_1 T_s/2}}{e^{s_1 T_s/2} + e^{-s_1 T_s/2}} = C\frac{1 - e^{-s_1 T_s}}{1 + e^{-s_1 T_s}} \tag{6.65}$$

显然,上式可将整个 $s$ 平面压缩映射到 $s_1$ 平面的 $-\pi/T_s \sim \pi/T_s$ 一条横带里。

(2) $s_1$ 到 $z$ 平面的映射。

由图 6.17 可见,$s_1$ 到 $z$ 的映射是一一对应的,因此可采用如下公式完成 $s_1$ 到 $z$ 的映射。

$$z = e^{s_1 T_s} \tag{6.66}$$

(3) $s$ 到 $z$ 平面的映射。

将式 (6.66) 代入式 (6.65) 得

$$s = C\frac{1 - z^{-1}}{1 + z^{-1}} \tag{6.67}$$

上式即称为双线性变换公式。它可完成 $s$ 平面到 $z$ 平面的一一映射。

### 3. 逼近情况

将式 (6.67) 改写为

$$z = \frac{C + s}{C - s} \tag{6.68}$$

式中 $s = \sigma + j\Omega$。

由上式可见:

(1) 当 $\sigma < 0$ 时,$s$ 平面的左半平面即映射到 $z$ 平面的单位圆内($z < 1$);当 $\sigma > 0$ 时 $s$ 平面的右半平面即映射到 $z$ 平面的单位圆外($|z| > 1$)。因此,稳定的模拟滤波器经双线性变换后所得的数字滤波器也一定是稳定的。

证明如下:

因为
$$s = \sigma + j\Omega \Rightarrow z = \frac{C+s}{C-s} = \frac{(C+\sigma)+j\Omega}{(C-\sigma)-j\Omega}$$

所以
$$|z| = \left| \frac{(C+\sigma)+j\Omega}{(C-\sigma)-j\Omega} \right| = \frac{\sqrt{(C+\sigma)^2+\Omega^2}}{\sqrt{(C-\sigma)^2+\Omega^2}}$$

可见：当 $\sigma < 0$ 时 $|z| < 1$；当 $\sigma > 0$ 时 $|z| > 1$。

(2) 当 $\sigma = 0$ 时，即对应于 $s$ 平面的虚轴，则有 $|z| = 1$。也就是虚轴映射到 $z$ 平面的单位圆上，即模拟滤波器频谱转换为数字域的频谱。而 $s$ 平面的原点映射到 $z$ 平面的 $z = 1$ 处。

令 $z = e^{j\omega}$，则
$$s = C\frac{1-z^{-1}}{1+z^{-1}} = C\frac{1-e^{-j\omega}}{1+e^{-j\omega}} = jC\tan\frac{\omega}{2} = j\Omega$$

可得 $\Omega$ 与 $\omega$ 的变换关系为
$$\Omega = C\tan\frac{\omega}{2} \tag{6.69}$$

### 4. 变换常数 $C$ 的计算

常数 $C$ 可用如下方法确定：

(1) 根据特定的频率点，例如用数字截止角频率 $\omega_c$ 和模拟截止角频率 $\Omega_c$ 来确定常数 $C$(图 6.19 所示)，即

$$C = \Omega_c\cot\frac{\omega_c}{2} \tag{6.70}$$

为使 $C > 0$，则应使 $\omega_c < \pi$。

(2) 在低频部分保持 $\Omega$ 与 $\omega$ 有近似的线性关系。由式(6.69)看出，当 $\omega$ 很小时，有

$$\Omega \approx C\frac{\omega}{2} = C\frac{\Omega T_s}{2}$$

$$C = \frac{2}{T_s} \tag{6.71}$$

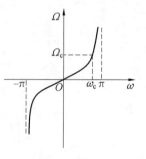

图 6.19　频率关系

显然 $C > 0$，所以常用的双线性变换 $s$ 与 $z$ 的关系为
$$s = \frac{2}{T_s}\frac{1-z^{-1}}{1+z^{-1}} \tag{6.72}$$

$\Omega$ 与 $\omega$ 之间的关系为
$$\Omega = \frac{2}{T_s}\tan\frac{\omega}{2} \tag{6.73}$$

### 5. 优缺点

(1) 优点：避免了频率响应的混叠现象。这是因为 $s$ 平面与 $z$ 平面是单值的一一对应关系。$s$ 平面整个 $j\Omega$ 轴单值地对应于 $z$ 平面单位圆一周，即频率轴是单值变换关系。

(2) 缺点：$s$ 平面上 $\Omega$ 与 $z$ 平面的 $\omega$ 呈非线性的正切关系：$\Omega = C\tan\frac{\omega}{2}$，因而存在频率的非线性失真。

双线性变换的无混叠的优点是靠频率的严重非线性关系而得到的，由于这种频率之间的非线性变换关系，就产生了新的问题。

　　首先,一个线性相位的模拟滤波器经双线性变换后得到非线性相位的数字滤波器,不再保持原有的线性相位。

　　其次,这种非线性关系要求模拟滤波器的幅频特性必须是分段常数型的,即某一频率段的幅频特性近似等于某一常数(这正是一般典型的低通、高通、带通、带阻型滤波器的响应特性),否则变换所产生的数字滤波器幅频特性相对于原模拟滤波器的幅频特性会有畸变,如图 6.20所示,因此,双线性变换不能将一个模拟微分器转换成数字微分器。

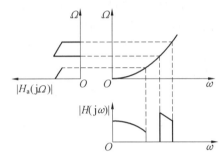
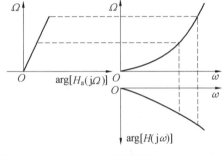

(a) 模拟滤波器的幅频特性不是分段常数的,造成幅频特性畸变　　　　　　　(b) 相位失真

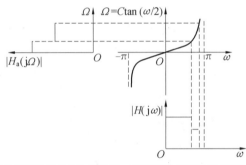

(c) 模拟滤波器的幅频特性是分段常数的, 转换后数字滤波器的幅频特性也是分段常数的

图 6.20　双线性变换法幅度和相位特性的非线性映射

　　对于分段常数的滤波器,双线性变换后,仍得到幅频特性为分段常数的滤波器,但是各个分段边缘的临界频率点产生了畸变,为了避免某个频率点(如截止频率)的畸变,可以通过频率的预畸变来加以校正。也就是将临界模拟频率事先加以畸变,然后经双线性变换后正好映射到所需要的数字频率上。

**6. 模拟滤波器的数字化方法**

(1) 表格化设计方法。

　　相对于冲激不变法,双线性变换法在设计和运算上比较直接和简单。可以直接将双线性变换公式(6.67)代入到模拟系统传递函数得到数字滤波器的系统函数,即

$$H(z) = H_a(s)\big|_{s=C\frac{1-z^{-1}}{1+z^{-1}}} = H_a\left(C\,\frac{1-z^{-1}}{1+z^{-1}}\right) \tag{6.74}$$

　　应用式(6.74)求 $H(z)$ 时,若阶数较高,则难以将 $H(z)$ 整理成需要的形式。为简化设计,可采取如下方法:

　　① 可以先将模拟系统函数分解成并联的形式(子系统函数相加)或级联的形式(子系统函数相乘),其中每个子系统函数都是低阶的(例如一、二阶的),然后再对每个子系统函数分别采用双线性变换转换成数字滤波器。此时,数字滤波器也是以并联或级联的形式出现。由于

分解为低阶的方法是在模拟系统函数上进行的,而模拟系统函数的分解已有大量的图表可以利用,因此分解起来比较方便。

② 采用表格化方法来完成双线性变换设计,即预先求出双线性变换法中离散系统函数的系数与模拟系统函数的系数之间的关系式,并列成表格,便可利用表格进行设计了。

设模拟系统函数的表达式为

$$H_a(s) = \frac{\sum\limits_{k=0}^{N} A_k s^k}{\sum\limits_{k=0}^{N} B_k s^k} = \frac{A_0 + A_1 s + A_2 s^2 + \cdots + A_N s^N}{B_0 + B_1 s + B_2 s^2 + \cdots + B_N s^N} \tag{6.75}$$

所以

$$H(z) = H_a(s)\mid_{s=C\frac{1-z^{-1}}{1+z^{-1}}} = \frac{\sum\limits_{k=0}^{N} a_k z^{-k}}{\sum\limits_{k=0}^{N} b_k z^{-k}} = \frac{a_0 + a_1 z^{-1} + a_2 z^{-2} + \cdots + a_N z^{-N}}{1 + b_1 z^{-1} + b_2 z^{-2} + \cdots + b_N z^{-N}} \tag{6.76}$$

在 $N=1,2,3,4,5$ 时,式(6.75)中 $H_a(s)$ 的系数与式(6.76)中 $H(z)$ 的系数之间的关系列于表6.2,其中,$A$ 是一个中间变量。

表 6.2　系数关系表($C$ 为双线性变换常数)

| | | |
|---|---|---|
| $N=1$ | $A$ | $B_0 + B_1 C$ |
| | $a_0$ | $(A_0 + A_1 C)/A$ |
| | $a_1$ | $(A_0 - A_1 C)/A$ |
| | $b_1$ | $(B_0 - B_1 C)/A$ |
| $N=2$ | $A$ | $B_0 + B_1 C + B_2 C^2$ |
| | $a_0$ | $(A_0 + A_1 C + A_2 C^2)/A$ |
| | $a_1$ | $(2A_0 - 2A_2 C^2)/A$ |
| | $a_2$ | $(A_0 - A_1 C + A_2 C^2)/A$ |
| | $b_1$ | $(2B_0 - 2B_2 C^2)/A$ |
| | $b_2$ | $(B_0 - B_1 C + B_2 C^2)/A$ |
| $N=3$ | $A$ | $B_0 + B_1 C + B_2 C^2 + B_3 C^3$ |
| | $a_0$ | $(A_0 + A_1 C + A_2 C^2 + A_3 C^3)/A$ |
| | $a_1$ | $(3A_0 + A_1 C - A_2 C^2 - 3A_3 C^3)/A$ |
| | $a_2$ | $(3A_0 - A_1 C - A_2 C^2 + 3A_3 C^3)/A$ |
| | $a_3$ | $(A_0 - A_1 C + A_2 C^2 - A_3 C^3)/A$ |
| | $b_1$ | $(3B_0 + B_1 C - B_2 C^2 - 3B_3 C^3)/A$ |
| | $b_2$ | $(3B_0 - B_1 C - B_2 C^2 + 3B_3 C^3)/A$ |
| | $b_3$ | $(B_0 - B_1 C + B_2 C^2 - B_3 C^3)/A$ |

续表 6.2

| | | |
|---|---|---|
| | $A$ | $B_0 + B_1C + B_2C^2 + B_3C^3 + B_4C^4$ |
| | $a_0$ | $(A_0 + A_1C + A_2C^2 + A_3C^3 + A_4C^4)/A$ |
| | $a_1$ | $(4A_0 + 2A_1C - 2A_3C^3 - 4A_4C^4)/A$ |
| | $a_2$ | $(6A_0 - 2A_2C^2 + 6A_4C^4)/A$ |
| $N = 4$ | $a_3$ | $(4A_0 - 2A_1C + 2A_3C^3 - 4A_4C^4)/A$ |
| | $a_4$ | $(A_0 - A_1C + A_2C^2 - A_3C^3 + A_4C^4)/A$ |
| | $b_1$ | $(4B_0 + 2B_1C - 2B_3C^3 - 4B_4C^4)/A$ |
| | $b_2$ | $(6B_0 - 2B_2C^2 + 6B_4C^4)/A$ |
| | $b_3$ | $(4B_0 - 2B_1C + 2B_3C^3 - 4B_4C^4)/A$ |
| | $b_4$ | $(B_0 - B_1C + B_2C^2 - B_3C^3 + B_4C^4)/A$ |
| | $A$ | $B_0 + B_1C + B_2C^2 + B_3C^3 + B_4C^4 + B_5C^5$ |
| | $a_0$ | $(A_0 + A_1C + A_2C^2 + A_3C^3 + A_4C^4 + A_5C^5)/A$ |
| | $a_1$ | $(5A_0 + 3A_1C + A_2C^2 - A_3C^3 - 3A_4C^4 - 5A_5C^5)/A$ |
| | $a_2$ | $(10A_0 + 2A_1C - 2A_2C^2 - 2A_3C^3 + 2A_4C^4 + 10A_5C^5)/A$ |
| | $a_3$ | $(10A_0 - 2A_1C - 2A_2C^2 + 2A_3C^3 + 2A_4C^4 - 10A_5C^5)/A$ |
| $N = 5$ | $a_4$ | $(5A_0 - 3A_1C + A_2C^2 + A_3C^3 - 3A_4C^4 + 5A_5C^5)/A$ |
| | $a_5$ | $(A_0 - A_1C + A_2C^2 - A_3C^3 + A_4C^4 - A_5C^5)/A$ |
| | $b_1$ | $(5B_0 + 3B_1C + B_2C^2 - B_3C^3 - 3B_4C^4 - 5B_5C^5)/A$ |
| | $b_2$ | $(10B_0 + 2B_1C - 2B_2C^2 - 2B_3C^3 + 2B_4C^4 + 10B_5C^5)/A$ |
| | $b_3$ | $(10B_0 - 2B_1C - 2B_2C^2 + 2B_3C^3 + 2B_4C^4 - 10B_5C^5)/A$ |
| | $b_4$ | $(5B_0 - 3B_1C + B_2C^2 + B_3C^3 - 3B_4C^4 + B_5C^5)/A$ |
| | $b_5$ | $(B_0 - B_1C + B_2C^2 - B_3C^3 + B_4C^4 - B_5C^5)/A$ |

（2）频率预畸变。

① 如果给出的是待设计的带通滤波器的数字域边界角频率（通、阻带截止角频率）$\omega_1$、$\omega_2$、$\omega_3$、$\omega_4$ 及采样频率（$1/T_s$），则直接采用下式

$$\Omega = C\tan(\omega/2)$$

计算出相应的模拟滤波器的边界角频率 $\Omega_1$、$\Omega_2$、$\Omega_3$ 和 $\Omega_4$（如图 6.21 所示）。采用这样的模拟频率指标设计模拟滤波器 $H_a(s)$ 后，经双线性变换映射到数字滤波器 $H(z)$，则数字滤波器 $H(z)$ 的边界角频率才为 $\omega_1$、$\omega_2$、$\omega_3$ 和 $\omega_4$，与要求的一致；否则，就与这个结果不同。

② 如果给出的是待设计的带通滤波器的模拟域

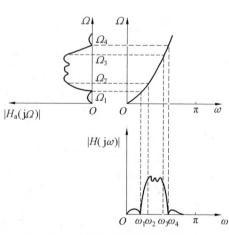

图 6.21　双线性变换时频率的预畸变

边界频率(通、阻带截止频率)$f_1$、$f_2$、$f_3$、$f_4$ 和采样频率$(1/T_s)$,则需要采用下述方法进行频率预畸变。

首先,利用下式计算数字滤波器的边界角频率(通、阻带截止角频率)$\omega_1$、$\omega_2$、$\omega_3$ 和 $\omega_4$。

$$\omega = 2\pi f T_s$$

然后,计算按公式 $\Omega = C\tan(\omega/2)$ 对频率预畸变,得到预畸变后的模拟滤波器的边界角频率 $\Omega_1$、$\Omega_2$、$\Omega_3$ 和 $\Omega_4$。采用这样的模拟频率指标设计模拟滤波器 $H_a(s)$ 后,经双线性变换映射到数字滤波器 $H(z)$,则数字滤波器 $H(z)$ 的边界角频率 $\omega_1$、$\omega_2$、$\omega_3$、$\omega_4$ 才能与给定的模拟域边界频率 $f_1$、$f_2$、$f_3$、$f_4$ 呈线性关系。

需要特别强调的是,若模拟滤波器 $H_a(s)$ 为低通滤波器,应用双线性变换法得到的数字滤波器 $H(z)$ 也是低通滤波器;若 $H_a(s)$ 为高通滤波器,应用双线性变换法得到的数字滤波器 $H(z)$ 也是高通滤波器;若为带通、带阻滤波器也是如此。

利用模拟滤波器设计 IIR 数字低通滤波器的步骤总结如下:

① 确定数字低通滤波器的技术指标:通带截止角频率 $\omega_p$、通带衰减 $A_p$、阻带截止角频率 $\omega_s$、阻带衰减 $A_s$。

② 将数字低通滤波器的技术指标转换成模拟低通滤波器的技术指标。 主要包括 $\omega_p$ 和 $\omega_s$ 到 $\Omega_p$ 和 $\Omega_s$ 的转换,对 $A_p$ 和 $A_s$ 不变换。如果采用冲激响应不变法,截止角频率转换关系为 $\omega = \Omega T_s$;如果采用双线性变换法,截止角频率转换关系为 $\Omega = C\tan(\frac{1}{2}\omega)$。

③ 按照模拟低通滤波器的技术指标设计模拟低通滤波器。

④ 从 $s$ 平面转换到 $z$ 平面。由模拟滤波器 $H_a(s)$ 得到数字低通滤波器的系统函数 $H(z)$。

【例 6.6】　设计数字低通滤波器,要求如下:

在通带内角频率低于 $0.2\pi(\text{rad})$ 时,允许幅度误差在 $1$ dB 以内;在角频率 $0.3\pi(\text{rad})$ 到 $\pi(\text{rad})$ 之间的阻带衰减大于 $15$ dB。指定模拟滤波器采用巴特沃斯低通滤波器。试分别用冲激响应不变法和双线性变换法设计滤波器(双线性变换常数取 $C = \frac{2}{T_s}$,设 $T_s = 1$ s)。

**解**　(1)用冲激响应不变法。

① 数字低通的技术指标为

$$\omega_p = 0.2\pi \text{ rad}, A_p = 1 \text{ dB}; \omega_s = 0.3\pi \text{ rad}, A_s = 15 \text{ dB}$$

② 模拟低通的技术指标为

$$\Omega = \frac{\omega}{T_s}$$

$$T_s = 1 \text{ s}, \Omega_p = 0.2\pi \text{ rad/s}, A_p = 1 \text{ dB};$$
$$\Omega_s = 0.3\pi \text{ rad/s}, A_s = 15 \text{ dB}$$

③ 设计巴特沃斯低通滤波器,计算阶数 $N$ 及 3 dB 截止角频率 $\Omega_c$。

$$N = -\frac{\lg k_{sp}}{\lg \lambda_{sp}}$$

$$\lambda_{sp} = \frac{\Omega_s}{\Omega_p} = \frac{0.3\pi}{0.2\pi} = 1.5$$

$$k_{sp} = \sqrt{\frac{10^{0.1A_p} - 1}{10^{0.1A_s} - 1}} = 0.092$$

$$N = -\frac{\lg 0.092}{\lg 1.5} = 5.884$$

取 $N=6$。为求 3 dB 截止角频率 $\Omega_c$，将 $\Omega_p$ 和 $A_p$ 代入式(6.35)，得到 $\Omega_c=0.703\ 2$ rad/s，显然此值满足通带技术要求，同时给阻带衰减留一定余量，这对防止频率混叠有一定好处。

根据阶数 $N=6$ 得到归一化传输函数为

$$H_a(p)=\frac{1}{1+3.863\ 7p+7.464\ 1p^2+9.141\ 6p^3+7.464\ 1p^4+3.863\ 7p^5+p^6}$$

为去归一化，将 $p=s/\Omega_c$ 代入 $H_a(p)$ 中，得到实际的传输函数 $H_a(s)$：

$$H_a(s)=\frac{\Omega_c^6}{s^6+3.863\ 7\Omega_c s^5+7.464\ 1\Omega_c^2 s^4+9.141\ 6\Omega_c^3 s^3+7.464\ 1\Omega_c^4 s^2+3.863\ 7\Omega_c^5 s+\Omega_c^6}=$$

$$\frac{0.120\ 9}{s^6+2.716s^5+3.691s^4+3.179s^3+1.825s^2+0.121s+0.120\ 9}$$

④ 用冲激响应不变法将 $H_a(s)$ 转换成 $H(z)$。首先将 $H_a(s)$ 进行部分分式，然后依据变换关系得

$$H(z)=\frac{0.287\ 1-0.446\ 6z^{-1}}{1-0.129\ 7z^{-1}+0.694\ 9z^{-2}}+\frac{-2.142\ 8+1.145\ 4z^{-1}}{1-1.069\ 1z^{-1}+0.369\ 9z^{-2}}+$$

$$\frac{1.855\ 8-0.630\ 4z^{-1}}{1-0.997\ 2z^{-1}+0.257\ 0z^{-2}}$$

由设计得到的 $H(z)$ 可以看出，冲激响应不变法适合并联型网络结构，欲采用极联型或直接型，还需要对 $H(z)$ 作进一步处理。该滤波器的幅频特性如图 6.22 所示。

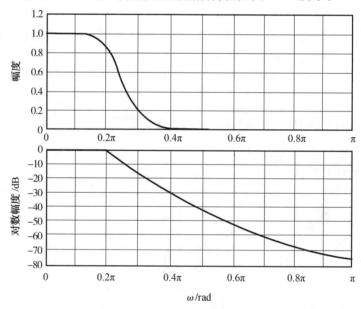

图 6.22　用冲激响应不变法设计的数字低通滤波器的幅频特性

(2)用双线性变换法设计数字低通滤波器。

① 数字低通技术指标仍为

$$\omega_p=0.2\pi\ \text{rad},A_p=1\ \text{dB};$$

$$\omega_s=0.3\pi\ \text{rad},A_s=15\ \text{dB}$$

② 模拟低通的技术指标为

$$\Omega = \frac{2}{T_s}\tan\frac{1}{2}\omega, T_s = 1$$

$$\Omega_p = 2\tan 0.1\pi = 0.65 \text{ rad/s}, A_p = 1 \text{ dB}$$

$$\Omega_s = 2\tan(0.15\pi) = 1.019 \text{ rad/s}, A_s = 15 \text{ dB}$$

③ 设计巴特沃斯低通滤波器。阶数 $N$ 计算如下

$$N = -\frac{\lg k_{sp}}{\lg \lambda_{sp}}$$

$$\lambda_{sp} = \frac{\Omega_s}{\Omega_p} = \frac{1.019}{0.65} = 1.568$$

$$k_{sp} = 0.092$$

$$N = -\frac{\lg 0.092}{\lg 1.568} = 5.306$$

取 $N=6$。为求 $\Omega_c$，将 $\Omega_s$ 和 $A_s$ 代入式(6.36)中，得到 $\Omega_c = 0.766\ 2$ rad/s。这样阻带技术指标满足要求，通带指标留有一定余量。

根据 $N=6$，查表得到的归一化系统函数 $H_a(p)$ 与冲激响应不变法得到的相同。为去归一化，将 $p=s/\Omega_c$ 代入 $H_a(p)$，得实际的系统函数 $H_a(s)$

$$H_a(s) = \frac{0.202\ 4}{(s^2+0.396s+0.587\ 1)(s^2+1.083s+0.587\ 1)(s^2+1.480s+0.587\ 1)}$$

④ 用双线性变换法将 $H_a(s)$ 转换成数字滤波器 $H(z)$

$$H(z) = H_a(s)\Big|_{s=2\frac{1-z^{-1}}{1+z^{-1}}} = \frac{0.000\ 737\ 8(1+z^{-1})^6}{(1-1.268z^{-1}+0.705\ 1z^{-2})(1-1.010z^{-1}+0.358z^{-2})} \cdot$$

$$\frac{1}{1-0.904\ 4z^{-1}+0.215\ 5z^{-2}}$$

其幅频特性如图 6.23 所示，此图表明数字滤波器满足技术指标要求。

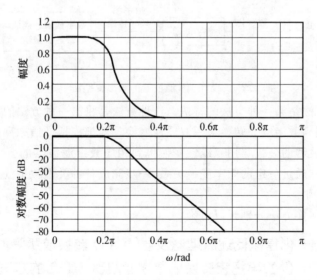

图 6.23　用双线性变换法设计的数字低通滤波器的幅频特性

## 6.5　无限长冲激响应数字滤波器的频率变换设计法

6.4 节所介绍的将模拟滤波器转换为数字滤波器的设计方法仅是将某一类型的模拟滤波器变换为同样类型的数字滤波器。而实际设计数字滤波器则可以是先设计低通模拟滤波器，然后再由模拟低通滤波器转换为所需类型的数字滤波器。这种用于设计数字滤波器的低通模拟滤波器常称为原型滤波器。一般，原型滤波器是采用截止角频率为 $\Omega_c = 1$ 的低通滤波器，称为归一化原型滤波器。因此，频率变换设计法也称为原型变换设计法。

如果数字滤波器希望由模拟低通原型滤波器转换得到，则可能有三种方法，如图 6.24 所示。

（1）由模拟低通原型滤波器变成所需类型的模拟滤波器，然后再把它转换成需要类型的数字滤波器。

（2）由模拟低通原型滤波器直接转换成所需类型的数字滤波器。

（3）由模拟低通原型滤波器先转换成数字低通原型，然后再用变量代换变换成所需类型的数字滤波器。

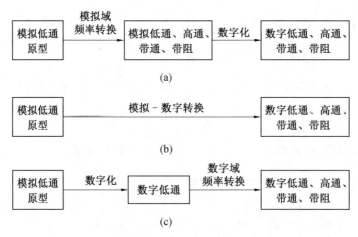

图 6.24　设计 IIR 滤波器的频率变换法

实际上，第二种方法是第一种方法的特例。这种方法是将第一种方法的两步合成一步，而且，在第二步中的模拟到数字域的转换采用双线性变换。即把模拟低通原型变换到模拟低通、高通、带通、带阻等滤波器的公式与用双线性变换得到相应数字滤波器的公式合并，就可直接将模拟低通原型滤波器通过一定的频率变换关系，一步完成各种类型数字滤波器的设计，因而简捷便利，得到普遍采用。

下面就上述三种转换方法分别予以讨论。

### 6.5.1　先由归一化模拟低通原型滤波器 $H_L(s)$ 转换成所需形式的模拟滤波器 $H_a(p)$，再把它转换成数字滤波器 $H(z)$ 的方法

该法的设计流程如图 6.24(a) 所示，此法主要包括两步，第二步在 6.4 中已详细讨论过，可以采用冲激不变法，也可以采用双线性变换法。但是由于冲激不变法只适用于限带滤波器的设计，不适合带阻、高通滤波器的设计，因此，一般采用的是双线性变换方法。

　　而第一步,即由归一化模拟低通原型滤波器到其他类型的模拟滤波器的转换方法,需要进一步讨论。下面给出一种归一化模拟低通原型滤波器变换成另一个低通滤波器或带通、高通、带阻滤波器的变换关系式。

**1. 归一化模拟低通原型滤波器到各种类型的模拟滤波器的转换方法**

　　(1) 归一化模拟低通原型滤波器到截止角频率为 $\Omega_2$ 的模拟低通滤波器的转换。

　　显然,可以采用函数 $\theta = k\Omega$ 将截止角频率为 $\Omega_c$ 的模拟低通滤波器的频率特性 $H(j\theta)$ 转换到截止角频率为 $\Omega_2$ 的模拟低通滤波器的频率特性 $H(j\Omega)$,如图 6.25 所示。其中,$\Omega_c$ 和 $\Omega_2$ 存在映射关系

$$\Omega_c = k\Omega_2 \quad 或 \quad k = \Omega_c/\Omega_2$$

于是

$$\theta = k\Omega = \Omega_c\Omega/\Omega_2$$

或

$$j\theta = \frac{\Omega_c}{\Omega_2}j\Omega$$

延拓到 $s$ 域(令:$j\theta = s$;$j\Omega = p$),则有

$$s = \frac{\Omega_c}{\Omega_2}p$$

若 $\Omega_c = 1$,则得归一化模拟低通原型滤波器到截止角频率为 $\Omega_2$ 的低通滤波器的映射公式:

$$s = \frac{1}{\Omega_2}p \tag{6.77}$$

令 $s = j\theta, p = j\Omega$,则得相应的频率变换公式为

$$\theta = \frac{1}{\Omega_2}\Omega \tag{6.78}$$

　　(2) 归一化模拟低通原型到模拟高通滤波器的转换。

　　可采用如下函数完成模拟低通到模拟高通滤波器的转换

$$\theta = -k/\Omega \tag{6.79}$$

　　图 6.26 给出了映射关系示意图,低通滤波器 $H(j\theta)$ 的负频率一侧映射成高通滤波器 $H(j\Omega)$ 正频率一侧,而 $H(j\theta)$ 正频率一侧映射成 $H(j\Omega)$ 的负频率一侧。

　　由图 6.26 可得映射关系

$$0 \leftrightarrow \pm\infty; \; -\Omega_c \leftrightarrow \Omega_2; \; \pm\infty \leftrightarrow 0$$

可以计算得到

$$k = \Omega_c\Omega_2$$

代入式(6.79)可得

$$j\theta = \Omega_c\Omega_2/j\Omega$$

令 $j\theta = s$,$j\Omega = p$,延拓到 $s$ 域,得

$$s = \frac{\Omega_c\Omega_2}{p}$$

若令 $\Omega_c = 1$,则得模拟低通原型滤波器到截止角频率为 $\Omega_2$ 的高通滤波器的映射公式:

$$s = \frac{\Omega_2}{p} \tag{6.80}$$

令 $s = j\theta, p = j\Omega$,相应的频率变换公式则为

$$\theta = -\frac{\Omega_2}{\Omega} \tag{6.81}$$

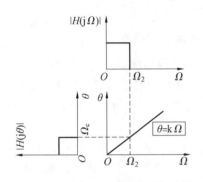

图 6.25　低通到低通滤波器的映射

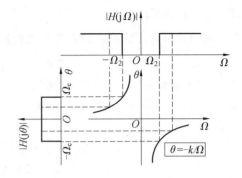

图 6.26　低通到高通滤波器的映射

（3）归一化模拟低通原型到模拟带通滤波器的转换。

① 模拟低通原型到模拟带通的映射。下列映射函数可以将模拟低通滤波器转换为模拟带通滤波器，如图 6.27 所示。

$$\theta = \frac{\Omega^2 - \Omega_0^2}{\Omega} \tag{6.82}$$

式中，$\Omega_0$ 是一个待定常数。

由图 6.27 可见，若设模拟带通滤波器的上下边界角频率分别为 $\Omega_1$、$\Omega_2$，模拟低通滤波器的边界角频率为 $\theta_c$，则可得如下的映射关系：

$$0 \rightarrow \Omega_0 ; \theta_c \rightarrow \Omega_2 ; -\theta_c \rightarrow \Omega_1$$

代入式（6.82）可得

$$\begin{cases} \theta_c = \dfrac{\Omega_2^2 - \Omega_0^2}{\Omega_2} \\ -\theta_c = \dfrac{\Omega_1^2 - \Omega_0^2}{\Omega_1} \end{cases}$$

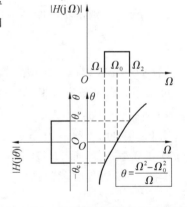

解得
$$\begin{cases} \Omega_0 = \sqrt{\Omega_1 \Omega_2} \\ \theta_c = \Omega_2 - \Omega_1 = B \end{cases} \tag{6.83}$$

图 6.27　低通到带通滤波器的映射

其中，$B = \Omega_2 - \Omega_1$ 为带通滤波器的带宽。

令 $j\theta = s$，$j\Omega = p$，延拓到 $s$ 域，得

$$s = p + \frac{\Omega_1 \Omega_2}{p} \tag{6.84}$$

式中，$s$ 是模拟低通滤波器的拉普拉斯变量；$p$ 则是模拟带通滤波器的拉普拉斯变量；$\Omega_0$ 则是一个常数。

式（6.84）是将截止角频率为 $\theta_c = B = \Omega_2 - \Omega_1$ 的模拟低通滤波器转换为角频率分别为 $\Omega_1$，$\Omega_2$ 的模拟带通滤波器。而我们一般是先设计归一化低通原型滤波器，所以还需进一步转换。

② 归一化模拟低通原型到模拟带通的映射。设低通原型滤波器的拉普拉斯变量是 $s_1$，而截止角频率为 $\theta_c = B = \Omega_2 - \Omega_1$ 的模拟低通滤波器的拉普拉斯变量是 $s$，于是由式（6.77）可得

$$s_1 = \frac{1}{\Omega_2 - \Omega_1} s \tag{6.85}$$

将式(6.84)代入式(6.85)可得模拟低通原型滤波器到边界角频率分别为 $\Omega_1, \Omega_2$ 的带通滤波器的映射公式

$$s_1 = \frac{1}{\Omega_2 - \Omega_1}\left(p + \frac{\Omega_1 \Omega_2}{p}\right) = \frac{p^2 + \Omega_1 \Omega_2}{(\Omega_2 - \Omega_1)p} \tag{6.86}$$

令 $s_1 = j\theta, p = j\Omega$,代入式(6.86),得模拟低通原型滤波器和模拟带通滤波器的频率关系：

$$\theta = \frac{\Omega^2 - \Omega_1 \Omega_2}{(\Omega_2 - \Omega_1)\Omega} \tag{6.87}$$

(4) 归一化模拟低通原型到模拟带阻滤波器的转换。

① 模拟低通原型到模拟带阻的映射。下列映射函数可以将模拟低通滤波器转换为模拟带阻滤波器,如图 6.28 所示。

$$\theta = \frac{\Omega \Omega_0^2}{\Omega_0^2 - \Omega^2} \tag{6.88}$$

式中, $\Omega_0$ 是一个待定常数。

由图 6.29 可见,若设模拟带阻滤波器的两个边界角频率分别为 $\Omega_1, \Omega_2$,模拟低通滤波器的边界角频率为 $\theta_c$,则可得如下的映射关系：

$$0 \rightarrow 0, \pm\infty; \theta_c \rightarrow \Omega_1; -\theta_c \rightarrow \Omega_2; \pm\infty \rightarrow \Omega_0$$

代入式(6.87)可得

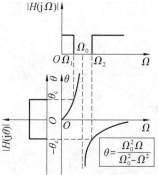

图 6.28　低通到带阻滤波器的映射

$$\begin{cases} \theta_c = \dfrac{\Omega_1 \Omega_0^2}{\Omega_0^2 - \Omega_1} \\[2mm] -\theta_c = \dfrac{\Omega_2 \Omega_0^2}{\Omega_0^2 - \Omega_2} \end{cases}$$

解得

$$\begin{cases} \Omega_0 = \sqrt{\Omega_1 \Omega_2} \\[2mm] B = \Omega_2 - \Omega_1 = \dfrac{\Omega_1 \Omega_2}{\theta_c} \end{cases} \tag{6.89}$$

或

$$\theta_c = \frac{\Omega_1 \Omega_2}{\Omega_2 - \Omega_1}$$

其中, $B = \Omega_2 - \Omega_1$ 为带通滤波器的带宽。

令 $s = j\theta, p = j\Omega$,延拓到 $s$ 域,得

$$s = \frac{p \Omega_0^2}{\Omega_0^2 + p^2} = \frac{\Omega_1 \Omega_2 p}{p^2 + \Omega_1 \Omega_2} \tag{6.90}$$

式(6.90)是将截止角频率为 $\theta_c = \dfrac{\Omega_1 \Omega_2}{\Omega_2 - \Omega_1}$ 的模拟低通滤波器转换为角频率分别为 $\Omega_1, \Omega_2$ 的模拟带阻滤波器,而我们一般是先设计归一化低通原型滤波器,所以还需进一步转换。

② 归一化模拟低通原型到模拟带阻的映射。设低通原型滤波器的拉普拉斯变量是 $s_1$,而截止角频率为 $\theta_c = \dfrac{\Omega_1 \Omega_2}{\Omega_2 - \Omega_1}$ 的模拟低通滤波器的拉普拉斯变量是 $s$,于是由式(6.77)可得

$$s_1 = \frac{\Omega_2 - \Omega_1}{\Omega_2 \Omega_1} s \tag{6.91}$$

将式(6.90)代入式(6.91)可得模拟低通原型滤波器到边界角频率分别为 $\Omega_1,\Omega_2$ 的带阻滤波器的映射公式

$$s_1 = \frac{\Omega_2 - \Omega_1}{\Omega_1\Omega_2}\frac{\Omega_1\Omega_2 p}{p^2 + \Omega_1\Omega_2} = \frac{(\Omega_2 - \Omega_1)p}{p^2 + \Omega_1\Omega_2} \tag{6.92}$$

令 $s_1 = \mathrm{j}\theta, p = \mathrm{j}\Omega$，代入式(6.92)，得模拟低通原型滤波器和模拟带阻滤波器的频率关系

$$\theta = \frac{(\Omega_2 - \Omega_1)\Omega}{\Omega^2 - \Omega_1\Omega_2} \tag{6.93}$$

上述将模拟低通原型转换为各种模拟滤波器的变换公式示于表 6.3。

表 6.3　低通原型滤波器到低通、带通、高通、带阻滤波器的变换关系

| 变换类型 | 变换公式 | 频率变换公式 | 参数意义 |
|---|---|---|---|
| 低通原型 → 低通 | $s = \dfrac{p}{\Omega_2}$ | $\theta = \dfrac{1}{\Omega_2}\Omega$ | $\Omega_2$:实际低通滤波器的截止角频率 |
| 低通原型 → 高通 | $s = \dfrac{\Omega_2}{p}$ | $\theta = -\dfrac{\Omega_2}{\Omega}$ | $\Omega_2$:实际高通滤波器的截止角频率 |
| 低通原型 → 带通 | $s = \dfrac{p^2 + \Omega_L\Omega_H}{(\Omega_H - \Omega_L)p}$ | $\theta = \dfrac{\Omega^2 - \Omega_H\Omega_L}{(\Omega_H - \Omega_L)\Omega}$ | $\Omega_H,\Omega_L$:实际带通滤波器的上下通带（3 dB）截止角频率 |
| 低通原型 → 带阻 | $s = \dfrac{(\Omega_H - \Omega_L)p}{p^2 + \Omega_H\Omega_L}$ | $\theta = \dfrac{(\Omega_H - \Omega_L)\Omega}{\Omega_H\Omega_L - \Omega^2}$ | $\Omega_H,\Omega_L$:实际带阻滤波器的上下通带（3 dB）截止角频率 |

注:$s$ 是低通原型滤波器的拉普拉斯变量;而 $p$ 则是实际的模拟滤波器的拉普拉斯变量;$\theta$ 是模拟低通原型滤波器的频率变量;而 $\Omega$ 则是要设计的模拟滤波器的频率变量;$\Omega_H,\Omega_L$ 分别对应前面讨论中的 $\Omega_2,\Omega_1$。

**2. 模拟滤波器转换到数字滤波器**

将模拟滤波器转换到数字滤波器可采用 6.4 节所介绍的冲激不变法、双线性变换法,冲激不变法适合作低通滤波器、带通滤波器的设计,而双线性变换法则适合各种情况。

由于双线性变换法有确定的公式,当第二步采用此法时,可将两步的公式合为一个公式,这就得到了 6.5.2 所述的第二种方法。

设计步骤如下:

(1)根据要求确定数字滤波器的指标。

(2)将数字指标转换成模拟频率指标。这里要注意:

① 若采用冲激不变法,可采用无预畸变的变换公式

$$\Omega = \omega f_s = \omega/T_s$$

式中,$f_s,T_s$ 分别是抽样频率及抽样间隔。

② 若采用频域的双线性变换法,则采用预畸变的变换公式

$$\Omega = C\tan(\omega/2)$$

(3)根据表 6.3 的频率变换公式计算模拟低通原型滤波器的频率指标,即确定阻带截止角频率。

注意:在设计模拟带通滤波器或模拟带阻滤波器时,由于有上下截止角频率,因此,转换成

低通原型指标时会得到两个阻带截止角频率,实际处理是取其较小值作为低通原型滤波器的阻带截止角频率(按设计原理,计算的两个低通滤波器的 3 dB 通带截止角频率相等,因此,只考虑阻带截止角频率的选择),即

$$\Omega_s = \min(\mid \theta_{s1} \mid, \mid \theta_{s2} \mid) \tag{6.94}$$

因为,按现有设计方法,模拟低通滤波器通常采用巴特沃斯(Butterworth) 滤波器,它具有单调下降的特性,因此,取较小的频率值。此处满足阻带衰减的指标要求,在阻带其他频率(较大)处也是满足指标要求的。

(4) 设计归一化模拟低通原型滤波器。

(5) 采用表 6.3 的公式转化成所需形式的模拟滤波器。

(6) 采用 6.4 节的方法将模拟滤波器转换成数字滤波器。

**【例 6.7】**　设计一个数字带通滤波器,3 dB 处的通带截止角频率分别为 $0.3\pi$ 和 $0.4\pi$;阻带截止角频率分别为 $0.2\pi$ 和 $0.5\pi$,阻带衰减要求为衰减 18 dB。模拟滤波器的设计要求采用巴特沃斯低通原型滤波器设计,而模拟到数字的转换则采用冲激不变法。 抽样间隔设为 $T_s = 1$。

**解**　(1) 依题意,可得数字指标。

通带截止角频率:$\omega_L = 0.3\pi$;$\omega_H = 0.4\pi$

通带衰减:$A_p = 3$ dB

阻带截止角频率:$\omega_{s1} = 0.2\pi$;$\omega_{s2} = 0.5\pi$

阻带衰减:$A_s = 18$ dB

(2) 模拟带通指标。

由于采用冲激不变法,因此

通带截止角频率:$\Omega_L = \omega_L/T_s = 0.3\pi$;$\Omega_H = \omega_H/T_s = 0.4\pi$

通带衰减:$A_p = 3$ dB

阻带截止角频率:$\Omega_{s1} = 0.2\pi$;$\Omega_{s2} = 0.5\pi$

阻带衰减:$A_s = 18$ dB

(3) 模拟低通原型滤波器的阻带截止角频率。

根据表 6.3 可得

$$\theta_{s1} = \frac{\Omega_{s1}^2 - \Omega_H \Omega_L}{(\Omega_H - \Omega_L)\Omega_{s1}} = \frac{(0.2\pi)^2 - (0.3\pi)(0.4\pi)}{(0.4\pi - 0.3\pi)(0.2\pi)} = 4$$

$$\theta_{s2} = \frac{\Omega_{s2}^2 - \Omega_H \Omega_L}{(\Omega_H - \Omega_L)\Omega_{s2}} = \frac{(0.5\pi)^2 - (0.3\pi)(0.4\pi)}{(0.4\pi - 0.3\pi)(0.5\pi)} = 2.6$$

因此　　　　　　　　　$\Omega_s = \min(\mid \theta_{s1} \mid, \mid \theta_{s2} \mid) = 2.6$

(4) 低通原型滤波器设计。

根据式(6.37)得

$$N = \frac{\lg\left[(10^{A_p/10} - 1)/(10^{A_s/10} - 1)\right]}{2\lg(\Omega_p/\Omega_s)} = \frac{\lg\left[(10^{3/10} - 1)/(10^{18/10} - 1)\right]}{2\lg(1/2.6)} = 2.16$$

取 $N = 3$。

3 阶 butterworth 原型滤波器

$$H_{LP}(s) = \frac{1}{s^3 + 2s^2 + 2s + 1}$$

（5）转换成带通滤波器。

由表 6.3 可得转换公式

$$s = \frac{p^2 + \Omega_L\Omega_H}{(\Omega_H - \Omega_L)p} = \frac{p^2 + (0.3\pi)(0.4\pi)}{(0.4\pi - 0.3\pi)p} = \frac{p^2 + 0.12\pi^2}{0.1\pi p}$$

代入得模拟带通滤波器的系统函数

$$H_{BP}(p) = H_{LP}(s)\Big|_{s=\frac{p^2+0.12\pi^2}{0.1\pi p}} = \frac{1}{s^3 + 2s^2 + 2s + 1}\Big|_{s=\frac{p^2+0.12\pi^2}{0.1\pi p}}$$

（6）按冲激不变法将模拟带通滤波器转换成数字带通滤波器。

略。

【例 6.8】 重做题 6.7，但是，模拟到数字的转换则采用双线性变换。

**解** （1）依题意，可得数字指标。

通带截止角频率：$\omega_L = 0.3\pi$；$\omega_H = 0.4\pi$

通带衰减：$A_p = 3$ dB

阻带截止角频率：$\omega_{s1} = 0.2\pi$；$\omega_{s2} = 0.5\pi$

阻带衰减：$A_s = 18$ dB

（2）模拟带通指标。

由于采用双线性变换，先求双线性变换公式，这里取

$$C = 2/T_s = 2$$

则

$$\Omega = C\tan(\omega/2) = 2\tan(\omega/2), \Omega = C\frac{1-z^{-1}}{1+z^{-1}} = 2\frac{1-z^{-1}}{1+z^{-1}}$$

于是，

通带截止角频率：$\Omega_L = 2\tan(\omega_L/2) = 2\tan(0.3\pi/2) = 1.019\ 1$

$$\Omega_H = 2\tan(\omega_H/2) = 2\tan(0.4\pi/2) = 1.453\ 1$$

通带衰减：$A_p = 3$ dB

阻带截止角频率：$\Omega_{s1} = 2\tan(\omega_{s1}/2) = 2\tan(0.2\pi/2) = 0.649\ 8$

$$\Omega_{s2} = 2\tan(\omega_{s2}/2) = 2\tan(0.5\pi/2) = 2$$

阻带衰减：$A_s = 18$ dB；

（3）模拟低通原型滤波器的阻带截止角频率。

根据表 6.3 可得

$$\theta_{s1} = \frac{\Omega_{s1}^2 - \Omega_H\Omega_L}{(\Omega_H - \Omega_L)\Omega_{s1}} = \frac{0.649\ 8^2 - 1.453\ 1 \times 1.019\ 1}{(1.453\ 1 - 1.019\ 1) \times 0.649\ 8} = -3.753\ 8$$

$$\theta_{s2} = \frac{\Omega_{s2}^2 - \Omega_H\Omega_L}{(\Omega_H - \Omega_L)\Omega_{s2}} = \frac{2^2 - 1.453\ 1 \times 1.019\ 1}{(1.453\ 1 - 1.019\ 1) \times 2} = 2.902\ 2$$

因此

$$\Omega_s = \min(|\theta_{s1}|, |\theta_{s2}|) = 2.902\ 2$$

（4）低通原型滤波器设计。

根据式（6.37）得

$$N = \frac{\lg[(10^{A_p/10} - 1)/(10^{A_s/10} - 1)]}{2\lg(\Omega_p/\Omega_s)} = \frac{\lg[(10^{3/10} - 1)/(10^{18/10} - 1)]}{2\lg(1/2.902\ 2)} = 1.935\ 3$$

取 $N = 2$。

3 阶 butterworth 原型滤波器

$$H_{LP}(s) = \frac{1}{s^2 + \sqrt{2}\,s + 1}$$

(5) 转换成带通滤波器。

由表 6.3 可得转换公式

$$s = \frac{p^2 + \Omega_L\Omega_H}{(\Omega_H - \Omega_L)p} = \frac{p^2 + 1.453\,1 \times 1.019\,1}{(1.453\,1 - 1.019\,1)p} = \frac{p^2 + 1.480\,9\pi^2}{0.434p}$$

代入得模拟带通滤波器的系统函数

$$H_{BP}(s) = \frac{1}{s^2 + \sqrt{2}\,s + 1}\bigg|_{s = \frac{p^2 + 1.480\,9}{0.434p}} = \frac{1}{(\frac{p^2 + 1.480\,9}{0.434p})^2 + \sqrt{2}\,\frac{p^2 + 1.480\,9}{0.434p} + 1} =$$

$$\frac{0.188\,4p^2}{(p^2 + 1.480\,9)^2 + \sqrt{2}(p^2 + 1.480\,9)0.434p + 0.188\,4p^2} =$$

$$\frac{0.188\,4p^2}{p^4 + 2.961\,8p^2 + 2.193\,1 + 0.613\,8p^3 + 0.908\,9p + 0.188\,4p^2} =$$

$$\frac{0.188\,4p^2}{p^4 + 0.613\,8p^3 + 3.150\,2p^2 + 0.908\,9p + 2.193\,1}$$

(6) 采用双线性变换法将模拟带通滤波器转换成数字带通滤波器。

$$H(z) = \frac{0.188\,4p^2}{p^4 + 0.613\,8p^3 + 3.150\,2p^2 + 0.908\,9p + 2.193\,1}\bigg|_{p = 2\frac{1-z^{-1}}{1+z^{-1}}} =$$

$$\frac{0.188\,4\,(2\frac{1-z^{-1}}{1+z^{-1}})^2}{(2\frac{1-z^{-1}}{1+z^{-1}})^4 + 0.613\,8\,(2\frac{1-z^{-1}}{1+z^{-1}})^3 + 3.150\,2\,(2\frac{1-z^{-1}}{1+z^{-1}})^2 + 0.908\,9(2\frac{1-z^{-1}}{1+z^{-1}}) + 2.193\,1} =$$

$$\frac{0.753\,6(1 - 2z^{-2} + z^{-4})}{37.666\,1 - 61.700\,8z^{-1} + 83.957\,0z^{-2} - 48.754\,4z^{-3} + 23.921\,7z^{-4}} =$$

$$\frac{0.02(1 - 2z^{-2} + z^{-4})}{1 - 1.638\,1z^{-1} + 2.229z^{-2} - 1.294\,4z^{-3} + 0.635\,1z^{-4}}$$

## 6.5.2　直接由归一化模型原型到其他数字滤波器的转换

这种转换方法是把 $s$ 平面到 $p$ 平面的映射及 $p$ 到 $z$ 的转换统一考虑,因此要求 $s$ 到 $z$ 有确定的表达式。这种方法适于双线性变换法,而不适用于冲激不变方法。它是将第一种方法的两步合成一步,而且,在第二步中的模拟到数字域的转换采用双线性变换。这种方法可以得到直接从模拟低通原型到各种类型数字滤波器的设计公式,简捷便利,得到普遍采用。因此,下面我们重点讨论这种方法。

### 1. 归一化模拟低通原型滤波器变换成数字低通滤波器

根据双线性公式可得将其模拟低通原型滤波器转换成数字低通滤波器的公式

$$s = C\frac{1 - z^{-1}}{1 + z^{-1}} \tag{6.95}$$

模拟低通原型滤波器的模拟角频率与数字低通滤波器的角频率之间的关系为

$$\Omega = C\tan(\omega/2) \tag{6.96}$$

显然,若数字低通滤波器的截止角频率为 $\omega_c$,则有对应的映射关系为

$$\Omega = 1 \Leftrightarrow \omega = \omega_c$$

于是，可得

$$C = \cot(\omega_c/2) \tag{6.97}$$

**2. 归一化模拟低通原型滤波器变换成数字高通滤波器**

由 $p$ 平面到 $z$ 平面的双线性变换公式为

$$p = C\frac{1-z^{-1}}{1+z^{-1}} \tag{6.98}$$

将双线性变换公式(6.98)代入表6.3中的模拟低通原型转换为模拟高通滤波器的转换公式

$$s = \frac{\Omega_2}{p}$$

可得

$$s = \frac{\Omega_2}{p}\bigg|_{p=C\frac{1-z^{-1}}{1+z^{-1}}} = \frac{\Omega_2}{C}\frac{1+z^{-1}}{1-z^{-1}} = C_1\frac{1+z^{-1}}{1-z^{-1}} \tag{6.99}$$

这里，$C_1 = \dfrac{\Omega_2}{C}$ 是变换常数，需确定。

令 $s = j\Omega, z = e^{j\omega}$，得归一化模拟低通原型滤波器与数字高通滤波器的角频率之间的关系

$$\Omega = C_1\cot(\omega/2)$$

由于存在映射关系

$$\Omega = 1 \Leftrightarrow \omega = \omega_c$$

可得

$$C_1 = \tan(\omega_c/2) \tag{6.100}$$

**3. 归一化模拟低通原型滤波器变换成数字带通滤波器**

将双线性变换公式(6.98)代入表6.3中的模拟低通原型转换为模拟带通滤波器的转换公式

$$s = \frac{p^2 + \Omega_L\Omega_H}{(\Omega_H - \Omega_L)p}$$

可得

$$s = \frac{p^2 + \Omega_L\Omega_H}{(\Omega_H - \Omega_L)p}\bigg|_{p=C\frac{1-z^{-1}}{1+z^{-1}}} = \frac{C^2 + \Omega_L\Omega_H}{C(\Omega_H - \Omega_L)}\frac{1 - 2\dfrac{C^2 - \Omega_L\Omega_H}{C^2 + \Omega_L\Omega_H}z^{-1} + z^{-2}}{1 - z^{-2}} =$$

$$D\frac{1 - Ez^{-1} + z^{-2}}{1 - z^{-2}} \tag{6.101}$$

这里

$$D = \frac{C^2 + \Omega_L\Omega_H}{C(\Omega_H - \Omega_L)}, \quad E = 2\frac{C^2 - \Omega_L\Omega_H}{C^2 + \Omega_L\Omega_H} \tag{6.102}$$

是变换常数，需确定。

而 $\Omega_L, \Omega_H$ 是通过双线性变换公式将数字带通滤波器器的角频率转换 $\omega_L, \omega_H$ 而来，即

$$\Omega_L = C\tan(\omega_L/2), \Omega_H = C\tan(\omega_H/2)$$

代入 $D, E$ 的计算公式(6.102)可得

$$D = \frac{C^2 + \Omega_L \Omega_H}{C(\Omega_H - \Omega_L)} = \frac{C^2 + c\tan\frac{\omega_H}{2}\tan\frac{\omega_L}{2}}{C(c\tan\frac{\omega_H}{2} - c\tan\frac{\omega_L}{2})} = \cot(\frac{\omega_H - \omega_L}{2}) \tag{6.103}$$

$$E = 2\frac{C^2 - \Omega_L \Omega_H}{C^2 + \Omega_L \Omega_H} = 2\frac{C^2 - C^2\tan\frac{\omega_H}{2}\tan\frac{\omega_L}{2}}{C^2 + C^2\tan\frac{\omega_H}{2}\tan\frac{\omega_L}{2}} = 2\frac{\cos(\frac{\omega_H + \omega_L}{2})}{\cos(\frac{\omega_H - \omega_L}{2})} = 2\cos\omega_0 \tag{6.104}$$

令 $s = j\Omega, z = e^{j\omega}$，得归一化模拟低通原型滤波器与数字带通滤波器的角频率之间的关系

$$\Omega = D\frac{E/2 - \cos\omega}{\sin\omega} = D\frac{\cos\omega_0 - \cos\omega}{\sin\omega} \tag{6.105}$$

**4. 归一化模拟低通原型滤波器变换成数字带阻滤波器**

将双线性变换公式(6.98)代入表 6.3 中的模拟低通原型转换为模拟带阻滤波器的转换公式

$$s = \frac{(\Omega_H - \Omega_L)p}{p^2 + \Omega_H \Omega_L}$$

可得

$$s = \frac{(\Omega_H - \Omega_L)p}{p^2 + \Omega_H \Omega_L}\bigg|_{p = C\frac{1-z^{-1}}{1+z^{-1}}} = \frac{C(\Omega_H - \Omega_L)}{C^2 + \Omega_L \Omega_H}\frac{1 - z^{-2}}{1 - 2\frac{C^2 - \Omega_L \Omega_H}{C^2 + \Omega_L \Omega_H}z^{-1} + z^{-2}} = D_1\frac{1 - z^{-2}}{1 - E_1 z^{-1} + z^{-2}}$$

$$\tag{6.106}$$

这里

$$D_1 = \frac{C(\Omega_H - \Omega_L)}{C^2 + \Omega_L \Omega_H}, \quad E_1 = 2\frac{C^2 - \Omega_L \Omega_H}{C^2 + \Omega_L \Omega_H} \tag{6.107}$$

是变换常数,需确定。

而 $\Omega_L, \Omega_H$ 是通过双线性变换公式将数字带阻滤波器器的角频率 $\omega_L, \omega_H$ 转换而来,即

$$\Omega_L = C\tan(\omega_L/2), \Omega_H = C\tan(\omega_H/2)$$

代入 $D_1, E_1$ 的计算公式(6.107)可得

$$D_1 = \tan(\frac{\omega_H - \omega_L}{2}) \tag{6.108}$$

$$E_1 = 2\frac{\cos(\frac{\omega_H + \omega_L}{2})}{\cos(\frac{\omega_H - \omega_L}{2})} = 2\cos\omega_0 \tag{6.109}$$

令 $s = j\Omega, z = e^{j\omega}$，得归一化模拟低通原型滤波器与数字带阻滤波器的角频率之间的关系

$$\Omega = D_1\frac{\sin\omega}{E/2 - \cos\omega} = D_1\frac{\sin\omega}{\cos\omega - \cos\omega_0} \tag{6.110}$$

上述将归一化模拟低通原型滤波器直接转换为各种数字滤波器的变换公式可归纳于表 6.4。

**表 6.4　归一化低通原型滤波器到低通、带通、高通、带阻数字滤波器的变换关系**

| 数字滤波器类型 | 变换公式 | 频率变换公式 | 参数计算公式 |
|---|---|---|---|
| 低通 | $s = C\dfrac{1-z^{-1}}{1+z^{-1}}$ | $\Omega = C\tan(\omega/2)$ | $C = \cot(\omega_c/2)$ |
| 高通 | $s = C_1\dfrac{1+z^{-1}}{1-z^{-1}}$ | $\Omega = C_1\cot(\omega/2)$ | $C_1 = \tan(\omega_c/2)$ |
| 带通 | $s = D\dfrac{1-Ez^{-1}+z^{-2}}{1-z^{-2}}$ | $\Omega = D\dfrac{\cos\omega_0 - \cos\omega}{\sin\omega}$ | $D = \cot(\dfrac{\omega_H - \omega_L}{2})$ <br> $E = 2\dfrac{\cos(\dfrac{\omega_H + \omega_L}{2})}{\cos(\dfrac{\omega_H - \omega_L}{2})} = 2\cos\omega_0$ |
| 带阻 | $s = D_1\dfrac{1-z^{-2}}{1-E_1z^{-1}+z^{-2}}$ | $\Omega = D_1\dfrac{\sin\omega}{\cos\omega - \cos\omega_0}$ | $D_1 = \tan(\dfrac{\omega_H - \omega_L}{2})$ <br> $E_1 = 2\dfrac{\cos(\dfrac{\omega_H + \omega_L}{2})}{\cos(\dfrac{\omega_H - \omega_L}{2})} = 2\cos\omega_0$ |

注：$s$ 是低通原型滤波器的拉普拉斯变量；而 $z$ 则是实际的数字滤波器的变量；$\Omega$ 是归一化模拟低通原型滤波器的角频率；而 $\omega$ 则是要设计的数字滤波器的角频率；$\omega_H$，$\omega_L$ 是实际带阻滤波器的上下通带（3 dB）截止角频率；$\omega_c$ 是实际高通滤波器的截止角频率。

**5. 设计步骤**

（1）根据要求确定数字滤波器的指标。

（2）从表 6.4 中选择相应的公式，并计算公式中的参数。

（3）根据表 6.4 的频率变换公式计算模拟低通原型滤波器的频率指标，即确定阻带截止角频率。在计算时，由于有上下截止角频率，因此，转换成低通原型指标时会得到两个阻带截止角频率，实际处理是取其较小值作为低通原型滤波器的阻带截止角频率，即 $\Omega_s = \min(|\Omega_{s1}|, |\Omega_{s2}|)$，其中，$\Omega_{s1}$，$\Omega_{s2}$ 需按表 6.4 的频率转换公式计算。

（4）设计归一化模拟低通原型滤波器。

（5）采用表 6.4 的公式转化成所需形式的模拟滤波器。

**【例 6.9】**　采用本节方法重做例题 6.8。

**解**　（1）依题意，可得数字指标。

通带截止角频率：$\omega_L = 0.3\pi$；$\omega_H = 0.4\pi$

通带衰减：$A_p = 3$ dB

阻带截止角频率：$\omega_{s1} = 0.2\pi$；$\omega_{s2} = 0.5\pi$

阻带衰减：$A_s = 18$ dB

（2）变换公式的确定。

$$D = \cot(\frac{\omega_H - \omega_L}{2}) = \cot(\frac{0.4\pi - 0.3\pi}{2}) = 6.313\ 8$$

$$E = 2\cos\omega_0 = 2\frac{\cos(\frac{\omega_H + \omega_L}{2})}{\cos(\frac{\omega_H - \omega_L}{2})} = 2\frac{\cos(\frac{0.4\pi + 0.3\pi}{2})}{\cos(\frac{0.4\pi - 0.3\pi}{2})} = 0.919\ 3$$

$$\cos \omega_0 = 0.459\ 6$$

$$s = 6.318 \frac{1 - 0.919\ 3z^{-1} + z^{-2}}{1 - z^{-2}}$$

$$\Omega = 6.313\ 8 \frac{0.459\ 6 - \cos \omega}{\sin \omega}$$

(3) $\qquad \Omega_{s1} = 6.313\ 8 \dfrac{0.459\ 6 - \cos(0.2\pi)}{\sin(0.2\pi)} = -3.753\ 3$

$$\Omega_{s2} = 6.3138 \frac{0.459\ 6 - \cos(0.5\pi)}{\sin(0.5\pi)} = 2.901\ 8$$

取 $\qquad \Omega_s = \min(|\Omega_{s1}|, |\Omega_{s2}|) = 2.901\ 8$

(4) 低通原型滤波器设计。

根据式(6.37)得

$$N = \frac{\lg[(10^{A_p/10} - 1)/(10^{A_s/10} - 1)]}{2\lg(\Omega_p/\Omega_s)} = \frac{\lg[(10^{3/10} - 1)/(10^{18/10} - 1)]}{2\lg(1/2.902\ 2)} = 1.935\ 3$$

取 $N = 2$。

2 阶 butterworth 原型滤波器

$$H_{LP}(s) = \frac{1}{s^2 + \sqrt{2}\ s + 1}$$

(5) 采用表 6.4 的公式转化成所需形式的数字带通滤波器。

$$H_{BP}(z) = \frac{1}{s^2 + \sqrt{2}\ s + 1}\Bigg|_{s = 6.318\frac{1 - 0.919\ 3z^{-1} + z^{-2}}{1 - z^{-2}}} =$$

$$\frac{0.02(1 - 2z^{-2} + z^{-4})}{1 - 1.638\ 1z^{-1} + 2.229z^{-2} - 1.294\ 4z^{-3} + 0.635\ 1z^{-4}}$$

(与例 6.8 结果相同,但计算简单得多。)

【例 6.10】　数字高通滤波器设计。

高通滤波器的指标要求为:3 dB 截止角频率为 $0.8\pi$,阻带截止角频率 $0.44\pi$,阻带衰减要求为衰减 15 dB。模拟滤波器的设计要求采用巴特沃斯低通原型滤波器设计。

**解**　(1) 依题意,可写出数字指标。

通带截止角频率:$\omega_c = 0.4\pi$

通带衰减:$A_p = 3$ dB

阻带截止角频率:$\omega_s = 0.44\pi$

阻带衰减:$A_s = 18$ dB

(2) 变换公式的确定。

由表 6.4 得

$$s = C_1 \frac{1 + z^{-1}}{1 - z^{-1}}, \quad \Omega = C_1 \cot(\omega/2)$$

其中,$C_1 = \tan(\omega_c/2) = \tan(0.8\pi/2) = 3.077$。

(3) 归一化低通滤波器阻带截止角频率。

$$\Omega_s = 3.077\cot(0.44\pi/2) = 3.720\ 3$$

(4) 低通原型滤波器设计。

根据式(6.37)得

$$N = \frac{\lg\left[(10^{A_p/10}-1)/(10^{A_s/10}-1)\right]}{2\lg(\Omega_p/\Omega_s)} = \frac{\lg\left[(10^{3/10}-1)/(10^{15/10}-1)\right]}{2\lg(1/3.720\ 3)} = 1.304$$

取 $N = 2$。

2 阶 butterworth 原型滤波器

$$H_{LP}(s) = \frac{1}{s^2 + \sqrt{2}\,s + 1}$$

(5) 采用表 6.4 的公式转化成所需形式的数字高通滤波器。

$$H_{BP}(z) = \frac{1}{s^2 + \sqrt{2}\,s + 1}\bigg|_{s=3.077\frac{1+z^{-1}}{1-z^{-1}}} =$$

$$\frac{(1-z^{-1})^2}{14.819\ 5 + 16.935\ 9z^{-1} + 6.116\ 4z^{-2}} = \frac{0.067\ 5\,(1-z^{-1})^2}{1 + 1.142\ 86z^{-1} + 0.412\ 7z^{-2}}$$

【例 6.11】 数字带阻滤波器设计。

带阻滤波器的指标要求为:3 dB 截止角频率分别为 $0.19\pi$,$0.21\pi$;阻带截止角频率分别为 $0.198\pi$,$0.202\pi$;阻带衰减要求为衰减 13 dB。模拟滤波器的设计要求采用巴特沃思低通原型滤波器设计。

**解** (1) 依题意,可写出数字指标。

通带截止角频率:$\omega_L = 0.19\pi$;$\omega_H = 0.22\pi$

通带衰减:$A_p = 3$ dB

阻带截止角频率:$\omega_{s1} = 0.198\pi$;$\omega_{s2} = 0.02\pi$

阻带衰减:$A_s = 18$ dB

(2) 变换公式的确定。

由表 6.4 得

$$s = D_1 \frac{1 - z^{-2}}{1 - E_1 z^{-1} + z^{-2}}, \qquad \Omega = D_1 \frac{\sin\omega}{\cos\omega - \cos\omega_0}$$

其中 $\quad D_1 = \tan\left(\frac{\omega_H - \omega_L}{2}\right) = \tan\left(\frac{0.22\pi - 0.19\pi}{2}\right) = 0.047\ 2$

$$E_1 = 2\frac{\cos\left(\frac{\omega_H + \omega_L}{2}\right)}{\cos\left(\frac{\omega_H - \omega_L}{2}\right)} = 2\cos\omega_0 = 1.601\ 1\ ,\ \cos\omega_0 = 0.800\ 6$$

$$s = 0.047\ 2\frac{1 - z^{-2}}{1 - 1.601\ 1_1 z^{-1} + z^{-2}}, \quad \Omega = 0.047\ 2\frac{\sin\omega}{\cos\omega - 0.800\ 6}$$

(3) 归一化低通滤波器阻带截止角频率。

$$\Omega_{s1} = 0.047\ 2\frac{\sin(0.198\pi)}{\cos(0.198\pi) - 0.800\ 6} = 2.274\ 1$$

$$\Omega_{s2} = 0.047\ 2\frac{\sin(0.202\pi)}{\cos(202\pi) - 0.800\ 6} = 5.943\ 8$$

$$\Omega_s = \min(\mid \Omega_{s1}\mid,\mid \Omega_{s2}\mid) = 2.274\ 1$$

(4) 低通原型滤波器设计。

根据式(6.37)得

$$N = \frac{\lg\left[(10^{A_p/10} - 1)/(10^{A_s/10} - 1)\right]}{2\lg(\Omega_p/\Omega_s)} = \frac{\lg\left[(10^{3/10} - 1)/(10^{13/10} - 1)\right]}{2\lg(1/2.274\ 1)} = 1.793\ 3$$

取 $N = 2$。

2 阶 butterworth 原型滤波器

$$H_{LP}(s) = \frac{1}{s^2 + \sqrt{2}\,s + 1}$$

(5) 采用表 6.4 的公式转化成所需形式的数字带阻滤波器。

$$H_{BP}(z) = \frac{1}{s^2 + \sqrt{2}\,s + 1}\Bigg|_{s = 3.077\frac{1+z^{-1}}{1-z^{-1}}} =$$

$$\frac{(1 - z^{-1})^2}{14.819\ 5 + 16.935\ 9z^{-1} + 6.116\ 4z^{-2}} = \frac{0.067\ 5\,(1 - z^{-1})^2}{1 + 1.142\ 86z^{-1} + 0.412\ 7z^{-2}}$$

### 6.5.3 由模拟低通原型先转换成数字低通原型,再转换成所需的数字滤波器

此法中的第一步前面已讨论过,现在讨论数字原型到其他型数字滤波器的转换。

#### 1. 变换函数的一般形式

为了便于区分变换前后两个不同的 $z$ 平面,把变换前的 $z$ 平面定义为 $u$ 平面,把变换后的 $z$ 平面定义为 $z$ 平面。$u$ 到 $z$ 的变换关系表示为

$$u^{-1} = G(z^{-1}) \tag{6.111}$$

用 $H_L(u^{-1})$ 表示原滤波器的系统函数,$H_d(z^{-1})$ 表示转换后滤波器的系统函数,则数字滤波器的原型变换就可以表示为

$$H_d(z^{-1}) = H_L(u^{-1})\big|_{u^{-1} = G(z^{-1})} = H_L\big[G(z^{-1})\big] \tag{6.112}$$

(1) 确定变换函数 $G(z^{-1})$ 的原则。

$H_L(z^{-1})$ 到 $H_d(z^{-1})$ 的转换应满足如下几个条件:

① 要使一个因果稳定的低通系统 $H_L(u^{-1})$ 变换成新的系统 $H_d(z^{-1})$,应该依然是一个因果稳定的系统,为此就要求在原 $z$ 平面($u$ 平面)单位圆内的点映射到新的 $z$ 平面之后还在单位圆之内。

② 两个函数的频率响应要满足一一对应的要求,即 $u$ 的单位圆应映射到 $z$ 的单位圆上,用 $\theta$ 和 $\omega$ 分别表示 $u$ 平面和 $z$ 平面上的数字角频率,则 $u = e^{j\theta}$,$z = e^{j\omega}$ 分别表示 $u$ 平面和 $z$ 平面的单位圆,式(6.112)应满足

$$e^{-j\theta} = G(e^{-j\omega}) = |G(e^{-j\omega})|\,e^{\varphi(\omega)} \tag{6.113}$$

③ 转换后 $H_d(z^{-1})$ 应仍是 $z^{-1}$ 的有理函数,则 $G(z^{-1})$ 必须是 $z^{-1}$ 的有理函数。

(2) 变换函数 $G(z^{-1})$ 的一般形式。

依据条件 ②,即式(6.113),可得

$$|G(e^{-j\omega})| = 1 \tag{6.114}$$

$$\theta = -\arg[G(e^{-j\omega})] \tag{6.115}$$

由此可见,变换函数 $G(z^{-1})$ 在单位圆上的幅度必须恒等于1,这种函数称为全通函数。任何一个全通函数都可以表示为

$$G(z^{-1}) = \pm \prod_{i=1}^{N} \frac{z^{-1} - \alpha_i^*}{1 - \alpha_i z^{-1}} \tag{6.116}$$

式中，$\alpha_i$ 为它的极点，可以是实数，也可以是共轭复数；$N$ 称为全通函数的阶数。

依据条件 ①，为使滤波器稳定，应使式(6.116)中的 $|\alpha_k| < 1$。显然，此式是 $z^{-1}$ 的有理函数，满足条件 ③。因此，可以作为转换函数的一般形式。

（3）全通函数的特点。

①$G(z^{-1})$ 的所有零点都是其极点的共轭倒数。

② 对于 $N$ 阶全通函数，当 $\omega$ 由 $0 \rightarrow \pi$ 时，其相位函数 $\varphi(\omega)$ 的变化量为 $N\pi$。选择合适的 $N$ 和 $\alpha_i$，则可得到各类变换。

根据全通函数的这些基本特点，下面具体讨论数字域的各种原型变换。

**2. 数字低通到数字低通的变换**

（1）变换函数。

在低通到低通的变换中，$H_L(j\theta)$ 及 $H_d(j\omega)$ 都是低通函数，只是截止角频率互不相同，因此当 $\theta$ 由 $0$ 变到 $\pi$ 时，相应的 $\omega$ 也应由 $0$ 变到 $\pi$，如图 6.29 所示。

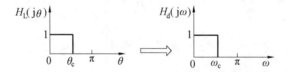

图 6.29 数字低通到数字低通的映射关系

因此，根据全通函数相位 $\varphi(\omega)$ 变化量为 $N\pi$ 的性质，就可确定全通函数的阶数必须为 $1$，于是，变换函数可为

$$G(z^{-1}) = \pm \frac{z^{-1} - \alpha^*}{1 - \alpha z^{-1}} \tag{6.117}$$

由图 6.29 可见，该函数必须满足以下映射关系：

$$\theta = 0 \Leftrightarrow \omega = 0 ; \theta = \pi \Leftrightarrow \omega = \pi$$

因此，该函数必须满足

$$G(1) = 1, \quad G(-1) = -1$$

代入式(6.117)可得

① 若 $G(z^{-1}) = \frac{z^{-1} - \alpha^*}{1 - \alpha z^{-1}}$，则有 $\alpha = \alpha^*$，即 $\alpha$ 是实数。

② 若 $G(z^{-1}) = -\frac{z^{-1} - \alpha^*}{1 - \alpha z^{-1}}$，则有 $\alpha + \alpha^* = 2$，即 $\mathrm{Re}[\alpha] = 1$，显然不满足 $|\alpha| < 1$ 的条件。

因此，低通数字到低通数字滤波器的转换公式为

$$u^{-1} = G(z^{-1}) = \frac{z^{-1} - \alpha}{1 - \alpha z^{-1}} \tag{6.118}$$

（2）变换函数中参数的确定。

若令 $u = e^{j\theta}$，$z = e^{j\omega}$，代入式(6.118)则得

$$e^{-j\theta} = \frac{e^{-j\omega} + \alpha}{1 - \alpha e^{-j\omega}}$$

或

$$e^{-j\omega} = \frac{e^{-j\theta} + \alpha}{1 + \alpha e^{-j\theta}} = e^{-j\theta}\frac{1 + \alpha e^{j\theta}}{1 + \alpha e^{-j\theta}} = e^{-j\theta}\frac{1 + \alpha\cos\theta + j\alpha\sin\theta}{1 + \alpha\cos\theta - j\alpha\sin\theta} =$$

$$e^{-j\arctan\frac{(1-\alpha^2)\sin\theta}{2\alpha + (1+\alpha^2)\cos\theta}}$$

于是

$$\omega = \arctan\frac{(1-\alpha^2)\sin\theta}{2\alpha + (1+\alpha^2)\cos\theta} = \theta - 2\arctan\left[\frac{\alpha\sin\theta}{1+\alpha\cos\theta}\right] \tag{6.119}$$

可解出 $\alpha$ 的表达式为

$$\alpha = \frac{\sin\left[(\theta - \omega)/2\right]}{\sin\left[(\theta + \omega)/2\right]} \tag{6.120}$$

由此式看出,$\omega$、$\theta$ 的关系还与 $\alpha$ 有关。图 6.30 给出了不同 $\alpha$ 值时 $\omega$ 与 $\theta$ 的变换曲线。

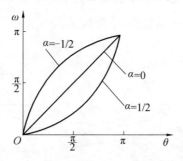

图 6.30　数字低通到数字低通的频率变换特性

由图 6.30 看出,当 $\alpha > 0$ 时,此变换代表的是频率压缩;而 $\alpha < 0$ 时,则是频率扩展。

低通原型的 $\theta_p$ 值要映射成所需滤波器的 $\omega_p$ 值,需要当给定了 $\theta_p$、$\omega_p$ 之后,将其值代入式 (6.120),就可计算出 $\alpha$ 值

$$\alpha = \frac{\sin\left(\dfrac{\theta_c - \omega_c}{2}\right)}{\sin\left(\dfrac{\theta_c + \omega_c}{2}\right)} \tag{6.121}$$

然后把 $\alpha$ 值代入式(6.118),即得到变换函数。

### 3. 数字低通到数字高通的变换

若将低通滤波器的频率加 $\pi$,则可将截止角频率为 $\omega_c$ 的低通滤波器转换为高通滤波器,此时高通滤波器的截止角频率是 $\pi + \omega_c$。因此,如果在上述数字低通到低通的变换中,再将 $z$ 变换为 $-z$,就将低通变换为相应的高通了,即

$$G(z^{-1}) = \frac{(-z)^{-1} - \alpha}{1 - \alpha(-z)^{-1}} = -\frac{z^{-1} + \alpha}{1 + \alpha z^{-1}} \tag{6.122}$$

上式满足 $G(-1) = 1$,$G(1) = -1$,且有 $|\alpha| < 1$。显然,这时低通原型的截止角频率 $\theta_c$ 对应的不是 $\omega_c$ 而是 $\omega_c + \pi$,$-\theta_c$ 则对应于高通的截止角频率 $\omega_c$,如图 6.31 所示。
则

$$e^{-j(-\theta_c)} = -\frac{e^{-j\omega_c} + \alpha}{1 + \alpha e^{-j\omega_c}}$$

求得

$$\alpha = -\frac{\cos\left(\dfrac{\omega_c + \theta_c}{2}\right)}{\cos\left(\dfrac{\omega_c - \theta_c}{2}\right)} \tag{6.123}$$

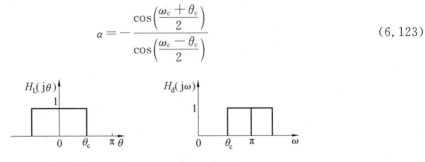

图 6.31　数字低通到数字高通

### 4. 数字低通到数字带通的变换

数字低通到数字带通的映射关系如图 6.32 所示。

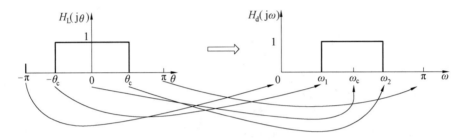

图 6.32　数字低通到数字带通的映射关系

若带通的中心角频率为 $\omega_c$,它应该对应于低通原型的通带中心,即 $\theta = 0$ 点;当带通的角频率由 $\omega_c \to \pi$ 时,是由通带走向止带,因此应该对应于 $\theta$ 由 $0 \to \pi$;同样,当 $\omega$ 由 $\omega_c \to 0$ 时,也是由通带走向另一边止带,它对应的是低通原型的镜像部分,即相应于 $\theta$ 由 $0 \to -\pi$。这样我们看到,当 $\omega$ 由 0 变化到 $\pi$ 时,$\theta$ 必须相应变化 $2\pi$,也即全通函数的阶数 $N$ 必须为 2,因此

$$G(z^{-1}) = \pm \frac{z^{-1} - \alpha_1{}^*}{1 - \alpha_1 z^{-1}} \cdot \frac{z^{-1} - \alpha_2^*}{1 - \alpha_2 z^{-1}} = \pm \frac{z^{-2} + c_1 z^{-1} + c_2}{b_2 z^{-2} + b_1 z^{-1} + 1}$$

由于系数 $b_1, b_2, c_1, c_2$ 必须是实数,可证,$\alpha_1 = \alpha_2^* = \alpha$。于是有

$$G(z^{-1}) = \pm \frac{z^{-1} - \alpha^*}{1 - \alpha z^{-1}} \cdot \frac{z^{-1} - \alpha}{1 - \alpha^* z^{-1}} = \pm \frac{z^{-2} + d_1 z^{-1} + d_2}{d_2 z^{-2} + d_1 z^{-1} + 1} \tag{6.124}$$

显然,上式应首先满足映射关系

$$\omega = 0 \Leftrightarrow \theta = -\pi, \omega = \pi \Leftrightarrow \theta = \pi$$

或

$$G(-1) = -1, G(1) = -1$$

利用上述约束以及系数 $d_1, d_2$ 必须是实数、$|\alpha| < 1$,式(6.124)必须取"一"号,于是

$$G(z^{-1}) = -\frac{z^{-2} + d_1 z^{-1} + d_2}{d_2 z^{-2} + d_1 z^{-1} + 1} \tag{6.125}$$

利用映射关系

$$\omega = \omega_1 \Leftrightarrow \theta = -\theta_c, \omega = \omega_2 \Leftrightarrow \theta = \theta_c; \omega = \omega_c \Leftrightarrow \theta = 0$$

可得

$$u^{-1} = -\frac{z^{-2} - \dfrac{2\alpha k}{k+1} z^{-1} + \dfrac{k-1}{k+1}}{\dfrac{k-1}{k+1} z^{-2} - \dfrac{2\alpha k}{k+1} z^{-1} + 1} \tag{6.126}$$

其中

$$\alpha = \cos(\frac{\omega_2 + \omega_1}{2}) / \cos(\frac{\omega_2 - \omega_1}{2}) = \cos\omega_c \tag{6.127}$$

$$k = \cot(\frac{\omega_2 - \omega_1}{2})\tan\frac{\theta_c}{2} \tag{6.128}$$

**5. 数字低通到数字带阻的变换**

数字低通到数字带阻的映射关系如图 6.33 所示。映射关系如下：

$$\omega = 0 \Leftrightarrow \theta = 0, \omega = \omega_1 \Leftrightarrow \theta = \theta_c, \omega = \omega_c \Leftrightarrow \theta = \pi,$$

$$\omega = \omega_2 \Leftrightarrow \theta = 2\pi - \theta, \omega = \pi \Leftrightarrow \theta = 2\pi$$

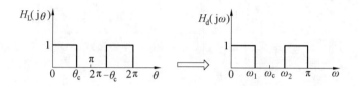

图 6.33　数字低通到数字带阻的映射关系

可见，当 $\omega$ 由 0 变化到 $\pi$ 时，$\theta$ 必须相应变化 $2\pi$，也即全通函数的阶数 $N$ 必须为 2，因此

$$G(z^{-1}) = \pm \frac{z^{-1} - \alpha_1^*}{1 - \alpha_1 z^{-1}} \cdot \frac{z^{-1} - \alpha_2^*}{1 - \alpha_2 z^{-1}}$$

经过与带通滤波器类似的推导并利用相应的映射关系，可得

$$u^{-1} = \frac{z^{-2} - \dfrac{2\alpha}{k+1}z^{-1} + \dfrac{1-k}{k+1}}{\dfrac{1-k}{k+1}z^{-2} - \dfrac{2\alpha}{k+1}z^{-1} + 1} \tag{6.129}$$

其中

$$\begin{cases} \alpha = \cos(\dfrac{\omega_2 + \omega_1}{2}) / \cos(\dfrac{\omega_2 - \omega_1}{2}) = \cos\omega_0 \\[2mm] k = \tan(\dfrac{\omega_2 - \omega_1}{2})\tan\dfrac{\theta_c}{2} \end{cases} \tag{6.130}$$

表 6.5 给出了上述变换公式及 $\alpha$ 的计算公式。

**6. 具体设计方法**

(1) 给出数字滤波器的设计指标。

(2) 确定模拟滤波器的设计指标。

① 在模拟转换到数字滤波器时，若采用冲激不变法(注意，此法只能用于设计低通和带通滤波器)，则采用：$\Omega = \omega / T_s$，这里 $T_s$ 是抽样间隔。

② 在模拟转换到数字滤波器时，若采用双线性变换法，则要用频率预畸变公式计算模拟频率指标。

(3) 确定模拟低通滤波器的指标。

(4) 设计归一化模拟低通滤波器。

(5) 将归一化模拟低通滤波器转换为截止角频率为 $\theta_c$ 的数字低通滤波器。

(6) 采用表 6.5 的公式转换为相应的数字滤波器。

表 6.5　由截止角频率为 $\theta_c$ 的低通数字滤波器变换成各型数字滤波器

| 变换类型 | 变换公式 | 参数计算 |
|---|---|---|
| 数字低通 → 数字低通 | $\mu^{-1} = G(z^{-1}) = \dfrac{z^{-1} - \alpha}{1 - \alpha z^{-1}}$ | $\alpha = \dfrac{\sin\left(\dfrac{\theta_c - \omega_c}{2}\right)}{\sin\left(\dfrac{\theta_c + \omega_c}{2}\right)}$ |
| 数字低通 → 数字高通 | $\mu^{-1} = G(z^{-1}) = -\dfrac{z^{-1} + \alpha}{1 + \alpha z^{-1}}$ | $\alpha = -\dfrac{\cos\left(\dfrac{\omega_c + \theta_c}{2}\right)}{\cos\left(\dfrac{\omega_c - \theta_c}{2}\right)}$ |
| 数字低通 → 数字带通 | $u^{-1} = -\dfrac{z^{-2} - \dfrac{2\alpha k}{k+1} z^{-1} + \dfrac{k-1}{k+1}}{\dfrac{k-1}{k+1} z^{-2} - \dfrac{2\alpha k}{k+1} z^{-1} + 1}$ | $\alpha = \cos(\dfrac{\omega_2 + \omega_1}{2}) / \cos(\dfrac{\omega_2 - \omega_1}{2}) = \cos \omega_c$   $k = \cot(\dfrac{\omega_2 - \omega_1}{2}) \tan \dfrac{\theta_c}{2}$ |
| 数字低通 → 数字带阻 | $u^{-1} = \dfrac{z^{-2} - \dfrac{2\alpha}{k+1} z^{-1} + \dfrac{1-k}{k+1}}{\dfrac{1-k}{k+1} z^{-2} - \dfrac{2\alpha}{k+1} z^{-1} + 1}$ | $\alpha = \cos(\dfrac{\omega_2 + \omega_1}{2}) / \cos(\dfrac{\omega_2 - \omega_1}{2}) = \cos \omega_0$   $k = tan(\dfrac{\omega_2 - \omega_1}{2}) \tan \dfrac{\theta_c}{2}$ |

注：$\theta_c$ 是低通滤波器的中心角频率；$\omega_c$，$\omega_1$，$\omega_2$ 分别是要设计的滤波器的中心角频率、通带上下截止角频率。

**【例 6.12】**　采用"由模拟低通原型先转换成数字低通原型，然后再转换成所需的数字滤波器"的方法，设计一数字带通滤波器。要求采用巴特沃斯逼近及双线性变换处理。指标：通带起伏：$\leqslant 3$ dB，$0.4\pi \leqslant \omega \leqslant 0.5\pi$；阻带衰减：$\geqslant 15$ dB，$0 \leqslant \omega \leqslant 0.2\pi$，$0.7 \leqslant \omega \leqslant \pi$。

**解**　（1）数字指标。

$$A_p = 3 \text{ dB}, A_s = 15 \text{ dB}, \omega_L = 0.4\pi, \omega_H = 0.5\pi, \omega_{s1} = 0.2\pi, \omega_{s2} = 0.7\pi$$

（2）双线性变换公式。

采用 $C = 2/T_s$，可令 $T_s = 1$，于是

$$s = 2\frac{1 - z^{-1}}{1 + z^{-1}} \quad \Omega = 2\tan(\omega/2)$$

（3）频率指标转换。

$$\Omega_L = 2\tan(\omega_L/2) = 2\tan(0.4\pi/2) = 1.453\,1$$
$$\Omega_H = 2\tan(\omega_H/2) = 2\tan(0.5\pi/2) = 2$$
$$\Omega_{s1} = 2\tan(\omega_{s1}/2) = 2\tan(0.2\pi/2) = 0.640\,98$$
$$\Omega_{s2} = 2\tan(\omega_{s2}/2) = 2\tan(0.7\pi/2) = 3.925\,2$$

归一化原型：

$$\Omega'_{s1} = \frac{\Omega_{s1}^2 - \Omega_L \Omega_H}{\Omega_{s1}(\Omega_H - \Omega_L)} = -7.118\,3$$
$$\Omega'_{s2} = \frac{\Omega_{s2}^2 - \Omega_L \Omega_H}{\Omega_{s2}(\Omega_H - \Omega_L)} = 5.828\,1$$
$$\Omega_s = \min(|\Omega'_{s1}|, |\Omega'_{s2}|) = 5.828\,1$$
$$\Omega_p = \Omega_H - \Omega_L = 0.546\,9$$

（4）设计模拟低通滤波器。

$$N = \frac{\lg[(10^{A_p/10} - 1)/(10^{A_s/10} - 1)]}{2\lg(\Omega_p/\Omega_s)} = \frac{\lg[(10^{3/10} - 1)/(10^{15/10} - 1)]}{2\lg(0.546\,9/5.828\,1)} = 0.724\,1$$

取 $N = 1$。

所以
$$H_a(s) = \frac{0.546\,9}{s + 0.546\,9}$$

采用双线性变换得到数字低通滤波器

$$H_D(z) = H_a(s) \mid_{s=2\frac{1-z^{-1}}{1+z^{-1}}} = \frac{0.546\,9}{s + 0.546\,9} \mid_{s=2\frac{1-z^{-1}}{1+z^{-1}}} = 0.546\,9\,\frac{1+z^{-1}}{2.546\,9 - 1.453\,1z^{-1}}$$

(5) 将数字低通滤波器转换为数字带通滤波器(略)。

$$u^{-1} = G(z^{-1}) = -\frac{z^{-2} - \dfrac{2\alpha k}{k+1}z^{-1} + \dfrac{k-1}{k+1}}{\dfrac{k-1}{k+1}z^{-2} - \dfrac{2\alpha k}{k+1}z^{-1} + 1}$$

其中
$$\alpha = \cos\left(\frac{\omega_2 + \omega_1}{2}\right) \Big/ \cos\left(\frac{\omega_2 - \omega_1}{2}\right) = \cos\omega_0$$

$$k = \cot\left(\frac{\omega_2 - \omega_1}{2}\right)\tan\frac{\theta_c}{2}$$

# 6.6　直接设计法

前面介绍的 IIR 数字滤波器设计方法是以模拟滤波器为桥梁来间接设计的,这种方法的幅频特性受到所选模拟滤波器幅频特性的限制。例如巴特沃斯低通滤波器幅频特性是单调下降的,而切比雪夫低通滤波器的幅频特性在带内(通带内)或带外(阻带内)有上下波动等。当要求设计任意幅频特性的滤波器时,则不适合采用这种方法。本节介绍在频域和时域直接设计 IIR 滤波器的方法,其特点是适合设计任意幅频特性的滤波器。

## 6.6.1　零、极点累试法(简单零、极点法)

本书第 3 章指出,系统频率特性取决于系统函数零、极点的分布,系统极点位置主要是影响系统幅频特性峰值位置及尖锐程度,零点位置主要影响系统幅频特性的谷值位置及其下凹的程度,且通过极点和零点分析的几何表示法可以定性地画出其幅频特性。上面的结论和方法提供了一种直接设计滤波器的方法。这种设计方法是根据其幅频特性先确定零、极点位置,再按照确定的零、极点写出其系统函数,画出其幅频特性,并与希望的滤波器幅频特性进行比较,如不满足要求,可通过移动零、极点位置或增加(减少)零、极点进行修正。这种修正方法是多次的,因此称为零、极点累试法。在确定零、极点位置时要注意:

① 极点必须位于 $z$ 平面单位圆内,保证数字滤波器是因果稳定的。

② 复数零、极点必须共轭成对,保证系统函数有理式的系数是实数。

数字滤波器系统函数 $H(z)$ 可以表示为

$$H(z) = A\,\frac{\displaystyle\prod_{i=1}^{M}(1 - c_i z^{-1})}{\displaystyle\prod_{k=1}^{N}(1 - d_k z^{-1})} \qquad (6.131)$$

式中 $c_i$、$d_k$ 分别表示滤波器的零点和极点。

### 1. 低通滤波器的设计

低通(高阻)滤波器的性能特点为 $\omega = \pi$ 处传输系数为零,相当于在 $z = -1$ 处有一个零点,

在 $z=a$ 处有一个极点，$a$ 为小于 1 的正实数，$a$ 越大，带宽越窄。所以最简单的低通滤波器的系统函数应为

$$H(z) = \frac{1+z^{-1}}{1-az^{-1}} \tag{6.132}$$

式中 $a$ 可以根据带宽的要求来决定。

$$|H(j\omega)|^2 = \frac{|1+e^{-j\omega}|^2}{|1-ae^{-j\omega}|^2} = \frac{2(1+\cos\omega)}{1-2a\cos\omega+a^2} \tag{6.133}$$

函数式在 $\omega=0$ 时最大值为

$$|H(j0)|^2 = \max|H(j\omega)|^2 = \frac{4}{(1-a)^2}$$

如给定带宽为 $\omega_c$，取

$$|H(j\omega_c)|^2 = \frac{1}{2}|H(j0)|^2 = \frac{1}{2}\frac{4}{(1-a)^2} \tag{6.134}$$

由式(6.133)、(6.134)知

$$\frac{2(1+\cos\omega_c)}{1-2a\cos\omega_c+a^2} = \frac{1}{2}\frac{4}{(1-a^2)}$$

由此可得

$$a^2\cos\omega_c - 2a + \cos\omega_c = 0$$

此为 $a$ 的二次方程，解之得

$$a = \frac{1\pm\sin\omega_c}{\cos\omega_c}$$

因 $a<1$，所以取

$$a = \frac{1-\sin\omega_c}{\cos\omega_c} = \frac{\cos\omega_c}{1+\sin\omega_c} \tag{6.135}$$

如果将式(6.132)归一化，即用 $H(j0)$ 除以式(6.132)则得

$$H(z) = \frac{1-a}{2}\frac{1+z^{-1}}{1-az^{-1}} \tag{6.136}$$

【例 6.13】 设计一个截止频率为 2 kHz 的数字低通滤波器，若抽样频率 8 倍于带宽，即 $T_s = 0.625\times10^{-4}$ s，则 $\omega_c = 2\pi\times2\times10^3\times0.625\times10^{-4} = 0.25\pi$，带入式(6.135) 有

$$a = \frac{1-\sin(0.25\pi)}{\cos(0.25\pi)} = 0.414\ 2$$

所以滤波器系统函数(归一化) 为

$$H(z) = 0.292\ 9\frac{1+z^{-1}}{1-0.414\ 2z^{-1}}$$

也可以采用由共轭极点对组成的二阶系统来满足幅度特性的要求，其形式为

$$H(z) = \frac{1+z^{-1}}{1-2r\cos\omega_0 z^{-1}+r^2z^{-2}} \tag{6.137}$$

式中，$r$ 表示极点到圆心的距离；$\omega_0$ 表示极点与实轴正方向的夹角，所对应的共轭极点为 $p_{1,2} = re^{\pm j\omega_0}$。

如果适当的选择 $r$ 和 $\omega_0$，可得到幅度特性较好的滤波器；但若 $\omega_0$、$r$ 选得过大，就会变成带通滤波器。

### 2. 高通滤波器的设计

把低通滤波器零、极点位置互换,可以得到高通滤波器的系统函数为

$$H(z) = \frac{1-a}{2} \frac{1-z^{-1}}{1+az^{-1}} \quad (a > 0) \tag{6.138}$$

$$a = \frac{\cos \omega_2}{1 + \sin \omega_2} \tag{6.139}$$

式中　$\omega_2$——高通滤波器的截止角频率。

当然也可以用类似于式(6.137)的二阶系统形式来实现,此时 $\omega_0$ 应接近于 π,零点改在 $z=1$ 处,即分子项变为 $1-z^{-1}$。

### 3. 带通滤波器的设计

如果把低通和高通滤波器级联,即可得到带通滤波器,其系统函数为

$$H(z) = \frac{1+z^{-1}}{1-a_1 z^{-1}} \frac{1-z^{-1}}{1+a_2 z^{-1}} \tag{6.140}$$

式中

$$\begin{cases} a_1 = \dfrac{\cos \omega_1}{1 + \sin \omega_1} \\[3mm] a_2 = \dfrac{\cos \omega_2}{1 + \sin \omega_2} \end{cases} \tag{6.141}$$

式中,$\omega_1$ 为带通滤波器通带起始角频率;$\omega_2$ 为带通滤波器通带截止角频率。

带通中心角频率将出现在

$$\cos \omega_0 = \frac{a_1 - a_2}{1 - a_1 a_2} \tag{6.142}$$

处,带通滤波器也可以用二阶系统实现,此时只要 $\omega_0$ 取在带通的中心角频率处,适当地选取 $r$ 即可满足带宽的要求,此外,还应在 $z = \pm 1$ 两处各加一个零点。

**【例 6.14】**　设计带通滤波器,通带中心角频率为 $\omega_0 = \pi/2$,$\omega = 0$、π 时,幅度衰减到 0。

**解**　确定极点 $z_{1,2} = r\mathrm{e}^{\pm \mathrm{j}\frac{\pi}{2}}$,零点 $z_{3,4} = \pm 1$,零、极点分布如图 6.34(a) 所示,$H(z)$ 为

$$H(z) = A \frac{(z-1)(z+1)}{(z-r\mathrm{e}^{\mathrm{j}\frac{\pi}{2}})(z-r\mathrm{e}^{-\mathrm{j}\frac{\pi}{2}})} = A \frac{z^2-1}{(z-\mathrm{j}r)(z+\mathrm{j}r)} = A \frac{1-z^{-2}}{1+r^2 z^{-2}}$$

上式中系数 $A$ 根据对某一固定频率幅度要求确定。如果要求 $\omega = \pi/2$ 处幅度为 1,即

$$\left| H(\mathrm{j}\omega) \right|_{\omega = \frac{\pi}{2}} = 1$$

则

$$A = (1-r^2)/2$$

设 $r = 0.7$、$0.9$,分别画出其幅频特性如图 6.34(b) 所示。此图表明,极点越靠近单位圆($r$ 越接近 1),带通特性越尖锐。

### 4. 点阻(窄带阻)滤波器的设计

如对 $\omega_0$ 点进行点阻(即陷波),则取零点 $z_0 = \mathrm{e}^{\pm \mathrm{j}\omega_0}$,为了保证 $\omega \neq \omega_0$ 时 $|H(\mathrm{j}\omega)| \approx 1$,再加一对极点 $z_k = a\mathrm{e}^{\pm \mathrm{j}\omega_0}$,$a$ 应接近于 1,则系统函数为

$$H(z) = \frac{(1-\mathrm{e}^{\mathrm{j}\omega_0} z^{-1})(1-\mathrm{e}^{-\mathrm{j}\omega_0} z^{-1})}{(1-a\mathrm{e}^{\mathrm{j}\omega_0} z^{-1})(1-a\mathrm{e}^{-\mathrm{j}\omega_0} z^{-1})} \tag{6.143}$$

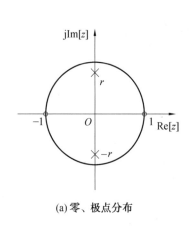

(a)零、极点分布

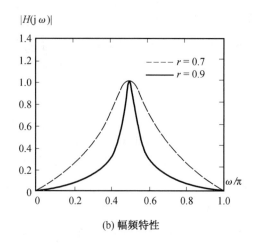

(b)幅频特性

图 6.34    例 6.14 图

它实为一个二阶系统,即

$$H(z) = \frac{1 - 2\cos\omega_0 z^{-1} + z^{-2}}{1 - 2a\cos\omega_0 z^{-1} + a^2 z^{-2}} \tag{6.144}$$

**5. 点通(窄带通)滤波器的设计**

有点阻滤波器的系统函数不难写出点通滤波器的系统函数。考虑到系统在 $\omega = 0$、$\pi$ 处增益为零最好,在 $z = \pm 1$ 处加零点,系统函数为

$$H(z) = \frac{1 - z^{-2}}{(1 - a\mathrm{e}^{\mathrm{j}\omega_0} z^{-1})(1 - a\mathrm{e}^{-\mathrm{j}\omega_0} z^{-1})} \tag{6.145}$$

或

$$H(z) = \frac{1 - z^{-2}}{1 - 2a\cos\omega_0 + a^2 z^{-2}} \tag{6.146}$$

无论点阻还是点通都可由二阶递归系统构成。由此看来,简单的无限冲激响应数字滤波器应尽量用二阶环节来实现,只要改变 $r$ 和 $\omega_0$ 即可得到各种类型的简单滤波器。

$z$ 平面的简单零、极法可以直接完成零、极点的配置,也可以通过因式分解,将滤波器的系统函数分解为一系列二阶因式的乘积,先单独对各个二阶因式进行零、极点配置(每一个二阶因式对应一个阻带),然后将这些二阶因式级联起来就得到所需阻带特性的数字带通滤波器。

后一种实现方法的性能可优于前一种方法。通过二阶因式的级联实现,还可把二阶因式做成标准单元,除了分子分母的系数不同以外,所有的单元都具有相同的结构。根据所要的滤波器阻带个数,只需级联相应的二阶单元就可以设计出符合要求的滤波器。这不仅简化了零、极点的配置,也增加了整个设计的灵活性。因此对于要求较高的设计,一般选择后一种设计方法。

### 6.6.2    时域直接设计法

设我们希望设计的 IIR 数字滤波器的单位冲激响应为 $h_\mathrm{d}(n)$,要求设计一个单位冲激响应 $h(n)$ 充分逼近 $h_\mathrm{d}(n)$。

设滤波器是因果性的,系统函数为

$$H(z) = \frac{\sum_{i=0}^{M} b_i z^{-i}}{\sum_{k=0}^{N} a_k z^{-k}} = \sum_{n=0}^{+\infty} h(n) z^{-n} \qquad (6.147)$$

式中 $a_0 = 1$，未知系数 $a_k$ 和 $b_i$ 共有 $N+M+1$ 个，取 $h(n)$ 的一段，$0 \leqslant n \leqslant p-1$，使其充分逼近 $h_d(n)$，用此原则求解 $M+N+1$ 个系数。将式(6.147)改写为

$$\sum_{n=0}^{p-1} h(n) z^{-n} \sum_{k=0}^{N} a_k z^{-k} = \sum_{i=0}^{M} b_i z^{-i}$$

令 $p = M+N+1$，则

$$\sum_{n=0}^{M+N} h(n) z^{-n} \sum_{k=0}^{N} a_k z^{-k} = \sum_{i=0}^{M} b_i z^{-i}$$

令上面等式两边 $z$ 的同幂次项的系数相等，可得到 $N+M+1$ 个方程：

$$h(0) = b_0$$
$$h(0) a_1 + h(1) = b_1$$
$$h(0) a_2 + h(1) a_1 + h(2) = b_2$$
$$\vdots$$

上式表明 $h(n)$ 是系数 $a_k, b_i$ 的非线性函数，考虑到 $i > M$ 时，$b_i = 0$，一般表达式为

$$\sum_{j=0}^{q} a_j h(q-j) = b_q \qquad (0 \leqslant q \leqslant M) \qquad (6.148)$$

$$\sum_{j=0}^{q} a_j h(q-j) = 0 \qquad (M < q \leqslant M+N) \qquad (6.149)$$

由于希望 $h(n)$ 充分逼近 $h_d(n)$，因此上两式中的 $h(n)$ 用 $h_d(n)$ 代替，即令 $h(n) = h_d(n)$，$n = 0$，$1, 2, \cdots, M+N$，这样求解式(6.148)和式(6.149)，得到 $N$ 个 $a_k$ 和 $M+1$ 个 $b_i$。

以上分析推导表明，对于无限长冲激响应 $h(n)$，这种方法只是取前 $N+M+1$ 项，令其等于所要求的 $h_d(n)$，而 $N+M+1$ 以后的项不考虑。这种时域逼近法限制 $h_d(n)$ 的长度等于 $a_k$ 和 $b_i$ 数目的总和，使得滤波器的选择性受到限制，如果滤波器阻带衰减要求很高，则不适合用这种方法。但用此法得到的系数，可作为其他更好的优化算法的初始估计值。

实际中，有时要求给定一定的输入信号波形，滤波器的输出为希望的波形，这种滤波器称为波形形成滤波器，也属于时域设计法的范畴。

设 $x(n)$ 为给定的输入信号，$y_d(n)$ 是相应的希望的输出信号，$x(n)$ 和 $y_d(n)$ 长度分别为 $M$ 和 $N$，实际滤波器的输出用 $y(n)$ 表示，下面按照 $y(n)$ 和 $y_d(n)$ 的最小均方误差原则求解滤波器的最佳解，均方误差用 $F$ 表示为

$$F = \sum_{n=0}^{N-1} [y(n) - y_d(n)]^2 = \sum_{n=0}^{N-1} \left[ \sum_{m=0}^{N-1} h(m) x(n-m) - y_d(n) \right]^2 \qquad (6.150)$$

式中，$x(n)$，$0 \leqslant n \leqslant M-1$；$y_d(n)$，$0 \leqslant n \leqslant N-1$。

为选择 $h(n)$ 使 $F$ 最小，令

$$\frac{\partial F}{\partial h(i)} = 0 \qquad (i = 0, 1, 2, \cdots, N-1)$$

由式(6.150)得

$$\sum_{n=0}^{N-1} 2 \left[ \sum_{m=0}^{N-1} h(m) x(n-m) - y_d(n) \right] x(n-i) = 0$$

$$\sum_{n=0}^{N-1}\sum_{m=0}^{N-1}h(m)x(n-m)x(n-i)=\sum_{n=0}^{N-1}y_{d}(n)x(n-i) \tag{6.151}$$

式中，$i=0,1,2,\cdots,N-1$。

将式(6.151)写成矩阵形式为

$$\begin{bmatrix} \sum\limits_{n=0}^{N-1}x^2(n) & \sum\limits_{n=0}^{N-1}x(n-1)x(n) & \cdots & \sum\limits_{n=0}^{N-1}x(n-N+1)x(n) \\ \sum\limits_{n=0}^{N-1}x(n)x(n-1) & \sum\limits_{n=0}^{N-1}x^2(n-1) & \cdots & \sum\limits_{n=0}^{N-1}x(n-N+1)x(n-1) \\ \vdots & \vdots & & \vdots \\ \sum\limits_{n=0}^{N-1}x(n)x(n-N+1) & \sum\limits_{n=0}^{N-1}x(n-1)x(n-N+1) & \cdots & \sum\limits_{n=0}^{N-1}x^2(n-N+1) \end{bmatrix} \cdot \begin{bmatrix} h(0) \\ h(1) \\ \vdots \\ h(N-1) \end{bmatrix} =$$

$$\begin{bmatrix} \sum\limits_{n=0}^{N-1}y_{d}(n)x(n) \\ \sum\limits_{n=0}^{N-1}y_{d}(n)x(n-1) \\ \vdots \\ \sum\limits_{n=0}^{N-1}y_{d}(n)x(n-N+1) \end{bmatrix} \tag{6.152}$$

利用上式可以得到 $N$ 个系数 $h(n)$，再采用式(6.148)和式(6.149)求出 $H(z)$ 的 $N$ 个 $a_i$ 系数和 $M+1$ 个 $b_i$ 系数。

**【例 6.15】** 设计数字滤波器，要求在给定输入 $x(n)=\{3,1\}$ 的情况下，输出 $y_{d}(n)=\{1,0.25,0.1,0.01,0\}$。

**解** 设 $h(n)$ 长度为 4，按照式(6.152)得

$$\begin{bmatrix} 10 & 3 & 0 & 0 \\ 3 & 10 & 3 & 0 \\ 0 & 3 & 10 & 3 \\ 0 & 0 & 3 & 9 \end{bmatrix} \begin{bmatrix} h(0) \\ h(1) \\ h(2) \\ h(3) \end{bmatrix} = \begin{bmatrix} 3.25 \\ 0.85 \\ 0.31 \\ 0.03 \end{bmatrix}$$

列出方程：

$$\begin{cases} 10h(0)+3h(1)=3.25 \\ 3h(0)+10h(1)+3h(2)=0.85 \\ 3h(1)+10h(2)+3h(3)=0.31 \\ 3h(2)+9h(3)=0.03 \end{cases}$$

解联立方程，得

$$h(n)=\{h(0),h(1),h(2),h(3)\}=\{0.333\,3,-0.027\,8,0.042\,6,-0.010\,9\}$$

将 $h(n)$ 以及 $M=1,N=2$ 代入式(6.148)和式(6.149)中，得

$$a_1=0.182\,4, a_2=-0.112\,6$$

$$b_0=0.333\,3, b_1=0.033\,0$$

滤波器的系统函数为

$$H(z) = \frac{0.333\ 3 + 0.033\ 0z^{-1}}{1 + 0.182\ 4z^{-1} - 0.112\ 6z^{-2}}$$

相应的差分方程为

$$y(n) = 0.333\ 3x(n) + 0.033\ 0x(n-1) - 0.182\ 4y(n-1) + 0.112\ 6y(n-2)$$

当 $x(n) = \{3,1\}$ 时,输出 $y(n)$ 为

$$y(n) = \{0.999\ 9, 0.249\ 9, 0.1, 0.009\ 9, 0.009\ 5, 0.000\ 6, 0.001\ 2\cdots\}$$

将 $y(n)$ 与给定 $y_d(n)$ 比较,$y(n)$ 的前五项与 $y_d(n)$ 的前五项很相近,$y(n)$ 在五项以后幅度值很小。

## 6.7 本章相关内容的 MATLAB 实现

**1. 由差分方程/系统用到的函数求系统的级联结构**

用到的函数 sosfilt

函数名称:sosfilt

功能:二阶 IIR 数字滤波器

语法介绍:

对于系统函数

$$H(z) = \prod_{k=1}^{L} H_k(z) = \prod_{k=1}^{L} \frac{b_{0k} + b_{1k}z^{-1} + b_{2k}z^{-2}}{1 + a_{1k}z^{-1} + a_{2k}z^{-2}}$$

其分子分母系数构成 $L*6$ 阶矩阵:

$$sos = \begin{bmatrix} b_{01} & b_{11} & b_{21} & 1 & a_{11} & a_{21} \\ b_{02} & b_{12} & b_{22} & 1 & a_{12} & a_{22} \\ \vdots & \vdots & \vdots & \vdots & \vdots & \vdots \\ b_{0L} & b_{1L} & b_{2L} & 1 & \alpha_{1L} & \alpha_{2L} \end{bmatrix}$$

y= sosfilt(sos,x),由系数矩阵 *sos* 和系统输入向量矩阵 *x* 可以得到系统输出向量矩阵 *y*。

**例** 滤波器的差分方程表示式为

$$8y(n) - 10.4y(n-1) + 7.28y(n-2) - 2.352y(n-3) =$$
$$6x(n) + 1.2x(n-1) - 0.72x(n-2) + 1.728x(n-3)$$

试求它的级联结构。

```
clc;clear all
b=[6,1.2,-0.72,1.728];
a=[8,-10.4,7.28,-2.352];
[sos,G]=tf2sos(b,a);
format long;
delta=impseq(0,0,7);
hc=G*sosfilt(sos,delta+eps);        %注意加 eps 的作用
hd=filter(b,a,delta);
```

所用函数:

```
function [x,n]=impseq(n0,n1,n2)
%产生 x(n)=delta(n−n0);n1<=n0<=n2
%见第 2 章
if((n0<n1)|(n0>n2)|n1>n2)
    error('参数必须满足 n1<=n0<=n2')
end
n=[n1:n2];
%x=[zeros(1,(n0−n1)),1,zeros(1,(n2−n0))]
x=[(n−n0)==0];
```

**2. 直接型结构转换成并联型结构**

用到的函数 cplxpair

函数名称:cplxpair

功能:沿复数数组的不同维度对复数进行排序,将共轭对归类

语法介绍:

B =cplxpair(A) 沿复数数组的不同维度对复数进行排序,将共轭对归类。如果 A 是一个向量则返回将复共轭对编组的 A;如果 A 是一个矩阵,则返回排序并且复共轭配对的列。

```
function[C,B,A] = tf2par(b,a);
%直接型到并联型的转换
%C=length(b)>=length(a)时的多项式系数
%B=包含各个 bi 的 K 乘二维实系数矩阵
%A=包含各个 ai 的 K 乘三维实系数矩阵
%b=直接型多项式分子系数向量
%a=直接型多项式分母系数向量
M=length(b);
N=length(a);
[r1,p1,c]=residuez(b,a);
P=cplxpair(p1,1e−9);
I=cplxcomp(p1,p);
r=r1(I);
K=floor(N/2);B=zeros(K,2);A=zeros(K,3);
if K * 2==N;
    for i=1:2:N−2
        ri=r(i:1:i+1,:);
        pi=p(i:1:i+1,:);
        [Bi,Ai]=residuez(ri,pi,[]);
        B((fix(i+1)/2),:)=real(Bi);
        A((fix(i+1)/2),:)=real(Ai);
    end
    [Bi,Ai]=residuez(r(N−1),p(N−1),[]);
```

```
        B(K,:)=[real(Bi) 0];A(K,:)=[real(Ai) 0];
else
        for i=1:2:N-1
ri=r(i:1:i+1,:);
                pi=p(i:1:i+1,:);
                [Bi,Ai]=residuez(ri,pi,[]);
                B((fix(i+1)/2),:)=real(Bi);
                A((fix(i+1)/2),:)=real(Ai);
        end
end
function I=cplxcomp(p1,p2)
%I=cplxcomp(p1,p2)
%比较两个包含同样标量元素但(可能)有不同下标的复数对本程序必须用在 cplxpair
%程序之后,以便重排极点向量及其相应的留数向量 p2=cplxpair(p1)
I=[];
for j=1:1:length(p2)
        fori=1:1:length(p1)
                if(abs(p1(i)-p2(j))<0.0001)
                        I=[I,i];
                end
        end
end
I=I'
```

### 3. 巴特沃斯归一化原型低通滤波器

用到的函数 buttap

对于 n 阶 Butterworth 低通模拟滤波器可用如下公式表示

$$|H(\omega)|^2 = \frac{1}{1+(\omega/\omega_0)^{2n}}$$

转化成零、极点的形式

$$H(s) = \frac{z(s)}{p(s)} = \frac{k}{(s-p(1))(s-p(2))\cdots(s-p(n))}$$

函数$[z,p,k] = \text{buttap}(n)$ 可以返回得到 n 阶 Butterworth 低通模拟滤波器的零点向量 z、极点向量 p 和常系数 k。由 Butterworth 低通模拟滤波器特点知,z=[],即没有零点,且 k=1。

**例**　求巴特沃斯型归一化原型低通滤波器。

$[z0,p0,k0]=\text{buttap}(N);$

$b0=k0*\text{real}(\text{poly}(z0));a0=\text{real}(\text{poly}(z0));$

其中,z0,p0,k0 分别是归一化原型 N 阶巴特沃斯滤波器的零点、极点及增益。由于巴特沃斯滤波器是全极点型的,没有零点,故零点 z0 是空阵,极点 p0 是长度为 N 的列矢量,k0 是标量。

### 4. 切比雪夫 I 型归一化原型低通滤波器

用到的函数 cheb1ap

对于阶数为 n,通带波动为 Rp 的切比雪夫 I 型归一化低通滤波器可用如下公式表示

$$H(s) = \frac{z(s)}{p(s)} = \frac{k}{(s-p(1))(s-p(2))\cdots(s-p(n))}$$

函数[z,p,k] = cheb1ap(n,Rp)可以返回得到 n 阶切比雪夫 I 型低通模拟滤波器的零点向量 z、极点向量 p 和常系数 k。由 Butterworth 低通模拟滤波器特点知,z=[ ],即没有零点,且 k=1。

**例** 求切比雪夫 I 型归一化原型低通滤波器。

[z0,p0,k0]=Cheb1ap(N,Rp);

b0=k0 * real(poly(z0));

a0=real(poly(z0));

这种滤波器是通带等波纹、全极点型的,讨论同巴特沃斯型归一化原型低通滤波器,多一个输入参数通带衰减 Rp。

### 5. 切比雪夫 II 型归一化原型低通滤波器

用到的函数 cheb2ap

对于阶数为 n,通带波动为 Rp 的切比雪夫 II 型归一化低通滤波器可用如下公式表示

$$H(s) = \frac{z(s)}{p(s)} = k \frac{(s-z(1))(s-z(2))\cdots(s-z(n))}{(s-p(1))(s-p(2))\cdots(s-p(n))}$$

函数[z,p,k] = cheb2ap(n,Rp)可以返回得到 n 阶切比雪夫 II 型低通模拟滤波器的零点向量 z、极点向量 p 和常系数 k。

**例** 求切比雪夫 II 型归一化原型低通滤波器。

[z0,p0,k0]=Cheb2ap(N,As);

b0=k0 * real(poly(z0));

a0=real(poly(z0));

这种滤波器是阻带等波纹,既有极点也有零点,衰减参数采用的是阻带衰减 As,其 p0 是长度为 N 的矢量,当 N=偶数时,z0 的长度是 N;当 N=奇数时,z0 的长度为 N−1。

### 6. 巴特沃斯型非归一化低通滤波器

**例** 求非归一化(去归一化)的低通滤波器,利用上面求得的结果来求解,即:对巴特沃斯型非归一化低通滤波器,其极点由位于单位圆上转化成半径为 $\Omega_c$ 的圆上,故应该将极点乘以 $\Omega_c$,而将增益乘以 $\Omega_c^N$,利用 $H_a = H_{an}(s/\Omega_c)$ 可得以上结论,$H_{an}(s)$ 为归一化的,$H_a(s)$ 为非归一化的。

[z0,p0,k0]=buttap(N);

p=p0 * OmegaC;

a=real(poly(p));

k=k0 * OmegaC^N;

b0=real(poly(z0));

b=k * b0

**7. 切比雪夫 I 型非归一化低通滤波器**

**例**　对切比雪夫 I 型非归一化低通滤波器。

$[z0,p0,k0]$＝cheb1ap(N,Rp);

a0＝eal(poly(p0));

aNn＝a0(N+1);

p＝p0 * OmegaC;

a＝real(poly(p));

aNu＝a(N+1);

k＝k0 * a(N+1)/a0(N+1);

b0＝real(poly(z0));

b＝k * b0;

讨论 k:

由于归一化原型系统函数可写成

$$H_{an}(s) = \frac{k_0}{a_0(1)s^N + a_0(2)s^{N-1} + \cdots + a_0(N+1)}$$

而非归一化的系统函数可写成

$$H_a(s) = H_{an}(s/\Omega_c) = \frac{k_0 \Omega_c^N}{a_0(1)s^N + a_0(2)\Omega_c s^{N-1} + \cdots + a_0(N+1)\Omega_s^n} =$$

$$\frac{k}{a(1)s^N + a(2)s^{N-1} + \cdots + a(N+1)}$$

因而可以利用 $s=0$，可得

$$\frac{H_a(0)}{H_{an}(0)} = \left(\frac{k}{a(N+1)}\right) \Big/ \left(\frac{k_0}{a_0(N+1)}\right) = 1$$

故

$$k = k_0 a(N+1)/a_0(N+1)$$

**8. 切比雪夫 II 型非归一化低通滤波器**

$[z0,p0,k0]$＝cheb2ap(N,As);

a0＝real(poly(p0));

aNn＝a0(N+1);

p＝p0 * OmegaC;

a＝real(poly(p));

aNu＝a(N+1);

b0＝real(poly(z0));

M＝length(b0);

bNn＝b0(M);

z＝z0 * OmegaC;

B＝real(poly(z));

bNu＝b(M);k＝k0 * (aNu * bNn)/(aNn * bNu);

B＝k * B;

### 9. 设计一个模拟巴特沃斯低通滤波器

**例** 设计一个模拟巴特沃斯及切比雪夫 II 型低通滤波器。其技术指标为 $f_p = 3\,000$ Hz, $R_p = 2$ dB, $f_{st} = 6\,000$ Hz, $A_s = 30$ dB。

```
clc;clear all;
OmegaP=2 * pi * 3000;
OmegaS=2 * pi * 6000;
Rp=2;
As=30;
N=ceil(log10((10^(As/10)-1)/(10^(Rp/10)-1))/(2 * log10(OmegaS/OmegaP)));
                                    %滤波器阶次
OmegaC=OmegaP/((10^(Rp/10)-1)^(1/(2 * N)));
                                    %3dB 衰减处的截止频率
[z0,p0,k0]=buttap(N);               %归一化低通原型的零点、极点及增益
p=p0 * OmegaC;
a=real(poly(p)) ;                   %以下求非归一化低通滤波器的分子分母多项式系数
k=k0 * OmegaC^N;
b0=real(poly(z0));
b=k * b0
w0=[OmegaP,OmegaS];                 %以下求通带、阻带截止频率处的衰减,画频率响应
[H,w]=freqs(b,a);
Hx=freqs(b,a,w0);
dbHx=-20 * log10(abs(Hx)/max(abs(H)))
plot(w/(2 * pi)/1000,20 * log10(abs(H)));
xlabel('频率(kHz)');ylabel('dB');axis([-1,12,-55,1])
set(gca,'xtickmode','manual','xtick',[0,1,2,3,4,5,6,7,8,9,10]);
set(gca,'ytickmode','manual','ytick',[-50,-40,-30,-20,-10,0]);grid;
N=6
b = 5.8650e+025
dbHx =   2.0000   33.7962
```

程序运行结果如图 6.35、6.36 所示。

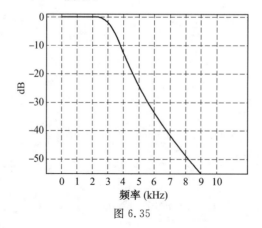

图 6.35

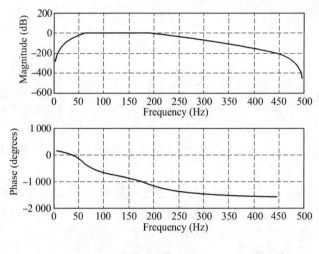

图 6.36

**10. 确定切比雪夫 I 型滤波器阶次及截止频率**

用到的函数 cheb1ord

函数$[n, Ws] = cheb1ord(Wp, Ws, Rp, Rs)$ 与$[n, Wn] = buttord(Wp, Ws, Rp, Rs)$ 用法相同,具体参见函数 buttord。

**11. 确定切比雪夫 II 型滤波器阶次及截止频率**

用到的函数 cheb2ord

函数$[n, Ws] = cheb2ord(Wp, Ws, Rp, Rs)$ 与$[n, Wn] = buttord(Wp, Ws, Rp, Rs)$ 用法相同,具体参见函数 buttord。

**12. 巴特沃斯滤波器设计**

用到的函数 butter

函数名称:butter

功能:设计低通、带通、高通和带阻数字和模拟巴特沃斯滤波器。巴特沃斯滤波器由幅度响应确定

语法介绍:

①数字域。

对于系统函数

$$H(z) = \frac{b(1) + b(2)z^{-1} + \cdots + b(n+1)z^{-n}}{1 + a(2)z^{-1} + \cdots + a(n+1)z^{-n}}$$

$[z, p, k] = butter(n, Wn)$设计一个 n 阶的巴特沃斯数字低通滤波器。Wn 为归一化的截止频率,最大值为采样频率的一半(奈奎斯特频率)。此函数用 n 列的向量 z 和 p 返回零点和极点,以及用标量 k 返回增益。

$[z, p, k] = butter(n, Wn, 'ftype')$ 设计一个高通、低通或带阻滤波器,字符串 'ftype' 取值是:

'high' 用于设计归一化截止角频率为 Wn 的高通数字滤波器

'low' 用于设计归一化截止角频率为 Wn 的低通数字滤波器

'stop' 用于设计阶数为 $2*n$ 的带阻数字滤波器,Wn 应该是有两个元素的向量 Wn=[w1

w2]。阻带是 w1 < ω < w2。

②模拟域。

[z,p,k] = butter(n,Wn,'s') 设计一个阶 n,截止角频率为 Wn rad/s 的模拟低通巴特沃斯滤波器。它返回零点和极点在长 n 或 2×n 的列向量 z 和 p 中,标量 k 返回增益。butter 的截止角频率 Wn 必须大于 0 rad/s。

如果 Wn 是有两个元素 w1<w2 的向量,butter(n,Wn,'s') 返回阶 2×n 带通模拟滤波器,其通带是 w1 < w< w2。

[z,p,k] = butter(n,Wn,'ftype','s') 通过使用上面描述的 ftype 值可以设计一个高通、低通或带阻滤波器。

[b,a] = butter(n,Wn,'s') 设计一个阶 n,截止角频率为 Wn rad/s 的模拟低通巴特沃斯滤波器。它返回滤波器的系数在长 n+1 的行向量 b 和 a 中,这两个向量包含下面这个传输函数中 s 的降幂系数:

$$H(s)=\frac{B(s)}{A(s)}=\frac{b(1)s^n+b(2)s^{n-1}+\cdots+b(n+1)}{s^n+a(2)s^{n-1}+\cdots+a(n+1)}$$

[b,a] = butter(n,Wn,'ftype','s') 通过设置上面描述的 ftype 值,可以设计一个高通、低通或带阻滤波器。

**例** 高通滤波器。

对于 1 000 Hz 的采样,设计一个 9 阶高通巴特沃斯滤波器,截止频率 300 Hz,相应的归一化值为 0.6。

[z,p,k] = butter(9,300/500,'high');

[sos,g] = zp2sos(z,p,k);　　　　　　% 转换为二次分式表示形式

Hd = dfilt. df2tsos(sos,g);　　　　　% 创建 dfilt 对象

　　　　　　　　　　　　　　　　　　%其中 dfilt 返回一个离散时间滤波器,不同类

　　　　　　　　　　　　　　　　　　%型滤波器需要不同的输入参数

h =fvtool(Hd);　　　　　　　　　　　% 绘制幅度响应

set(h,'Analysis','freq')　　　　　　% 显示频率响应(幅度和相位谱)

如图 6.37 所示。

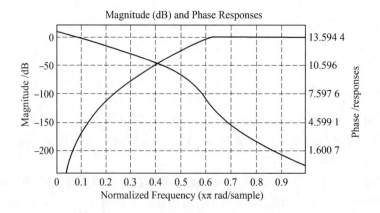

图 6.37

### 13. 确定巴特沃斯滤波器阶次及截止频率

用到的函数 buttord

函数名称:buttord

功能:计算数字或模拟巴特沃斯滤波器的最小阶数

语法介绍:

$[n,Wn] = buttord(Wp,Ws,Rp,Rs)$

用于计算巴特沃斯数字滤波器的阶数 N 和 3 dB 截止角频率 Wn。

调用参数 Wp,Ws 分别为数字滤波器的通带、阻带截止角频率的归一化值,要求:0≤Wp≤1,0≤Ws≤1。1 表示数字频率 pi。Rp,Rs 分别为通带最大衰减和阻带最小衰减(dB)。

| 滤波器类型 | 通带和阻带截止角频率 | 阻带范围 | 通带范围 |
|---|---|---|---|
| 低通 | Wp < Ws | (Ws,1) | (0,Wp) |
| 高通 | Wp > Ws | (0,Ws) | (Wp,1) |
| 带通 | Ws(1)<Wp(1)<Wp(2)< Ws(2) | (0,Ws(1))&(Ws(2),1) | (Wp(1),Wp(2)) |
| 带阻 | Wp(1)<Ws(1)<Ws(2)< Wp(2) | (Ws(1),Ws(2)) | (0,Wp(1))&(Wp(2),1) |

**例**　数据采样频率为 1 000 Hz,设计低通滤波器,要求通带最大衰减 3 dB 截止角频率为 40 Hz,阻带最小衰减 60 dB 频率范围为 150 Hz 到奈奎斯特频率(500 Hz,奈奎斯特频率为采样频率一半),画出滤波器频率响应(幅度谱和相位谱)。

Wp = 40/500;

Ws = 150/500;

[n,Wn] = buttord(Wp,Ws,3,60);

% Returns n = 5;

Wn=0.0810;

[b,a] = butter(n,Wn);

freqz(b,a,512,1000);

title('5 阶巴特沃斯滤波器')

如图 6.38 所示。

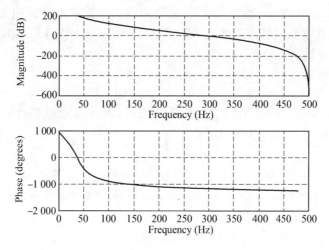

图 6.38

**例** 数据采样频率为 1 000 Hz,设计滤波器,要求通带最大衰减 3 dB 通带频率为 60 Hz 到 200 Hz,阻带最小衰减 40 dB 频率范围为通带频率两边 50 Hz 外,画出滤波器频率响应(幅度谱和相位谱)。

```
Wp = [60 200]/500;
Ws = [10 250]/500;
Rp = 3;
Rs = 40;
[n,Wn] = buttord(Wp,Ws,Rp,Rs);
% Returns n =16;
Wn = [0.1198 0.4005];
[b,a] = butter(n,Wn);
freqz(b,a,128,1000)
title('n=16 ButterworthBandpass Filter')
```

### 14. 切比雪夫 I 型滤波器设计

用到的函数 cheby1

函数名称:cheby1

功能:设计低通、带通、高通和带阻数字和模拟切比雪夫 I 型滤波器

语法介绍:

①数字域。

[z,p,k] = cheby1(n,R,Wp)设计一个归一化通带截止角频率为 Wp,通带峰峰波纹为 R dB 的 n 阶切比雪夫 I 型数字低通滤波器。返回长度为 n 的零、极点向量 z 和 p;尺度增益为 k。

[z,p,k] = cheby1(n,R,Wp,'ftype')设计高通、低通或带阻滤波器,其中'ftype'为:

'high'时设计归一化通带截止角频率为 Wp 的高通数字滤波器。

'low'时设计归一化通带截止角频率为 Wp 的低通数字滤波器。

'stop'时设计一个阶数为 2n 的阻带数字滤波器,Wp=[w1,w2]为 2 元向量。阻带为 w1<ω<w2。

[b,a] = cheby1(n,R,Wp)设计一个归一化通带截止角频率为 Wp,阻带峰峰值为 R dB 的 n 阶切比雪夫低通数字滤波器。返回为由下式确定的由 n+1 维行向量 b 和 a 组成的按 z 的降幂排列的滤波器系数。

$$H(z) = \frac{b(1)+b(2)z^{-1}+\cdots+b(n+1)z^{-n}}{1+a(2)z^{-1}+\cdots+a(n+1)z^{-n}}$$

[b,a] = cheby1(n,R,Wp,'ftype')设计一个高通、低通或带阻切比雪夫 I 型滤波器,'ftype'可以是如上所示的'high'、'low'或'stop'。

②模拟域。

[z,p,k] = cheby1(n,R,Wp,'s')设计一个通带截止角频率为 Wp rad/s 的 n 阶低通模拟切比雪夫滤波器。返回长度为 2n 的零、极点列向量 z 和 p;尺度增益为 k。

[z,p,k] = cheby1(n,R,Wp,'ftype','s')可参照数字域。

[b,a] = cheby1(n,R,Wp,'s') 设计一个通带截止角频率为 Wp rad/s 的 n 阶切比雪夫 I 型模拟低通滤波器。返回为由下式确定的由 n+1 维行向量 b 和 a 组成的按 s 的降幂排列的

滤波器系数。

$$H(s)=\frac{B(s)}{A(s)}=\frac{b(1)s^n+b(2)s^{n-1}+\cdots+b(n+1)}{s^n+a(2)s^{n-1}+\cdots+a(n+1)}$$

$[b,a] = cheby1(n,R,Wp,'ftype','s')$ 可参照数字域。

Wp 为通带边截止角频率,单位 rad/s。

**例**　设计一个 Chebyshev I 型带通数字滤波器,满足:通带截止频率为 100~200 Hz;通带波纹小于 3 dB;阻带衰减大于 15 dB;两边过渡带宽为 50 Hz;抽样频率为 1 000 Hz。

```
fs=1000;
wp=[100 200]/(fs/2);  %归一化,转换为 0.0~1.0 的值
ws=[50 250]/(fs/2);
rp=3;
rs=15;
N=128;
[n,wn]=cheb1ord(wp,ws,rp,rs);
[b,a]=cheby1(n,rp,wn);
freqz(b,a,N,fs)
```

如图 6.39 所示。

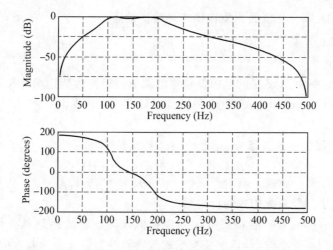

图 6.39　Chebyshev I 型带通数字滤波器

### 15. 切比雪夫 II 型滤波器设计

用到的函数 cheby2

函数名称:cheby2

功能:设计低通、带通、高通和带阻数字和模拟切比雪夫 II 型滤波器

语法介绍:

①数字域。

以下 Wst 为阻带截止角频率,单位 rad/s。其余可参照 cheby1。

$[z,p,k] = cheby2(n,R,Wst)$

$[z,p,k] = cheby2(n,R,Wst,'ftype')$

$[b,a] = cheby2(n,R,Wst)$

$[b,a] = cheby2(n,R,Wst,'ftype')$

Wst 为归一化的阻带边缘角频率。

②模拟域。

$[z,p,k] = cheby2(n,R,Wst,'s')$

$[z,p,k] = cheby2(n,R,Wst,'ftype','s')$

$[b,a] = cheby2(n,R,Wst,'s')$

$[b,a] = cheby2(n,R,Wst,'ftype','s')$

**16. 模拟频带变换:归一化低通原型转换成低通滤波器**

用到的函数 lp2lp

对于归一化的模拟低通滤波器

$$\frac{b(s)}{\alpha(s)} = \frac{b(1)s^n + \cdots + b(n)s + b(n+1)}{a(1)s^m + \cdots + a(m)s + a(m+1)}$$

b 和 a 分别是分子分母系数构成的行向量。

$[bt,at] = lp2lp(b,a,Wo)$能将归一化的模拟低通滤波器变换到具有特定截止角频率 Wo,单位 rad/s 的模拟低通滤波器,返回变换后的低通滤波器分子分母系数向量 bt 和 at。

**17. 模拟频带变换:归一化低通原型转换成高通滤波器**

用到的函数 lp2hp

函数名称:lp2hp

功能:将截止角频率为 1rad/s 的模拟低通滤波器原型转换为期望截止角频率的高通滤波器。该变换是使用 butter、cheby1、cheby2 等函数设计数字滤波器的一步

语法介绍:

对于归一化的模拟低通滤波器

$$\frac{b(s)}{\alpha(s)} = \frac{b(1)s^n + \cdots + b(n)s + b(n+1)}{a(1)s^m + \cdots + a(m)s + a(m+1)}$$

b 和 a 分别是分子分母系数构成的行向量。

$[bt,at] = lp2hp(b,a,Wo)$能将归一化的模拟低通滤波器变换到具有特定截止角频率 Wo,单位 rad/s 的模拟高通滤波器,返回变换后的低通滤波器分子分母系数向量 bt 和 at。

**18. 模拟频带变换:归一化低通原型转换成带通滤波器**

用到的函数 lp2bp

函数名称:lp2bp

功能:将截止角频率为 1rad/s 的模拟低通滤波器原型转换为期望带宽和中心频率的带通滤波器。该变换是使用 butter、cheby1、cheby2 等函数设计数字滤波器的一步

语法介绍:

对于归一化的模拟低通滤波器

$$\frac{b(s)}{\alpha(s)} = \frac{b(1)s^n + \cdots + b(n)s + b(n+1)}{a(1)s^m + \cdots + a(m)s + a(m+1)}$$

b 和 a 分别是分子分母系数构成的行向量。

[bt,at] = lp2bp(b,a,Wo,Bw)能将归一化的模拟低通滤波器变换到具有特定中心角频率 Wo 和带宽 Bw(单位 rad/s)的模拟带通滤波器,返回变换后的带通滤波器分子分母系数向量 bt 和 at。

其中,通带上下边缘角频率分别为 w1 和 w2, Wo = sqrt(w1 * w2) , Bw = w2－w1。

**19. 模拟频带变换:归一化低通原型转换成带阻滤波器**

用到的函数 lp2bs

函数名称:lp2bs

功能:将截止角频率为 1 rad/s 的模拟低通滤波器原型转换为期望带宽和中心角频率的带阻滤波器。该变换是使用 butter、cheby1、cheby2 等函数设计数字滤波器的一步

语法介绍:

对于归一化的模拟低通滤波器

$$\frac{b(s)}{\alpha(s)}=\frac{b(1)s^n+\cdots+b(n)s+b(n+1)}{a(1)s^m+\cdots+a(m)s+a(m+1)}$$

b 和 a 分别是分子分母系数构成的行向量。

[bt,at] = lp2bs(b,a,Wo,Bw)能将归一化的模拟低通滤波器变换到具有特定中心角频率 Wo 和带宽 Bw(单位 rad/s)的模拟带阻滤波器,返回变换后的带通滤波器分子分母系数向量 bt 和 at。

其中,阻带上下边缘角频率分别为 w1 和 w2, Wo = sqrt(w1 * w2) , Bw = w2－w1。

**20. 冲激响应不变法**

用到的函数 impinvar

函数名称:impinvar

功能:使用冲激响应不变法进行模拟－数字滤波器转换

语法介绍:

对于模拟滤波器

$$H(s)=\frac{B(s)}{A(s)}=\frac{b(1)s^n+b(2)s^{n-1}+\cdots+b(n+1)}{s^n+a(2)s^{n-1}+\cdots+a(n+1)}$$

b 和 a 分别是分子分母系数构成的行向量。

函数[bz,az] = impinvar(b,a,fs)能用冲激响应不变法将模拟滤波器变换成采样频率为 fs 的数字滤波器,并返回数字滤波器的系数向量 bz,az。

**例**　产生模拟低通滤波器并用激响应不变法将模拟滤波器变换成采样频率为 10 Hz 的数字滤波器。

[b,a] = butter(4,0.3,'s');

[bz,az] = impinvar(b,a,10)

bz =

　1.0e－006 *

　　－0.0000　　0.1324　　0.5192　　0.1273　　　　　0

az =

　1.0000　　－3.9216　　5.7679　　－3.7709　　0.9246

**例**　若技术指标为 $f<1$ kHz 通带内,幅度特性下降小于 1 dB,频率大于 $f_{st}=1.5$ kHz 的

阻带内衰减大于 15 dB,抽样频率为 $f_s=10$ kHz。试采用冲激响应不变法设计一个数字巴特沃斯低通滤波器。

```
clc;clear all;
OmegaP=2 * pi * 1000;
OmegaS=2 * pi * 1500;                    %巴特沃斯低通滤波器技术指标
Rp=1;
As=15;
Fs=10 * 10^3;                            %抽样频率
wp=OmegaP/Fs;
ws=OmegaS/Fs                             %数字频率
[N,OmegaC]=buttord(OmegaP,OmegaS,Rp,As,'s')    %确定阶数
[b,a]=butter(N,OmegaC,'s');              %确定系统函数分子分母系数
[bz,az]=impinvar(b,a,Fs)                 %冲激响应不变法从 AF 到 DF 的变换
[C,B,A]=tf2par(bz,az)                    %直接形式转化为并联形式 tf2par 为自编函数
w0=[wp,ws];                              %数字临界频率
Hx=freqz(bz,az,w0);                      %检验衰减指标
[H,w]=freqz(bz,az);
dbHx=-20 * log10(abs(Hx)/max(abs(H)))
[db,mag,pha,grd,w]=freqz_m(bz,az); %freqz_m 为自编函数
plot(w/pi,db);
xlabel('\omega/\pi');ylabel('db');axis([0,0.5,-20,5])
set(gca,'xtickmode','manual','xtick',[0,0.1,0.2,0.3,0.4,0.5]);
set(gca,'ytickmode','manual','ytick',[-20,-15,-10,-5,-1]);grid;
```

如图 6.40 所示。

所用 function [db,mag,pha,grd,w] = freqz_m(b,a);

```
%freqz 子函数的另一种形式
%db:弧度从 0 到 pi 之间以 dB 表示的相对幅度
%mag:弧度从 0 到 pi 之间的绝对幅度
%pha:弧度从 0 到 pi 之间 de 相位响应
%grd:弧度从 0 到 pi 之间的群时延
% w:弧度从 0 到 pi 之间的频率采样
% b:H(z)的分子多项式
% a:H(z)的分母多项式
[H,w] = freqz(b,a,1000,'whole');
    H = (H(1:1:501))';
    w = (w(1:1:501))';
    mag = abs(H);
```

$$db = 20 * \log 10((mag + eps)/\max(mag));$$
$$pha = angle(H);$$
$$grd = grpdelay(b,a,w);$$

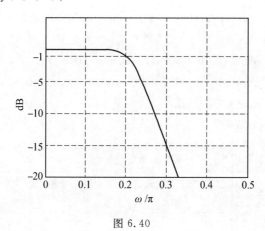

图 6.40

### 21. 双线性变换法

用到的函数 bilinear

函数名称：bilinear

功能：使用双线性法进行模拟-数字滤波器转换

语法介绍：

[bz,az] = bilinear(b,a,fs)用法与[bz,az] = impinvar(b,a,fs)相同。

**例**　采用上一例题的技术指标，将懂滤波器的技术指标用模拟域频率给出为 $f_p =$ 1 000 Hz, $R_p = 1$ dB, $f_{st} = 1\,500$ Hz, $A_s = 15$ dB,抽样频率 $f_s = 10$ kHz。试用双线性变换法设计一个巴特沃斯低通数字滤波器。

```
clc;clear all;
OmegaP=2 * pi * 1000;
OmegaS=2 * pi * 1500;              %巴特沃斯低通滤波器技术指标
Rp=1;
As=15;
Fs=10 * 10^3;                      %抽样频率
wp=OmegaP/Fs;
ws=OmegaS/Fs                       %数字频率
OmegaP1=2 * Fs * tan(wp/2);
OmegaS1=2 * Fs * tan(ws/2);        %频率预畸变
[N,OmegaC]=buttord(OmegaP1,OmegaS1,Rp,As,'s')   %确定阶数
[b,a]=butter(N,OmegaC,'s');        %确定系统函数分子分母系数
[bz,az]=bilinear(b,a,Fs)           %冲激响应不变法从 AF 到 DF 的变换
[C,B,A]=tf2par(bz,az)              %直接形式转化为并联形式 tf2par 为自编函数
w0=[wp,ws];                        %数字临界频率
```

```
Hx＝freqz(bz,az,w0);                    ％检验衰减指标
[H,w]＝freqz(bz,az);
dbHx＝－20 * log10(abs(Hx)/max(abs(H)))
[db,mag,pha,grd,w]＝freqz_m(bz,az); ％freqz_m 为自编函数
plot(w/pi,db);
xlabel('\omega/\pi');ylabel('db');axis([0,0.5,-20,5])
set(gca,'xtickmode','manual','xtick',[0,0.1,0.2,0.3,0.4,0.5]);
set(gca,'ytickmode','manual','ytick',[-20,-15,-10,-5,-1]);grid;
```
程序运行结果如图 6.41 所示。

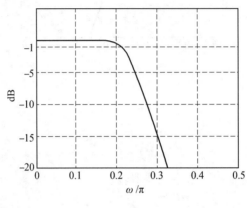

图 6.41

### 22. IIR 数字滤波器的直接设计

**例** 用直接法设计一个多频带数字滤波器,幅频响应值为:$f=[0\ 0.1\ 0.2\ 0.3\ 0.4\ 0.5\ 0.6\ 0.7\ 0.8\ 0.9\ 1]$,$m=[0\ 0\ 1\ 1\ 0\ 0\ 1\ 1\ 1\ 0\ 0]$。

```
fs＝1000;
N＝128;
n＝10;
f＝0:0.1:1;
m＝[0 0 1 1 0 0 1 1 1 0 0];
[b,a]＝yulewalk(n,f,m);
[h,w]＝freqz(b,a,N,fs);
plot(f * fs/2,m,'b—',w,abs(h),'r——');
xlabel('frequency(Hz)');
ylabel('magnitude');
legend('理想图形','实际图形');
```
直接法设计多频带数字滤波器如图 6.42 所示。

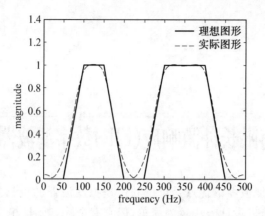

图 6.42　直接法设计多频带数字滤波器

# 习　题

1. 设系统的差分方程为
$$y(n) + 3y(n-1) + 2y(n-2) = x(n) + 5x(n-1)$$
请画出该系统的直接型、级联型和并联型结构。

2. 设系统的系统函数为
$$H(z) = \frac{(1 + z^{-1})(1 + 3.17z^{-1} - 4z^{-2})}{(1 - 0.2z^{-1})(1 + 1.4z^{-1} + 5z^{-2})}$$
试画出该系统的级联型结构。

3. 设计一个模拟巴特沃斯低通滤波器,要求通带截止频率 $f_p = 3\text{ kHz}$,通带最大衰减 $A_p = 3\text{ dB}$,阻带截止频率 $f_s = 12\text{ kHz}$,阻带最小衰减 $A_s = 50\text{ dB}$。求系统函数 $H(s)$。

4. 设计一个模拟切比雪夫低通滤波器,要求通带截止频率 $f_p = 3\text{ kHz}$,通带最大衰减 $A_p = 3\text{ dB}$,阻带截止频率 $f_s = 12\text{ kHz}$,阻带最小衰减 $A_s = 50\text{ dB}$。求系统函数 $H(s)$。

5. 模拟滤波器的系统函数为 $H(s) = \dfrac{1}{s^2 - 3s + 2}$,试分别采用冲激响应不变法和双线性变换法将其转换成数字滤波器 $H(z)$。

6. 假设某模拟滤波器系统函数 $H(s)$ 是一个低通滤波器,并且有 $H(z) = H(s)\big|_{s=\frac{z+1}{z-1}}$,数字滤波器 $H(z)$ 的通带中心位于下面哪种情况? 说明原因。

(1) $\omega = 0$(低通);

(2) $\omega = \pi$(高通);

(3) 除 0 或 $\pi$ 以外的某一频率(带通)。

7. 设计数字低通滤波器,要求通带内频率低于 $0.2\pi$ 时,允许幅度误差在 $1\text{ dB}$ 之内,频率为 $0.3\pi \sim \pi$ 的阻带衰减大于 $10\text{ dB}$。试采用巴特沃斯型模拟滤波器进行设计,采用冲激响应不变法进行转换,抽样间隔为 $T_s$。

8. 设计数字高通滤波器,要求通带截止角频率 $\omega_p = 0.8\pi\text{ rad}$,通带衰减不大于 $3\text{ dB}$,阻带截止角频率 $\omega_s = 0.5\pi\text{ rad}$,阻带衰减不小于 $11\text{ dB}$。试采用巴特沃斯型模拟滤波器进行设计,采用双线性变换法进行转换。

# 第 7 章

## 有限长冲激响应(FIR)数字滤波器结构与设计

无限长冲激响应数字滤波器的优点是可以利用模拟滤波器的设计结果,而模拟滤波器的设计可以查阅大量图表,所以设计方法较为简单,但它有个缺点就是相位非线性。如果需要实现相位线性,则要采用全通网络进行相位校正。也就是说,IIR 滤波器很难设计成具有线性相位的。FIR 滤波器在保证幅度特性的同时,很容易实现严格的线性相位特性;而现代图像、语声、数据通信对线性相位的要求是普遍的。所以,才使得具有线性相位的 FIR 数字滤波器得到大力地发展和广泛的应用。

FIR 滤波器的单位冲激响应为有限长的,记为 $h(n)(0 \leqslant n \leqslant N-1)$,其 Z 变换为

$$H(z) = \sum_{n=0}^{N-1} h(n)z^{-n} \tag{7.1}$$

这是 $z^{-1}$ 的 $N-1$ 阶多项式,在有限 $z$ 平面($0 < |z| < +\infty$)上有 $N-1$ 个零点,而极点位于 $z$ 平面原点 $z=0$ 处,且有 $N-1$ 阶,因此,$H(z)$ 永远稳定。

## 7.1 FIR 数字滤波器的基本网络结构

FIR 滤波器有如下特点:

① 系统的单位冲激响应 $h(n)$ 在有限个 $n$ 值处不为零。

② 系统函数 $H(z)$ 在 $|z| > 0$ 处收敛,在 $|z| > 0$ 处只有零点,在有限 $z$ 平面上只有零点,而全部极点都在 $z=0$ 处。

③ 结构上主要是非递归结构,没有输出到输入的反馈,但在有些结构中(例如频率抽样结构)含有递归部分。

FIR 网络结构分为直接型、级联型和频率抽样型。由于 FIR 滤波器在有限 $z$ 平面没有极点,因此没有并联型结构。

**1. 直接型**

设 FIR 滤波器的单位冲激响应为 $h(n)$,$0 \leqslant n \leqslant N-1$,则其输入输出关系为

$$y(n) = h(n) * x(n) = \sum_{m=0}^{N-1} h(m)x(n-m) \tag{7.2}$$

根据式(7.2)直接画出如图 7.1 所示的 FIR 滤波器的直接型结构。 由于该结构利用输入信号 $x(n)$ 和滤波器单位冲激响应 $h(n)$ 的线性卷积来描述输出信号 $y(n)$,所以 FIR 滤波器的直接型结构又称为卷积型结构,也称为横截型结构。

**2. 级联型**

当需要控制系统零点时,将系统函数 $H(z)$ 分解成二阶实系数因子的形式,这就是级联型

结构,其中每一个因式都用直接型实现。

$$H(z) = \sum_{n=0}^{N-1} h(n) z^{-n} = \prod_{i=1}^{M} (a_{0i} + a_{1i} z^{-1} + a_{2i} z^{-2}) \qquad (7.3)$$

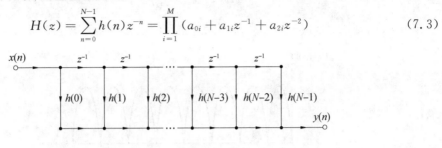

图 7.1　FIR 直接型结构

【**例 7.1**】　设 FIR 数字滤波器系统函数为

$$H(z) = 0.96 + 2z^{-1} + 2.8z^{-2} + 1.5z^{-3}$$

请画出它的直接型结构图和级联型结构图。

**解**　系统函数 $H(z)$ 是一个 $z$ 负幂多项式,没有反馈网络,它的单位冲激响应 $h(n)$ 就是该多项式的系数,即 $h(n) = 0.96\delta(n) + 2.0\delta(n-1) + 2.8\delta(n-2) + 1.5\delta(n-3)$。它的直接型网络结构图如图 7.2(a) 所示。

将 $H(z)$ 进行因式分解,得

$$H(z) = (0.6 + 0.5z^{-1})(1.6 + 2z^{-1} + 3z^{-2})$$

按照上式画出它的级联型结构如图 7.2(b) 所示。

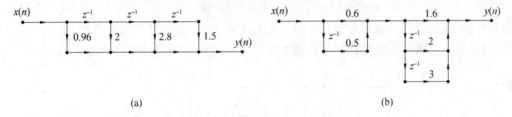

(a)　　　　　　　　　　　　　　　(b)

图 7.2　例 7.1 结构图

### 3. 频率抽样型

回顾第 4 章介绍的频域抽样定理,当等间隔抽样点数 $N$ 大于或等于序列长度 $M$ 时,可由频率抽样序列 $X(k)$ 不失真地恢复 $X(z)$,令 $x(n) = h(n)$,则式(4.39)可写成

$$H(z) = (1 - z^{-N}) \frac{1}{N} \sum_{k=0}^{N-1} \frac{H(k)}{1 - W_N^{-k} z^{-1}} \qquad (7.4)$$

式中

$$H(k) = H(z) \big|_{z = e^{\frac{2\pi k}{N} k}} \quad (k = 0, 1, 2, \cdots, N-1)$$

式(7.4)为实现 FIR 系统提供了另一种结构。

$H(z)$ 也可以写为

$$H(z) = \frac{1}{N} H_c(z) \sum_{k=0}^{N-1} H_k(z) \qquad (7.5)$$

式中

$$H_c(z) = 1 - z^{-N} \qquad (7.6)$$

$$H_k(z) = \frac{H(k)}{1 - W_N^{-k} z^{-1}} \tag{7.7}$$

令 $z = \mathrm{e}^{j\omega}$，则 $H_c(j\omega) = 1 - \mathrm{e}^{j\omega N}$，画出 $H_c(j\omega)$ 的幅频特性如图 7.3 所示。

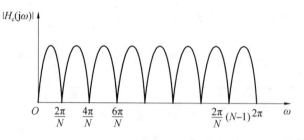

图 7.3　梳状滤波器幅频特性

根据 $|H_c(j\omega)|$ 的形状，$H_c(z)$ 被形象地称为梳状滤波器。

式 (7.5) 表示，$H(z)$ 是由梳状滤波器 $H_c(z)$ 和 $N$ 个一阶网络 $H_k(z)$ 的并联结构进行级联而成的，其网络结构如图 7.4 所示。该网络结构中有反馈支路，它是由 $H_k(z)$ 产生的，其极点为

$$z_k = W_N^{-k} \quad (k = 0, 1, 2 \cdots, N-1)$$

显然，$H(z)$ 的第一部分 $H_c(z)$ 是一个由 $N$ 阶延时单元组成的梳状滤波器，它在单位圆上有 $N$ 个等间隔的零点

$$z_k = \mathrm{e}^{j\frac{2\pi}{N}k} = W_N^{-k} \quad (k = 0, 1, 2, \cdots, N-1)$$

零点刚好和极点一样，等间隔地分布在单位圆上。理论上，极点和零点相互抵消，保证了网络的稳定性，如图 7.5 所示。频率抽样结构虽有反馈支路，但仍属 FIR 网络结构。

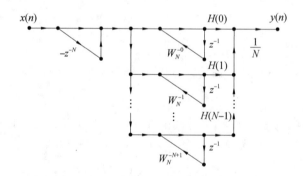

图 7.4　FIR 滤波器频率抽样结构

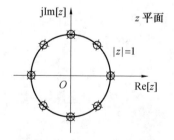

图 7.5　零极点对消示意图

FIR 频率抽样型网络结构具有以下优点:

(1) 调试方便。在频率抽样点上,频率为 $\omega_k = 2\pi k/N(k = 0, 1, 2, \cdots, N-1)$,频率特性为 $H(\mathrm{j}\omega_k)$,可以证明 $H(\mathrm{j}\omega_k) = H(k)$,这里 $H(k)$ 就是图 7.4 中乘法器的系数,因此只要调整该系数,就可以直接有效地调整频率特性。

(2) 便于标准化、模块化。对于系统的不同频率特性,只要单位冲激响应的长度 $N$ 相同,梳状滤波器部分以及 $N$ 个一阶并联网络部分完全相同,不同的仅是各支路的增益 $H(k)$ 不同,那么相同部分便可以标准化、模块化。

FIR 频率抽样型网络结构具有以下缺点:

(1)FIR 频率抽样型网络结构中的系数 $H(k)$ 和 $W_N^{-k}$ 一般是复数,要求使用复数乘法器,这对于硬件实现是较困难的。

(2) 实际应用中因系数存在量化误差,会使零、极点不能刚好抵消,因此实际中的频率抽样结构是不易稳定的。

为了克服上述缺点,对频率抽样结构作以下修正。

首先,单位圆上的所有零、极点向内收缩到半径为 $r$ 的圆上,这里 $r$ 稍小于 1,此时 $H(z)$ 为

$$H(z) = (1 - r^N z^{-N}) \frac{1}{N} \sum_{k=0}^{N-1} \frac{H_r(k)}{1 - rW_N^{-k}z^{-1}} \tag{7.8}$$

式中,$H_r(k)$ 是在 $r$ 圆上对 $H(z)$ 的 $N$ 点等间隔抽样之值。由于 $r \approx 1$,所以,可近似取 $H_r(k) = H(k)$。因此零极点均为

$$re^{\mathrm{j}\frac{2\pi}{N}k} \quad (k = 0, 1, 2, \cdots, N-1)$$

如果由于某种原因零、极点不能抵消时,极点位置仍在单位圆内,保证了系统的稳定。根据 DFT 的共轭对称性,如果 $h(n)$ 是实序列,则其离散傅里叶变换 $H(k)$ 关于 $N/2$ 点共轭对称,即 $H(k) = H^*(N-k)$。又因为 $(W_N^{-k})^* = W_N^{-(N-k)}$,为了得到实系数,将 $H_k(z)$ 和 $H_{N-k}(z)$ 合并为一个二阶网络,记为 $H_k(z)$,则

$$H_k(z) = \frac{H(k)}{1 - rW_N^{-k}z^{-1}} + \frac{H(N-k)}{1 - rW_N^{-(N-k)}z^{-1}} =$$

$$\frac{H(k)}{1 - rW_N^{-k}z^{-1}} + \frac{H^*(k)}{1 - r(W_N^{-k})^* z^{-1}} =$$

$$\frac{a_{0k} + a_{1k}z^{-1}}{1 - 2r\cos\left(\frac{2\pi}{N}k\right)z^{-1} + r^2 z^{-2}}$$

式中
$$a_{0k} = 2\mathrm{Re}[H(k)]$$

$$a_{1k} = -2\mathrm{Re}[rH(k)W_N^k] \quad (k = 1, 2, \cdots, \frac{N}{2} - 1)$$

二阶网络的结构如图 7.6 所示。$H(z)$ 可表示为

$$H(z) = (1 - r^N z^{-N}) \frac{1}{N} \left[ \frac{H(0)}{1 - rz^{-1}} + \frac{H(\frac{N}{2})}{1 + rz^{-1}} + \sum_{k=1}^{L} \frac{a_{0k} + a_{1k}z^{-1}}{1 - 2r\cos(\frac{2\pi}{N}k)z^{-1} + r^2 z^{-2}} \right]$$

式中,$H(0)$ 和 $H(N/2)$ 为实数。当 $N$ 为偶数时,$L = N/2 - 1$,修正结构由 $N/2 - 1$ 个二阶网络和两个一阶网络并联构成。当 $N$ 为奇数时,$L = (N-1)/2$,且 $H(N/2)$ 不存在,修正结构由一个一阶网络和 $(N-1)/2$ 个二阶并联网络构成。由图 7.7 可见,当抽样点数 $N$ 很大时,其结

构显然很复杂,需要的乘法器和延时单元很多。但对于窄带滤波器,大部分频率抽样值 $H(k)$ 为零,从而使二阶网络个数大大减少,所以频率抽样结构适用于窄带滤波器。

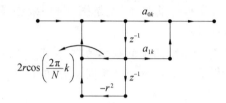

图 7.6　$H_k(z)$ 的结构图表示

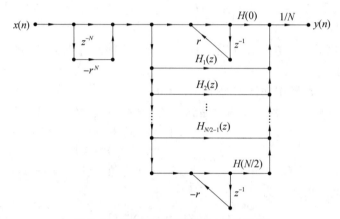

图 7.7　频率抽样修正结构($N$ 为偶数)

## 7.2　线性相位 FIR 数字滤波器的条件和特点

本节主要介绍 FIR 滤波器具有线性相位的条件、线性相位 FIR 滤波器的幅度特性以及零点分布的特点。

**1. 线性相位条件**

对于长度为 $N$ 的单位冲激响应 $h(n)$,相应的频率响应为

$$H(\mathrm{j}\omega) = \sum_{n=0}^{N-1} h(n)\mathrm{e}^{-\mathrm{j}\omega n} \tag{7.9}$$

一般将 $H(\mathrm{j}\omega)$ 表示为

$$H(\mathrm{j}\omega) = H_g(\omega)\mathrm{e}^{\mathrm{j}\theta(\omega)} \tag{7.10}$$

式中,$H_g(\omega)$ 称为幅度函数,$\theta(\omega)$ 称为相位函数。注意,这里 $H_g(\omega)$ 不同于 $|H(\mathrm{j}\omega)|$,$H_g(\omega)$ 为 $\omega$ 的实函数,可能取负值,而 $|H(\mathrm{j}\omega)|$ 总是非负值。

$H(\mathrm{j}\omega)$ 具有线性相位是指 $\theta(\omega)$ 是 $\omega$ 的线性函数,即

$$\theta(\omega) = -\tau\omega \quad (\tau \text{ 为常数}) \tag{7.11}$$

如果 $\theta(\omega)$ 满足

$$\theta(\omega) = \theta_0 - \tau\omega \quad (\theta_0 \text{ 是起始相位}) \tag{7.12}$$

严格地说,此时 $\theta(\omega)$ 不具有线性相位,但以上两种情况都满足群时延(Group Deiay)是一个常数,即

$$-\frac{\mathrm{d}\theta(\omega)}{\mathrm{d}\omega}=\tau$$

因此也称这种情况为线性相位。一般将满足式(7.11) 的称为第一类线性相位(也称为严格线性相位);满足式(7.12) 的称为第二类线性相位(也称为准线性相位)。下面推导与证明满足第一类线性相位的条件是:$h(n)$ 是实序列且对$(N-1)/2$ 偶对称,即

$$h(n)=h(N-n-1) \tag{7.13}$$

满足第二类线性相位的条件是:$h(n)$ 是实序列且对$(N-1)/2$ 奇对称,即

$$h(n)=-h(N-n-1) \tag{7.14}$$

(1) 第一类线性相位条件证明。

$$H(z)=\sum_{n=0}^{N-1}h(n)z^{-n} \tag{7.15}$$

将式(7.13) 代入式(7.15),得

$$H(z)=\sum_{n=0}^{N-1}h(N-n-1)z^{-n}$$

令 $m=N-n-1$,则有

$$H(z)=\sum_{m=0}^{N-1}h(m)z^{-(N-m-1)}=z^{-(N-1)}\sum_{m=0}^{N-1}h(m)z^{m}=z^{-(N-1)}\sum_{m=0}^{N-1}h(m)(z^{-1})^{m}$$

即

$$H(z)=z^{-(N-1)}H(z^{-1}) \tag{7.16}$$

按照式(7.16) 可以将 $H(z)$ 表示为

$$H(z)=\frac{1}{2}\big[H(z)+z^{-(N-1)}H(z^{-1})\big]=\frac{1}{2}\sum_{n=0}^{N-1}h(n)\big[z^{-n}+z^{-(N-1)}z^{n}\big]=$$

$$z^{-(\frac{N-1}{2})}\sum_{n=0}^{N-1}h(n)\left[\frac{z^{-(n-\frac{N-1}{2})}+z^{(n-\frac{N-1}{2})}}{2}\right] \tag{7.17}$$

将 $z=\mathrm{e}^{\mathrm{j}\omega}$ 代入式(7.17),得

$$H(\mathrm{j}\omega)=\mathrm{e}^{-\mathrm{j}(\frac{N-1}{2})\omega}\sum_{n=0}^{N-1}h(n)\cos\big[(n-\frac{N-1}{2})\omega\big] \tag{7.18}$$

按照式(7.10),幅度函数 $H_{\mathrm{g}}(\omega)$ 和相位函数 $\theta(\omega)$ 分别为

$$H_{\mathrm{g}}(\omega)=\sum_{n=0}^{N-1}h(n)\cos\big[(n-\frac{N-1}{2})\omega\big] \tag{7.19}$$

$$\theta(\omega)=-\frac{1}{2}(N-1)\omega \tag{7.20}$$

即当 $h(n)$ 为实序列,且满足式(7.13) 时,该滤波器具有第一类线性相位特性。

(2) 第二类线性相位条件证明。

$$H(z)=\sum_{n=0}^{N-1}h(n)z^{-n}=-\sum_{n=0}^{N-1}h(N-n-1)z^{-n}$$

令 $m=N-n-1$,则有

$$H(z)=-\sum_{m=0}^{N-1}h(m)z^{-(N-m-1)}=-z^{-(N-1)}\sum_{m=0}^{N-1}h(m)z^{m}=-z^{-(N-1)}\cdot\sum_{m=0}^{N-1}h(m)(z^{-1})^{-m}$$

即

$$H(z) = - z^{-(N-1)} H(z^{-1}) \tag{7.21}$$

按照式(7.21),可将 $H(z)$ 表示为

$$H(z) = \frac{1}{2} \left[ H(z) - z^{-(N-1)} H(z^{-1}) \right] = \frac{1}{2} \sum_{n=0}^{N-1} h(n) \left[ z^{-n} - z^{-(N-1)} z^n \right] =$$

$$z^{-\left(\frac{N-1}{2}\right)} \sum_{n=0}^{N-1} h(n) \left[ \frac{z^{-\left(n-\frac{N-1}{2}\right)} - z^{\left(n-\frac{N-1}{2}\right)}}{2} \right] \tag{7.22}$$

因而

$$H(\mathrm{j}\omega) = H(z) \big|_{z=e^{\mathrm{j}\omega}} = \mathrm{j} e^{-\mathrm{j}\frac{N-1}{2}\omega} \sum_{n=0}^{N-1} h(n) \sin\left[\omega\left(\frac{N-1}{2} - n\right)\right] =$$

$$e^{-\mathrm{j}\frac{N-1}{2}\omega + \mathrm{j}\frac{\pi}{2}} \sum_{n=0}^{N-1} h(n) \sin\left[\omega\left(\frac{N-1}{2} - n\right)\right] \tag{7.23}$$

因此,幅度函数和相位函数分别为

$$H_g(\omega) = \sum_{n=0}^{N-1} h(n) \sin\left[\omega\left(\frac{N-1}{2} - n\right)\right] \tag{7.24}$$

$$\theta(\omega) = -\left(\frac{N-1}{2}\right)\omega + \frac{\pi}{2} \tag{7.25}$$

故此证明了当 $h(n)$ 为实序列,且满足式(7.14)时,该滤波器具有第二类线性相位特性。

**2. 线性相位 FIR 滤波器幅度函数 $H_g(\omega)$ 的特点**

由于 $h(n)$ 的长度 $N$ 取奇数还是偶数,对 $H_g(\omega)$ 的特性有影响,因此,对于两类线性相位,下面分四种情况讨论其幅度函数的特点。

(1) $h(n) = h(N-n-1)$,$N =$ 奇数。

幅度函数 $H_g(\omega)$ 为

$$H_g(\omega) = \sum_{n=0}^{N-1} h(n) \cos\left[\left(n - \frac{N-1}{2}\right)\omega\right] \tag{7.26}$$

式中,$h(n)$ 对 $(N-1)/2$ 偶对称,余弦项也对 $(N-1)/2$ 偶对称,可以 $(N-1)/2$ 为中心,把两两相等的项进行合并,由于 $N$ 是奇数,故余下中间项 $n = (N-1)/2$。这样幅度函数表示为

$$H_g(\omega) = h\left(\frac{N-1}{2}\right) + \sum_{n=0}^{(N-3)/2} 2h(n) \cos\left[\left(n - \frac{N-1}{2}\right)\omega\right]$$

令 $m = (N-1)/2 - n$,则有

$$H_g(\omega) = h\left(\frac{N-1}{2}\right) + \sum_{m=1}^{(N-1)/2} 2h\left(\frac{N-1}{2} - m\right) \cos(\omega m) \tag{7.27}$$

即

$$H_g(\omega) = \sum_{n=0}^{(N-1)/2} a(n) \cos(\omega n) \tag{7.28}$$

式中

$$\begin{cases} a(0) = h\left(\frac{N-1}{2}\right) \\ a(n) = 2h\left(\frac{N-1}{2} - n\right) \quad (n = 1, 2, 3, \cdots, \frac{N-1}{2}) \end{cases}$$

按照式(7.28),由于式中 $\cos(\omega n)$ 项对 $\omega = 0, \pi, 2\pi$ 皆为偶对称,因此幅度函数的特点是对

$\omega=0,\pi,2\pi$ 是偶对称的。这种情况可实现低通、高通、带通、带阻等各种滤波器。

(2)$h(n)=h(N-n-1)$，$N=$偶数。

推导情况和 $N=$奇数相似，不同点是由于 $N=$偶数，$H_{\mathrm{g}}(\omega)$ 中没有单独项，相等的项合并成 $N/2$ 项。

$$H_{\mathrm{g}}(\omega)=\sum_{n=0}^{N-1}h(n)\cos\left[(n-\frac{N-1}{2})\omega\right]=\sum_{n=0}^{\frac{N}{2}-1}2h(n)\cos\left[\omega(\frac{N-1}{2}-n)\right] \tag{7.29}$$

令 $m=N/2-n$，则有

$$H_{\mathrm{g}}(\omega)=\sum_{m=1}^{N/2}2h(\frac{N}{2}-m)\cos\left[\omega(m-\frac{1}{2})\right] \tag{7.30}$$

将 $m$ 用 $n$ 代替，得

$$H_{\mathrm{g}}(\omega)=\sum_{n=1}^{N/2}b(n)\cos\left[\omega(n-\frac{1}{2})\right] \tag{7.31}$$

式中

$$b(n)=2h(\frac{N}{2}-n)\quad(n=1,2,\cdots,\frac{N}{2})$$

按照式(7.31)，$\omega=\pi$ 时，由于余弦项为零，且对 $\omega=\pi$ 奇对称，因此这种情况下的幅度函数的特点是对 $\omega=\pi$ 奇对称，且 $\omega=\pi$ 处有一零点，使 $H_{\mathrm{g}}(\pi)=0$，因此，对于高通和带阻滤波器不适合采用这种形式。

(3)$h(n)=-h(N-n-1)$，$N=$奇数。

由前面知识已知

$$H_{\mathrm{g}}(\omega)=\sum_{n=0}^{N-1}h(n)\sin\left[\omega(\frac{N-1}{2}-n)\right] \tag{7.32}$$

由于 $h(n)=-h(N-n-1)$，$n=(N-1)/2$ 时

$$h(\frac{N-1}{2})=-h(N-\frac{N-1}{2}-1)=-h(\frac{N-1}{2})$$

因此 $h[(N-1)/2]=0$，即 $h(n)$ 奇对称时，中间项为零。在 $H_{\mathrm{g}}(\omega)$ 中 $h(n)$ 对 $(N-1)/2$ 奇对称，正弦项也对该点奇对称，因此在相加过程中第 $n$ 项和第 $N-n-1$ 项是相等的，将相等项合并，共有 $(N-1)/2$ 项，即

$$H_{\mathrm{g}}(\omega)=\sum_{n=0}^{(N-3)/2}2h(n)\sin\left[\omega(\frac{N-1}{2}-n)\right] \tag{7.33}$$

令 $m=(N-1)/2-n$，则有

$$H_{\mathrm{g}}(\omega)=\sum_{n=1}^{(N-1)/2}c(n)\sin(\omega n) \tag{7.34}$$

式中

$$c(n)=2h(\frac{N-1}{2}-n)\quad(n=1,2,\cdots,\frac{N-1}{2})$$

观察可知 $H_{\mathrm{g}}(\omega)$ 在 $\omega=0,\pi,2\pi$ 处为零，即 $H(z)$ 在 $z=\pm1$ 处是零点，且 $H_{\mathrm{g}}(\omega)$ 对 $\omega=0,\pi,2\pi$ 呈奇对称形式。这种情况只能用于带通滤波器的设计，其他类型均不适用。其相位函数是 $\omega$ 的"准线性"函数，因它包含了相位的固定值 $\frac{\pi}{2}$，这种情况适于做希尔伯特变换器、微分器和正

交网络。

(4)$h(n) = -h(N-n-1)$，$N$＝偶数。

与情况(3)相类似，推导如下

$$H_g(\omega) = \sum_{n=0}^{N-1} h(n)\sin\left[\omega\left(\frac{N-1}{2}-n\right)\right] = \sum_{n=0}^{\frac{N}{2}-1} 2h(n)\sin\left[\omega\left(\frac{N-1}{2}-n\right)\right] \tag{7.35}$$

令 $m = N/2 - n$，则有

$$H_g(\omega) = \sum_{m=1}^{N/2} 2h\left(\frac{N}{2}-m\right)\sin\left[\omega\left(m-\frac{1}{2}\right)\right] \tag{7.36}$$

$$H_g(\omega) = \sum_{n=1}^{N/2} d(n)\sin\left[\omega\left(n-\frac{1}{2}\right)\right] \tag{7.37}$$

式中

$$d(n) = 2h\left(\frac{N}{2}-n\right) \quad (n=1,2,3\cdots,\frac{N}{2})$$

由式(7.37)可知，$H_g(\omega)$ 在 $\omega = 0, 2\pi$ 处为零，即 $H(z)$ 在 $z=1$ 处有一个零点，且对 $\omega = 0, 2\pi$ 奇对称，对 $\omega = \pi$ 呈偶对称。这种情况适合高通或带通滤波器的设计，不能设计低通和带阻滤波器。与第三种情况相同，相位函数也包含有常数项 $\pi/2$，这种情况最适于设计微分器、希尔伯特变换器和正交网络。

以上四种线性相位 FIR 滤波器的特性见表 7.1。与第三种情况相同，相位函数也包含有常数项 $\frac{\pi}{2}$，这种情况最适于设计微分器、希尔伯特变换器和正交网络。

表 7.1　线性相位 FIR 滤波器的特性汇总

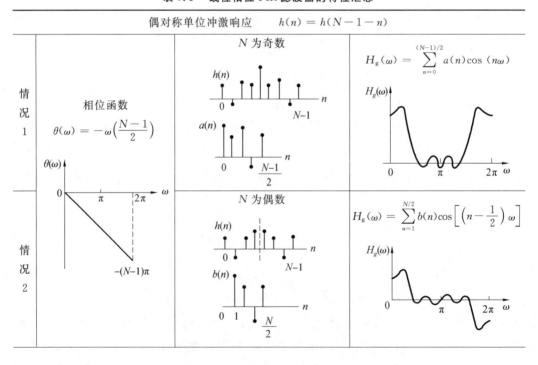

**续表 7.1**

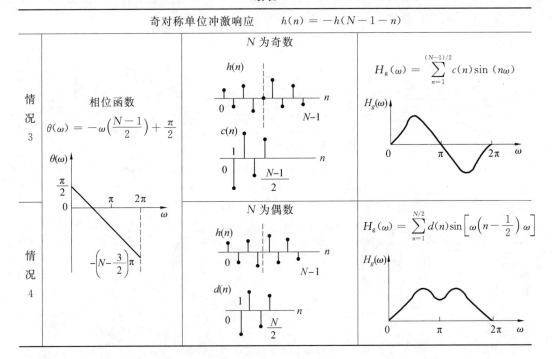

### 3. 线性相位 FIR 滤波器零点分布特点

第一类和第二类线性相位 FIR 滤波器的系统函数综合起来可表示为

$$H(z) = \pm z^{-(N-1)} H(z^{-1}) \tag{7.38}$$

式(7.38)表明,如果 $z = z_i$ 是 $H(z)$ 的零点,其倒数 $z_i^{-1}$ 也必然是零点;又因为 $h(n)$ 是实序列, $H(z)$ 的零点必定共轭成对,因此 $z_i^*$ 和 $(z_i^{-1})^*$ 也是其零点。这样,线性相位 FIR 滤波器零点分布特点是零点必须是互为倒数的共轭对,确定其中一个,另外三个零点也确定了。当然,也有可能出现一些特殊情况。

零点分布的可能情况有以下三种:

(1) 第一种情况:零点 $z_i$ 既不在实轴上,又不在单位圆上,则必有 $z = z_i$, $z = 1/z_i$ 和 $z = z_i^*$ 和 $z = 1/z_i^*$ 两对零点,如图 7.8(a) 所示。

(2) 第二种情况:零点 $z_i$ 在单位圆上或实轴上。若 $z_i$ 在单位圆且不为实数,因 $z_i = 1/z_i^*$ 和 $z_i^* = 1/z_i$,所以只形成一对零点;若 $z_i$ 在实轴上,因 $z_i = z_i^*$ 和 $1/z_i = 1/z_i^*$,所以也只形成一对零点,如图 7.8(b)、(c) 所示。

(3) 第三种情况:零点 $z_i$ 既在单位圆上又在实轴上,则零点成单个出现,即只有 $z = 1$ 或 $z = -1$ 为零点,如图 7.8(d)、(e) 所示。

当 $N$ 为偶数时, $H(z)$ 有 $(N-1)$ 奇数个零点,其中必有一个为 $z = 1$ 或 $z = -1$。当 $N$ 为奇数时,则 $H(z)$ 有 $(N-1)$ 偶数个零点。

另外,从式(7.38)可以看出, $H(z)$ 在 $z = 0$ 处有 $N - 1$ 重极点。

由幅度函数的讨论可知,第二种情况的线性相位滤波器由于 $H(\pi) = 0$,因此必然有单根 $z = -1$。第四种情况的线性相位滤波器由于 $H(0) = 0$,因此必然有单根 $z = 1$。而第三种情况的线性相位滤波器由于 $H(0) = H(\pi) = 0$,因此这两种单根 $z = \pm 1$ 都必须有。

了解了线性相应FIR滤波器的特点,便可根据实际需要选择合适类型的FIR滤波器,同时设计时需遵循有关的约束条件。

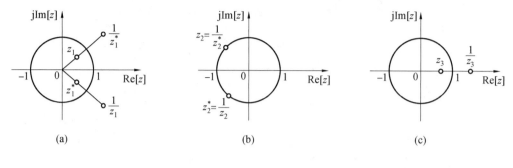

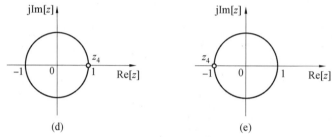

图 7.8  线性相位 FIR 滤波器的零点位置

值得一提的是,线性相位 FIR 滤波器除 7.1 节所介绍的一般 FIR 滤波器的直接型、级联型、频率抽样型网络结构外,还具有突出线性相位特性的特有结构。

**4. 线性相位 FIR 滤波器的结构**

FIR 滤波器的线性相位特性是非常重要的,线性相位 FIR 数字滤波器的冲激响应 $h(n)$ 具有对称性,因此,其结构也有不同。

(1)当 $N$ 为偶数,且 $h(n) = \pm h(N-1-n)$ 时

$$H(z) = \sum_{n=0}^{N-1} h(n)z^{-n} = \sum_{n=0}^{N/2-1} h(n)z^{-n} + \sum_{n=N/2}^{N-1} h(n)z^{-n} =$$
$$\sum_{n=0}^{N/2-1} h(n)z^{-n} \pm \sum_{n=N/2}^{N-1} h(N-1-n)z^{-n} =$$
$$\sum_{n=0}^{N/2-1} h(n)z^{-n} \pm \sum_{n=N/2-1}^{0} h(m)z^{-(N-1-m)} =$$
$$\sum_{n=0}^{N/2-1} h(n)z^{-n} \pm \sum_{n=0}^{N/2-1} h(n)z^{-(N-1-n)} =$$
$$\sum_{n=0}^{N/2-1} h(n)\left[z^{-n} \pm z^{-(N-1-n)}\right] \tag{7.39}$$

此时,直接型结构如图 7.9 所示。

(2)当 $N$ 为奇数,且 $h(n) = \pm h(N-1-n)$ 时

$$H(z) = \sum_{n=0}^{N-1} h(n)z^{-n} = \sum_{n=0}^{(N-3)/2} h(n)z^{-n} + h\left(\frac{N-1}{2}\right)z^{-(N-1)/2} + \sum_{n=(N+1)/2}^{N-1} h(n)z^{-n} =$$
$$\sum_{n=0}^{(N-3)/2} h(n)\left[z^{-n} \pm z^{-(N-1-n)}\right] + h\left(\frac{N-1}{2}\right)z^{-(N-1)/2} \tag{7.40}$$

此时,直接型结构如图 7.10 所示。

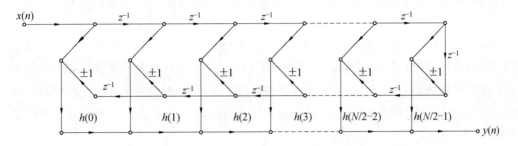

图 7.9　$N$ 为偶数,$h(n) = \pm h(N-1-n)$ 时线性相位 FIR 滤波器直接型结构

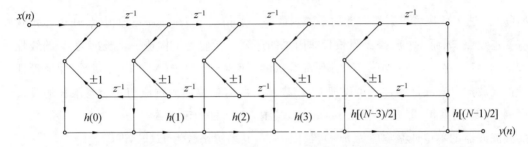

图 7.10　$N$ 为奇数,$h(n) = \pm h(N-1-n)$ 时线性相位 FIR 滤波器直接型结构

根据对称冲激响应 FIR 滤波器零点分布的特点,可以将系统函数 $H(z)$ 进行因式分解,分解后的因式通常包括一、二阶和四阶因子,这些因子都是具有对称系数的多项式即每个因子都为线型相位网络结构而成,如图 7.11 所示。

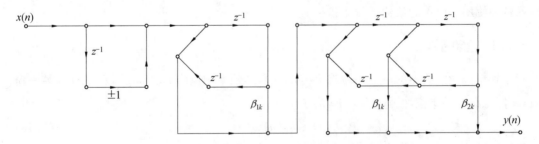

图 7.11　线性相位 FIR 滤波器级联结构

对应于 $z=1$ 或 $z=-1$ 零点的一阶因子的形式为 $1 \pm z^{-1}$,所以一阶网络不需乘法(省去一次乘法)。

对应于单位圆或实轴上零点的二阶因子形式为 $1 + \beta_{1k} z^{-1} + z^{-2}$,所以二阶网络只需一次乘法(也省去一次乘法)。

对应于不在单位圆或实轴上而成对出现的零点的四阶因子的形式为 $1 + \beta_{1k} z^{-1} + \beta_{2k} z^{-2} + \beta_{1k} z^{-3} + z^{-4}$,所以其四阶网络只需两次乘法(省去两次乘法)。

由上述可见,这种滤波器用级联型结构实现较直接型省乘法运算次数。

# 7.3  利用窗函数法(窗口法)设计 FIR 数字滤波器

设计 FIR 数字滤波器最常用的方法是窗函数法(Window Method),又称窗口法。这种方法一般是先给定所要求的理想滤波器的频率响应 $H_d(j\omega)$,要求设计一个 FIR 滤波器频率响应 $H(j\omega)$,去逼近理想的频率响应 $H_d(j\omega)$。然而,窗函数法设计 FIR 数字滤波器是在时域进行的,因此,必须首先由理想频率响应(Ideal Frequency Response)$H_d(j\omega)$ 的傅里叶反变换推导出对应的单位冲激响应 $h_d(n)$。

$$h_d(n) = \frac{1}{2\pi} \int_{-\pi}^{\pi} H_d(j\omega) e^{j\omega n} d\omega \tag{7.41}$$

$h_d(n)$ 经过 Z 变换可得到滤波器的系统函数。一般情况下 $H_d(j\omega)$ 逐段恒定,在边界角频率处有不连续点,因而 $h_d(n)$ 是无限长且非因果的序列。我们为了构造一个长度为 $N$ 的线性相位滤波器,只有将 $h_d(n)$ 截取一段,并保证截取的一段 $h(n)$ 关于 $(N-1)/2$ 对称,才能保证所设计的滤波器具有线性相位。可以把 $h(n)$ 表示为所需单位冲激响应与一个有限长的窗口函数序列 $w(n)$ 的乘积,即 $h(n) = h_d(n)w(n)$,其中 $w(n)$ 称为窗函数。

实际滤波器的单位冲激响应为 $h(n)$,长度为 $N$,其系统函数为 $H(z)$,即

$$H(z) = \sum_{n=0}^{N-1} h(n) z^{-n} \tag{7.42}$$

因为 $h(n)$ 是由 $h_d(n)$ 截取而得到的,所以存在误差,在频域上的表现就是吉布斯(Gibbs)效应,也称为截断效应。该效应引起通带内和阻带内的波动性,从而使滤波器的技术指标变差,而窗函数的使用可改善滤波器的技术指标。

## 7.3.1  窗函数

一个理想低通滤波器的单位冲激响应为 $h_d(n)$,其频率响应为 $H_d(j\omega)$。设 $w(n)$ 为某一窗函数,实际滤波器的单位冲激响应 $h(n)$ 表示为

$$h(n) = h_d(n)w(n) \tag{7.43}$$

根据傅里叶变换的卷积性质,$h(n)$ 的频谱函数可表示为

$$H(j\omega) = \frac{1}{2\pi} H_d(j\omega) * W(j\omega) \tag{7.44}$$

即 FIR 数字滤波器的频率响应是理想滤波器的频率响应与窗函数频谱的卷积。采用不同的窗函数,对应的 $H(j\omega)$ 也不同。

### 1. 矩形窗(Rectangle Window)及其影响

长度为 $N$ 的矩形窗函数定义为

$$w_R(n) = \begin{cases} 1 & (0 \leqslant n \leqslant N-1) \\ 0 & (n \text{ 为其他值}) \end{cases}$$

矩形窗 $w_R(n)$ 的频谱为

$$W_R(j\omega) = \sum_{n=0}^{N-1} e^{-j\omega n} = \frac{\sin(\omega N/2)}{\sin(\omega/2)} e^{-j\omega\frac{N-1}{2}} = W_R(\omega) e^{-j\alpha\omega}$$

其中

$$W_R(\omega) = \frac{\sin(\omega N/2)}{\sin(\omega/2)}, a = \frac{N-1}{2} \tag{7.45}$$

矩形窗幅度函数 $W_R(\omega)$ 的图形如图 7.12(b) 所示。$\omega$ 取值为 $-\dfrac{2\pi}{N} \sim \dfrac{2\pi}{N}$ 的 $W_R(\omega)$ 称为窗函数频谱的主瓣(Main Lobe),主瓣两侧呈衰减振荡的部分称为旁瓣(Side Lobe)(副瓣),第一旁瓣比主瓣低 13 dB。

　　采用矩形窗截断对滤波器频率响应的影响需要从频域进行分析。理想低通滤波器的频率响应可表示为

$$H_d(j\omega) = H_d(\omega) e^{-j\alpha\omega}$$

其幅度函数 $H_d(\omega)$ 为

$$H_d(\omega) = \begin{cases} 1 & (|\omega| \leqslant \omega_c) \\ 0 & (\omega_c < |\omega| \leqslant \pi) \end{cases}$$

由式(7.44) 知,FIR 数字滤波器的频率响应为

$$H(j\omega) = \frac{1}{2\pi} H_d(j\omega) * W_R(j\omega) = \frac{1}{2\pi} \int_{-\pi}^{\pi} H_d(j\theta) W_R[j(\omega-\theta)]d\theta =$$

$$\frac{1}{2\pi} \int_{-\pi}^{\pi} H_d(\theta) e^{-j\theta a} \cdot W_R(\omega-\theta) e^{-j(\omega-\theta)a} d\theta =$$

$$e^{-j\omega a} \left[ \frac{1}{2\pi} \int_{-\pi}^{\pi} H_d(\theta) W_R(\omega-\theta) d\theta \right]$$

因此 FIR 数字滤波器的幅度函数为

$$H(\omega) = \frac{1}{2\pi} \int_{-\pi}^{\pi} H_d(\theta) W_R(\omega-\theta) d\theta$$

图 7.12(f) 表示 $H_d(\omega)$ 与 $W_R(\omega)$ 卷积形成的 $H(\omega)$ 波形。当 $\omega = 0$ 时,$H(0)$ 等于图 7.12(a) 与图 7.12(b) 两波形乘积的积分,相当于对 $W_R(\omega)$ 在 $\pm\omega_c$ 之间一段波形的积分;当 $\omega_c \gg \dfrac{2\pi}{N}$ 时,近似等于 $\pm\pi$ 之间波形的积分,将 $H(0)$ 值归一化到 1;当 $\omega = \omega_c$ 时,情况如图 7.12(c) 所示,积分近似为 $W_R(\theta)$ 一半波形的积分,对 $H(0)$ 归一化后的值为 1/2;当 $\omega = \omega_c + 2\pi/N$ 时,情况如图7.12(e) 所示。$W_R(\omega)$ 主瓣完全移到积分区间外边,因为最大的一个负峰完全在区间 $[-\omega_c, \omega_c]$ 内,因此 $H(\omega)$ 在该点形成最大的负峰。相应的,当 $\omega = \omega_c - 2\pi/N$ 时,情况如图 7.12(d) 所示,$W_R(\omega)$ 主瓣完全在区间 $\pm\omega_c$ 之间,而最大的一个负峰移到区间 $[-\omega_c, \omega_c]$ 之外,因此,$H(\omega)$ 在该点形成最大的正峰。图 7.12 说明,$H(\omega)$ 最大的正峰与最大的负峰对应的频率相距 $4\pi/N$。

　　通过以上分析可知,对 $h_d(n)$ 加矩形窗处理后,$H(\omega)$ 与原理想低通滤波器的 $H_d(\omega)$ 的差别有以下两点:

　　(1) 在理想特性不连续点 $\omega = \omega_c$ 附近形成过渡带。过渡带的宽度,与 $W_R(\omega)$ 的主瓣宽度

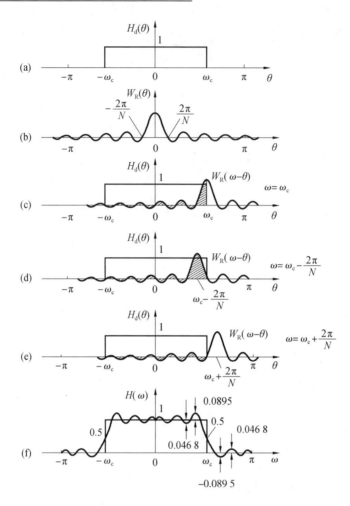

图 7.12　矩形窗对理想低通滤波器的影响

有关。

（2）通带内增加了波动,最大的峰值在 $\omega_c - 2\pi/N$ 处。阻带内产生了余振,最大的负峰在 $\omega_c + 2\pi/N$ 处。通带与阻带中的波动情况与窗函数的幅度函数有关。$N$ 越大,$W_R(\omega)$ 波动越快,通带、阻带内的波动也就越快。$H(\omega)$ 波动的大小取决于 $W_R(\omega)$ 旁瓣的大小。

以上两点就是对 $h_d(n)$ 用矩形窗截断后在频域的反映,称之为吉布斯效应（Gibbs effct/Phenomenon）。通常滤波器的设计都要求过渡带越窄越好,阻带衰减越大越好,所以设计滤波器的方法要使吉布斯效应的影响降低到最小。

从加矩形窗对理想滤波器的影响看出,如果增大窗的长度,可以减少窗的主瓣宽度,从而减少 $H(\omega)$ 过渡带的带宽。但是增加 $N$ 并不能减少波动。现分析如下:$H(\omega)$ 的波动由 $W_R(\omega)$ 旁瓣及余振引起,主要影响是第一旁瓣。在主瓣附近由于 $\omega$ 很小,故式（7.45）可写为

$$W_R(\omega) = \frac{\sin(\omega N/2)}{\sin(\omega/2)} \approx \frac{\sin(\omega N/2)}{\omega/2} = N\frac{\sin x}{x}, x = \frac{N\omega}{2}$$

该函数的性质是随 $x$ 加大（$N$ 增大）,主瓣幅度加大,同时旁瓣也加大,保持主瓣和旁瓣幅度相对值不变,另一方面,波动的频率加快,当 $x \to +\infty$（$N \to +\infty$）时,$\sin x/x$ 趋近于 $\delta$ 函数,因此

当 $N$ 加大时, $H(\omega)$ 的波动幅度没有多大改善,带内最大肩峰比 $H(0)$ 高 8.95%,阻带最大负峰比零值超过 8.95%,使阻带最小衰减只有 21 dB。 $N$ 加大带来的最大好处是过渡带变窄,因此加大 $N$ 并不是减少吉布斯效应的最有效方法。

以上分析说明,调整窗口长度 $N$ 可以有效地控制过渡带的带宽。减少带内波动以及加大阻带的衰减只能从窗函数的形状上找解决方法。如果能找到的窗函数可以使其频谱函数的主瓣包含更多的能量,相应旁瓣幅度就减少了;旁瓣的减少可使通带、阻带波动减少,从而加大阻带衰减,但这样总是以加宽过渡带为代价的。应根据实际要求,选择合适的窗函数以满足阻带衰减指标,然后选择 $N$ 满足过渡带宽指标。

**2. 其他常用的窗函数(只给出窗函数定义及其幅度函数)**

(1) 三角形窗(Bartlett Window)。

$$\omega_{Br}(n) = \begin{cases} \dfrac{2n}{N-1} & (0 \leqslant n \leqslant \dfrac{N-1}{2}) \\ 2 - \dfrac{2n}{N-1} & (\dfrac{N-1}{2} < n \leqslant N-1) \end{cases}$$

其频谱幅度函数为

$$W_{Br}(\omega) = \frac{2}{N}\left[\frac{\sin(N\omega/4)}{\sin(\omega/2)}\right]^2$$

其主瓣宽度为 $8\pi/N$,第一旁瓣比主瓣低 25 dB。

(2) 汉宁(Hanning)窗。

汉宁窗又称升余弦窗,窗函数的表达式为

$$w_{Hn}(n) = \frac{1}{2}\left[1 - \cos\left(\frac{2\pi n}{N-1}\right)\right]R_N(n)$$

$N \gg 1$ 时频谱幅度函数为

$$W_{Hn}(\omega) \approx 0.5W_R(\omega) + 0.25\left[W_R\left(\omega - \frac{2\pi}{N}\right) + W_R\left(\omega + \frac{2\pi}{N}\right)\right]$$

因此可以认为,汉宁窗的频谱幅度函数由三部分组成,它们相加的结果使旁瓣大大抵消,而使能量有效集中在主瓣内,代价是使主瓣的宽度加大一倍,为 $8\pi/N$。汉宁窗的第一旁瓣比主瓣低 31 dB,这一点可使滤波器的设计具有良好的阻带衰减。用汉宁窗设计的低通滤波器的幅频特性,最大旁瓣的阻带增益比通带增益低 44 dB,而用矩形窗时仅为 21 dB。

(3) 海明(Hamming)窗。

海明窗又称改进的升余弦窗。把升余弦窗加以改进,可以得到旁瓣更小的效果,窗函数的表达式为

$$w_{Hm}(n) = \left[0.54 - 0.46\cos\left(\frac{2\pi n}{N-1}\right)\right]R_N(n)$$

其频谱幅度函数为

$$W_{Hm}(\omega) = 0.54W_R(\omega) + 0.23\left[W_R\left(\omega - \frac{2\pi}{N-1}\right) + W_R\left(\omega + \frac{2\pi}{N-1}\right)\right] \approx$$

$$0.54W_R(\omega) + 0.23\left[W_R\left(\omega - \frac{2\pi}{N}\right) + W_R\left(\omega + \frac{2\pi}{N}\right)\right]$$

结果可将 99.963% 的能量集中在主瓣内,第一旁瓣的峰值比主瓣低 41 dB,但主瓣宽度和汉宁窗相同,仍为 $8\pi/N$。

(4) 布拉克曼(Blackman)窗。

布拉克曼窗又称二阶升余弦窗。为了进一步抑制旁瓣,可再加上余弦的二次谐波分量,变成布拉克曼窗。

$$w_{Bl}(n) = \left[0.42 - 0.5\cos\left(\frac{2\pi n}{N-1}\right) + 0.08\cos\left(\frac{4\pi n}{N-1}\right)\right]R_N(n)$$

其频谱幅度函数为

$$W_{BL}(\omega) = 0.42W_R(\omega) + 0.25\left[W_R\left(\omega - \frac{2\pi}{N-1}\right) + W_R\left(\omega + \frac{2\pi}{N-1}\right)\right] +$$

$$0.04\left[W_R\left(\omega - \frac{4\pi}{N-1}\right) + W_R\left(\omega + \frac{4\pi}{N-1}\right)\right]$$

图 7.13 为以上几种窗函数的波形,图 7.14 给出了当 $N=51$ 时几种窗函数的幅频特性。

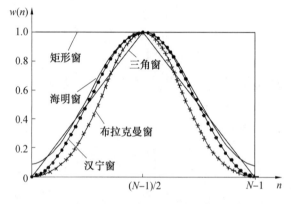

图 7.13  常见五种窗函数

(5) 凯塞(Kaiser)窗。

这是一种适应性较强的窗,其窗函数的表示式为

$$w_k(n) = \frac{I_0\left(\beta\sqrt{1 - [1 - 2n/(N-1)]^2}\right)}{I_0(\beta)} \quad (0 \leqslant n \leqslant N-1)$$

式中,$I_0(\cdot)$ 是第一类变形零阶贝塞尔函数;$\beta$ 是一个可自由选择的参数。

$$I_0(\beta) = \sum_{k=0}^{+\infty}\left[\frac{1}{k!}\left(\frac{\beta}{2}\right)^k\right]^2$$

表 7.2 为凯塞窗的性能,表 7.3 为 6 种窗函数基本参数的比较。

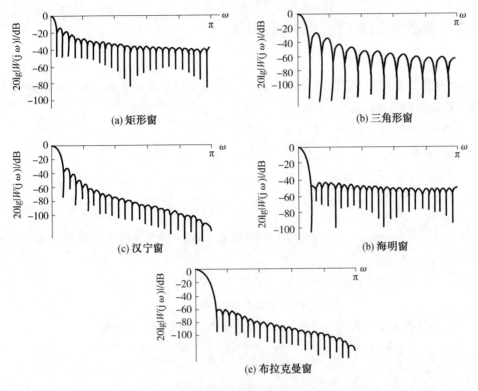

图 7.14　常见窗函数的幅频特性($N = 51, \omega_c = 0.5\pi$)

**表 7.2　凯塞窗的性能**

| $\beta$ | 过渡带 | 通带波纹 /dB | 阻带最小衰减 /dB |
|---|---|---|---|
| 2.120 | $3.00\pi/N$ | $\pm 0.27$ | 30 |
| 3.384 | $4.46\pi/N$ | $\pm 0.086\ 4$ | 40 |
| 4.538 | $5.86\pi/N$ | $\pm 0.027\ 4$ | 50 |
| 5.568 | $7.24\pi/N$ | $\pm 0.008\ 68$ | 60 |
| 6.764 | $8.64\pi/N$ | $\pm 0.002\ 75$ | 70 |
| 7.865 | $10.0\pi/N$ | $\pm 0.000\ 868$ | 80 |
| 8.960 | $11.4\pi/N$ | $\pm 0.000\ 275$ | 90 |
| 10.056 | $12.8\pi/N$ | $\pm 0.000\ 087$ | 100 |

**表 7.3　6 种窗函数基本参数的比较**

| 窗函数 | 旁瓣峰值幅度 /dB | 主瓣宽度 | 过渡带宽 $\Delta\omega$ | 阻带最小衰减 /dB |
|---|---|---|---|---|
| 矩形窗 | $-13$ | $4\pi/N$ | $1.8\pi/N$ | 21 |
| 三角形窗 | $-25$ | $8\pi/N$ | $6.1\pi/N$ | 25 |
| 汉宁窗 | $-31$ | $8\pi/N$ | $6.2\pi/N$ | 44 |
| 海明窗 | $-41$ | $8\pi/N$ | $6.6\pi/N$ | 53 |
| 布拉克曼窗 | $-57$ | $12\pi/N$ | $11\pi/N$ | 74 |
| 凯塞窗($\beta = 7.865$) | $-57$ | — | $10\pi/N$ | 80 |

### 7.3.2 窗函数法(窗口法)的设计步骤

窗函数法的设计步骤如下:

(1) 给定希望逼近的频率响应 $H_d(j\omega)$,若所给指标为边界角频率和通带、阻带衰减,可选择理想滤波器作逼近函数。

$$H_d(j\omega) = H_d(\omega) \cdot e^{-j a \omega}$$

为保证线性相位,取 $a = (N-1)/2$。

(2) 求单位冲激响应 $h_d(n)$。

$$h_d(n) = \frac{1}{2\pi} \int_{-\pi}^{\pi} H_d(j\omega) e^{j\omega n} d\omega$$

(3) 根据阻带衰减指标,选择窗函数的形状(查表 7.3)。根据允许的过渡带宽 $\Delta\omega$,选定 $N$ 值(查表 7.3)。

(4) 将 $h_d(n)$ 与窗函数相乘得 FIR 数字滤波器的单位冲激响应 $h(n)$。

$$h(n) = h_d(n) w(n)$$

(5) 计算 FIR 数字滤波器的频率响应,并验证是否达到所要求的指标。

$$H(j\omega) = \sum_{n=0}^{N-1} h(n) e^{-j\omega n}$$

若不满足指标要求,重复(3) ～ (5)步骤,直到满足要求。

下面介绍在实际设计中常见的两个问题和解决方法。

第一个问题是很难准确控制滤波器的通带边缘。设计中只能通过多次设计来解决。理想低通滤波器的截止角频率为 $\omega_c$,由于窗函数主瓣的作用而产生过渡带,出现了通带截止角频率 $\omega_p$ 和阻带截止角频率 $\omega_s$。在 $\omega_p$ 和 $\omega_s$ 处的衰减是否满足通带和阻带的要求,也就是 $\omega_p$ 和 $\omega_s$ 是否就是所需要的通带和阻带的截止角频率,这是未知的。为了得到满意的结果,需要假设不同的 $\omega_c$ 进行多次设计。

第二个问题是若 $H_d(j\omega)$ 不能用简单函数表示,则求出 $h_d(n)$ 有一定难度。解决方法是用求和来代替积分。

**【例 7.2】** 根据下列技术指标,设计一个具有严格线性相位的 FIR 低通滤波器。

通带截止角频率 $\omega_p = 0.2\pi$ 弧度,通带允许波动 $A_p = 0.25$ dB;

阻带截止角频率 $\omega_s = 0.3\pi$ 弧度,阻带衰减 $A_s = 50$ dB。

**解** 查表 7.3 可知,海明窗和布拉克曼窗均可提供大于 50 dB 的衰减,但海明窗具有较小的过渡带宽从而需要较小的长度 $N$。根据题意,所要设计的滤波器的过渡带为

$$\Delta\omega = \omega_s - \omega_p = 0.3\pi - 0.2\pi = 0.1\pi$$

由表 7.3 可知,利用海明窗设计的滤波器的过渡带宽 $\Delta\omega = \dfrac{6.6\pi}{N}$,所以低通滤波器单位冲激响应的长度为

$$N = \frac{6.6\pi}{\Delta\omega} = \frac{6.6\pi}{0.1\pi} = 66, 可取 N = 67$$

$$\omega_c = \frac{\omega_s + \omega_p}{2} = 0.25\pi$$

得到理想低通滤波器的单位冲激响应为

$$h_d(n) = \frac{\sin[\omega_c(n-a)]}{\pi(n-a)} \quad (a = \frac{N-1}{2})$$

海明窗为

$$w_{Hm}(n) = \left[0.54 - 0.46\cos\left(\frac{2\pi n}{N-1}\right)\right]R_N(n)$$

则所设计的滤波器的单位冲激响应为

$$h(n) = \frac{\sin[\omega_c(n-\alpha)]}{\pi(n-\alpha)}\left[0.54 - 0.46\cos(\frac{2\pi n}{N-1})\right]R_N(n)$$

$N = 67$,所设计的滤波器的频率响应为

$$H(j\omega) = \sum_{n=0}^{N-1} h(n)e^{-j\omega n}$$

## 7.4　利用频率抽样法设计 FIR 数字滤波器

从窗函数的设计方法可以看出窗函数法具有设计简单、方便实用的特点。但是由于窗函数法是从时域出发的一种设计方法,它的设计思想是用理想滤波器的单位冲激响应作为滤波器系数。由于其不可实现性,所以通过加窗截断以改善特性,故实际滤波器产生了与理想滤波器特性的偏差,需要通过在时域改变截断方式和增加长度使实际滤波器特性逼近理想滤波器。当 $H(j\omega)$ 比较复杂时,其单位冲激响应需要通过抽样求 IDFT 得到。下面介绍的频率抽样设计法是直接从频域入手来实现滤波器的设计。

待设计的滤波器的频率响应用 $H_d(j\omega)$ 表示,对它在 $\omega = 0$ 到 $2\pi$ 之间等间隔抽样 $N$ 点,得到 $H_d(k)$

$$H_d(j\omega)\big|_{\omega = 2\pi k/N} = H_d(k) \quad (k = 0,1,2,\cdots,N-1)$$

再对 $N$ 点 $H_d(k)$ 进行 IDFT,得到 $h(n)$

$$h(n) = \frac{1}{N}\sum_{k=0}^{N-1} H_d(k)e^{j\frac{2\pi}{N}kn} \quad (n = 0,1,2,\cdots,N-1)$$

式中,$h(n)$ 作为所设计的滤波器的单位冲激响应,其系统函数 $H(z)$ 为

$$H(z) = \sum_{n=0}^{N-1} h(n)z^{-n} \tag{7.46}$$

或利用内插公式写出

$$H(z) = \frac{1-z^{-N}}{N}\sum_{k=0}^{N-1}\frac{H_d(k)}{1-e^{j\frac{2\pi}{N}k}z^{-1}} \tag{7.47}$$

该式就是直接利用频率抽样值 $H_d(k)$ 形成滤波器的系统函数,式(7.46)和式(7.47)都属于频率抽样法设计的滤波器,它们分别对应着不同的网络结构。式(7.46)适合 FIR 直接型网络结构,式(7.47)适合频率抽样结构。频率抽样法要解决两个问题:① 为了实现线性相位

FIR 滤波器,频率抽样序列 $H_d(k)$ 应满足什么条件;② 逼近误差问题及其改进措施。

**1. 用频率抽样法设计线性相位滤波器的条件**

现在只讨论第一类线性相位问题,第二类线性相位问题可按类似方法处理。FIR 滤波器具有线性相位的条件是 $h(n)$ 是实序列,且满足 $h(n)=h(N-n-1)$,参考表 7.1 可推导出其频率响应应满足的条件是

$$H_d(j\omega) = H_g(\omega) e^{j\theta(\omega)} \tag{7.48}$$

$$\theta(\omega) = -\omega\left(\frac{N-1}{2}\right) \tag{7.49}$$

$$H_g(\omega) = H_g(2\pi - \omega) \quad (N \text{ 为奇数}) \tag{7.50}$$

$$H_g(\omega) = -H_g(2\pi - \omega), \text{且 } H_g(\pi) = 0, N \text{ 为偶数} \tag{7.51}$$

对 $H_d(j\omega)$ 进行 $N$ 点等间隔抽样得到 $H_d(k)$,则 $H_d(k)$ 也必须具有式(7.50)或式(7.51)的特性,才能使由 $H_d(k)$ 经过 IDFT 得到的 $h(n)$ 具有偶对称性,达到线性相位的要求。$\omega$ 在 $0 \sim 2\pi$ 之间等间隔抽样 $N$ 点,得

$$\omega_k = \frac{2\pi}{N}k \quad (k=0,1,\cdots,N-1)$$

将 $\omega = \omega_k$ 代入式(7.48)～(7.51)中,并写成 $k$ 的函数,即

$$H_d(k) = H_g(k) e^{j\theta(k)} \tag{7.52}$$

$$\theta(k) = -\frac{N-1}{2}\frac{2\pi}{N}k = -\frac{N-1}{N}\pi k \tag{7.53}$$

$$H_g(k) = H_g(N-k) \quad (N \text{ 为奇数}) \tag{7.54}$$

$$H_g(k) = -H_g(N-k), \text{且 } H_g\left(\frac{N}{2}\right) = 0, N \text{ 为偶数} \tag{7.55}$$

式(7.52)～(7.55)就是频率抽样值满足线性相位的条件。式(7.54)和式(7.55)说明 $N$ 等于奇数时 $H_g(k)$ 关于 $\frac{N}{2}$ 偶对称;$N$ 等于偶数时,$H_g(k)$ 关于 $N/2$ 奇对称,且 $H_g(N/2)=0$。

设用理想低通作为希望设计的滤波器,截止角频率为 $\omega_c$,抽样点数为 $N$,$H_g(k)$ 和 $\theta(k)$ 用以下面公式计算。

$N$ 为奇数时

$$\begin{cases} H_g(k) = 1 & (k=0,1,2,\cdots,k_c) \\ H_g(N-k) = 1 & (k=1,2,\cdots,k_c) \\ H_g(k) = 0 & (k=k_c+1,k_c+2,\cdots,N-k_c-1) \\ \theta(k) = -\dfrac{N-1}{N}\pi k & (k=0,1,2,\cdots,N-1) \end{cases} \tag{7.56}$$

$N$ 为偶数时

$$\begin{cases} H_g(k) = 1 & (k=0,1,2,\cdots,k_c) \\ H_g(k) = 0 & (k=k_c+1,k_c+2,\cdots,N-k_c-1) \\ H_g(N-k) = -1 & (k=1,2,\cdots,k_c) \\ \theta(k) = -\dfrac{N-1}{N}\pi k & (k=0,1,2,\cdots,N-1) \end{cases} \tag{7.57}$$

以上公式中的 $k_c$ 是小于或等于 $\omega_c N/(2\pi)$ 的最大整数,即 $k_c = \left[\dfrac{\omega_c N}{2\pi}\right]$。另外,对于高通和带阻滤波器,这里的 $N$ 只能取奇数。

**2. 逼近误差及其改进措施**

如果待设计的滤波器为 $H_d(j\omega)$,对应的单位冲激响应为 $h_d(n)$

$$h_d(n) = \frac{1}{2\pi} \int_{-\pi}^{\pi} H_d(j\omega) e^{j\omega n} d\omega$$

则由频域抽样定理可知,在频域 $(0 \sim 2\pi)$ 之间等间隔抽样 $N$ 点,利用 IDFT 得到的 $h(n)$ 应是 $h_d(n)$ 以 $N$ 为周期进行周期性延拓再乘以 $R_N(n)$,即

$$h(n) = \left[\sum_{r=-\infty}^{+\infty} h_d(n+rN)\right] R_N(n)$$

如果 $H_d(j\omega)$ 有间断点,那么相应的单位冲激响应 $h_d(n)$ 应是无限长的,由于时域混叠引起所设计的 $h(n)$ 和 $h_d(n)$ 有偏差。为此,希望在频域的抽样点数 $N$ 加大,$N$ 越大,设计出的滤波器越接近待设计的滤波器。

现在从频域上分析。由频域抽样定理可知,频率域等间隔抽样 $H_d(k)$,经过 IDFT 得到 $h(n)$,其 Z 变换和 $H(k)$ 的关系为

$$H(z) = \frac{1-z^{-N}}{N} \sum_{k=0}^{N-1} \frac{H_d(k)}{1 - e^{j\frac{2\pi}{N}k} z^{-1}}$$

将 $z = e^{j\omega}$ 代入上式,得

$$H(j\omega) = \sum_{k=0}^{N-1} H_d(k) \varphi(\omega - \frac{2\pi}{N}k)$$

式中

$$\varphi(\omega) = \frac{1}{N} \frac{\sin(\omega N/2)}{\sin(\omega/2)} e^{-j\omega\frac{N-1}{2}}$$

上式表明,在各频率抽样点 $\omega_k = 2\pi k/N, k = 0, 1, 2, \cdots, N-1$ 上,$\varphi(\omega - 2\pi k/N) = 1$,因此,在抽样点处 $H(j\omega_k)(\omega_k = \frac{2\pi k}{N})$ 与 $H(k)$ 相等,逼近误差为 0。在抽样点之间,$H(j\omega)$ 由有限项的 $H_d(k)\varphi(\omega - 2\pi k/N)$ 之和形成。其误差和 $H_d(j\omega)$ 特性的平滑程度有关,特性越平滑的区域,误差越小,特性曲线间断点处,误差最大。

希望的频率响应 $H_d(j\omega)$ 变化越平缓,内插值越接近希望值,逼近误差越小;反之,如果采样点之间的希望频率特性 $H_d(j\omega)$ 变化越迅速,则内插值与希望值的误差就越大。因此,在希望频率特性的不连续点附近会形成振荡特性。采样点数越多,即采样频率越高,误差越小。图7.15 中实线为理想频率响应 $H_d(j\omega)$,圆点表示其抽样值 $H_d(k)$,虚线表示 $H(k)$ 的连续内插,即 $H(j\omega)$。图 7.15(b) 为理想的梯形频率响应,变化较缓慢,$H(j\omega)$ 对 $H_D(j\omega)$ 逼近较好。图7.15(a) 为一理想矩形频率响应,在通带和阻带之间不连续,变化剧烈,$H(j\omega)$ 对 $H_d(j\omega)$ 逼近的较差,出现的肩峰和起伏比图 7.15(b) 大。

由图 7.15 看出,间断点附近形成的振荡特性会使阻带衰减减小,往往不能满足技术要

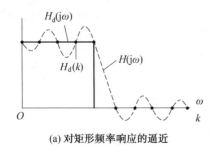

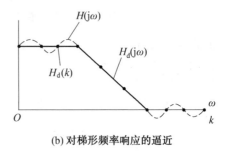

(a) 对矩形频率响应的逼近　　　　　(b) 对梯形频率响应的逼近

图 7.15　逼近误差

求。当然,增加 $N$,可以减少逼近误差,但间断点附近误差仍然最大,且 $N$ 太大,会增加滤波器成本。

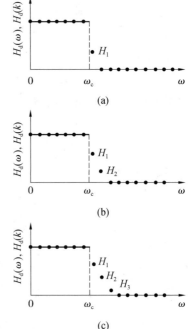

提高阻带衰减最有效的方法是在频率响应间断点附近区间内插一个或几个过渡抽样点,使不连续点变成缓慢过渡,如图 7.16 所示。这样,虽然加大了过渡带宽,但可以明显增大阻带衰减。

【例 7.3】　利用频率抽样法设计线性相位低通滤波器,要求截止角频率 $\omega_c = \pi/2$ rad,抽样点数 $N=33$,选用 $h(n)=h(N-1-n)$ 的情况。

**解**　　　　$k_c = \left[\dfrac{\omega_c N}{2\pi}\right] = [8.25] = 8$

用理想低通作为逼近滤波器,按照式(7.56)有

$$H_g(k) = 1 \quad (k = 0,1,2,\cdots,8)$$
$$H_g(33-k) = 1 \quad (k = 1,2,\cdots,8)$$
$$H_g(k) = 0 \quad (k = 9,10,11,\cdots,24)$$
$$\theta(k) = -\frac{32}{33}\pi k \quad (k = 0,1,2,\cdots,32)$$

对理想低通滤波器幅频特性抽样情况如图 7.17 所示。将抽样得到的 $H_d(k) = H_g(k)e^{j\theta(k)}$ 进行 IDFT,得到 $h(n)$,计算其频率响应,其幅频特性如图 7.18(a) 所示。

图 7.16　理想低通滤波器增加过渡点

该图表明,从 $16\pi/33$ 到 $18\pi/33$ 之间增加了一个过渡带,阻带最小衰减略小于 20 dB。为加大阻带衰减,增加一个过渡点 $H_1 = 0.5$,结果得到的滤波器幅频特性如图 7.18(b) 所示,过渡带加宽了一倍,但阻带最小衰减加大到约 30 dB。因此,这种用加宽过渡带换取阻带衰减的方法是有效的。如果改变 $H_1 = 0.3904$,其幅频特性如图 7.18(c) 所示,阻带最小衰减可达 40 dB。该例说明过渡点取值不同也会影响阻带衰减,可以借助于计算机进行过渡带优化,通过过渡点取值的改变使最小阻带衰减达到最大。

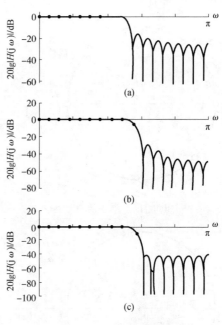

图 7.18　例 7.3 的幅频特性

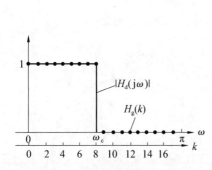

图 7.17　对理想低通滤波器进行抽样

### 3. 两种抽样形式

用频率抽样法设计 FIR 滤波器,是基于对系统函数 $H(z)$ 在整个单位圆上进行 $N$ 点等间隔抽样,从而得到频域样本 $H_d(k)$ 的思想。根据抽样点的分布,可把抽样形式分成 Ⅰ 型和 Ⅱ 型频域抽样两种类型。Ⅰ 型抽样是 $H_d(0)$ 取在 $z=1$ 处的情况,其抽样点角频率为 $\omega_k = \dfrac{2\pi}{N}k$ ,其中 $k=0,1,2,\cdots,N-1$,如图 7.19 所示。

Ⅱ 型抽样是 $H_d(0)$ 取在 $z = \mathrm{e}^{\mathrm{j}(2\pi/N)/2} = \mathrm{e}^{\mathrm{j}\pi/N}$ 的情况,其抽样点角频率为 $\omega_k = 2\pi(k + 1/2)/N$,它们抽样点的角频率间隔都为 $\dfrac{2\pi}{N}$。

Ⅱ 型频域抽样的重要性在于其增加了设计的灵活性。若要设计的滤波器的频带边界角频率距 Ⅱ 型频率抽样点可能比 Ⅰ 型频率抽样点近得多,此时便应用 Ⅱ 型抽样来进行设计;反之亦然。

自由变量的优化选择与是 Ⅰ 型还是 Ⅱ 型抽样几乎无关。

值得注意的是,采用 Ⅱ 型抽样时,对于线性相位情况,相应的相位特性要求以及内插公式都会有所变化,这里不再赘述。

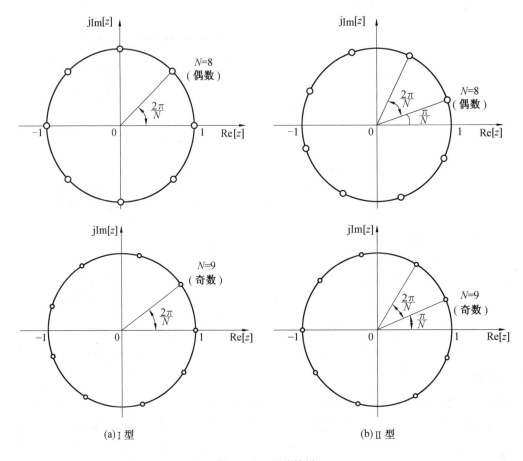

(a)Ⅰ型　　　　　　　　　　　　(b)Ⅱ型

图 7.19　两种抽样

# 7.5　IIR 数字滤波器和 FIR 数字滤波器的比较

　　首先,从性能上说,IIR 滤波器可以用较少的阶数获得很高的选择特性,因此,所用存储单元少,运算次数少,较为经济而且效率高,但是这个高效率的代价是以相位的非线性换来的,选择性越好,非线性越严重。相反,FIR 滤波器可以得到严格的线性相位,但是,如果需要获得一定的选择性,则要用较多的存储器和较多的运算,成本比较高,信号延时也较大。然而,FIR 滤波器的这些缺点是相对于非线性相位的 IIR 滤波器比较而言的。如果按相同的选择性和相同的线性相位要求,那么,IIR 滤波器就必须加全通网络(All-Pass System)来进行相位校正,因此同样要大大增加滤波器的阶数和复杂性。所以如果相位要求严格,那么采用 FIR 滤波器不仅在性能上而且在经济上都将优于 IIR。

　　从结构上看,IIR 必须采用递归型结构,极点位置必须在单位圆内,否则系统将不稳定。此外,在这种结构中,由于运算过程中对序列的四舍五入处理,有时会引起微弱的寄生振荡。相反,FIR 滤波器主要采用非递归结构,不论在理论上还是在实际的有限精度运算中都不存在稳定性问题,运算误差也较小。此外,FIR 滤波器可以采用快速傅里叶变换算法,在相同阶数的条件下,运算速度可以快得多。

从设计工具看,IIR 滤波器可以借助模拟滤波器的成果,一般都有有效的封闭函数设计公式可供准确计算,同时又有许多数据和表格可查,设计计算的工作量比较小,对计算工具的要求不高。FIR 滤波器设计则一般没有封闭函数的设计公式。虽然窗函数法可以给出窗函数的计算公式,但计算通带衰减和阻带衰减等仍无显式表达式。一般来讲,FIR 滤波器设计只有计算程序可用,因此对计算工具要求较高。

此外,IIR 滤波器虽然设计简单,但主要是用于设计具有分段常数特性的滤波器,如标准低通、高通、带通及带阻等,往往脱离不了模拟滤波器的格局。而 FIR 滤波器则要灵活得多,尤其是频率抽样设计法更容易适应各种幅度特性和相位特性的要求,可以设计出理想的正交变换、理想微分等各种重要网络,因而有更大的适应性。

从以上的简单比较可以看出,IIR 滤波器与 FIR 滤波器各有所长,在实际应用时要从多方面考虑来加以选择。从使用要求来看,在对相位要求不敏感的场合,选用 IIR 较为合适。而对于图像处理、数据传输等以信号相位携带信息的系统,一般对线性相位要求较高,这时采用 FIR 滤波器较好。当然,在实际设计中,还应综合考虑经济上的要求以及计算工具的条件等多方面的因素。

# 7.6　本章相关内容的 MATLAB 实现

**1. 从 FIR 滤波器的直接结构转换为级联结构**

用到的函数 tf2sos

函数名称:tf2sos

功能:将数字滤波器从直接结构转换为级联结构

语法介绍:

对于系统传递函数

$$H(z) = \frac{B(z)}{A(z)} = \frac{b_1 + b_2 z^{-1} + \cdots + b_{n+1} z^{-n}}{a_1 + a_2 z^{-1} + \cdots + a_{m+1} z^{-m}}$$

$a$ 和 $b$ 分别为其系数向量 $[a_1, a_2 \cdots, a_{n+1}]$,$[b_1, b_2 \cdots, b_{n+1}]$。

函数 $[sos, g] = $ tf2sos(b, a) 能得到一个 $L * 6$ 的矩阵 $sos$。

$$sos = \begin{bmatrix} b_{01} & b_{11} & b_{21} & 1 & a_{11} & a_{21} \\ b_{02} & b_{12} & b_{22} & 1 & a_{12} & a_{22} \\ \vdots & \vdots & \vdots & \vdots & \vdots & \vdots \\ b_{0L} & b_{1L} & b_{2L} & 1 & a_{1L} & a_{2L} \end{bmatrix}$$

该矩阵包含了二次分式形式传递函数分子和分母系数 $b_{ik}$ 和 $a_{ik}$。

$$H(z) = g \prod_{k=1}^{L} H_k(z) = g \prod_{k=1}^{L} \frac{b_{0k} + b_{1k} z^{-1} + b_{2k} z^{-2}}{1 + a_{1k} z^{-1} + a_{2k} z^{-2}}$$

**2. 4 种线性相位 FIR 滤波器的幅度用到的函数**

```
function [Hw,w,type,tao] = amplres[h];
%由 FIR 滤波器系数(单位冲激响应)求滤波器的幅度函数
%h = FIRDF 的 h(n),或者系统函数分子系数向量
%Hw =滤波器幅度函数
%w 所取的频率分量,在 0 到 2pi 之间分成 1 000 份,共 1 001 个点
%type =线性相位 FIRDF 的 4 种类型
%tao = 群延时,等于相位响应(或相位函数)的导数乘(-1)
N = length(h);
tao = (N-1)/2;
L = floor((N-1)/2);
n = 1:L+1;
w = [0:1000] * 2 * pi/1000;
if all(abs(h(n)-h(N-n+1))<1e-10);
    Hw = 2 * h(n) * cos(((N+1)/2-n)' * w)-mod(N,2) * h(L+1);
    type = 2-mod(N,2);
elseif all(abs(h(n)+h(N-n+1))<1e-10)&(mod(N,2) * h(L+1)==0);
    Hw = 2 * h(n) * sin(((N+1)/2-n)' * w);
    type = 4-mod(N,2);
else error('错误,这不是线性相位 FIR 滤波器');
end
```

**3. 理想线性相位低通滤波器的单位冲激响应**

```
functionhd = ideallp(wc,N);
%理想线性相位低通滤波器计算
%_____
%[hd] = ideallp(wc,N)
%hd = 0~N-1 之间的理想冲激响应
%wc = 截止角频率(弧度)
%N =理想线性相位滤波器的长度
%
tao = (N-1)/2;
n = [0:1:(N-1)];
m = n-tao+eps;%加一个极小数 eps,以避免 hd 的分母为零
hd = sin(wc * m)./(pi * m);
```

**4. 矩形窗**

用到的函数 rectwin

函数名称:rectwin

功能:矩形窗

语法介绍:

w＝rectwin(L)会得到一个长度为 $L$ 的矩形窗列向量 $w$。

**例** L＝10；

w＝rectwin(L)

得到 w＝$[1,1,1,1,1,1,1,1,1,1]^T$

### 5. 三角窗

用到的函数 triang

函数名称:triang

功能:三角窗

语法介绍:

w＝triang(L)会得到一个长度为 $L$ 的三角窗列向量 $w$:

当 $L$ 为奇数时:

$$w(n)=\begin{cases} \dfrac{2n}{L+1} & (1\leqslant n\leqslant \dfrac{L+1}{2}) \\ \dfrac{2(L-n+1)}{L+1} & (\dfrac{L+1}{2}<n\leqslant L) \end{cases}$$

当 $L$ 为偶数时:

$$w(n)=\begin{cases} \dfrac{2n}{L} & (1\leqslant n\leqslant \dfrac{L+1}{2}) \\ \dfrac{2(L-n+1)}{L} & (\dfrac{L}{2}+1\leqslant n\leqslant L) \end{cases}$$

**例** 生成一个长度为 200 的三角窗,同时观察它的时域和频域。

L＝200；

wvtool(triang(L))；％wvtool 是一个可绘制时域、频域图的窗口可视化工具,这里,输入需要是一个实行/列向量,频域将绘制幅度平方的对数傅里叶谱。

如图 7.20 所示。

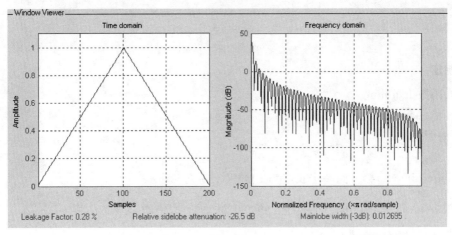

图 7.20

### 6. 汉宁窗

用到的函数 hann

函数名称:hann

功能:汉宁窗

语法介绍:

(Hann 窗有时也称为 "Hanning" 窗,以与 Hamming 窗的名称类似。但这是不对的,因为这两个窗是分别根据 Julius von Hann 和 Richard Hamming 的名字命名的。但在 matlab 中 hann 函数和 hanning 函数可以通用)

w ＝hann(L)会得到一个长度为 L 的汉宁窗列向量 $w$:

$$w(n)=0.5\left(1-\cos\left(2\pi\frac{n}{N}\right)\right) \quad (0{\leqslant}n{\leqslant}N)$$

其中,窗的长度 $L=N+1$。

**例** 生成一个长度为 64 的汉宁窗,同时观察它的时域和频域。

L＝64;

wvtool(hann(L))

如图 7.21 所示。

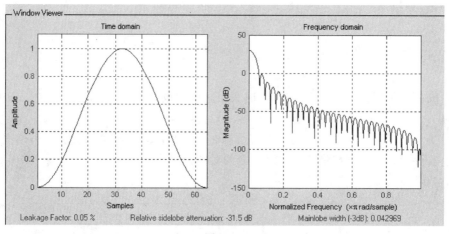

图 7.21

### 7. 海明窗

用到的函数 hamming

函数名称:hamming

功能:海明窗

语法介绍:

w ＝ hamming(L)会得到一个长度为 L 的汉宁窗列向量 $w$:

$$w(n)=0.54-0.46\cos\left(2\pi\frac{n}{N}\right) \quad (0{\leqslant}n{\leqslant}N)$$

其中,窗的长度 $L=N+1$。

**例** 生成一个长度为 64 的海明窗,同时观察它的时域和频域。

L＝64;

wvtool(hamming(L))

如图 7.22 所示。

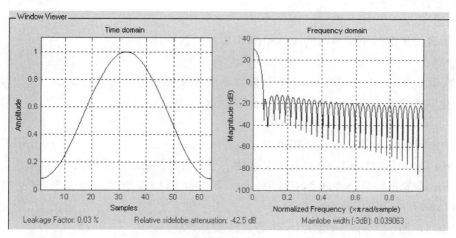

图 7.22

### 8. 布莱克曼窗

用到的函数 Blackman

函数名称:Blackman

功能:布莱克曼窗

语法介绍:

w ＝blackman(L)会得到一个长度为 $L$ 的布莱克曼窗列向量 $w$:

$$w(n)=0.42-0.5\cos\left(2\pi\frac{n}{N}\right)+0.08\cos\left(4\pi\frac{n}{N}\right)\quad(0\leqslant n\leqslant N)$$

其中,窗的长度 $L=N+1$。

**例**　生成一个长度为 64 的布莱克曼窗,同时观察它的时域和频域。

L＝64;

wvtool(blackman(L))

如图 7.23 所示。

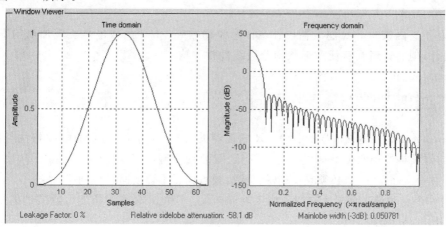

图 7.23

### 9. 用窗函数法设计 FIR 低通滤波器

(1)用到的函数 fir1。

函数名称:fir1

功能:实现经典的基于窗函数的线性相位 FIR 滤波器设计。

语法介绍:

①b=fir1(n,Wn),返回包括 n+1 个系数的 n 阶 FIR 低通滤波器的行向量。这里使用海明窗,归一化截止角频率为 Wn。输出滤波器系数 b 以 z 的降幂排列。

$$B(z)=b(1)+b(2)z^{-1}+\cdots+b(n+1)z^{-N}$$

Wn 是 0-1 之间的数,1 代表奈奎斯特频率。

如果 Wn 是二元向量[w1,w2],则 fir1 返回一个带通滤波器,带宽为 w1<ω<w2;

如果 Wn 是多元向量[w1,w2,w3,…,wn],则 fir1 返回一个多通滤波器,带通宽度为 w0<ω<w1,w1<ω<w2,…,wn<ω<1。

②b=fir1(n,Wn,'ftype'),这里 ftype 指定滤波器类型:

Ⅰ.为"high",则指定截止角频率为 Wn 的高通滤波器。

Ⅱ.为"stop",则设计一个带阻滤波器,阻带为 Wn=[w1,w2]。

Ⅲ.为"DC-1",则将多通带滤波器的第一个带为通带。

Ⅳ.为"DC-0",则将多通带滤波器的第一个带为阻带。

fir1 总是为高通和带阻滤波器设置偶数阶数。这是因为奇数阶数的频率响应在奈奎斯特频率处为 0,这不适于设计高通和带阻滤波器。如果指定一个奇数值 n,则 fir1 将其设置为 1。

③b=fir1(n,Wn,window),使用长度为 n+1 的指定窗函数设计滤波器。如果不指定,则默认使用长度为 n+1 的 Hamming 窗。

④b=fir1(n,Wn,'ftype',window),综合了上两种参数设计滤波器。

⑤b=fir1(...,'normalization'),指定滤波器是否将幅度归一化。"normalization"可以是:

Ⅰ."scale"(默认):归一化滤波器器幅度响应,使其在阻带的中心频率处为 0 dB。

Ⅱ."noscale":不归一化滤波器。

(2)调用到的函数 fir2。

函数名称:fir2

功能:基于窗函数的 FIR 滤波器设计一任意频率响应。fir2 函数也是实现加窗的 FIR 数字滤波器设计,但它针对具有任意形状的分段线性频率响应。

格式:b=fir2(n,f,m)

b=fir2(n,f,m,window)

说明:

①b=fir2(n,f,m),返回 n 阶(n 点)FIR 滤波器的 n+1 个系数 b;它的幅频特性与向量 f 和 m 给出的幅频特性相匹配。这里 f 是[0,1]区间的频点响应,1 对应于 Nyquist 频率。f 的第一个点必须是 0,最后一个必须是 1,也就是说,频点向量 f 必须递增排列。

②m 是一个对于频点向量 f 的期望幅度响应向量。f 和 m 必须等长度。滤波器的形状可以用语句 plot(f,m)绘制。

③b=fir2(n,f,m,window),用长度为 n+1 的列向量 window 指定窗函数。若没指定,则

fir2 取长度为 n+1 的 Hamming 窗。

(3)用到的函数 freqz。

函数名称：freqz

功能：数字滤波器的频率响应

语法介绍：

①[h,w]=freqz(b,a,n),返回频率响应 h 和对应的角频率 w,并指定 h 和 w 长度为 n,其中 b 和 a 表示系统函数的分子和分母多项式的系数向量。

②[h,w]=freqz(...,n,'whole'),返回采用整个单位圆上的 n 个采样点计算的频率响应。指定 w 的长度为 n,其在每个采样点的范围为[0,2π]。

③[h,w]=freqz(b,a,n,fs),参量 fs 为指定的采样频率。

h=freqz(b,a,f,fs),返回指定的频率向量 f 下的数字滤波器的频率响应 h。

freqz(b,a,...),绘制当前图形窗口的频率的幅频特性和相频特性图。

**例**　绘制 FIR 滤波器的幅频特性和相频特性图。

&gt;&gt;b=fir1(80,0.5,kaiser(81,8));

freqz(b,1);

如图 7.24 所示。

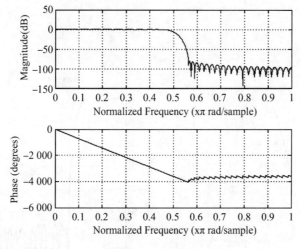

图 7.24　FIR 滤波器

**例**　利用窗函数法设计一个 $h(n)$ 偶对称的线性相位 FIR 低通滤波器。给定技术指标为：通带截止角频率 $\omega_p=0.3\pi$,最大通带衰减 $R_p=0.2$ dB,阻带截止角频率 $\omega_{st}=0.45\pi$,阻带最小衰减 $A_s=48$ dB。请选定窗形状,求出 $h(n)$ 及 $H(e^{j\omega})$,并检验设计结果。

```
clc;clear all
wp = 0.3 * pi;
ws = 0.45 * pi;
deltaw = ws-wp;                    %得出过渡带宽
NO = ceil(6.6 * pi/deltaw);        %计算海明窗长
N =NO+mod(NO+1,2);                 %若需 N=奇数,必须加此语句
n = [0:N-1];
```

```
wd = (hamming(N))';              %求海明函数
wc = (wp+ws)/2;                  %理想低通滤波器截止角频率
hd = ideallp(wc,N);             %理想低通的单位冲激响应
h =hd. * wd;
[H,w] = freqz(h,[1],1000,'whole');
mag = abs(H);
db = 20 * log10((mag+eps)/max(mag));
dw = 2 * pi/1000;
Rp = −min(db(1:wp/dw+1));       %检查通带最大衰减
As = −max(db(ws/dw+1:501));     %检查阻带最小衰减
subplot(121);plot(n,wd);grid;
title('海明窗');xlabel('n');ylabel('w(n)');
axis([0,N,0,1]);
subplot(122);plot(w/pi,db);
title('幅频特性');xlabel('\omega/\pi');
ylabel('20log|H(e^j^\omega)|(dB)');
axis([0,1,−80,5]);grid;
[N,Rp,As]
```

如图 7.25 所示。

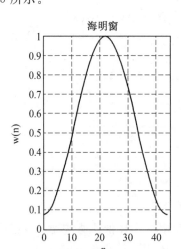
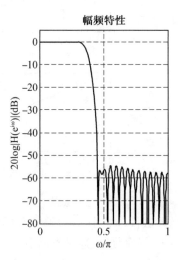

图 7.25

### 10. 用窗函数法设计 FIR 带通滤波器

**例** 要设计一个线性相位 FIR 带通滤波器,技术指标为下阻带截止频率 $f_{st1}=2$ kHz,上阻带截止频率 $f_{st2}=6$ kHz,通带下截止频率为 $f_{p1}=3$ kHz,通带上截止频率 $f_{p2}=5$ kHz,通带最大衰减为 0.2 dB,阻带最小衰减为 55 dB,抽样频率为 $f_s=20$ kHz。采用窗函数法设计。

先将模拟频率转换成数字频率:

$$\omega_{p_1} = 2\pi f_{p_1}/f_s = 0.3\pi, \omega_{p_2} = 2\pi f_{p_2}/f_s = 0.5\pi$$

$$\omega_{st_1} = 2\pi f_{st_1}/f_s = 0.2\pi, \omega_{st_2} = 2\pi f_{st}/f_s = 0.6\pi$$

为了减小窗长,在满足衰减要求的布莱克曼窗和凯塞窗中,我们采用凯塞窗。

```
clc;clear all
ws1 = 0.2 * pi;
wp1 = 0.3 * pi;
wp2 = 0.5 * pi;
ws2 = 0.6 * pi;
AS = 55;
RP = 0.2;
AS0 = 50;
RP0 = 1;
deltaw = min((wp1-ws1),(ws2-wp2));              %计算过度带宽 w
N = ceil((AS-7.95)/(2.286 * deltaw));           %凯塞窗长度
beta = 0.1102 * (AS-8.7);                        %计算凯塞窗的 β
while (AS0<AS)|(RP0>RP)
    N = N+1;
    n = [0:N-1];
    wd = (kaiser(N,beta))';                      %求凯塞窗函数
    wc1 = (ws1+wp1)/2;wc2 = (ws2+wp2)/2;         %理想带通的截止角频率
    hd = ideallp(wc2,N)-ideallp(wc1,N);          %理想带通滤波器的单位冲激响应
    h =hd. * wd;                                  %实际带通滤波器的单位冲激响应
    [H,w] = freqz(h,[1],1000,'whole');
    mag = abs(H);
    db = 20 * log10((mag+eps)/max(mag));
    dw = 2 * pi/1000;
    RP0 = -min(db(wp1/dw+1:1:wp2/dw+1));         %检查通带最大衰减
    AS0 = -max(db(ws2/dw+1:1:501));              %检查阻带最小衰减
    if N>300
        error('没有找到合适的窗函数');             %防止陷入死循环
    end
end
subplot(121);stem(n,h,'. ');grid;
title('凯塞窗');xlabel('n');ylabel('w(n)');
axis([0,N,-0.3,0.3]);
subplot(122);plot(w/pi,db);
title('幅频特性');xlabel('\omega/\pi');
ylabel('20 log|H(e^j\omega)|(dB)');
axis([0,1,-80,5]);grid;
```

$[N, RP0, AS, beta]$

%N = 71；Rp0 = 0.0287；As = 55.2778；beta = 5.1023；

运行结果如图 7.26 所示。

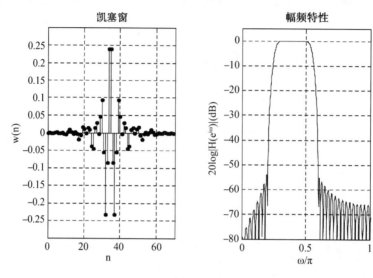

图 7.26

由于理想线性相位带通滤波器的上、下截止角频率分别为

$$\omega_2 = (\omega_{p_2} + \omega_{st_2})/2 = 0.55\pi$$

$$\omega_1 = (\omega_{p_1} + \omega_{st_1})/2 = 0.25\pi$$

$$N = 71, \tau = (N-1)/2 = 35, \beta = 5.1023$$

则理想线性相位带通滤波器的单位冲激响应

$$h_d(n) = \begin{cases} \dfrac{1}{\pi(n-35)}\{\sin[0.55\pi(n-35)] - \sin[0.25\pi(n-35)]\} & (n \neq 35) \\ (\omega_2 - \omega_1)/\pi = 0.3 & (n = 35) \end{cases}$$

凯塞窗函数为：

$$\omega(n) = [I_0(5.1023\sqrt{1-(1-n/35)^2})/I_0(5.1023) \cdot R_{71}(n)]$$

因而,设计出的线性相位 FIR 带通滤波器的单位冲激响应的表达式为：

$$h(n) = \begin{cases} h_d(n)\omega(n) & (n \neq 35) \\ 0.3 & (n = 35) \end{cases}$$

# 习　　题

1.设系统的系统函数为

$$H(z) = (1 - 3z^{-1})(1 - 6z^{-1} + 2z^{-2})$$

试分别画出它的直接型结构和级联型结构。

2.已知 FIR 滤波器的单位冲激响应为

(1)$N = 6$ 时,$h(0) = h(5) = 1.5, h(1) = h(4) = 2, h(2) = h(3) = 3$；

(2)$N = 7$ 时,$h(0) = -h(6) = 3, h(1) = -h(5) = -2, h(2) = -h(4) = 1, h(3) = 0$。

分别说明它们的幅度函数、相位函数各有什么特点。

3. 设 FIR 滤波器的系统函数为

$$H(z) = \frac{1}{7}(1 + 0.9z^{-1} + 2.1z^{-2} + 0.9z^{-3} + z^{-4})$$

求出其幅度函数和相位函数,并画出其直接型结构图。

4. 设计一低通线性相位 FIR 数字滤波器,滤波器的截止角频率为 $0.5\pi$,$N=21$,若要求滤波器的阻带衰减分别为 $-20$ dB 和 $-40$ dB,现按窗函数法设计该滤波器,试分别确定:

(1) 窗函数类型并说明理由;

(2) 在(1)确定的窗函数下设计的滤波器的过渡带宽。

5. 用海明窗设计一线性相位 FIR 带通滤波器,$N=51$,理想滤波器的幅频特性为

$$|H_d(j\omega)| = \begin{cases} 1 & (0.3\pi \leqslant \omega \leqslant 0.7\pi) \\ 0 & (0 \leqslant \omega < 0.3\pi, 0.7\pi < \omega \leqslant \pi) \end{cases}$$

写出该系统的系数 $h(n)$ 的表达式。

6. 试分别用 Ⅰ 型抽样和 Ⅱ 型抽样设计一线性相位低通 FIR 滤波器,要求 $\omega_c = 0.5\pi$,$N=51$。

7. 设计一 FIR 线性相位滤波器,该滤波器的理想频率特性为

$$|H_d(j\omega)| = \begin{cases} 1 & (|\omega| \leqslant \pi/6) \\ 0 & (\pi/6 < |\omega| < \pi) \end{cases}$$

(1) 加矩形窗,$N=25$,求 $h(n)$。

(2) 加海明窗,$N=25$,求 $h(n)$。

8. 设计一带阻滤波器,该滤波器的理想频率特性为

$$|H_d(j\omega)| = \begin{cases} 1 & (|\omega| \leqslant \pi/6, \pi/3 \leqslant |\omega| \leqslant \pi) \\ 0 & (\pi/6 < |\omega| < \pi/3) \end{cases}$$

(1) 加矩形窗,$N=25$,求 $h(n)$。

(2) 加汉宁窗,$N=25$,求 $h(n)$。

# 第 8 章

# MATLAB简介及信号处理工具箱

## 8.1　MATLAB 2012b (8.0)简介

20 世纪 80 年代,美国 MathWorks 公司推出了一套高性能的集数值计算、矩阵运算和信号处理与显示于一体的可视化软件 MATLAB,它是由英文 Matrix Laboratory(矩阵实验室)两词的前三个字母组成。MATLAB 集成度高,使用方便,输入简捷,运算高效,内容丰富,并且很容易由用户自行扩展,与其他计算机语言相比,MATLAB 有以下显著特点。

**1. MATLAB 是一种解释性语言**

MATLAB 是以解释方式工作的,键入算式立即得结果,无须编译,即它对每条语句解释后立即执行。若有错误也立即做出反应,便于编程者马上改正。这些都大大减轻了编程和调试的工作量。

**2. 变量的"多功能性"**

①每个变量代表一个矩阵,它可以有 $n \times m$ 元素;

②每个元素都看作复数,这个特点在其他语言中也是不多见的;

③矩阵行数、列数无须定义:若要输入一个矩阵,在用其他语言编程时必须定义矩阵的阶数,而用 MATLAB 语言则不必有阶数定义语句,输入数据的列数就决定了它的阶数。

**3. 运算符号的"多功能性"**

所有的运算,包括加、减、乘、除、函数运算都对矩阵和复数有效。

**4. 人机界面适合科技人员**

语言规则与笔算式相似;MATLAB 的程序与科技人员的书写习惯相近,因此易写易读,易于在科技人员之间交流。

**5. 强大而简易的作图功能**

①能根据输入数据自动确定坐标绘图;

②能规定多种坐标(极坐标、对数坐标等)绘图;

③能绘制三维坐标中的曲线和曲面;

④可设置不同颜色、线型、视角等。

**6. 功能丰富,可扩展性强**

MATLAB 软件包括基本部分和专业扩展部分。基本部分包括:矩阵的运算和各种变换,代数和超越方程的求解，数据处理和傅里叶变换，数值积分等。扩展部分称为工具箱（tool-box），用于解决某一个方面的专门问题，或实现某一类算法。

  MATLAB2012b（8.0）是 Mathworks 在 2012 年推出的 MATLAB 新版本，该版本修订了新的界面、仿真编辑器和文本中心。作为基本的研发工具，MATLAB 和 Simulink 广泛应用于自动化、航空、通信、电子和工业自动化等领域，并应用于金融服务、计算生物学等新兴技术领域。MATLAB 支持包括自动化系统、航空飞行控制、航空电子技术、通信和其他电子装备、工业机械和医疗器械等领域的设计和开发。全世界超过 5 000 所大学在教学和科研工作中使用 MATLAB。MATLAB 2012b（8.0）中包括如下工具箱（含版本号）：

| | |
|---|---|
| Simulink Version 8.0 （R2012b） | 动态系统建模和仿真软件包 |
| Aerospace Blockset Version 3.10 （R2012b） | 航空航天模块 |
| Aerospace Toolbox Version 2.10 （R2012b） | 航空航天工具箱 |
| Bioinformatics Toolbox Version 4.2 （R2012b） | 生物信息学工具箱 |
| Communications System Toolbox Version 5.3 （R2012b） | 通信系统工具箱 |
| Computer Vision System Toolbox Version 5.1 （R2012b） | 计算机视觉系统工具箱 |
| Control System Toolbox Version 9.4 （R2012b） | 控制系统工具箱 |
| Curve Fitting Toolbox Version 3.3 （R2012b） | 曲线拟合工具箱 |
| DO Qualification Kit Version 2.0 （R2012b） | DO 品质套装组 |
| DSP System Toolbox Version8.4 （R2012b） | 信号处理系统工具箱 |
| Data Acquisition Toolbox Version 3.2 （R2012b） | 数据获取工具箱 |
| Database Toolbox Version 4.0 （R2012b） | 数据库工具箱 |
| Datafeed Toolbox Version 4.4 （R2012b） | 金融数据获取工具箱 |
| Econometrics Toolbox Version 2.2 （R2012b） | 计量经济学工具箱 |
| Embedded Coder Version 6.3 （R2012b） | 嵌入式代码生成工具 |
| Filter Design HDL Coder Version 2.9.2 （R2012b） | 滤波器设计 HDL 代码生成工具 |
| Financial Instruments Toolbox Version 1.0 （R2012b） | 金融商品工具箱 |
| Financial Toolbox Version 5.0 （R2012b） | 金融工具箱 |
| Fixed－Point Toolbox Version 3.6 （R2012b） | 定点计算工具箱 |
| Fuzzy Logic Toolbox Version 2.2.16 （R2012b） | 模糊逻辑工具箱 |
| Global Optimization Toolbox Version 3.2.2 （R2012b） | 全局最优工具箱 |
| HDL Coder Version 3.1 （R2012b） | HDL 代码生成器 |
| HDL Verifier Version 4.1 （R2012b） | HDL 验证器 |
| IEC Certification Kit Version 3.0 （R2012b） | IEC 安全验证套装组 |
| Image Acquisition Toolbox Version 4.4 （R2012b） | 图像获取工具箱 |
| Image Processing Toolbox Version 8.1 （R2012b） | 图像处理工具箱 |
| Instrument Control Toolbox Version 3.2 （R2012b） | 仪器控制工具箱 |

| | |
|---|---|
| MATLAB Builder EX Version 2.3（R2012b） | MATLAB Excel 创建工具 |
| MATLAB Builder JA Version2.2.5（R2012b） | MATLAB Java 创建工具 |
| MATLAB Builder NE Version4.1.2（R2012b） | MATLAB .Net 创建工具 |
| MATLAB Coder Version 2.3（R2012b） | MATLAB 代码生成工具 |
| MATLAB Compiler Version 4.18（R2012b） | MATLAB 编译工具 |
| MATLAB Distributed Computing Server Version 6.1（R2012b） | MATLAB 分布计算服务器 |
| MATLAB Report Generator Version 3.13（R2012b） | MATLAB 报告生成工具 |
| Mapping Toolbox Version 3.6（R2012b） | 地图工具箱 |
| Model Predictive Control Toolbox Version4.1.1（R2012b） | 模型预测控制工具箱 |
| Model－Based Calibration Toolbox Version 4.5（R2012b） | 基于模型的矫正工具箱 |
| Neural Network Toolbox Version 8.0（R2012b） | 神经网络工具箱 |
| OPC Toolbox Version3.1.2（R2012b） | OPC 工具箱 |
| Optimization Toolbox Version6.2.1（R2012b） | 优化工具箱 |
| Parallel Computing Toolbox Version 6.1（R2012b） | 并行计算工具箱 |
| Partial Differential Equation Toolbox Version 1.1（R2012b） | 偏微分方程工具箱 |
| Phased Array System Toolbox Version 1.3（R2012b） | 相控阵系统工具箱 |
| RF Toolbox Version 2.11（R2012b） | 射频工具箱 |
| Real－Time Windows Target Version 4.1（R2012b） | 实时窗口目标库 |
| Robust Control Toolbox Version 4.2（R2012b） | 鲁棒控制工具箱 |
| Signal Processing Toolbox Version 6.18（R2012b） | 信号处理工具箱 |
| SimBiology Version 4.2（R2012b） | 生物学仿真模块 |
| SimDriveline Version 2.3（R2012b） | 传动系统仿真模块 |
| SimElectronics Version 2.2（R2012b） | 电子仿真模块 |
| SimEvents Version 4.2（R2012b） | 基于事件的建模模块 |
| SimHydraulics Version 1.11（R2012b） | 液压仿真模块 |
| SimMechanics Version 4.1（R2012b） | 机构动态仿真模块 |
| SimPowerSystems Version 5.7（R2012b） | 动力系统仿真模块 |
| SimRF Version 3.3（R2012b） | 射频仿真模块 |
| Simscape Version 3.8（R2012b） | 物理模型仿真模块 |
| Simulink 3D Animation Version 6.2（R2012b） | 3D 动画仿真工具 |
| Simulink Code Inspector Version 1.2（R2012b） | Simulink 代码检查工具 |
| Simulink Coder Version8.4（R2012b） | Simulink 编码工具 |
| Simulink Control Design Version 3.6（R2012b） | Simulink 控制设计工具 |
| Simulink Design Optimization Version 2.2（R2012b） | Simulink 设计优化工具 |

Simulink Design Verifier Version 2.3 (R2012b)　　　　Simulink 设计验证工具

Simulink Fixed Point Version 7.2 (R2012b)　　　　　Simulink 定点运算工具

Simulink PLC Coder Version 1.4 (R2012b)　　　　　Simulink PLC 编码工具

Simulink Report Generator Version 3.13 (R2012b)　　Simulink 报告生成工具

Simulink Verification and Validation Version 3.4 (R2012b)　　Simulink 验证和确认工具

Spreadsheet Link EX Version3.1.6 (R2012b)　　　　电子数据表 Excel 链接工具

Stateflow Version 8.0 (R2012b)　　　　　　　　　逻辑系统工具

Statistics Toolbox Version 8.1 (R2012b)　　　　　　统计工具箱

Symbolic Math Toolbox Version 5.9 (R2012b)　　　　符号数学工具箱

System Identification Toolbox Version 8.1 (R2012b)　系统识别工具箱

SystemTest Version2.6.4 (R2012b)　　　　　　　　系统测试工具

Vehicle Network Toolbox Version 1.7 (R2012b)　　　车载网络工具箱

Wavelet Toolbox Version 4.10 (R2012b)　　　　　　小波工具箱

xPC Target Version 5.3 (R2012b)　　　　　　　　　xPC Target 实时仿真工具

xPC Target Embedded Option Version 5.3 (R2012b)　xPC Target 嵌入式实时仿真工具

### 8.1.1　MATLAB 8.0 的基本操作

为方便使用与操作,下面以 MATLAB 2012b 为例介绍它的操作界面。

从 MATLAB 8.0 开始,MATLAB 的界面采用 Ribbon(功能区)风格界面,整个界面操作与 7.0 版本相比变化很大。图 8.1 是 MATLAB 2012b 的启动界面。

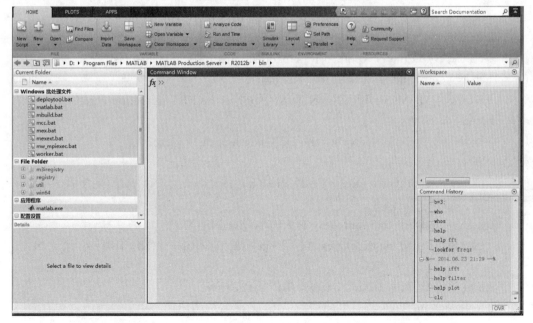

图 8.1　MATLAB 2012b 启动界面

MATLAB 中的一些重要的操作命令如下所示。

**1. help**

在命令窗口(Command Window,也称指令窗)直接输入 help 命令,不带任何参数,将显示下面的信息。在每一行中左边显示出目录名,右边显示对应有关解释信息,使用者可以从这个清单中对 MATLAB 有一个总体的了解,而且方便查询。

\>\> help

HELP topics：

| | |
|---|---|
| matlabxl\matlabxl | — MATLAB Builder EX |
| matlab\demos | — Examples. |
| matlab\graph2d | — Two dimensional graphs. |
| matlab\graph3d | — Three dimensional graphs. |
| matlab\graphics | — Handle Graphics. |
| matlab\plottools | — Graphical plot editing tools |

……

另外,也可以对某个具体的命令或者函数使用 help 帮助,其命令格式是：

help 目录名/命令名/函数名/符号

通过此命令可以显示出具体目录所包含的命令和函数,或者具体的命令、函数和符号的详细信息。例如：

\>\> help fft

FFT Discrete Fourier transform.

FFT(X) is the discrete Fourier transform (DFT) of vector X.　For matrices, the FFT operation is applied to each column. For N−D arrays, the FFT operation operates on the first non−singleton dimension.

FFT(X,N) is the N−point FFT, padded with zeros if X has less than N points and truncated if it has more.

FFT(X,[],DIM) or FFT(X,N,DIM) applies the FFT operation across the dimension DIM.

For length N input vector x, the DFT is a length N vector X, with elements N

$$X(k) = \mathrm{sum}\, x(n) * \exp(-j * 2 * pi * (k-1) * (n-1)/N), \quad 1 <= k <= N.$$
$$n=1$$

The inverse DFT (computed by IFFT) is given by N

$$x(n) = (1/N)\, \mathrm{sum}\, X(k) * \exp(j * 2 * pi * (k-1) * (n-1)/N), \quad 1 <= n <= N.$$
$$k=1$$

See also fft2, fftn, fftshift, fftw, ifft, ifft2, ifftn.

Overloaded methods：

uint8/fft

uint16/fft

gf/fft
codistributed/fft
gpuArray/fft
qfft/fft
iddata/fft

Reference page in Help browser
doc fft

**2.** demo

在命令窗口输入 demo 命令，将弹出如图 8.2 所示的窗口，可以通过此帮助打开有关 MATLAB 窗口操作演示程序，以及各种工具箱示例程序，还可以直接登录到网站上查看示例程序。

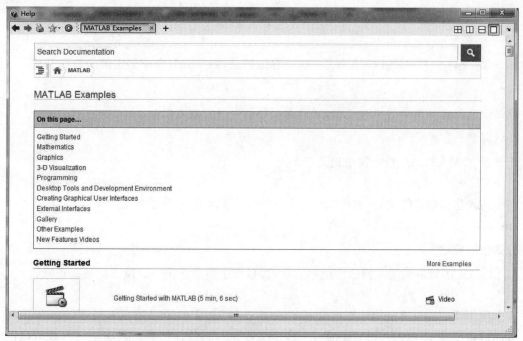

图 8.2　MATLAB 8.0 demo 界面

**3.** lookfor

在命令窗口输入 lookfor 命令，可以列举显示包含所查关键字的命令、函数、文件以及示例程序等。其调用格式为：look for 关键字。

例：在指令窗中输入如下命令：

>>lookfor freqz

freqz2　　　　　　　　　　　— 2—D frequency response.

freqz　　　　　　　　　　　　— Digital filter frequency response.

freqz_freqvec　　　　　　　　— Frequency vector for calculating filter responses.

freqzparse　　　　　　　　　— parse the inputs to freqz

| freqzplot | — Plot frequency response data. |
| invfreqz | — Discrete filter least squares fit to frequency response data. |

### 4. who 和 whos

who 命令列出当前变量,而 whos 命令则列出变量的详细信息。例如以下命令:

>> a=2；

>> b=3；

>> who

Your variables are：

a  b

>> whos

| Name | Size | Bytes | Class |
| a | 1 ×1 | 8 | double |
| b | 1 ×1 | 8 | double |

### 5. what 和 which

what 命令列出 M、MAT、MEX 文件所保存的目录,而 which 命令则定位函数和文件。

### 6. clc

此命令清除命令窗口的所有显示,光标返回到命令窗口左上角。

### 7. 计算器

用键盘在 MATLAB 指令窗中输入以下内容:

>> (12+2 * (7−4))/3^2

在上述表达式输入完成后,按〔Enter〕键,该指令被执行,并显示如下结果:

ans ＝ 2

### 8. 数值的记述

MATLAB 的数值采用习惯的十进制表示,可以带小数点或负号。以下记述都正确:

| 3 | −99 | 0.001 | 9.456 | 1.3e−3 | 4.5e33 |

在采用 IEEE 浮点算法的计算机上,数值通常采用"占用 64 位内存的双精度"表示。

其相对精度是 eps（MATLAB 的一个预定义变量）,大约保持有效数字 16 位,数值范围从 $10^{-308}$ 到 $10^{308}$。

### 9. 变量的命名规则

(1)变量名、函数名对字母大小写敏感。

(2)变量名第一个字符必须是英文字母,最多包含 63 个字符(英文、数字和下划线)。

### 10. 预定义变量

Matalb 中有一些预定义的变量,见表 8.1。每当 MATLAB 启动,这些变量就被产生。这些变量都有特殊含义和用途。(建议:用户在编写指令和程序时,应尽可能不对表 8.1 所列预定义变量名重新赋值,以免产生混淆)

**表 8.1　MATLAB 中的预定义变量**

| 预定义变量 | 含义 | 预定义变量 | 含义 |
|---|---|---|---|
| ans | 计算结果的默认变量名 | NaN 或 nan | 不是一个数,如 $0/0,\infty/\infty$ |
| eps | 机器零阈值 | nargin | 函数输入数目 |
| Inf 或 inf | 无穷大 | nargout | 函数输出数目 |
| i 或 j | 虚单元－1 的二次方根 | realmax | 最大正实数 |
| pi | 圆周率 | realmin | 最小正实数 |

在命令窗中输入如下命令,则可观察预定义变量在 MATLAB 中的值:

```
format long                    ％对双精度型定义 15 位数字显示
realmax
ans =
    1.797693134862316e＋308
realmin
ans =
    2.225073858507201e－308
eps
ans =
    2.220446049250313e－016
pi
ans =
    3.14159265358979
```

**11. 运算符和表达式**

MATLAB 算术运算符见表 8.2。

**表 8.2　MATLAB 算术运算符**

| | 数学表达式 | 矩阵运算符 | 数组运算符 |
|---|---|---|---|
| 加 | a＋b | a＋b | a＋b |
| 减 | a－b | a－b | a－b |
| 乘 | a×b | a＊b | a.＊b |
| 除 | a÷b | a/b | a./b |
| 幂 | $a^b$ | a^b | a.^b |

　　数组运算的“乘、除、幂”规则与相应矩阵运算不同,前者的算符比后者多一个“小黑点”。MATLAB 用左斜杠或右斜杠分别表示“左除”或“右除”运算。对变量而言,“左除”和“右除”的作用结果相同,但对矩阵来说,“左除”和“右除”将产生不同的结果。

　　MATLAB 书写表达式的规则与“手写算式”几乎完全相同。

　　(1)表达式由变量名、运算符和函数名组成。

(2)表达式将按与常规相同的优先级自左至右执行运算。

(3)优先级的规定是:指数运算级别最高,乘除运算次之,加减运算级别最低。

(4)括号可以改变运算的次序。

(5)书写表达式时,赋值符"="和运算符两侧允许有空格,以增加可读性。

**12. 复数运算**

MATLAB 的所有运算都是定义在复数域上的。这样设计的好处是:在进行运算时,不必像其他程序语言那样把实部、虚部分开处理。为描述复数,虚数单位用预定义变量 i 或 j 表示。

复数 $z = a + bi = re^{i\theta}$,直角坐标表示和极坐标表示之间转换的 MATLAB 指令如下。:

real(z)　　　　　给出复数 $z$ 的实部 $a = r\cos\theta$。

imag(z)　　　　　给出复数 $z$ 的虚部 $b = r\sin\theta$。

abs(z)　　　　　　给出复数 $z$ 的模 $\sqrt{a^2 + b^2}$。

angle(z)　　　　　以弧度为单位给出复数 $z$ 的幅角 $\arctan\dfrac{b}{a}$。

【**例 8.1**】　用图示方法求复数 $z_1 = 4 + 3i$,$z_1 = 1 + 2i$ 的和。(其中绘图操作将在后面介绍,感兴趣的读者也可以使用 help 查找例中的函数,了解其功能和使用方法)

```
z1＝4＋3＊i;z2＝1＋2＊i;              ％在一个物理行中,允许输入多条指令
                                   ％但各指令间要用"分号"或"逗号"分开
                                   ％指令后采用"分号",使运算结果不显示

z12＝z1＋z2
％以下用于绘图
clf,hold on                        ％clf 清空图形窗。逗号用来分隔两个指令
plot([0,z1,z12],'－b','LineWidth',3)
plot([0,z12],'－r','LineWidth',3)
plot([z1,z12],'ob','MarkerSize',8)
hold off,grid on,
axis equal
axis([0,6,0,6])
text(3.5,2.3,'z1')
text(5,4.5,'z2')
text(2.5,3.5,'z12')
xlabel('real')
ylabel('image')
z12 ＝
      5.0000 ＋ 5.0000i
```

如图 8.3 所示。

采用运算符构成的直角坐标表示法和极坐标表示法:

```
z2 ＝ 1 ＋ 2 ＊ i                   ％运算符构成的直角坐标表示法
z3＝2＊exp(i＊pi/6)                 ％运算符构成的极坐标表示法
z＝z1＊z2/z3
```

z2 =

　　1.0000 + 2.0000i

z3 =

　　1.7321 + 1.0000i

z =

　　1.8840 + 5.2631i

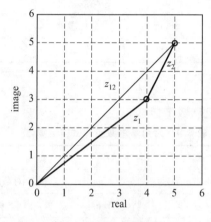

图 8.3　例 8.1 的结果

## 8.1.2　MATLAB 中面向数组的基本运算

在 MATLAB 中,变量和常量的标识符最长允许 19 个字符,标识符中第一个字符必须是英文字母。MATLAB 区分大小写,默认状态下,A 和 a 被认为是两个不同的字符。

**1. 数组和矩阵的赋值**

MATLAB 最基本的运算是通过矩阵来完成的,矩阵或向量作为 MATLAB 所有运算的基础。

**【例 8.2】**　数组和矩阵的乘运算。

**解**　输入:

A=[1,2,3;4,5,6;7,8,9];

B=A;

M1=A. * B　　　　　%数组乘运算,即为点乘运算,注意" * "前有个"."运算符

M2=A * B　　　　　%矩阵乘运算,注意" * "前没有"."运算符

运算结果为:

M1 =

|　| 1 | 4 | 9 |
| 16 | 25 | 36 |
| 49 | 64 | 81 |

M2 =

|　| 30 | 36 | 42 |
| 66 | 81 | 96 |
| 102 | 126 | 150 |

注意：在数组运算中，"乘、除、乘方、转置"运算符前的小黑点不能遗漏。

**2. 执行数组运算的常用函数**

表 8.3 列出了执行数组运算的常用函数。

表 8.3 执行数组运算的常用函数（三角函数和复数函数）

| 名称 | 含义 | 名称 | 含义 | 名称 | 含义 |
|---|---|---|---|---|---|
| abs | 模或绝对值 | conj | 复数共轭 | real | 复数实部 |
| angle | 相角 | imag | 复数虚部 | cos | 余弦 |
| sin | 正弦 | tan | 正切 | cot | 余切 |

**3. 基本赋值数组**

表 8.4 列出了常用基本数组和数组运算。

表 8.4 常用基本数组和数组运算

| 基本数组 | | | |
|---|---|---|---|
| zeros | 全零数组（$m \times n$ 阶） | logspace | 对数均分向量（$1 \times n$ 阶数组） |
| ones | 全一数组（$m \times n$ 阶） | freqspace | 频率特性的频率区间 |
| rand | 随机数组（$m \times n$ 阶） | meshgrid | 画三阶曲面时的 $X,Y$ 网络 |
| randn | 正态分布数数组（$m \times n$ 阶） | linspace | 均分向量（$1 \times n$ 阶数组） |
| eye(n) | 单位数组（方阵） | : | 将元素按列取出排成一列 |
| **特殊变量和函数** | | | |
| ans | 最近的答案 | length | 一维数组的长度 |
| π | 3.141 592 653 589 793 | inputname | 输入变量名 |
| i,j | 虚数单位 | size | 多维数组的各维长度 |

为了便于大量赋值，MATLAB 提供了一些基本数组，例如：

A＝ones(3,2)　　　　　　B＝zeros(2,4)　　　　　C＝eye(3)

A ＝　　　　　　　　　　B ＝　　　　　　　　　C ＝

　　1　　1　　　　　　　0　0　0　0　　　　　1　0　0

　　1　　1　　　　　　　0　0　0　0　　　　　0　1　0

　　1　　1　　　　　　　　　　　　　　　　　0　0　1

线性分割函数 linespace(a,b,n) 在 $a$ 和 $b$ 之间均匀地产生 $n$ 个点值，形成 $1 \times n$ 元向量。

如：>> y＝linspace(1,5,6)，运算结果为：

y ＝

　　1.0000　　1.8000　　2.6000　　3.4000　　4.2000　　5.0000

**【例 8.3】** 有一函数 $X(t) = t\cos 3t$，在 MATLAB 程序中如何表示？

**解**　X＝t. * cos(3 * t)

**【例 8.4】** 有一函数 $X(t) = \cos 3t/3t$，在 MATLAB 程序中如何表示？

**解**　X＝ cos(3 * t)./(3t)

## 8.1.3　MATLAB 的基本绘图方法

MATLAB 语言支持二维和三维图形,这里主要介绍常用的二维图形函数,见表 8.5。

**表 8.5　常用二维图形函数库**

| 基本 $X-Y$ 图形 | | | |
|---|---|---|---|
| plot | 线性 $X-Y$ 坐标绘图 | polar | 极坐标绘图 |
| loglog | 双对数 $X-Y$ 坐标绘图 | poltyy | 用左、右两种 $Y$ 坐标绘图 |
| semilogx | 半对数 $X-Y$ 坐标绘图 | semilogy | 半对数 $Y$ 坐标绘图 |
| stem | 绘制脉冲图 | stairs | 绘制阶梯图 |
| bar | 绘制条形图 | | |
| **坐标控制** | | | |
| axis | 控制坐标轴比例和外观 | subplot | 按平铺位置建立子图轴系 |
| hold | 保持当前图形 | | |
| **图形标释** | | | |
| title | 标出图名 | text | 在图上标注文字 |
| xlabel | $X$ 轴标注 | legend | 标注图例 |
| ylabel | $Y$ 轴标注 | grid | 图上加坐标网格 |

常用的绘图命令如下:

①plot(t,y):表示用线性 $X-Y$ 坐标绘图,$X$ 轴的变量为 $t$,$Y$ 轴变量为 $y$。

②subplot(2,2,1):建立 $2\times2$ 子图轴系,并标定图 1。

③axis([0 2 -0.1 1.3]):表示建立一个坐标,横坐标的范围为 $0\sim2$,纵坐标的范围为 $-0.1\sim1.3$。

④title('stem(t,y)'):在子图上端标注图名。

⑤stem(y)、stem(x,y):绘制离散序列图,序列线端为圆圈。与 plot(x)、plot(x,y)绘图规则相同。

⑥figure(1):创建 1 号图形窗口。

作图时,线形、点形和颜色的选择可参考表 8.6。

**表 8.6　线形、点形和颜色**

| 标志符 | b | c | g | k | m | r | w | y |
|---|---|---|---|---|---|---|---|---|
| 颜色 | 蓝 | 青 | 绿 | 黑 | 品红 | 红 | 白 | 黄 |
| 标志符 | . | ○ | $\times$ | + | — | * | : | •— | ——— |
| 线、点 | 点 | 圆圈 | $\times$ 号 | +号 | 实线 | 星号 | 点线 | 点划线 | 虚线 |

**【例 8.5】** 设 $x(n)$ 为长度 $N=4$ 的矩形序列,用 MATLAB 程序分析 FFT 取不同长度时 $x(n)$ 的频谱变化。

**解** $N=8,16,32$ 时 $x(n)$ 的 FFT MATLAB 实现程序如下:

```
clear all；
x =[1, 1, 1 ,1,1,1]；
N = 8；y1=fft(x,N)；   ％调用 fft 为快速傅里叶变换函数
n=0：N-1；subplot(3,1,1)；stem(n,abs(y1))；axis([0,7,0,6])；
title('N=8')；
N = 32；y2=fft(x,N)；   ％调用 fft 为快速傅里叶变换函数
n=0：N-1；subplot(3,1,2)；stem(n,abs(y2))；axis([0,30,0,6])；
title('N=32')；
N = 64；y3=fft(x,N)；   ％调用 fft 为快速傅里叶变换函数
n=0：N-1；subplot(3,1,3)；stem(n,abs(y3))；axis([0,63,0,6])；
title('N=64')；
```

$x(n)$的频率变化如图 8.4 所示。

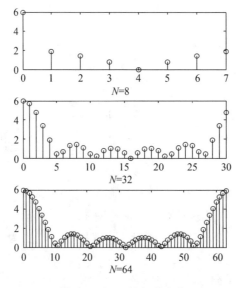

图 8.4　$x(n)$的频谱变化

## 8.1.4　MATLAB 中 M 文件的调试

编写 M 文件时，错误在所难免。错误有两种：语法错误和运行错误。语法错误是指变量名、函数名的误写，标点符号的缺、漏等。对于这类错误，通常能在运行时发现，终止执行，并给出相应的错误原因以及所在行号。运行错误是算法本身引起的，发生在运行过程中。相对语法错误而言，运行错误较难处理，尤其是 M 函数文件，它一旦运行停止，其中间变量被删除一空，错误很难查找。

MATLAB 调试器如图 8.5 所示。

**1. 直接调试法**

①在 M 文件中，将某些语句后面的分号去掉，迫使 M 文件输出一些中间计算结果，以便发现可能的错误。

②在适当的位置，添加显示某些关键变量值的语句。

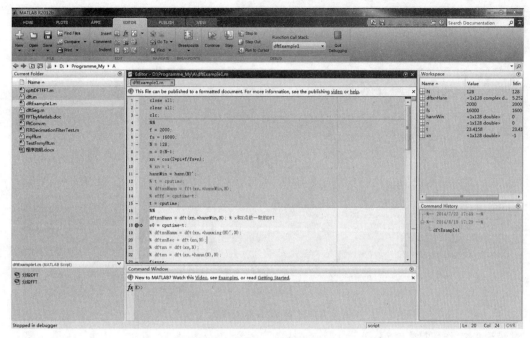

图 8.5　MATLAB 调试器

③利用 echo 指令,使运行时在屏幕上逐行显示文件内容。echo on 能显示 M 脚本文件;echo funcname on 能显示函数文件名为 funcname 的 M 函数文件。例:echo gsn on, gsn。

④通过将原 M 函数文件的函数申明行注释掉,可使一个中间变量难于观察的 M 函数文件变为一个所有变量都保留在基本工作空间中的 M 脚本文件。

**2. 工具调试法**

(1)Debug 菜单的使用。

①Step:单步执行。如果是一条语句,单步执行;如果是函数调用,将函数一次执行完毕,运行到下一条可执行语句。

②Step In:单步执行每一程序行,遇到函数时,进入函数体内单步执行。

③Step Out:从函数体内运行到体外,即从当前位置运行到调用该函数语句的下一条语句。

④Run:从头开始执行程序,直到遇到一个断点或程序结束。

⑤Continue:从当前语句开始执行程序,直到遇到一个断点或程序结束。

⑥Go Until Cursor:从当前语句运行到光标所在语句。

⑦Quit Debugging:退出调试状态,结束运行过程。

(2)Breakpoints 菜单的使用。

①Set/Clear:设置/清除光标处的断点。

②Clear All:清除程序中的所有断点。

③Stop on Error:运行至出错或结束。

④Stop on Warning:运行至警告消息或结束。

MATLAB 断点界面如图 8.6 所示。

点击 More Erro and Warning Handling Options…可弹出更多关于断点错误和警告操作的界面,包括以下 4 种。

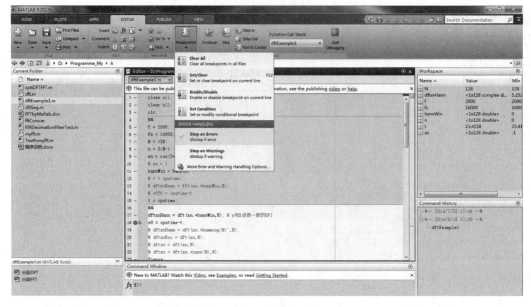

图 8.6　MATLAB 断点界面

对错误的操作(见图 8.7)：

①Never stop if error：错误也不停止。

②Always stop if error：错误即停止。

③Use message identifiers：使用消息标识符。

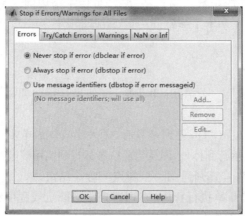

图 8.7　MATLAB 断点界面——对错误的操作

对 Try/Catch 错误的操作(见图 8.8)：

①Never stop when an error is caught：捕获错误也不停止。

②Always stop when an error is caught：捕获错误即停止。

③Use message identifiers：使用消息标识符。

对警告的操作(见图 8.9)：

①Never stop if warning：警告也不停止。

②Always stop if warning：警告即停止。

③Use message identifiers：使用消息标识符。

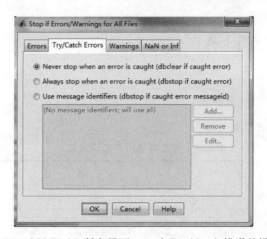

图 8.8　MATLAB 断点界面——对 Try/Catch 错误的操作

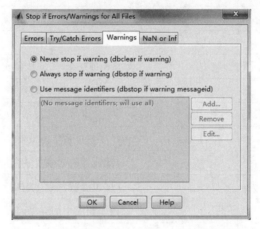

图 8.9　MATLAB 断点界面——对警告的操作

对 Nan 或 Inf 的操作(见图 8.10)：

①Never stop if NaN or Inf:发现非数字或无穷大也不停止。

②Always stop if NaN or Inf:发现非数字或无穷大即停止。

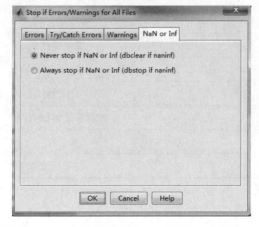

图 8.10　MATLAB 断点界面——对 NaN 或 Inf 的操作

# 8.2 MATLAB 信号处理工具箱函数汇总

## 8.2.1 滤波器分析与实现

滤波器分析与实现函数见表 8.7。

**表 8.7 滤波器场所与实现函数**

| 函数名 | 描 述 |
| --- | --- |
| abs | 绝对值(幅值) |
| angle | 取相角 |
| conv | 求卷积 |
| conv2 | 求二维卷积 |
| deconv | 去卷积 |
| fftfilt | 重叠相加法 FFT 滤波器实现 |
| filter | 直接滤波器实现 |
| filter2 | 二维数字滤波器 |
| filtfilt | 零相位数字滤波器 |
| filtic | 滤波器初始条件选择 |
| freqs | 模拟滤波器频率响应 |
| freqspace | 频率响应中的频率间隔 |
| freqz | 数字滤波器频率响应 |
| freqzplot | 画出频率响应曲线 |
| grpdelay | 平均滤波延迟 |
| impz | 数字滤波器的单位抽样响应 |
| latcfilt | 格型滤波器 |
| medfilt1 | 一维中值滤波 |
| sgolayfilt | Savitzky-Golay 滤波器 |
| sosfilt | 二次分式滤波器 |
| zplane | 离散系统零极点图 |
| upfirdn | 上采样 |
| unwrap | 去除相位 |

## 8.2.2　FIR 数字滤波器设计

FIR 数字滤波器设计函数见表 8.8。

**表 8.8　FIR 数字滤波器设计函数**

| 函数名 | 描　述 |
| --- | --- |
| convmtx | 矩阵卷积 |
| cremez | 复、非线性相位等波纹滤波器设计 |
| fir1 | 基于窗函数的 FIR 滤波器设计 |
| fir2 | 基于频率采样的 FIR 滤波器设计 |
| fircls | 约束的最小二乘 FIR 多频滤波器设计 |
| fircls1 | 约束的最小二乘、低通和高能、线性相位 FIR 滤波设计 |
| firls | 最优最小二乘 FIR 滤波器设计 |
| firrcos | 升余弦滤波器设计 |
| intfilt | 内插 FIR 滤波器设计 |
| kaiserord | 基于阶数估计的凯瑟滤波器设计 |
| remez | 切比雪夫最优 FIR 滤波器设计 |
| remezord | 基于阶数估计的 remez 设计 |
| sgolay | Savizky-Golay FIR 滤波器设计 |

## 8.2.3　IIR 数字滤波器设计

IIR 数字滤波器设计函数见表 8.9。

**表 8.9　IIR 数字波器设计函数**

| 函数名 | 描　述 |
| --- | --- |
| butter | 巴特沃思滤波器设计 |
| cheby1 | 切比雪夫 I 型滤波器设计 |
| cheby2 | 切比雪夫 II 型滤波器设计 |
| ellip | 椭圆滤波器设计 |
| maxflat | 广义巴特沃思低通滤波器设计 |
| yulewalk | 递归滤波器设计 |
| buttord | 巴特沃思滤波器阶估计 |
| cheb1ord | 切比雪夫 I 型滤波器阶估计 |
| cheb2ord | 切比雪夫 II 型滤波器阶估计 |
| ellipord | 椭圆滤波器阶估计 |

### 8.2.4　模拟滤波器设计

模拟滤波器设计函数见表 8.10。

**表 8.10　模拟滤波器设计函数**

| 函数名 | 描　述 |
|--------|--------|
| besself | 贝塞尔滤波器设计 |
| butter | 巴特沃思滤波器设计 |
| cheby1 | 切比雪夫 I 型滤波器设计 |
| cheby2 | 切比雪夫 II 型滤波器设计 |
| elip | 椭圆滤波器设计 |

### 8.2.5　模拟滤波器变换

模拟滤波器变换函数见表 8.11。

**表 8.11　模拟滤波器变换函数**

| 函数名 | 描　述 |
|--------|--------|
| lp2bp | 低通到带通模拟滤波器变换 |
| lp2bs | 低通到带阻模拟滤波器变换 |
| lp2hp | 低通到高通模拟滤波器变换 |
| lp2lp | 低通到低通模拟滤波器变换 |

### 8.2.6　模拟滤波器离散化

模拟滤波器离散化函数见表 8.12。

**表 8.12　模拟滤波器离散化函数**

| 函数名 | 描　述 |
|--------|--------|
| bilinear | 双线性变换 |
| impinvar | 冲激响应不变法的模拟到数字变换 |

### 8.2.7　线性系统变换

线性系统变换函数见表 8.13。

**表 8.13　线性系统变换函数**

| 函数名 | 描　述 |
|--------|--------|
| late2tf | 变格型结构为传递函数形式 |
| plystab | 多项式的稳定性 |
| polyscale | 多项式的根 |

续表 8.13

| 函数名 | 描　　述 |
|---|---|
| residuez | Z 变换部分分式展开 |
| sos2so | 变二次分式形式为状态空间形式 |
| sos2tf | 变二次分式形式为传递函数形式 |
| sos2zp | 变二次分式形式为零极点增益形式 |
| ss2sos | 变状态空间形式为二次分式形式 |
| ss2tf | 变状态空间形式为传递函数形式 |
| ss2zp | 变状态空间形式为零极点增益形式 |
| tf2ss | 变传递函数形式为状态空间形式 |
| tf2zp | 变传递函数形式为零极点增益形式 |
| tf2sos | 变传递函数形式为二次分式形式 |
| tf2late | 变传递函数形式为格形结构 |
| zp2sos | 变零、极点增益形式为二次分式形式 |
| zp2ss | 变零、极点形式为状态空间形式 |
| zp2tf | 变零、极点形式为传递函数形式 |

## 8.2.8　窗函数

窗函数见表 8.14。

表 8.14　窗函数

| 函数名 | 描　　述 |
|---|---|
| Bartlett | 巴特莱特窗 |
| Blackman | 布莱克曼窗 |
| boxcar | 矩形窗 |
| chebwin | 切比雪夫窗 |
| hamming | 汉明窗 |
| hann | 汉宁窗 |
| Kaiser | 凯塞窗 |
| triang | 三角窗 |

## 8.2.9　变换

变换算法函数见表 8.15。

**表 8.15   变换算法函数**

| 函数名 | 描　述 |
|:---:|:---:|
| czt | Chirp Z 变换 |
| dct | 离散余弦变换 |
| dftmtx | 离散傅里叶变换矩阵 |
| fft | 一维快速傅里叶变换 |
| fft2 | 二维快速傅里叶变换 |
| fftshift | 重要排列的 FFT 输出 |
| hilbert | Hilbert 变换 |
| idct | 逆离散余弦变换 |
| ifft | 逆一维快速傅里叶变换 |
| ifft2 | 逆二维快速傅里叶变换 |

## 8.2.10   统计信号处理与谱分析

统计信号处理与谱分析函数见表 8.16。

**表 8.16   统计信号处理与谱分析函数**

| 函数名 | 描　述 |
|:---:|:---:|
| cohere | 相关函数平方幅值估计 |
| corrcoef | 相关系数估计 |
| corrmtx | 相关系数矩阵 |
| cov | 协方差估计 |
| csd | 互谱密度估计 |
| pburg | Burg 法功率谱密度估计 |
| pcov | 协方差法功率谱密度估计 |
| peig | 特征值法功率谱密度估计 |
| periodogram | 周期图法功率谱密度估计 |
| pmcor | 修正协方差法功率谱密度估计 |
| pmtm | Thomson 多维度法功率谱密度估计 |
| pmusic | Music 法功率变宽度估计 |
| psdplot | 绘制功率谱密度曲线 |
| pyulear | Yule-Walker 法功率谱密度估计 |
| rooteig | 特征值法功率估计 |
| rootmusic | Music 法功率估计 |

续表 8.16

| 函数名 | 描　述 |
|---|---|
| tfe | 传递函数估计 |
| xcorr | 一维互相关函数估计 |
| xcorr2 | 二维互相关函数估计 |
| xcov | 互协方差函数估计 |
| cceps | 复倒谱 |
| icceps | 逆复倒谱 |
| rceps | 实倒谱与线性相位重构 |

## 8.2.11　参数模型

参数模型函数见表 8.17。

**表 8.17　参数模型函数**

| 函数名 | 描　述 |
|---|---|
| arburg | Burg 法 AR 模型 |
| arcov | 协方差法 AR 模型 |
| armcov | 修正协方差法 AR 模型 |
| aryule | Yule-Walker 法 AR 模型 |
| invfreqs | 模拟滤波器拟合频率响应 |
| invfreqz | 离散滤波器拟合频率响应 |
| prony | Prony 法的离散滤波器拟合时间响应 |
| stmcb | Steiglitz-McBride 法求线性模型 |

## 8.2.12　线性预测

线性预测函数见表 8.18。

**表 8.18　线性预测函数**

| 函数名 | 描　述 |
|---|---|
| ac2rc | 自相关序列变换为反射系数 |
| ac2ploy | 自相关序列变换为预测多项式 |
| is2rc | 逆正弦参数变换为反射系数 |
| lar2rc | 圆周率变换为反射系数 |
| levinson | Levinson-Durbin 递归算法 |
| lpc | 线性预测系数 |

**续表 8.18**

| 函数名 | 描　述 |
|---|---|
| lsf2poly | 线性谱频率变换为预测多项式 |
| poly2ac | 预测多项式变换为自相关序列 |
| poly2lsf | 预测多项式变换线性谱频率 |
| poly2rc | 预测多项式变换为反射系数 |
| rc2ac | 反射系数变换为自相关序列 |
| rc2ls | 反射系数变换为逆正弦参数 |
| rc2lar | 反射系数变换为圆周率 |
| rc2poly | 反射系数变换为预测多项式 |
| rlevinson | 逆 Levinson-Durbin 递归算法 |
| schurrc | Schur 算法 |

### 8.2.13　多采样率信号处理

多采样率信号处理函数见表 8.19。

**表 8.19　多采样率信号处理函数**

| 函数名 | 描　述 |
|---|---|
| decimate | 以更低的采样频率重新采样数据 |
| interp | 以更高的采样频率重新采样数据 |
| interp1 | 一般的一维内插 |
| resample | 以新的采样频率重新采样数据 |
| spline | 三次样条内插 |
| upfirdn | FIR 的上下采样 |

### 8.2.14　波形产生

波形产生函数见表 8.20。

**表 8.20　波形产生函数**

| 函数名 | 描　述 |
|---|---|
| chirp | 产生调频波 |
| diric | 产生 Dirichlet 函数波形 |
| gauspuls | 产生高斯射频脉冲 |
| gmonopuls | 产生高斯单脉冲 |
| pulstran | 产生脉冲串 |

续表 8.20

| 函数名 | 描　述 |
| --- | --- |
| rectpuls | 产生非周期的采样矩形脉冲 |
| sawlooth | 产生锯齿或三角波 |
| sinc | 产生 sinc 函数波形 |
| square | 产生方波 |
| tripuis | 产生非周期的采样三角形脉冲 |
| vco | 压控振荡器 |

## 8.2.15　特殊操作

特殊操作函数见表 8.21。

表 8.21　特殊操作函数

| 函数名 | 描　述 |
| --- | --- |
| buffer | 将信号矢量缓冲成数据矩阵 |
| cell2sos | 将单元数组转换成二次矩阵 |
| cplxpair | 将复数归成复共轭对 |
| demod | 通讯仿真中的解调 |
| dpss | 离散的扁球序列 |
| dpssclear | 删除离散的扁球序列 |
| dpssdir | 离散的扁球序列目录 |
| dpssload | 装入离散的扁球序列 |
| dpsssave | 保存离散的扁球序列 |
| eqtflength | 补偿离散传递函数的长度 |
| modulate | 通讯仿真中的调制 |
| scqperiod | 寻找向量中重复序列的最小长度 |
| sos2cell | 将二次矩阵转换成单元数组 |
| specgram | 频谱分析 |
| stem | 轴离散序列 |
| strips | 带形图 |
| udecode | 输入统一解码 |
| uencode | 输入统一编码 |

# 第 9 章

## 数字信号处理实际问题的讨论

本章所讨论的内容,主要是与离散傅里叶变换(DFT)以及快速傅里叶变换(FFT)有关的一些知识和技术,主要包括 DFT 泄漏、时域加窗、频率分辨率、补零技术、快速傅里叶变换的实际频率确定、使用 FFT 过程中的一些实际问题等。这些内容对于正确理解和使用离散傅里叶变换以及快速傅里叶变换有着重要的实际意义。

## 9.1 DFT 泄漏

对于实际工作中遇到的连续时间信号,为了能够用数字的方法对它进行分析与处理,首先要将它离散化,然后针对有限长度的数字信号采用 DFT 的手段对其进行频谱分析,用此数字信号的离散频谱代替原有信号的频谱。但是,实际信号离散值的 DFT 频域分析结果,有可能产生假象,即 DFT 泄漏问题。DFT 泄漏现象使得数字信号的 DFT 结果仅仅是对离散化之前的原输入信号真实频谱的一个近似。虽然有一些方法可减小泄漏,但是它们不能完全消除泄漏。现在我们来分析泄漏对 DFT 结果的影响。

根据前面所学知识,DFT 只能用于抽样率为 $f_s$、数据长度为 $N$ 的有限长的输入序列,变换结果仍为一个 $N$ 点的序列。当用 DFT 对信号处理时,结果中的两根谱线间隔为 $\Delta f = f_s/N$,因此 DFT 的 $N$ 点变换结果中的各个点的对应频率为

$$f_{X(k)} = \frac{kf_s}{N} \quad (k = 0, 1, 2, \cdots, N-1) \tag{9.1}$$

式(9.1)看起来没有问题,但实际上还是需要进一步分析的。只有当输入序列 $x(n)$ 所包含的频率成分精确地等于式(9.1)的分析频率,即基频(两根谱线的间隔)$\Delta f = f_s/N$ 的整数倍时,DFT 才能得到正确的结果。如果输入序列有一个频率成分位于离散的分析频率 $kf_s/N$ 之间,例如 $1.5f_s/N$,则这个输入频率成分将以某种程度出现在 DFT 的所有 $N$ 个输出频率单元上。

现举例说明以上分析,假设输入序列 $x(n)$ 的长度 $N=64$,如图 9.1(a)所示,该序列在 64 个抽样点上正好包含 3 个周期的正弦波。对此序列作 DFT,其结果如图 9.1(b)所示(只给出了输入序列 DFT 的前半部分),它除了 $k=3$ 频率以外没有其他频率成分。为了使我们注意到所有频率等于 $\frac{kf_s}{N}$ 的正弦波在整个 64 点抽样长度上总有整数倍周期,图 9.1(a)还画出了叠加在输入序列上的频率等于 $\frac{4f_s}{N}$ 的正弦波。可以看出,输入序列 $x(n)$ 与 $k=4$ 的分析频率(即 $\frac{4f_s}{N}$)成分的乘积之和为零。实际上输入序列 $x(n)$ 和除了 $k=3$ 分析频率成分 $f_{X(3)}$ 以外的任

何分析频率成分的乘积之和均为零。

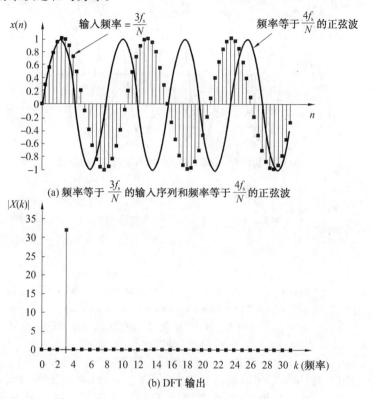

(a) 频率等于 $\dfrac{3f_s}{N}$ 的输入序列和频率等于 $\dfrac{4f_s}{N}$ 的正弦波

(b) DFT 输出

图 9.1　无泄漏的 64 点 DFT

　　如图 9.2(a) 所示，仍为一个 $N=64$ 点的序列 $x(n)$，但是其在 64 个抽样点上具有 3.4 个周期的正弦波。因为输入序列 $x(n)$ 在 64 个抽样点区间上没有整数倍周期，所以输入信号能量泄漏到 DFT 的所有频率单元上，如图 9.2(b) 所示。同样以 $k=4$ 的分析频率($f_{X(4)}$)为例，因为输入序列 $x(n)$ 与 $k=4$ 的分析频率成分的乘积之和不为零，所以 $k=4$ 频率单元上的 DFT 输出幅度不为零。对于 $k=0,1,2,5,6,\cdots$ 的分析频率也是如此。这就是泄漏，它使任何频率不在 DFT 频率单元中心的所有输入信号成分，泄漏到其他 DFT 输出频率单元上，并且，当我们对实际的有限长时间序列进行 DFT 时，泄漏无法避免。

　　下面我们来分析泄露产生的原因，并研究如何预测和减小它的不良影响。为了很好地理解泄漏的影响，需要知道当 DFT 输入为任意实正弦波时 DFT 的幅度特性。参考文献[20] 中推出：对一个在 $N$ 点输入时间序列上具有 $m$ 个周期的实余弦波，其 $N$ 点 DFT 的幅度特性(频率单元指标用 $k$ 表示) 近似等于 sinc 函数：

$$X(k) \approx \frac{N}{2} \cdot \frac{\sin\left[\pi(m-k)\right]}{\pi(m-k)} \tag{9.2}$$

　　式(9.2) 的图形如图 9.3(a) 所示，研究此式的原因是它有助于我们确定 DFT 泄漏的大小。可以把图 9.3(a) 中由一个主瓣和具有周期性的波峰和波谷的旁瓣组成的曲线，看成是一个 $N$ 点、在输入时间长度上具有 $m$ 个完整周期的实余弦时间序列的真实连续谱。DFT 输出为图 9.3 中曲线上的离散点，即 DFT 输出是抽样前信号连续谱的抽样，其中图 9.3(b) 是一个实输入信号的以频率(Hz) 为单位的幅频特性，与图 9.3(a) 相比，不单横坐标单位发生了变化，而且在纵坐标上取了模值。当 DFT 输入序列正好具有整数 $m$ 倍周期时(即输入频率正好在

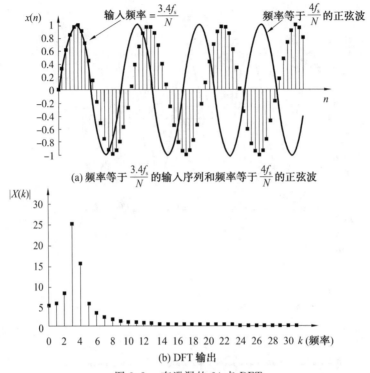

(a) 频率等于 $\dfrac{3.4f_s}{N}$ 的输入序列和频率等于 $\dfrac{4f_s}{N}$ 的正弦波

(b) DFT 输出

图 9.2　有泄漏的 64 点 DFT

$k=m$ 频率单元的中心),DFT 结果没有出现泄漏,如图 9.3 所示,这是因为式(9.2)中分子的角度是 $\pi$ 的非零整数倍,其正弦值为零;或者说,此种情况下由于抽样点的特殊性而没有将泄漏现象正确显现出来。

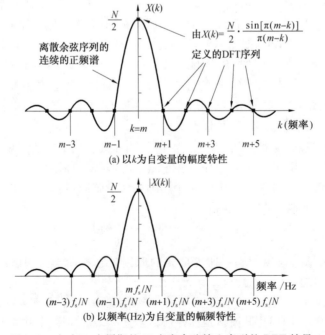

(a) 以 $k$ 为自变量的幅度特性

(b) 以频率(Hz)为自变量的幅频特性

图 9.3　包含 $m$ 个周期的 $N$ 点实余弦输入序列的 DFT 结果

为了凸显 DFT 泄漏问题,再用一个例子来说明当输入频率不在频率单元中心时将会出现什么情况。假设以 $f_s=32$ kHz 的抽样率对一个频率为 8 kHz、具有单位振幅的实正弦曲线进行抽样。如果抽样 32 个点并进行 DFT,则 DFT 的频率分辨率(或频率单元宽度)为 $f_s/N=32\ 000/32=1.0$(kHz)。如果把输入的正弦谱线的中心正好放在频率等于 8 kHz 的点上,可以估出 DFT 的幅频特性,如图 9.4(a)所示,图中的点表示 DFT 输出频率单元上的幅度。

我们知道,DFT 输出是图 9.4(a)中连续谱曲线的抽样,这些抽样点在频域位于 $kf_s/N$ 处,如图 9.4(a)中的点所示。因为输入信号频率正好在 DFT 的频率单元中心,所以 DFT 结果只有一个非零值,或者说,当输入的正弦波在 $N$ 个时域输入抽样点上具有整数倍周期时,DFT 输出正好落在连续谱曲线上的峰值和零值点上。由式(9.2)知,输出峰值的大小为 $32/2=16$(若实输入正弦波的振幅为 2,则幅频特性曲线的峰值为 $2*32/2=32$)。然而,当 DFT 输入频率为 8.5 kHz 时,DFT 输出如图 9.4(b)所示,即出现了泄漏。从该图还可以看到在 DFT 所有输出频率单元上幅度不为零的抽样结果。当输入频率为 8.75 kHz 的正弦波时所引起的 DFT 输出泄漏如图 9.4(c)所示。

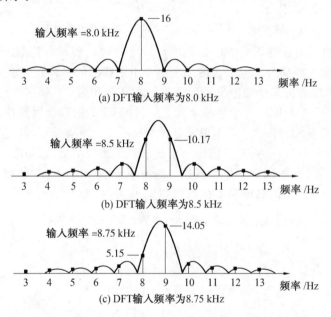

图 9.4　DFT 频率单元上的幅频特性

我们重新观察图 9.2(b),会发现:

图 9.2(b)所示的 DFT 输出看上去不对称,在图 9.2(b)中,第三个频率单元右边的频率单元上的幅值比该频率单元左边的频率单元上的幅值衰减得快。

通过简单的理论分析可知,图 9.2(b)中 $|X(k)|$ 对应的连续频谱函数的模值 $|X(j\omega)|$ 应该是对称的,$|X(j\omega)|$ 是对图 9.2(a)中频率为 $3.4f_s/N$ 的正弦序列做傅里叶变换后再取模得到的,而 $|X(k)|$ 是由 $|X(j\omega)|$ 在 $\omega=0\sim2\pi$ 区间等间隔抽样得到的,既然连续谱函数的模值 $|X(j\omega)|$ 是对称的,为什么 $|X(k)|$ 不对称呢?

为了回答这个问题,我们重新分析图 9.2(b)所真正表示的意义。在分析 DFT 输出的时候,通常只对 $k=0$ 到 $k=N/2-1$ 的频率单元感兴趣。因此,对抽样长度为 3.4 个周期的例子,在图 9.2(b)中只显示了前边 32 个频率单元。根据前面所学知识,有限长序列的 DFT 是在周期序列的 DFS 基础上发展出来的,即 DFT 具有隐含周期性,DFT 在频域的周期性如图 9.5 所示。当分析 DFT 结果中更高的频率成分时,虽然我们并不是沿着圆周继续分析,但是频谱本身沿着圆周无限循环下去。

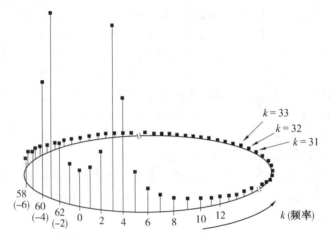

图 9.5　输入序列频率为 $3.4f_s/N$ 时 DFT 频谱的周期重复

　　观察 DFT 输出的一个较常用的方法是把图 9.5 中的频谱展开,得到如图 9.6 所示的频谱。图 9.6 画出了在输入频率为 $3.4f_s/N$ 的那个例子中的频谱的另外几个重复谱。对于 DFT 输出的不对称,当输入信号的某个幅值泄漏到第 2 个、第 1 个和第 0 个频率单元上时,这些泄漏延续到第 $-1$ 个、第 $-2$ 个和第 $-3$ 个频率单元上。根据 DFT 的隐含周期性,第 63 个频率单元等价于第 $-1$ 个频率单元,第 62 个频率单元等价于第 $-2$ 个频率单元,以此类推。根据这些频率单元的等价性,我们可以认为 DFT 输出频率扩展到了负频率范围,如图 9.7(a) 所示。结果是,泄漏卷绕 $k=0$ 和 $k=N$ 的频率单元发生。这并不奇怪,因为 $k=0$ 的频率就是 $k=N$ 的频率。在 $k=0$ 处频率周围的泄漏说明了在图 9.2(b) 中 $k=3$ 频率单元上的 DFT 的不对称。

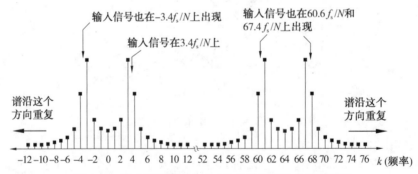

图 9.6　输入序列频率为 $3.4f_s/N$ 时 DFT 的频谱重复

　　根据 DFT 的对称性,若 DFT 输入序列 $x(n)$ 为实序列时,DFT 从 $k=0$ 到 $k=N/2-1$ 频率单元的输出,对 $k>N/2$ 频率单元的输出来说是冗余的($N$ 为 DFT 的长度)。第 $k$ 个 DFT 输出的幅值和第 $N-k$ 个 DFT 输出的幅值相等,即 $|X(k)|=|X(N-k)|$。这说明泄漏同样卷绕 $k=N/2$ 频率单元出现。这一点可以用输入频率为 $28.6f_s/N$ 的频谱来说明,如图 9.7(b) 所示。注意图 9.7(a) 和图 9.7(b) 之间的相同点,因此 DFT 在 $k=0$ 和 $k=N/2$ 频率单元周围出现泄漏。最小的泄漏不对称将出现在第 $N/4$ 频率单元附近,如图 9.8(a) 所示。该图还显示出了频率为 $16.4f_s/N$ 的输入信号的整个频谱。图 9.8(b) 是频率为 $16.4f_s/N$ 输入信号频谱前32 个频率单元的放大图形。

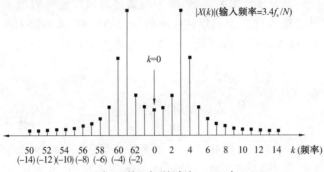

(a) 当DFT输入序列频率为3.4$f_s$/N时

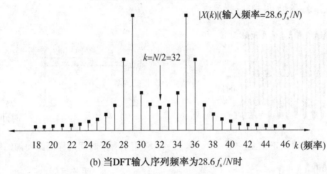

(b) 当DFT输入序列频率为28.6$f_s$/N时

图 9.7　DFT 输出

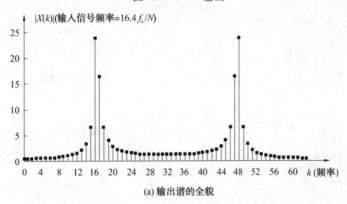

(a) 输出谱的全貌

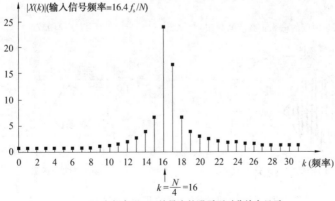

(b) 在频率$k$=N/4 处最小的泄露不对称放大显示

图 9.8　当输入信号频率为 16.4$f_s$/N 时的 DFT 输出

DFT 泄漏的影响是一个非常棘手的问题,因为当处理的信号包含两个幅值不同的频率成分时,幅值较大的信号的旁瓣可能会掩盖幅值较小的信号的主瓣,从而影响频谱分析的结果。

虽然没有办法完全消除 DFT 泄漏问题,但是可以采用加窗的方法,减小泄漏的不良影响。

## 9.2  时域加窗

加窗是通过使式(9.2)的 sinc 函数 $\sin(x)/x$ 的旁瓣(见图 9.3)幅度最小来减少 DFT 泄漏的影响。这是通过对时间序列的起点和终点的抽样值进行平滑,使其接近一个共同的幅值来实现的。我们通过图 9.9 来说明这一过程。

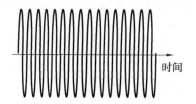

(a) 无限长时间的输入正弦波

(b) 用于有限时间采样区间而加的矩形窗

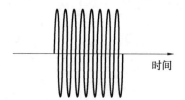

(c) 矩形窗和无限长时间的输入正弦波的乘积

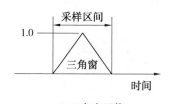

(d) 三角窗函数

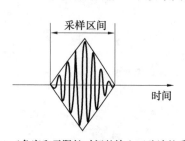

(e) 三角窗和无限长时间的输入正弦波的乘积

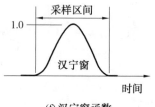

(f) 汉宁窗函数

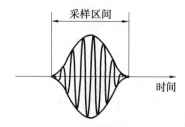

(g) 汉宁窗和无限长时间的输入正弦波的乘积

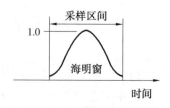

(h) 海明窗函数

图 9.9  加窗使抽样区间端点的不连续最小化

考虑图 9.9(a) 所示的无限长时间的信号，DFT 只能在如图 9.9(c) 所示的有限长度抽样区间上进行。可以认为图 9.9(c) 的 DFT 输入信号是图 9.9(a) 无限长时间的输入信号和图 9.9(b) 所示的在抽样区间上幅度为 1 的矩形窗的乘积。任何时候我们对有限长度输入序列做 DFT 时，都默认输入是原信号序列（无限长）与系数为 1 的一个窗函数乘积的结果，而在窗外的原信号序列的幅值乘以系数 0。可以证明，图 9.3 所示的式 (9.2) 的 sinc 函数 $\sin(x)/x$ 的形状是由矩形窗引起的，因为图 9.9(b) 矩形窗的傅里叶变换是 sinc 函数。

我们知道，矩形窗在 0 和 1 之间的突变是造成产生 sinc 函数旁瓣的原因。为了降低由这些旁瓣产生的频谱泄漏，可以不用矩形窗而用其他窗函数来减小旁瓣幅值。如果将图 9.9(a) 的无限长时间信号乘以图 9.9(d) 所示的三角窗函数，得到如图 9.9(e) 所示的加窗输入信号，则可以看到，在图 9.9(e) 中，最后得到的 DFT 输入信号在其抽样区间起点和终点的突变会减小。这种不连续性的降低使 DFT 所有较高频成分的输出幅度减小了，也就是说，我们利用三角窗函数减小了 DFT 频率单元上旁瓣的幅度。

还有一些其他的窗函数，例如图 9.9(f) 中的汉宁（Hanning）窗，比三角窗更能减小泄漏，图 9.9(g) 是加汉宁窗后 DFT 的输入。另一个常见的窗函数为图 9.9(h) 所示的海明（Hamming）窗，它和汉宁窗类似。关于各种窗函数的特点，在第 7 章已经作了详细的介绍。

我们通常以矩形窗的幅频特性作为衡量其他窗函数性能的参照。为了便于比较，图 9.10(a) 中同时画出了矩形窗、海明窗、汉宁窗、三角窗的幅频特性。从图中可看出海明窗、汉宁窗和三角窗相对于矩形窗来说旁瓣的水平减小了。同时应该注意的是，由于海明窗、汉宁窗和三角窗减小了要做 DFT 的时域输入信号的幅度，因此它们的主瓣峰值相对于矩形窗来说也减小了。这种信号幅度的损失被称为一个窗的处理增益或窗损失。

我们主要对窗的旁瓣幅值大小感兴趣，但这在图 9.10(a) 的线性刻度下很难看清楚。如果将窗的幅频特性采用对数坐标绘图，并进行归一化处理，使主瓣峰值为 0 dB，就可以有效解决这个问题。定义对数幅频特性的表达式为

$$|W_{dB}(k)| = 20\lg\left(\left|\frac{W(k)}{W(0)}\right|\right) \tag{9.3}$$

由图 9.10(b) 我们更清楚地看到不同窗函数的旁瓣幅值的对比。

我们看到，矩形窗幅频特性的主瓣宽度 $f_s/N$ 最窄，这是我们所期盼的，但遗憾的是，它的第一个旁瓣幅值较高，仅在主瓣峰值下的 $-13$ dB 处（注意图 9.10(b) 中我们仅显示出窗的正频率部分）。三角窗减小了旁瓣幅值，但付出的代价是三角窗的主瓣宽度几乎是矩形窗主瓣宽度的 2 倍。各种非矩形窗的较宽主瓣几乎都使 DFT 的频率分辨率降低了 2 倍（关于 DFT 分辨率问题，会在 9.3 节详细讨论）。然而，一般情况下，降低泄露的好处大于 DFT 频率分辨率的降低。

汉宁窗进一步减小了第一旁瓣的幅值，而且第一旁瓣下降陡度大。海明窗虽然第一旁瓣幅值更低，但它的旁瓣相对于汉宁窗来说下降慢，这意味着离开中心频率单元 3 到 4 个频率单元处，海明窗的泄露比汉宁窗的泄露要小，而离开中心频率 6 个频率单元以上的全部单元，汉宁窗的泄露比海明窗的泄露要低。

对图 9.2(a) 的频率等于 $3.4f_s/N$ 的正弦波抽样信号采用汉宁窗时，DFT 输入信号显示为图 9.11(a) 汉宁窗包络下的图形。在图 9.11(b) 中，给出了加窗后的 DFT 输出和没有加窗或者说加矩形窗的 DFT 输出。正如我们分析的那样，汉宁窗的幅频特性曲线看起来更宽，峰值幅度更低，但它的旁瓣泄露比矩形窗明显减小了。

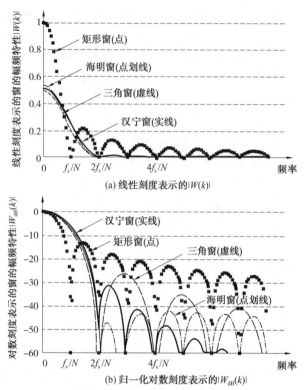

(a) 线性刻度表示的|W(k)|

(b) 归一化对数刻度表示的|W_{dB}(k)|

图 9.10　不同窗函数的幅度响应

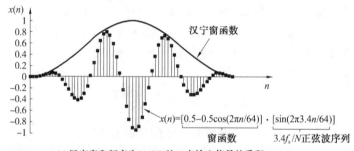

$$x(n)=[0.5-0.5\cos(2\pi n/64)] \cdot [\sin(2\pi 3.4 n/64)]$$

窗函数　　　　3.4f_s/N正弦波序列

(a) 汉宁窗和频率为3.4f_s/N的64点输入信号的乘积

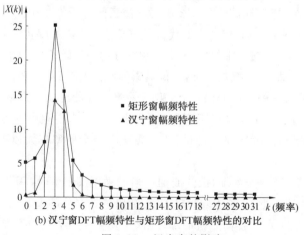

(b) 汉宁窗DFT幅频特性与矩形窗DFT幅频特性的对比

图 9.11　汉宁窗的影响

接下来再说明一下加窗的另一个优点：检测高强度信号附近出现的低强度信号。我们把一个峰值振幅仅为 0.1、频率为 $7f_s/N$ 的 64 点的正弦波序列加到图 9.2(a) 的频率为 $3.4f_s/N$、振幅为 1 的正弦波序列上。当对这两个正弦波序列的和加汉宁窗处理时，得到图 9.12(a) 所示的时域输入信号。图 9.12(b) 给出了加汉宁窗和不加窗（或者说加矩形窗）的 DFT 输出幅频特性，当不加窗时，DFT 泄漏使得输入信号分量在 $k=7$ 处的小信号几乎不能辨别，而当加汉宁窗处理后，可以很容易辨别 $k=7$ 处的小信号分量。

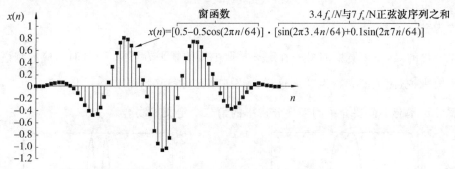

(a) 汉宁窗与 64 点频率为 $3.4f_s/N$ 和 $7f_s/N$ 的正弦波序列之和的乘积

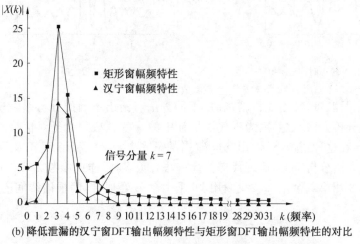

(b) 降低泄漏的汉宁窗 DFT 输出幅频特性与矩形窗 DFT 输出幅频特性的对比

图 9.12　利用加窗技术提高信号检测灵敏度

不同的窗函数有各自的优点和缺点，不管使用何种窗函数，我们都已经降低了由于矩形窗引起的 DFT 输出的泄露。在窗的选择中我们要做的就是对主瓣宽度、第一旁瓣幅值和旁瓣幅值大小随频率增加而降低的速度之间进行这种选择。一些特定窗函数的使用取决于其用途，因而窗函数会有多种用途。例如，窗函数用于提高 DFT 谱分析的准确性、用于设计数字滤波器等。

## 9.3　频率分辨率及 DFT 参数的选择

频率分辨率可以从两个方面定义：

一是某一个算法将原信号 $x(n)$ 中的两个靠得很近的谱峰分开的能力；二是在使用 DFT 时，在频率轴上所得到的最小频率间隔 $\Delta f$。

第一个定义往往用来比较和检验不同算法性能好坏的指标。

假设 $x(n)$ 中含有两个角频率为 $\omega_1,\omega_2$ 的正弦信号,对 $x(n)$ 用矩形窗 $R_N(n)$ 截短时,若窗口的长度 $N$ 不能满足:$\dfrac{4\pi}{N} < |\omega_2 - \omega_1|$,那么用 DTFT(序列的傅里叶变换)对截短后的 $x_N(n) = x(n)R_N(n)$ 作频谱分析时将分辨不出这两个谱峰。为分辨出这两个谱峰,则可通过增加 $N$ 使上式得到满足,如图 9.13 所示(注:$\dfrac{4\pi}{N}$ 为矩形窗主瓣宽度,长度为 $N$ 的各种窗函数其主瓣宽度为 $\dfrac{2\pi D}{N}$)。

值得一提的是,主瓣宽度的另一种定义是取主瓣的幅平方下降 3 dB 时对应的频谱宽度。对于矩形窗来说,此宽度大约为 $\dfrac{2\pi}{N}$。这样,为分辨两个谱峰,则要求 $\dfrac{2\pi}{N} < |\omega_2 - \omega_1|$。此时,定义的频率分辨率与下面要介绍的频率分辨率的第二个定义相吻合。

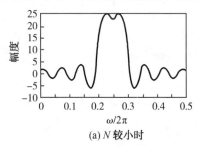 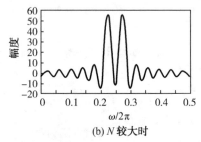

(a) $N$ 较小时　　　　　　　　　　(b) $N$ 较大时

图 9.13　对于两个频率成分的分辨

在实际工作中,当信号长度 $N$ 不能再增加时,不同算法可给出不同的分辨率。现代谱估计方法一般优于经典谱分析方法,这是因为现代谱估计中的一些算法隐含了对信号长度的扩展,从而提高了分辨率。在这种情况下,使用"分辨率"的第一个定义。利用 DFT 及 FFT 对信号进行频谱分析属于经典谱分析范畴,而现代谱估计方法有很多种,详见参考文献[29]。

讨论 DFT 问题时,使用第二个定义。我们用 DFT 对信号处理时,两根谱线间隔为 $\Delta f = \dfrac{f_s}{N}$,$\Delta f$ 越小,分辨率越高。

$$\Delta f = \frac{f_s}{N} = \frac{1}{NT_s} = \frac{1}{T} \tag{9.4}$$

式中　　$T$——原模拟信号 $x(t)$ 的总持续时间;

　　　　$f_s$——抽样频率;

　　　　$T_s$——量化间隔(抽样间隔),$T_s = 1/f_s$。

式(9.4)表明频谱的分辨率反比于信号的总持续时间 $T$。

做 DFT 时参数选择的一般原则如下:

(1) 若已知信号 $x(t)$ 的最高频率 $f_c$,为了防止混叠,抽样频率 $f_s$ 应该满足:

$$f_s > 2f_c$$

(2) 根据实际需要选择合适的频率分辨率 $\Delta f$,确定 DFT 所需点数 $N$:

$$N = f_s/\Delta f$$

注:为保证使用基 2-FFT,可采用补零的方法使 $N$ 成为 2 的整次幂。

(3) 确定所需模拟信号 $x(t)$ 的长度:

$$T = N/f_s$$

【例 9.1】　已知模拟信号为 $x(t)=0.2\cos(10\,000\pi t)+0.8\cos(9\,900\pi t)$，为了对其作频谱分析，选定抽样频率 $f_s$ 为该信号最高频率的 4 倍，对该信号进行等间隔抽样，然后进行离散傅里叶变换。

(1) 求抽样频率 $f_s$。

(2) 为了分辨出两个频率成分，DFT 所需点数 $N$ 应如何选取？为保证使用基 2-FFT，$N$ 应如何选取？

(3) 按照上述确定的点数 $N$，对应的需模拟信号 $x(t)$ 的长度为多少？

**解**　由于待处理的模拟信号为 $x(t)=0.2\cos(10\,000\pi t)+0.8\cos(9\,900\pi t)$，即其含有两个频率成分，频率分别为 $f_1=10\,000/2=5\,000$ Hz，$f_2=9\,900/2=4\,950$ Hz，即信号 $x(t)$ 的最高频率为 $f_c=f_1=5\,000$ Hz，依据抽样定理，抽样频率 $f_s$ 应该满足：$f_s>2f_c=10\,000$ Hz。

(1) 依据题意，选定抽样频率 $f_s$ 为该信号最高频率的 4 倍，即 $f_s=4f_c=20\,000$ Hz。

(2) 信号 $x(t)$ 中两个频率成分之差为

$$\Delta F=f_1-f_2=5\,000-4\,950=50(\text{Hz})$$

为了分辨出这两个频率成分，频率分辨率 $\Delta f$ 应满足：

$$\Delta f<\Delta F=50(\text{Hz})$$

DFT 所需点数 $N$ 应满足：

$$N=f_s/\Delta f>f_s/\Delta F=20\,000/50=400$$

为保证使用基 2-FFT，$N$ 应至少取为 512 点。

(3) 按照上述确定的点数 $N$，对应的需模拟信号 $x(t)$ 的长度：

$$T=N/f_s=512/20\,000=0.0256(\text{s})$$

# 9.4　补零技术

补零是指在执行 DFT 或 FFT 运算之前在输入序列的尾部添加上一些零。比如，如果采集 64 个数据点，即输入序列 $x(n)$ 为 64 点，那么通常的做法就是计算 64 点 DFT 或 FFT 得到信号频谱。但是，也可以在数据之后添加 64 个零，并计算 128 点 DFT 或 FFT。由于补零并不增加任何新的信息，所以得到的 DFT 或 FFT 的频率分辨率并不会改变。对于补上 64 个零点的 128 点数据，输出的频率分量将加倍。

通常假定有 $N$ 个数据 $x(0)$ 到 $x(N-1)$，在其后添加上 $N$ 个零点 $x(N)$ 到 $x(2N-1)$，计算 $2N$ 点 DFT 或 FFT，结果为

$$X(k)=\sum_{n=0}^{2N-1}x(n)\mathrm{e}^{\frac{-\mathrm{j}2\pi kn}{2N}}\tag{9.5}$$

注意到求和是从 0 到 $2N-1$，指数项是 $\mathrm{e}^{-\mathrm{j}2\pi kn/2N}$，而不是 $\mathrm{e}^{-\mathrm{j}2\pi kn/N}$。由于 $x(N)=x(N+1)=\cdots=x(2N-1)=0$，所以这个方程可以写为

$$X(k)=\sum_{n=0}^{N-1}x(n)\mathrm{e}^{\frac{-\mathrm{j}2\pi kn}{2N}}\tag{9.6}$$

式(9.6)与式(9.5)的唯一区别是求和区间不一样。应该注意的是 $X(k)$ 中的 $k$ 的取值范围是 0 到 $2N-1$，所以谱线数是 $2N$，是 $N$ 点 DFT 或 FFT 的两倍。

在上面的等式中，如果只考虑偶数点的谱线，即令 $k=2k'$，把它代入式(9.6)得

$$X(k')=\sum_{n=0}^{N-1}x(n)\mathrm{e}^{\frac{-\mathrm{j}2\pi k'n}{N}}\tag{9.7}$$

它与 $N$ 点 DFT 或 FFT 的结果是一样的,所以,补零并不改变偶数点频谱分量的幅度和相位,只是内插了奇数点的频谱分量。

可以把上述的讨论推广到对输入数据补 $LN$ 个零点的情况,其中的 $L$ 为正整数。上面的讨论为 $L=1$ 时的特例。为了使总的点数为 2 的整数幂次,$L$ 一般取值为

$$L = 2^M - 1 \tag{9.8}$$

图 9.14 给出了一个例子。输入序列 $x(n)$ 的点数为 32 点,图 9.14(a) 为 32 点 FFT 结果。图9.14(b) 为补了 32 个零点的 64 点 FFT 结果,从中可以看出,该图偶数分量的谱线幅度与图 9.14(a) 是完全一样的。图 9.14(c) 为补了 96 个零点的 128 点 FFT 结果,从中可以看出,该图每隔 4 个点的谱线幅度与 9.14(a) 是完全一样的。图 9.14(d) 为补了 992 个零点的 1 024 点 FFT 结果。可以明显看出,补零并不改变频谱的包络形状,只在原始 $N$ 点 FFT 结果中内插了一些频谱分量。在以上这些图中,频率范围为 0 到 $f_s/2$,其中 $f_s$ 为抽样频率。频率序号与 FFT 的点数有关。

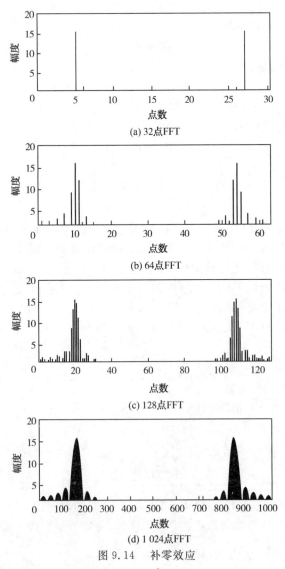

(a) 32点FFT

(b) 64点FFT

(c) 128点FFT

(d) 1 024点FFT

图 9.14　补零效应

从这个例子可以看出,对于 32 点 FFT,要找出频谱的峰值是比较困难的,也很难观察到边带的细微结构。而补零以后,不仅频谱的峰值位置很清晰地显露出来,而且边带也看得非常清楚。所以虽然补零额外增加了处理量,但可以改善对频谱峰值进行内插的能力。付出的代价越高,处理时间也就越长。如果不采用补零技术,那么就得不到频域的细微结构,在本书中所给出的很多图形都采用了补零技术。

需要指出的一点是,补零并不会提高 FFT 的基本分辨率。换句话说,FFT 的主瓣宽度并不会因为补零而改变。频率分辨率只取决于实际的数据长度,补零只能提高对主瓣峰值频率分量进行精确定位的能力。

## 9.5 基于快速傅里叶变换的实际频率确定

这一节主要讨论在完成 FFT 后如何来确定以赫兹为单位的输入信号的实际频率。与此运算有关系的参数主要是抽样频率 $f_s$ 和总的数据点数 $N$。做完 FFT 后,频率分量应该以赫兹为单位,才更为直观。

现在从 DFT 开始分析,其表达式为

$$X(k) = \sum_{n=0}^{N-1} x(n) e^{-j\frac{2\pi}{N}nk} \tag{9.9}$$

$$x(n) = \frac{1}{N} \sum_{k=0}^{N-1} X(k) e^{j\frac{2\pi}{N}nk} \tag{9.10}$$

设输入信号为

$$x(t) = e^{j2\pi f_0 t}$$

经过等间隔抽样后的输入信号为

$$x(n) = e^{j2\pi f_0 n T_s} \tag{9.11}$$

式中 $T_s$—— 抽样间隔,$T_s = \dfrac{1}{f_s}$。

把式(9.11)代入式(9.9),得

$$X(k) = \sum_{n=0}^{N-1} e^{j2\pi f_0 n T_s} e^{-j2\pi kn/N} = \sum_{n=0}^{N-1} e^{j2\pi n(f_0 N T_s - k)/N} = \frac{1 - e^{j2\pi(Tf_0-k)}}{1 - e^{j2\pi(Tf_0-k)/N}} \tag{9.12}$$

$$T = NT_s$$

式中 $T$—— 信号总持续时间。

值得注意的是,在上面的等式中抽样间隔 $T_s$ 并不显式出现,只出现数据总持续时间 $T$。对式(9.12)取模值得

$$|X(k)| = \left| \frac{\sin[\pi(Tf_0-k)]}{\sin\left[\dfrac{2\pi(Tf_0-k)}{N}\right]} \right| \tag{9.13}$$

这一方程的峰值出现在 $Tf_0 = k$ 处。由于 $k$ 只是一个整数,所以输入信号频率为

$$f_0 \approx \frac{k}{T} \tag{9.14}$$

我们用一个数值例子来说明这个结论。假设输入信号为正弦波,其参数为

$$f_0 = 200 \text{ MHz} = 2 \times 10^8 \text{ Hz}$$

$$T_s = 10^{-9}\,\text{s}$$
$$N = 64$$

那么 $\qquad\qquad T = NT_s = 64 \times 10^{-9}\,(\text{s})$

需要注意的是，从 $x(0)$ 到 $x(63)$ 的整个数据长度只覆盖 $63T_s$，但送到 FFT 的输入是周期性的，周期从 $x(0)$ 到 $x(64)$，所以数据长度应该认为是 $64T_s$。该信号可以写成

$$x(n) = \sin\left(\frac{2\pi f_0 nT}{N}\right) \tag{9.15}$$

对其进行 FFT，其结果如图 9.15 所示。图中只画出了从 0 到 31（即一半）的频谱分量。两根谱线之间的间隔为 $1/T = 15.625\,\text{MHz}$。频谱峰值位于 $k = 13$ 处，实际上真实频率应该位于 $Tf_0 = 12.8$ 处，而不是 13。与此对应的频率为 $k/T = 13 \times 15.625\,\text{MHz}$，与输入信号频率是比较接近的。

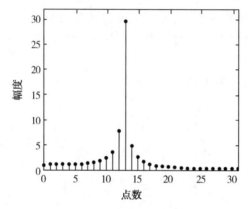

图 9.15　正弦 FFT 变换的结果

# 9.6　实际使用 FFT 的一些问题

因为 FFT 非常有用，这节对从连续时间信号获取离散时间信号并用基 2-FFT 分析实际信号或数据的一些方法及技巧加以说明。

## 9.6.1　以足够高的速率抽样并采集足够长的信息

根据抽样定理，当用 A/D 转换器对连续时间信号进行离散化处理时，抽样频率必须大于连续时间信号最高频率的 2 倍以防止频域混叠现象的出现（假频）。如果连续时间信号的最高频率相对于 A/D 转换器的最大抽样频率不是很大，频域混叠现象很容易避免。如果不知道输入 A/D 转换器的连续时间信号的最高频率，我们应该如何处理？首先应该分析在 1/2 抽样频率附近 FFT 得到的较大的频谱成分。理想情况下，我们希望处理随频率增加而频谱幅值减小的信号。如果存在着某种频率成分，其出现与抽样频率有关，则应怀疑它是不是假频。如果怀疑出现了假频或者连续时间信号中包含有宽带噪声，就不得不在 A/D 之前使用模拟低通滤波器。当然，低通滤波器的截止频率必须大于有意义的信号频率且小于抽样频率的一半。

我们知道实现 $N$ 点基 2-FFT，需要 $N = 2^M$ 个输入数据，那么，在进行 FFT 之前，应该选取多少个抽样点呢？答案是数据选取的时间总长度必须足够长，从而对给定的抽样频率 $f_s$ 能够

达到期望的 FFT 频率分辨率。数据的时间总长度是期望的 FFT 频率分辨率的倒数,按固定抽样频率 $f_s$ 所采的数据长度越长,频率分辨率将会越高。即总的数据时间长度为 $N/f_s$,对于 $N$ 点的 FFT 两个相邻点之间的频率间隔(频率分辨率)为 $f_s/N$。例如,如果我们需要 5 Hz 的频率分辨率,那么,$f_s/N=5$ Hz,则

$$N=\frac{f_s}{\text{希望的分辨率}}=\frac{f_s}{5}=0.2f_s \tag{9.16}$$

在这个例子中,如果 $f_s$ 为 10 kHz,则 $N$ 至少为 2 000,我们可以选择 $N=2\,048$,因为要求 $N$ 是 2 的整数幂。

### 9.6.2　在变换之前对数据进行整理

当利用基 2FFT 时,如果没有对时域输入序列 $x(n)$ 的长度进行控制,序列的长度不是 2 的整数幂,这时有两种选择,一种方法是可以丢弃足够多的数据点使剩下的 FFT 输入序列的长度是 2 的某个整数幂。但是这个方案是不可取的,因为丢弃数据样点会使变换结果的频域分辨率降低。另一种较好的方法是在输入数据序列 $x(n)$ 的尾部填补足够多的零值,使序列的点数和下一个最大的基 2-FFT 的点数相等。例如,如果输入序列 $x(n)$ 的点数为 1 000 点,我们不是用 512 点的 FFT 来分析它们中的 512 个样值,而是补充 24 个零值到原始序列的尾部,对 1 024 个数据做 FFT,即采用了补零技术。

FFT 同样受到谱泄露的不良影响,可以用窗函数乘输入时间序列来减轻泄漏问题的影响,但应该有所准备,在应用窗函数时,频率分辨率本质上会下降。值得注意的是,如果为了扩充输入时间序列,有必要填补零值时,必须确保在原始时间序列和窗函数相乘之后补零,因为补零后的序列与窗函数相乘的结果会使变换变形,从而使 FFT 泄漏问题更严重。

加窗会减小泄漏问题,但不能完全消除泄露。另外,利用窗函数时,高能量的谱分量还会遮蔽低能量的谱分量,特别当原始时间序列的平均值为非零时更明显,这与直流分量 DC 漂移有关。在这种情况下做 FFT,0 Hz 处的大振幅 DC 谱分量将遮住它附近的谱分量。通过计算时间序列的平均值并从原始序列的每个样点中减掉这个平均值可消除这个问题,注意这个去均值的过程必须在加窗前进行。这个技术使新时间序列的平均值等于零,因而减少了 FFT 结果中任何高能量的 0 Hz 成分。

### 9.6.3　改善 FFT 的结果

如果利用 FFT 来检测存在噪声时信号的能量,并且有足够长的时域数据,那么就可以通过对多个 FFT 平均来提高处理的灵敏度。通过这个技术可以检测出实际能量在平均噪声水平下的信号能量,也就是说,只要给出足够多的时域数据,我们就可以检测出负信噪比的信号成分。

在实际工程应用中,待处理的时域数据常为实序列,此时可以利用 $2N$ 点实 FFT 技术的优点来提高处理速度,即 $2N$ 点实序列的变换可用单个 $N$ 点的复数基 2FFT 变换来实现。这样可以用标准的 $N$ 点 FFT 的计算成本得到 $2N$ 点 FFT 的频率分辨率。还有一个提高 FFT 处理速度的技术,就是频域加窗技术。如果需要不加窗时域数据的 FFT,同时还想对同样的数据加窗后做 FFT,则不需要分别执行两次 FFT。我们可以先对不加窗数据进行 FFT,然后对任一个或所有 FFT 的输出进行频域加窗以减少谱泄漏的影响。

### 9.6.4　解释 FFT 结果

解释 FFT 的第一步是计算每个 FFT 频率单元中心的绝对频率。FFT 频率单元间距与 DFT 类似，是抽样率 $f_s$ 与 FFT 点数 $N$ 的比值，即 $f_s/N$。FFT 的输出为 $X(k)$，$k = 0,1,2,3,\cdots,$ $N-1$，第 $k$ 个频率单元中心的绝对频率为 $kf_s/N$。如果 FFT 的输入时间序列为实数，$X(k)$ 的输出仅从 $k=0$ 到 $k=N/2-1$ 是独立的。因此，在这种情况下，我们仅需在 $k$ 的范围为 $0 \leqslant k \leqslant N/2-1$ 内确定 FFT 频率单元中心的绝对频率。如果 FFT 输入时间序列为复数，FFT 输出的所有 $N$ 个样值是相互独立的，我们要在 $0 \leqslant k \leqslant N-1$ 全部范围内确定 FFT 个频率单元中心的绝对频率。

如果需要，也可以用时间序列的 FFT 谱计算时域信号的实际振幅。计算时，必须记住基 2-FFT 的输出为复数，其形式为

$$X(k) = X_{\text{real}}(k) + \mathrm{j}X_{\text{imag}}(k) \tag{9.17}$$

FFT 输出的幅度为

$$X_{\text{mag}}(k) = |X(k)| = \sqrt{X_{\text{real}}^2(k) + X_{\text{imag}}^2(k)} \tag{9.18}$$

并且当输入序列为实数时，它们都乘了比例因子 $N/2$，如果 FFT 输入序列为复数，则比例因子为 $N$。因此为了确定时域正弦分量的准确幅值，我们必须用 FFT 的幅值除以适当的比例因子，对实数或复数输入序列，比例因子分别为 $N/2$ 或 $N$。

如果将窗函数用于原始时域数据，某些 FFT 输入数据的值将被衰减，这就使 FFT 的输出幅值相对于未加窗的真值来说有所减少。为了计算各种时域正弦分量的准确幅值，我们必须进一步用 FFT 输出的幅值除以与利用窗函数有关的处理损失因子。

如果我们要确定 FFT 的功率谱 $X_{\text{PS}}(k)$，则要计算幅值的平方

$$X_{\text{PS}}(k) = |X(k)|^2 = X_{\text{real}}^2(k) + X_{\text{imag}}^2(k) \tag{9.19}$$

以分贝形式表示的功率谱可以用下列公式计算

$$X_{\text{dB}}(k) = 10 \cdot \lg(|X(k)|^2)\text{dB} \tag{9.20}$$

用分贝形式表示的归一化功率谱可表示为

归一化的

$$X_{\text{dB}}(k) = 10 \cdot \lg\left(\frac{|X(k)|^2}{|X(k)|_{\max}^2}\right) \tag{9.21}$$

或归一化的

$$X_{\text{dB}}(k) = 20 \cdot \lg\left(\frac{|X(k)|}{|X(k)|_{\max}}\right) \tag{9.22}$$

在式 (9.21) 和式 (9.22) 中，$|X(k)|_{\max}$ 项为最大的 FFT 输出幅值。在实际应用中，绘出 $X_{\text{dB}}(k)$ 的图很有益处，因为对数刻度增强了低幅度的分辨率。如果用式 (9.21) 或者式 (9.22)，则不再需要前面提到的 FFT 要乘的比例因子 $N$ 或 $N/2$ 和窗口处理损失因子。因为归一化过程中，通过除以 $|X(k)|_{\max}^2$ 或 $|X(k)|_{\max}$ 消除了任何 FFT 取绝对值或窗口比例因子的影响。

单个 FFT 输出的相角 $X_\varphi(k)$ 为

$$X_\varphi(k) = \tan^{-1}\left(\frac{X_{\text{imag}}(k)}{X_{\text{real}}(k)}\right) \tag{9.23}$$

　　但要当心 $X_{\text{real}}(k)$ 的值等于 0 的情况，因为如果出现被零除的情况，就无法用式(9.23)计算相角。在实际中，要确保计算（或软件编译器）中能检测出 $X_{\text{real}}(k)=0$ 的情况。当 $X_{\text{real}}(k)=0$ 时，如果 $X_{\text{imag}}(k)$ 为正，置 $X_\varphi(k)$ 为 $90°$；如果 $X_{\text{imag}}(k)$ 为 0，置 $X_\varphi(k)$ 为 $0°$；如果 $X_{\text{imag}}(k)$ 为负，置 $X_\varphi(k)$ 为 $-90°$。但我们讨论 FFT 输出相角时，包含大的噪声成分的 FFT 的输出会使计算的 $X_\varphi(k)$ 相角产生大的偏差，这意味着仅当对应的 $|X(k)|$ 在 FFT 输出大于平均噪声水平之上时，计算 $X_\varphi(k)$ 才有意义。

# 参考文献

[1] M. H. 海因斯. 数字信号处理[M]. 张建华,等译. 北京:科学出版社,2002.

[2] 胡广书. 数字信号处理——理论、算法与实现[M]. 3 版. 北京:清华大学出版社,2012.

[3] 丁玉美,高西全. 数字信号处理[M]. 2 版. 陕西:西安电子科技大学出版社,2003.

[4] 程佩青. 数字信号处理教程[M]. 4 版. 北京:清华大学出版社,2013.

[5] 谢红梅,赵建. 数字信号处理——常见题型解析及模拟题[M]. 西安:西北工业大学出版社,2001.

[6] 姚天任. 数字信号处理学习指导与题解[M]. 武汉:华中科技大学出版社,2002.

[7] 董绍平,陈世耕,王洋. 数字信号处理基础[M]. 哈尔滨:哈尔滨工业大学出版社,1998.

[8] 高西全,丁玉美. 数字信号处理学习指导[M]. 西安:西安电子科技大学出版社,2002.

[9] 高西全,丁玉美,阔永红. 数字信号处理——原理、实现及应用[M]. 北京:电子工业出版社,2006.

[10] 张立材,吴冬梅. 数字信号处理[M]. 北京:北京邮电大学出版社,2004.

[11] 罗军辉. MATLAB7.0 在数字信号处理中的应用[M]. 北京:机械工业出版社,2005.

[12] 邹彦. DSP 原理及应用[M]. 北京:电子工业出版社,2005.

[13] 纪震. DSP 系统入门与实践[M]. 北京:电子工业出版社,2006.

[14] 范寿康. DSP 技术与 DSP 芯片[M]. 北京:电子工业出版社,2007.

[15] JAMES TSUI. 宽带数字接收机[M]. 杨小牛,陆安南,金飚,译. 北京:电子工业出版社,2002.

[16] TSUI J B. Digital Techniques for Wideband Receivers[M]. 2rd ed. SciTech Publishing Inc. ,2004.

[17] INGLE V K, PROAKIS J G. 数字信号处理及其 MATLAB 实现[M]. 陈怀琛,王朝英,高西全,等译. 北京:电子工业出版社,1998.

[18] A. V. 奥本海姆,R. W. 谢弗. 离散时间信号处理[M]. 3 版. 黄建国,刘树棠,张国梅,译. 北京:电子工业出版社,2015.

[19] MCCLELLAN J H,SCHAFER R W,YODER M A. 信号处理引论[M]. 周利清,等译. 北京:电子工业出版社,2005.

[20] LYONS R G. 数字信号处理 [M]. 原书第 2 版. 朱光明,程建远,刘保童,等译. 北京:机械工业出版社,2006.

[21] OPPENHEIM A V, SHAFER R W. Discrete Time Signal Processing[M] . 3rd ed. Prentice Hall, 2009.

[22] INGLE V K, PROAKIS J G. 数字信号处理(MATLAB 版)[M]. 2 版. 刘树棠,等译. 西安:西安交通大学出版社,2008.

［23］ INGLE V K，PROAKIS J G. Digital Signal Processing using MATLAB［M］. 3rd ed. Cengage Learning，2012.

［24］ 陈怀琛. 数字信号处理教程——Matlab 释义与实现［M］. 3 版. 北京：电子工业出版社，2013.

［25］ 张志涌. 精通 Matlab 6.5 版［M］. 北京：北京航空航天大学出版社，2004.

［26］ 宿富林，冀振元，赵雅琴，等. 数字信号处理［M］. 哈尔滨：哈尔滨工业大学出版社，2012.

［27］ MITRA S K. 数字信号处理——基于计算机的方法［M］. 4 版. 鼓启琮，译. 北京：清华大学出版社，2012.

［28］ 刘兴钊，李力利. 数字信号处理［M］. 北京：电子工业出版社，2010.

［29］ 冀振元. 时间序列分析与现代谱估计［M］. 哈尔滨：哈尔滨工业大学出版社，2016.

［30］ 冀振元. 数字信号处理学习与解题指导［M］. 哈尔滨：哈尔滨工业大学出版社，2017.

［31］ JOHN G P，DIMITRIS G M. 数字信号处理［M］. 4 版. 方艳梅，刘永清，等译. 北京：电子工业出版社，2007.

［32］ DUHAMEL P. Algorithms meeting the lower bounds on the multiplicative complexity of length$-2^n$ DFTs and their connection with practical algorithms［J］. IEEE Trans. on ASSP，1990，38(9)：1504-1511.

［33］ HEIDEMAN M T. Multiplicative Complexity, Convolution, cund the DFT［M］. New York：Springer-Verlag New Yorklne，1988.

［34］ 程佩青. 数字信号处理教程［M］. 3 版. 北京：清华大学出版社，2007.

［35］ 江志红. 深入浅出数字信号处理［M］. 北京：北京航空航天大学出版社，2012.

［36］ LYONG R G. 数字信号处理［M］. 3 版. 张建华，许晓东，孙松林，等译. 北京：电子工业出版社，2015.

［37］ 张小虹，黄忠虎，邱正伦. 数字信号处理［M］. 2 版. 北京：机械工业出版社，2015.

# 索　引

## （按章节顺序排序）